うれしたのし東大数学のご挨拶

本書は東大数学を是 ...... の書籍である．基本 と，問題の解法，そ .... けば，力がついてい くはずだ．本書では他 ....

東大の入試問題はア ...... ，結果に意外性があ り，出題者の思想を感じることもある．東大に出題された後に定番となり，他大学に出題されることも珍しくはない．東大の過去問を解くことは**他大学志望の受験者にとっても，大いに意味がある**．

東大の問題は，圧倒的に，到達点が高い．しかし，そこで使われている知識は基本的である．計算量は概ね多いが，計算の一つ一つを飛ばさないように提示してあるから，それを追うことは難しくはない．じっくり味わい，理解すれば，満足度も高く，数学の勉学を牽引していくだろう．

本書は**受験生，生徒を指導する大人**の方，いわば今現場にいる方々だけでなく，**学び直しをする大人**の方，**数学が趣味の大人**の方も読者として想定している．そのため，必要とあらば行列など，現行教科書から除外されていることも記述している．

本書は，大半は安田が原稿を用意し，佐々木朗洋先生（平安女学院中高教諭）が校正や，ワードファイルから TeX ファイルへの変更を担当した．特に入試史上最難問では，実質的な出題者の解答の解読で大いに助けられた．一部は，佐々木先生，小田敏弘先生（数理学習研究所）が原稿を作成した．最終的には安田が手を入れ，安田が全責任を負っている．杉山宏先生（神奈川県立瀬谷高校教諭），中邨雪代先生に校正をお願いした．特に中邨先生には何度も校正していただき，私が気づかないことを幾つも指摘された．

初版は半年で完売した．在庫が少ないことに気づき，増刷の作業を始めたときには，在庫切れを起こしていた．2020 年の問題を 2 題追加して，第二版として出版する．52 題というキリの悪い数になったが，60 題とするには準備の時間が足りない．初版のまま増刷すればよいのにという声もあるが，常に改善していたいというのが，安田の性分である．

ご購入してくださった皆様に，感謝いたします．

2020 年 8 月　　　安田亨

● おことわりと YouTube の件

　ドナルド・エルビン・クヌースはアメリカのコンピュータ学者である．この書籍を作っている言語の TEX はクヌースが作成した．本書で使用している TEX 用の数学記号とアルファベットは，安田が作成した．私は 30 年以上前から数学の記号作りをしている．それは，私なりの道の追求である．私の書籍は，pdf という形式で作成し，印刷所は，ただ印刷するだけである．ヨハネス・グーテンベルクの発明した活版印刷は，現在は数学の世界では生きていない．

　一つ，おことわりをしておかねばならない．本書は，ある出版社に依頼を受けて書いたものである．しかし，行き違いがあり，書名を変えて，私が経営する会社（ホクソム）から出版することになった．私は，一つの図版を描くのに，場合によっては 2 時間，3 時間掛け，一通り作った図版を全部作り直すことも珍しくはない．この前書きでも，何度も書き直している．最終版 pdf を渡して，2 ヶ月間，何もせず，書籍の表紙も作らず，印刷所も決めず，予定も決めないという対応には驚いた．せわしなく動き回るネズミと，止まったまま餌を狙うハシビロコウの，時計の針の進み方が違った．

　YouTube の件：YouTube は時代の寵児である．本書の内容の一部を YouTube で解説する．YouTube では，解答本体は見えるが，解説の細かな部分を追うことはできないから，しっかり理解するためには，書籍は必要である．YouTube と書籍は両立すると信じる．検索方法については，弊社ホームページ
http://hocsom.com
を見ていただきたい．

　私は書籍の pdf 版をダウンロード販売している．書籍をバラバラにして自炊と呼ばれることをやっている人がいるから，時代の要請であろう．

　「東大の過去問を扱う」ことで，一つ，問題が起こる．私は東京出版から「東大数学で 1 点でも多く取る方法（以下，東大 1 点と略す）」という書籍を出している．東大 1 点は，比較的最近の問題を扱っているが，本書は，もっと広く選んである．可能な限り，かぶらないようにしていたのであるが，最近の問題を極端に避けるのも不自然であり，数題，かぶっている．東大 1 点の原稿を使い回している部分もある．多くは東大 1 点の原稿を包含，手直ししている．両方購入された方には，誠に申し訳ないことである．また，難問に偏りすぎないようにしてある．特に前半部分は標準問題主体である．大人の方の読者も想定し，解法は，生徒に近すぎないところにシフトしている．

● 類題と別解について

　例えば，83 年の 2 進法の問題では，2 進法を使わないと解けないと思っている

大人が多く，巷にある解法は，おそらくすべて2進法を使っているだろう．生徒は2進法を使い慣れないから「自分には縁がない解法」と思うらしい．本書では2進法を使わない解法も書いた．言わば，普通の解法を学び，2進法を使う別解へ続け，さらに「出題者は2進法を使って作問した」と思われる他大学の問題へと続けている．それらを通して2進法をマスターしていただきたいと思う．また，東大では体積の問題を，以前から「空間座標を援用する」扱いをしていたが，最近は「集合的に扱う」という面がある．それに触発された類題が上智大で出題されているにも拘わらず，気づいていない人が多い．写像の元祖では，文字消去という考え・逆手流・直接的な写像を丁寧に解説した．本当は，錯覚した准教授の名前を記載して炎上し注目を集めて売り上げを増やそうと思ったが，やめた．東大の問題を基軸として，枝葉を繁らすことを目的としている．

数題は難問もある．ついていけない読者は，適宜読み飛ばしてほしい．書籍はすべて理解する必要はない．3割も理解すれば十分である．

最後には入試史上最難問も採用した．実質的な出題者が判明しているし，その先生の解法も解説した．この問題自体は「伝説の良問100（講談社，ブルーバックス）」に掲載しており，その解法を包含している．

● 勉強の仕方

勉強の仕方に正しい方法も，間違った方法もない．自分の信じるところに従って，一生懸命やれば，必ず成功する．ただし，人によっては準備には時間が掛かるかもしれない．以下は，私の提案である．

一番望ましいのは，まず，問題編を見て，自分で解くことである．高校時代，ある程度解けるようになってからの私の主義は「100個の，他人が考えた上手い解法より，下手でいいから，自分が考えた1つの解法」であった．教わったこと，読んで覚えた解法は，忘れやすい．自分で考えたことは忘れない．

一方で，学習の段階によっては，自力で解けない場合も多い．そのときには，下手な考え休むに似たりである．数学が考えるものであるというのは，幻想である．基本となる知識，テクニックが身につかないうちに考えても，何か浮かぶわけがない．

まず，本書の解答を読み，理解したら，問題編だけを見て，解答を再現せよ．再現できないなら，もう一度解答を読んで，理解して，再現せよ．そのときに，社会科の年号を覚えるように覚えてはいけない．「なぜこうするのか？なぜこの計算になるのか？」など，理屈をつけ，計算を追え．モヤモヤしていたら，言葉に出して，自分に向かって説明せよ．何度も繰り返すうちに，理屈つきで，覚えるだろう．歩いていても，よみがえってくるはずだ．あの問題では，こんなことをした．類題ではこんな風になっていたと，頭の中に数学の道ができるに違いな

い．「よっしゃあ，この問題は，完璧に理解した」と思える問題を，1題，1題，増やしていこう．

　最悪，じっくり取り組む時間がないのなら，どんどん読もう．他の人がいない場所なら，声に出して解答を読み上げよう．

　勉強は，環境，自分の学力の状態に応じて方法を変えるのである．人生の醍醐味は途中経過にある．目標を定めて，分析し，集中して努力する．うまくいかないときには工夫する．そのプロセスこそ，楽しい．

　やるからにはどんな科目も好きだと思ってせよ．解き始めるときには「数学が好き」と言って始めよう．「なんて面白いんだ！」と印象的にして，できるだけ一回で覚えよう．数学に疲れたら，たとえば「英語が好き」と他の科目をやろう．

　私は，高校一年のとき，勉強しなかった．しなければいけないとは思っていたが，できなかった．おそらく，450人中，300番くらいだったと思う．Ｔ君という人と，よく「勉強の仕方」の話をしていた．どんな参考書がよいという話である．ただし，二人とも，具体的に勉強したわけではない．高校二年になるときに受験雑誌「大学への数学」の増刊号と出会った．学年3番のＹ君に勉強のやり方を教えてもらい，私は，猛勉強を始めた．あるとき，数学の問題を解いている私の側にＴ君が来て「基礎が大事だから，いきなり難問をやってもあかんわ」と言った．悪魔に取り憑かれた私を見かねて，親切からのアドバイスだったのだろう．私は，こう考えていた．仮に「基礎」と呼ばれるものがあるとして，「基礎から応用へ」は，他の人にとって本当かもしれないが，もしそうなら，私は一年間を棒に振って，基礎ができていないから取り返しがつかない．私は，数学は大木のようなものと思っていた．幹になる話題があり，それを理解し，付随する類題と発展事項を覚えればよい．何本か木の登り方を覚えれば，知らない木にも登れるかもしれない．彼にそれを伝えるのも無駄に感じて無視した．勉強を始めて1ヶ月後に実力テストがあった．数学はダントツの学年1番になり，英語は平均点の半分，総合で16番であった．自分の勉強方法が正しいと確信した．この方法を他の科目にも適用すればよいと思った．好きだと思ってやる．理解したと思えるまで繰り返す．それだけだ．しかし，英語は難問からは始めなかった．中学の英語の教科書を暗記した．繰り返し読んだ．出てきた英文は出来る限り覚えるようにした．英語は数学ほどは伸びなかったが，会心の出来のテストが一回だけある．東大入試本番の英語である．

　高校一年のとき，学校の勉強がつまらなく，勉学意欲を潰された．私には高いところを目指す力が内在していた．適切なものに出会えば，開花する素質があった．人生は幻影である．自分には素質があると信じること，それが重要である．好きと思えるなら，大学受験の数学は，それほど困難ではない．

問題編

【数学 IA】

《基本の図形を読み取る》

1. 図のように，半径 a の円 O の周を 8 等分する点を順に A_1, A_2, $\cdots$, A_8 とし，弦 A_1A_4 と弦 A_2A_7, A_3A_6 との交点をそれぞれ P, Q とし，弦 A_5A_8 と弦 A_3A_6, A_2A_7 との交点をそれぞれ R, S とする．このとき，正方形 PQRS の面積を求めよ．また，線分 A_1P, A_2P と弧 A_1A_2 とで囲まれる図形の面積を求めよ．

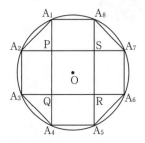

(80　東大・文科)

《三角不等式》

2. 平面上に 2 定点 A，B があり，線分の長さ $\overline{AB}$ は $2(\sqrt{3}+1)$ である．この平面上を動く 3 点 P，Q，R があって，つねに

$$\overline{AP} = \overline{PQ} = 2, \quad \overline{QR} = \overline{RB} = \sqrt{2}$$

なる長さを保ちながら動いている．このとき，Q の動きうる範囲を図示し，その面積を求めよ．

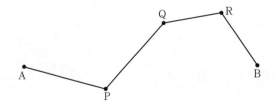

(82　東大・文科)

《巴の紋》

3. 半径 1 の円 O の周を 6 等分する点を図のように順次 A_1, A_2, ……, A_6 とする．弧 $A_2A_1A_6$ および半径 OA_2, OA_6 に接する円の中心を P とし，この円 P の周と線分 OP の交点を B とする．線分 OA_3 上に OQ ＝ PA_1 を満たすように点 Q を定める．Q を中心とし QA_3 を半径とする円周と円 P の交点のうちで，直径 A_1B に関し点 A_2 と同じ側にあるものを C とする．このとき 4 辺形 OPCQ は平行 4 辺形であることを証明せよ．また弧 $A_1A_2A_3$，弧 A_3C，弧 CBA_1 によって囲まれた領域（図の太線で囲まれた部分）の面積を求めよ．

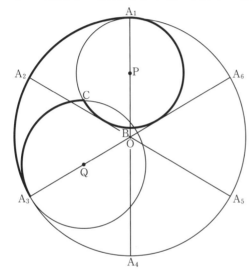

（78　東大・共通）

《頻出形を変形する》

4. 四角形 ABCD が，半径 $\dfrac{65}{8}$ の円に内接している．この四角形の周の長さが 44 で，辺 BC と辺 CD の長さがいずれも 13 であるとき，残りの 2 辺 AB と DA の長さを求めよ．

（06　東大・文科）

《立体の元祖》

5. 四角錐 V-ABCD があって，その底面 ABCD は正方形であり，また 4 辺 VA，VB，VC，VD の長さはすべて相等しい．この四角錐の頂点 V から底面におろした垂線 VH の長さは 6 であり，底面の 1 辺の長さは $4\sqrt{3}$ である．VH 上に VK = 4 となる点 K をとり，点 K と底面の 1 辺 AB とを含む平面で，この四角錐を 2 つの部分に分けるとき，頂点 V を含む部分の体積を求めよ．

(73 東大・文科)

《対称面をもつ立体》

6. 半径 r の球面上に 4 点 A，B，C，D がある．四面体 ABCD の各辺の長さは，
$$AB = \sqrt{3}, \quad AC = AD = BC = BD = CD = 2$$
を満たしている．このとき r の値を求めよ． (01 東大・共通)

《四角錐の表面積》

7. 正四角錐 V に内接する球を S とする．V をいろいろ変えるとき，
比 $R = \dfrac{\text{S の表面積}}{\text{V の表面積}}$ のとりうる値のうち，最大のものを求めよ．

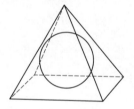

ここで正四角錐とは，底面が正方形で，底面の中心と頂点を結ぶ直線が底面に垂直であるような角錐のこととする． (83 東大・理科)

《等面四面体》

8. 3 辺の長さが BC = 2a, CA = 2b, AB = 2c であるような鋭角三角形 △ABC の 3 辺 BC, CA, AB の中点をそれぞれ L, M, N とする. 線分 LM, MN, NL に沿って三角形を折り曲げ, 四面体をつくる. その際, 線分 BL と CL, CM と AM, AN と BN はそれぞれ同一視されて, 長さが a, b, c の辺になるものとする.

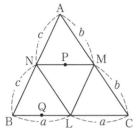

（1） 線分 MN, BL の中点をそれぞれ P, Q とする. 四面体を組み立てたとき, 空間内の線分 PQ の長さを求めよ.

（2） この四面体の体積を a, b, c を用いて表せ. （96 東大・後期）

《1 次関数》

9. ある町で環状道路に沿って, 順番に第 1 小学校から第 5 小学校まであり, 各小学校には顕微鏡がそれぞれ 15, 7, 11, 3, 14 台あったが, 今度各校の台数が等しくなるように, 何台かずつ隣の小学校へ移した. このとき移動する顕微鏡の総台数が最小になるようにしたいという. このとき,

第 1 小学校から第 2 小学校へは ☐ 台移り

第 2 小学校から第 3 小学校へは ☐ 台移り

第 5 小学校から第 1 小学校へは ☐ 台移った.

また移動した顕微鏡の総台数は ☐ 台である.

ただし, たとえば甲から乙へ −3 台移ったということは, 乙から甲へ 3 台移ったことを意味するものとする. （78 東大・文科-1 次試験）

《ひと味違う2次方程式》

10. a, b, c, d を正の数とする．不等式

$$\begin{cases} s(1-a) - tb > 0 \\ -sc + t(1-d) > 0 \end{cases}$$

を同時にみたす正の数 s, t があるとき，2次方程式

$$x^2 - (a+d)x + (ad - bc) = 0$$

は $-1 < x < 1$ の範囲に異なる2つの実数解をもつことを示せ．

（96　東大・共通）

《基本は樹形図》

11. 次の条件を満たす正の整数全体の集合を S とおく．

「各けたの数字はたがいに異なり，どの2つのけたの数字の和も9にならない．」ただし，S の要素は10進法で表す．また，1けたの正の整数は S に含まれるとする．

このとき次の問いに答えよ．

（1）　S の要素でちょうど4けたのものは何個あるか．

（2）　小さい方から数えて2000番目の S の要素を求めよ．　（00　東大・理科）

《考え方を記述せよ》

12. 座標平面上に8本の直線

$$x = a\,(a = 1, 2, 3, 4),\ y = b\,(b = 1, 2, 3, 4)$$

がある．以下，16個の点

$$(a, b)\,(a = 1, 2, 3, 4,\quad b = 1, 2, 3, 4)$$

から異なる5個の点を選ぶことを考える．

（1）　次の条件を満たす5個の点の選び方は何通りあるか．

上の8本の直線のうち，選んだ点を1個も含まないものがちょうど2本ある．

（2）　次の条件を満たす5個の点の選び方は何通りあるか．

上の8本の直線は，いずれも選んだ点を少なくとも1個含む．

（20　東大・文科）

《東大で出た組分け》

13. $S = \{1, 2, \cdots\cdots, n\}$，ただし $n \geqq 2$，とする．2つの要素から成る S の部分集合を k 個とり出し，そのうちのどの2つも交わりが空集合であるようにする．方法は何通りあるか．

つぎに，この数（つまり何通りあるかを表す数）を $f(n, k)$ で表したとき，

$$f(n, k) = f(n, 1)$$

をみたすような n と k（ただし，$k \geqq 2$）をすべて求めよ． (81　東大・理科)

《計算か記入か》

14. 正八角形の頂点を反時計回りに A，B，C，D，E，F，G，H とする．また，投げたとき表裏の出る確率がそれぞれ $\frac{1}{2}$ のコインがある．

点 P が最初に点 A にある．次の操作を 10 回繰り返す．

操作：コインを投げ，表が出れば点 P を反時計回りに隣接する頂点に移動させ，裏が出れば点 P を時計回りに隣接する頂点に移動させる．

例えば，点 P が点 H にある状態で，投げたコインの表が出れば点 A に移動させ，裏が出れば点 G に移動させる．

以下の事象を考える．

事象 S：操作を 10 回行った後に点 P が点 A にある．

事象 T：1回目から10回目の操作によって，点 P は少なくとも1回，点 F に移動する．

（1）　事象 S が起こる確率を求めよ．

（2）　事象 S と事象 T がともに起こる確率を求めよ． (19　東大・文科)

《流れを読む・ジャンケン》

15. 3人でジャンケンをして勝者をきめることにする．たとえば，1人が紙を出し，他の2人が石を出せば，ただ1回でちょうど1人の勝者がきまることになる．3人でジャンケンをして，負けた人は次の回に参加しないことにして，ちょうど1人の勝者がきまるまで，ジャンケンを繰り返すことにする．このとき，k 回目に，はじめてちょうど1人の勝者がきまる確率を求めよ．

(71　東大・理科)

《事象の独立》

16. さいころを n 回振り，第 1 回目から第 n 回目までに出たさいころの目の数 n 個の積を X_n とする．

（1）　X_n が 5 で割り切れる確率を求めよ．

（2）　X_n が 4 で割り切れる確率を求めよ．

（3）　X_n が 20 で割り切れる確率を p_n とおく．$\displaystyle\lim_{n\to\infty}\frac{1}{n}\log(1-p_n)$ を求めよ．

注意：さいころは 1 から 6 までの目が等確率で出るものとする．

（03　東大・理科）

《平方数の論証》

17. n を 1 以上の整数とする.

（1） n^2+1 と $5n^2+9$ の最大公約数 d_n を求めよ.

（2） $(n^2+1)(5n^2+9)$ は整数の 2 乗にならないことを示せ. (19 東大・理科)

《整数部分の考察》

18. $\dfrac{10^{210}}{10^{10}+3}$ の整数部分の桁数と，一の位の数字を求めよ. ただし

$3^{21} = 10460353203$ を用いてもよい. 　　　　　　　　　(89 東大・理科)

《同じ数が連続する問題》

19. 自然数の 2 乗になる数を平方数という. 以下の問いに答えよ.

（1） 10 進法で表して 3 桁以上の平方数に対し，10 の位の数を a，1 の位の数を b とおいたとき，$a+b$ が偶数となるならば，b は 0 または 4 であることを示せ.

（2） 10 進法で表して 5 桁以上の平方数に対し，1000 の位の数，100 の位の数，10 の位の数，および 1 の位の数の 4 つすべてが同じ数となるならば，その平方数は 10000 で割り切れることを示せ. 　　　　(04 東大・理科)

《無限降下法》

20. 次の条件を満たす組 (x, y, z) を考える.

条件 (A)：x, y, z は正の整数で，$x^2+y^2+z^2 = xyz$ および $x \leqq y \leqq z$ を満たす.

以下の問いに答えよ.

（1） 条件 (A) を満たす組 (x, y, z) で，$y \leqq 3$ となるものをすべて求めよ.

（2） 組 (a, b, c) が条件 (A) を満たすとする. このとき，組 (b, c, z) が条件 (A) を満たすような z が存在することを示せ.

（3） 条件 (A) を満たす組 (x, y, z) は，無数に存在することを示せ.

　　　　　　　　　　　　　　　　　　　　　　　　　(06 東大・理科)

【数学IIB】

《不等式の解釈》

21. すべての正の実数 x, y に対し $\sqrt{x} + \sqrt{y} \leq k\sqrt{2x+y}$ が成り立つような実数 k の最小値を求めよ.　　　　　　　　　　　　　　　　　（95　東大・共通）

《パートナー交換》

22. n を 2 以上の自然数とする.

$$x_1 \geq x_2 \geq \cdots \geq x_n$$

および

$$y_1 \geq y_2 \geq \cdots \geq y_n$$

を満足する数列 $x_1, x_2, \cdots, x_n$ および $y_1, y_2, \cdots, y_n$ が与えられている. $y_1, y_2, \cdots, y_n$ を並べ変えて得られるどのような数列 $z_1, z_2, \cdots, z_n$ に対しても

$$\sum_{j=1}^{n} (x_j - y_j)^2 \leq \sum_{j=1}^{n} (x_j - z_j)^2$$

が成り立つことを証明せよ.　　　　　　　　　　　　　　　　　　（87　東大・理科）

《母関数》

23. n, k を, $1 \leq k \leq n$ を満たす整数とする. n 個の整数

$$2^m \quad (m = 0, 1, 2, \cdots, n-1)$$

から異なる k 個を選んでそれらの積をとる. k 個の整数の選び方すべてに対しこのように積をとることにより得られる ${}_n\mathrm{C}_k$ 個の整数の和を $a_{n,k}$ とおく. 例えば,

$$a_{4,3} = 2^0 \cdot 2^1 \cdot 2^2 + 2^0 \cdot 2^1 \cdot 2^3 + 2^0 \cdot 2^2 \cdot 2^3 + 2^1 \cdot 2^2 \cdot 2^3 = 120$$

である.

（1） 2 以上の整数 n に対し, $a_{n,2}$ を求めよ.

（2） 1 以上の整数 n に対し, x についての整式

$$f_n(x) = 1 + a_{n,1} x + a_{n,2} x^2 + \cdots + a_{n,n} x^n$$

を考える. $\dfrac{f_{n+1}(x)}{f_n(x)}$ と $\dfrac{f_{n+1}(x)}{f_n(2x)}$ を x についての整式として表せ.

（3） $\dfrac{a_{n+1,k+1}}{a_{n,k}}$ を n, k で表せ.　　　　　　　　　　　　　　（20　東大・共通）

《漸化式と論証》

24. n は正の整数とする. x^{n+1} を $x^2 - x - 1$ で割った余りを $a_n x + b_n$ とおく.

（1） 数列 a_n, b_n, $n = 1, 2, 3, \cdots,$ は

$$\begin{cases} a_{n+1} = a_n + b_n \\ b_{n+1} = a_n \end{cases}$$

を満たすことを示せ.

（2） $n = 1, 2, 3, \cdots$ に対して，a_n, b_n は共に正の整数で，互いに素であることを証明せよ. (02 東大・共通)

《2進法の活用》

25. 数列 $\{a_n\}$ において，$a_1 = 1$ であり，$n \geqq 2$ に対して a_n は次の条件（1），（2）を満たす自然数のうちで最小のものである.

（1） a_n は，$a_1, \cdots\cdots, a_{n-1}$ のどの項とも異なる.

（2） $a_1, \cdots\cdots, a_{n-1}$ のうちから重複なくどのように項を取り出しても，それらの和が a_n に等しくなることはない.

このとき，a_n を n で表し，その理由を述べよ. (83 東大・理科)

《写像の元祖》

26. 点 (x, y) が，原点を中心とする半径 1 の円の内部を動くとき，
点 $(x+y, xy)$ の動く範囲を図示せよ． (54 東大)

《線形計画法》

27. a, b を実数とする．次の 4 つの不等式を同時に満たす点 (x, y) 全体から
なる領域を D とする．

$$x + 3y \geqq a,\ 3x + y \geqq b,\ x \geqq 0,\ y \geqq 0$$

領域 D における $x+y$ の最小値を求めよ． (03 東大・文科)

《題意がとりにくい問題》

28. xy 平面上に，不等式で表される 3 つの領域

$$\begin{cases} A : x \geqq 0 \\ B : y \geqq 0 \\ C : \sqrt{3}x + y \leqq \sqrt{3} \end{cases}$$

をとる．いま任意の点 P に対し，P を中心として A, B, C のどれか少なくとも
1 つに含まれる円を考える．このような円の半径の最大値は P によって定まる
から，これを $r(\mathrm{P})$ で表すことにする．
（ 1 ） 点 P が $A \cap C$ から $(A \cap C) \cap B$ を除いた部分を動くとき，$r(\mathrm{P})$ の動く
範囲を求めよ．
（ 2 ） 点 P が平面全体を動くとき，$r(\mathrm{P})$ の動く範囲を求めよ．(77 東大・共通)

《基底を定めて 1 次結合を作る》

29. 1 辺の長さが 1 の正六角形 ABCDEF が与えられている．点 P が辺 AB 上
を，点 Q が辺 CD 上をそれぞれ独立に動くとき，線分 PQ を 2：1 に内分する
点 R が通りうる範囲の面積を求めよ． (17 東大・文科)

《数学は定義と定理から始めよう》

30.（1） 一般角 θ に対して $\sin\theta$, $\cos\theta$ の定義を述べよ.

（2）（1）で述べた定義にもとづき, 一般角 α, β に対して

$$\sin(\alpha+\beta) = \sin\alpha\cos\beta + \cos\alpha\sin\beta,$$
$$\cos(\alpha+\beta) = \cos\alpha\cos\beta - \sin\alpha\sin\beta$$

を証明せよ. 　　　　　　　　　　　　　　　　　（99　東大・共通）

《正四面体の正射影》

31. 空間内に平面 α がある. 一辺の長さ 1 の正四面体 V の α 上への正射影の面積を S とし, V がいろいろと位置を変えるときの S の最大値と最小値を求めよ. ただし, 空間の点 P を通って α に垂直な直線が α と交わる点を P の α 上への正射影といい, 空間図形 V の各点の α 上への正射影全体のつくる α 上の図形を V の α への正射影という. 　　　（88　東大・理科）

《同値性の証明》

32. xy 平面上の, 原点 O とは異なる 2 点 A(a_1, a_2), B(b_1, b_2) に対して OA $= a$, OB $= b$, $\angle$AOB $= \theta$ とおく. 2 点 A, B の座標 a_1, a_2, b_1, b_2 が有理数であるとき, 次の 3 条件は互いに同値であることを証明せよ.

（ i ） ab は有理数である.

（ii） $\cos\theta$ は有理数である.

（iii） $\sin\theta$ は有理数である. 　　　　　　　（77　東大・理科）

《円錐台》

33. 図のように底面の半径 1, 上面の半径 $1-x$, 高さ $4x$ の直円すい台 A と, 底面の半径 $1-\dfrac{x}{2}$, 上面の半径 $\dfrac{1}{2}$, 高さ $1-x$ の直円すい台 B がある. ただし, $0 \leqq x \leqq 1$ である. A と B の体積の和を $V(x)$ とするとき, $V(x)$ の最大値を求めよ.

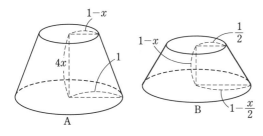

（00　東大・文科）

《多項式の微分》

34. x の整式

$$f_n(x) = 1 + \frac{x}{1!} + \frac{x^2}{2!} + \cdots\cdots + \frac{x^n}{n!}$$

$(n = 1, 2, 3, \cdots\cdots)$ について，$f_n{}'(x) = f_{n-1}(x)\,(n = 2, 3, \cdots\cdots)$ が成り立つことを証明せよ.

方程式 $f_n(x) = 0$ は，n が奇数ならばただ 1 つの実数解をもち，n が偶数ならば実数解をもたないことを数学的帰納法を用いて証明せよ. (71 東大・共通)

《3 次関数のグラフの通過》

35. C を $y = x^3 - x$，$-1 \leqq x \leqq 1$ で与えられる xy 平面上の図形とする. 次の条件をみたす xy 平面上の点 P 全体の集合を図示せよ. 「C を平行移動した図形で，点 P を通り，かつもとの図形 C との共有点がただ 1 点であるようなものが，ちょうど 3 個存在する」 (88 東大・理科)

《立体図形の論証》

36. 空間内の点 O に対して，4 点 A，B，C，D を OA $= 1$，OB $=$ OC $=$ OD $= 4$ をみたすようにとるとき，四面体 ABCD の体積の最大値を求めよ. (88 東大・理科)

《2 次関数の軸と判別式》

37. a, b, c を実数とし，$a \neq 0$ とする.

2 次関数 $f(x) = ax^2 + bx + c$ が次の条件（A），（B）を満たすとする.

（A）$f(-1) = -1,\ f(1) = 1,\ f'(1) \leqq 6$

（B）$-1 \leqq x \leqq 1$ を満たすすべての x に対し，$f(x) \leqq 3x^2 - 1$

このとき，積分 $I = \displaystyle\int_{-1}^{1} (f'(x))^2 dx$ の値のとりうる範囲を求めよ.

(03 東大・文科)

【数学 III】
《接する円列》

38. たがいに外接する定円 C, C' が共通接線 l の同じ側にあるとする. 図のように

C, C', l に接する円を C_1,

C, C_1, l に接する円を C_2,

....

C, C_{n-1}, l に接する円を C_n,

....

とする. このとき円 C_n の半径を r_n として, 極限値 $\lim\limits_{n\to\infty} n^2 r_n$ を円 C の半径 R と円 C' の半径 R' を用いて表せ.

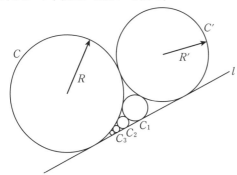

(72 東大・理科)

《ベクトルのままの微分》

39. xy 平面上の曲線 $y = \sin x$ に沿って, 図のように左から右へ進む動点 P がある. P の速さが一定 $V (V > 0)$ であるとき, P の加速度ベクトル $\vec{\alpha}$ の大きさの最大値を求めよ. ただし, P の速さとは P の速度ベクトル $\vec{v} = (v_1, v_2)$ の大きさであり, また t を時間として, $\vec{\alpha} = \left(\dfrac{dv_1}{dt}, \dfrac{dv_2}{dt} \right)$ である.

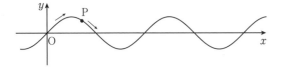

(82 東大・理科)

《法線の本数》

40. C を放物線 $y = \dfrac{3}{2}x^2 - \dfrac{1}{3}$ とする. C 上の点 $\mathrm{Q}\left(t, \dfrac{3}{2}t^2 - \dfrac{1}{3}\right)$ を通り, Q における C の接線と垂直な直線を, Q における C の法線という.

（1） xy 平面上の点 $\mathrm{P}(x, y)$ で P を通る C の法線が 1 本だけ引けるようなものの存在範囲を求め, xy 平面上に図示せよ.

（2） （1）で求めた範囲と放物線の内部（不等式 $y > \dfrac{3}{2}x^2 - \dfrac{1}{3}$ の定める範囲）の共通部分の面積を求めよ. (78 東大・理科)

《部分積分とガウス・グリーンの定理 1》

41. 次の定積分を求めよ.

$$\int_0^1 \left(x^2 + \frac{x}{\sqrt{1+x^2}}\right)\left(1 + \frac{x}{(1+x^2)\sqrt{1+x^2}}\right)dx$$

(19 東大・理科)

《部分積分とガウス・グリーンの定理 2》

42. 半径 10 の円 C がある. 半径 3 の円板 D を, 円 C に内接させながら, 円 C の円周に沿って滑ることなく転がす. 円板 D の周上の一点を P とする. 点 P が, 円 C の円周に接してから再び円 C の円周に接するまでに描く曲線は, 円 C を 2 つの部分に分ける. それぞれの面積を求めよ. (04 東大・理科)

《四角錐と円柱の体積》

43. xyz 空間に 5 点 $\mathrm{A}(1, 1, 0)$, $\mathrm{B}(-1, 1, 0)$, $\mathrm{C}(-1, -1, 0)$, $\mathrm{D}(1, -1, 0)$, $\mathrm{P}(0, 0, 3)$ をとる. 四角錐 PABCD の $x^2 + y^2 \geqq 1$ をみたす部分の体積を求めよ. (98 東大・理科)

《球の通過領域》

44. xyz 空間において, 点 $(0, 0, 0)$ を A, 点 $(8, 0, 0)$ を B, 点 $(6, 2\sqrt{3}, 0)$ を C とする. 点 P が $\triangle\mathrm{ABC}$ の辺上を 1 周するとき, P を中心とし半径 1 の球が通過する点全体のつくる立体を K とする.

（1） K を平面 $z = 0$ で切った切り口の面積を求めよ.

（2） K の体積を求めよ. (85 東大・理科)

《回転放物面と体積》

45. 放物線 $y = \dfrac{3}{4} - x^2$ を y 軸のまわりに回転して得られる曲面 K を，原点を通り回転軸と $45°$ の角をなす平面 H で切る．曲面 K と平面 H で囲まれた立体の体積を求めよ． (83　東大・理科)

《直交三円柱の問題》

46. r を正の実数とする．xyz 空間において

$$x^2 + y^2 \leqq r^2,\ y^2 + z^2 \geqq r^2,\ z^2 + x^2 \leqq r^2$$

をみたす点全体からなる立体の体積を求めよ． (05　東大・理科)

《集合としての立体》

47. 座標空間内の4点 O(0, 0, 0), A(1, 0, 0), B(1, 1, 0), C(1, 1, 1) を考える．$\dfrac{1}{2} < r < 1$ とする．点 P が線分 OA，AB，BC 上を動くときに点 P を中心とする半径 r の球（内部を含む）が通過する部分を，それぞれ V_1, V_2, V_3 とする．

（1）　平面 $y = t$ が V_1, V_3 双方と共有点をもつような t の範囲を与えよ．さらに，この範囲の t に対し，平面 $y = t$ と V_1 の共通部分および，平面 $y = t$ と V_3 の共通部分を同一平面上に図示せよ．

（2）　V_1 と V_3 の共通部分が V_2 に含まれるための r についての条件を求めよ．

（3）　r は（2）の条件をみたすとする．V_1 の体積を S とし，V_1 と V_2 の共通部分の体積を T とする．V_1, V_2, V_3 を合わせて得られる立体 V の体積を S と T を用いて表せ．

（4）　ひきつづき r は（2）の条件をみたすとする．S と T を求め，V の体積を決定せよ． (18　東大・理科)

《水の問題》

48. 水を満たした半径 r の球状の容器の最下端に小さな穴をあける．水が流れ始めた時刻を 0 として，時刻 t までにこの穴を通って流出した水の量を $f(t)$，時刻 t における穴から水面までの高さを y としたとき，$f(t)$ の導関数 $f'(t)$ と y との間に

$$f'(t) = \alpha\sqrt{y} \quad (\alpha \text{ は正の定数})$$

という関係があると仮定する．（ただし，水面はつねに水平に保たれているものとする）水面の降下する速さが最小となるのは，y がどのような値をとるときであるか．また水が流れ始めてから，このときまでに要する時間を求めよ．

（57　東大・理科）

《効率的に解け》

49. t の関数 $f(t)$ を $f(t) = 1 + 2at + b(2t^2 - 1)$ とおく．区間 $-1 \leqq t \leqq 1$ のすべての t に対して $f(t) \geqq 0$ であるような a, b を座標とする点 (a, b) の存在する範囲を図示せよ．

（87　東大・文科）

《複素写像 $w = z^2$》

50. 複素数 z, w の間に $w = z^2$ なる関係があり，複素平面において点 z は 4 点 $1+i, 2+i, 2+2i, 1+2i$ を頂点とする正方形の内部を動くものとする．このとき，複素平面において，点 w の動く範囲の面積を求めよ．ただし，i は虚数単位を表す．

（72　東大・文科）

《複素数の多項式への応用》

51. （1）　自然数 $n = 1, 2, 3, \cdots\cdots$ に対して，ある多項式 $p_n(x), q_n(x)$ が存在して，

$$\sin n\theta = p_n(\tan\theta)\cos^n\theta$$
$$\cos n\theta = q_n(\tan\theta)\cos^n\theta$$

と書けることを示せ．

（2）　このとき，$n > 1$ ならば次の等式が成立することを証明せよ．

$$p_n'(x) = nq_{n-1}(x), \quad q_n'(x) = -np_{n-1}(x)$$

（91　東大・理科）

52. グラフ $G = (V, W)$ とは有限個の頂点の集合 $V = \{P_1, \cdots\cdots, P_n\}$ とそれらの間を結ぶ辺の集合 $W = \{E_1, \cdots\cdots, E_m\}$ からなる図形とする. 各辺 E_j は丁度 2 つの頂点 P_{i_1}, P_{i_2} $(i_1 \neq i_2)$ を持つ. 頂点以外での辺同士の交わりは考えない. さらに, 各頂点には白か黒の色がついていると仮定する.

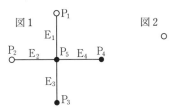

図 1　　　　　　　　　図 2

例えば, 図 1 のグラフは頂点が $n = 5$ 個, 辺が $m = 4$ 個あり, 辺 E_i $(i = 1, \cdots\cdots, 4)$ の頂点は P_i と P_5 である. P_1, P_2 は白頂点であり, P_3, P_4, P_5 は黒頂点である.

出発点とするグラフ G_1 (図 2) は, $n = 1, m = 0$ であり, ただ 1 つの頂点は白頂点であるとする.

与えられたグラフ $G = (V, W)$ から新しいグラフ $G' = (V', W')$ を作る 2 種類の操作を以下で定義する. これらの操作では頂点と辺の数がそれぞれ 1 だけ増加する.

(操作 1)　この操作は G の頂点 P_{i_0} を 1 つ選ぶと定まる. V' は V に新しい頂点 P_{n+1} を加えたものとする. W' は W に新しい辺 E_{m+1} を加えたものとする. E_{m+1} の頂点は P_{i_0} と P_{n+1} とし, G' のそれ以外の辺の頂点は G での対応する辺の頂点と同じとする. G において頂点 P_{i_0} の色が白または黒ならば, G' における色はそれぞれ黒または白に変化させる. それ以外の頂点の色は変化させない. また P_{n+1} は白頂点にする (図 3).

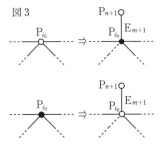

図 3

(操作 2)　この操作は G の辺 E_{j_0} を 1 つ選ぶと定まる. V' は V に新しい

頂点 P_{n+1} を加えたものとする．W' は W から E_{j_0} を取り去り，新しい辺 E_{m+1}，E_{m+2} を加えたものとする．E_{j_0} の頂点が P_{i_1} と P_{i_2} であるとき E_{m+1} の頂点は P_{i_1} と P_{n+1} であり，E_{m+2} の頂点は P_{i_2} と P_{n+1} であるとする．G' のそれ以外の辺の頂点は G での対応する辺の頂点と同じとする．G において頂点 P_{i_1} の色が白または黒ならば，G' における色はそれぞれ黒または白に変化させる．P_{i_2} についても同様に変化させる．それ以外の頂点の色は変化させない．また P_{n+1} は白頂点にする（図4）．

図4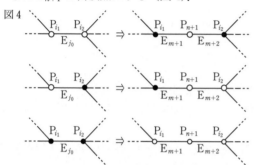

出発点のグラフ G_1 にこれら2種類の操作を有限回繰り返し施して得られるグラフを可能グラフと呼ぶことにする．次の問に答えよ．

（1）図5の3つのグラフはすべて可能グラフであることを示せ．ここで，すべての頂点の色は白である．

図5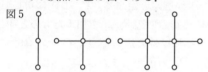

（2）n を自然数とするとき，n 個の頂点を持つ図6のような棒状のグラフが可能グラフになるために n の満たすべき必要十分条件を求めよ．ここで，すべての頂点の色は白である．

図6 ○—○—······—○—○—○

（98　東大・理科）

解答編

《基本の図形を読み取る》

1. 図のように，半径 a の円 O の周を 8 等分する点を順に A_1, A_2, $\cdots$, A_8 とし，弦 A_1A_4 と弦 A_2A_7，A_3A_6 との交点をそれぞれ P，Q とし，弦 A_5A_8 と弦 A_3A_6，A_2A_7 との交点をそれぞれ R，S とする．このとき，正方形 PQRS の面積を求めよ．また，線分 A_1P，A_2P と弧 A_1A_2 とで囲まれる図形の面積を求めよ．

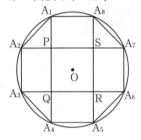

(80　東大・文科)

考え方　昔の東大の図形問題には，名作が多い．何題か取り上げる．

　以下，しばらくは与太話である．読み飛ばしてほしい．私としては，世の中の教育関係者，受験生への，助言のつもりである．

　数年前，学校で配られた本に，性的なことが書いてあったと抗議があり，本の内容を書き換えたという事件があった．抗議した人も，書き換えた人も，それぞれの自由である．以下は私の姿勢である．「読者の立場の私」は，気に入らないことが書いてあっても，本をゴミ箱に投げ入れるだけで抗議はしない．「執筆者の立場の私」は，抗議を受けたからと言って，書き換えない．この部分だけでも，何度も書き直し，検討を重ねている．一部の人が眉をひそめる内容があることは承知しているが，印象的にするために書いているのである．皆，与太話はよく覚えてくれる．与太話にくっつけ，その最後にあることを覚えていただきたいのである．もっとも，与太話だけしか覚えないという説もある．

　私の母親には妹が二人いて，長妹の旦那は名前を S さんと言った．私の父が国鉄職員で，若い後輩を叔母に紹介して結婚したとき，小学生であった私達翔っ子を可愛がってくれた．スポーツマンで，野球の試合ではホームランをかっ飛ばし，豪快に盗塁した．中日球場に野球を見に連れて行ってくれたり，キャンプに誘ってくれたりした．生涯で一番旨かった味噌汁は，キャンプで作ってくれた，あの朝の味噌汁だ．ハンサムな人で，車掌をしていたときには，検札で乗客の女性に声を掛け，冗談を言って心をつかんだ．S さんにとっては，検札という作業は，狼が牧場で羊を物色するようなものに違いなかった．叔母が何度も「また S

30

さんが新しい女をつくった」と，実家に駆け込んできた．昔は顔パスといって，国鉄職員は，社員証を見せれば私鉄でも国鉄でも，無料でどこへでも行けたから，名古屋在住なのに，勤務の合間に伊豆で逢い引きなどしていた．叔母にとっては酷い旦那である．彼は勉強は苦手で，昇進試験には何度も落ちた．ついには，私の父親が試験問題を聞いてきて，答えを作って渡し，それを覚え，やっと助役になったという体たらくである．関係者は皆故人となり，時効である．

　私が小学校6年生のとき，Sさんが言った．
「おい，亨，好きな女の子，おるやろ．女を見るとき，どこを見るんだ？」
「僕は，女の子の，なで肩になった，すらっとした線が好きです」
「若いなあ．年をとるとな，ムッチムチの足とな，プリップリのケ，あ，後ろ姿を見るんだわ」
と言った．そうなのか，そんなムッチムチの，太い足がいいのかと，驚いた．幼なじみの美少女達のムッチムチは想像すらできなかった．数学が好きになって，図形問題を解くようになったときに，頭の中で，いつも，Sさんの声がする．
「おい，亨，お前は，この図形のどこを見るんだ？」
図形は線が多い．見るところを間違えると，混乱する．どこが，その図形の魅力的な部分（本質）かを探せ．視線を，どう移していくのかを考えてほしい．

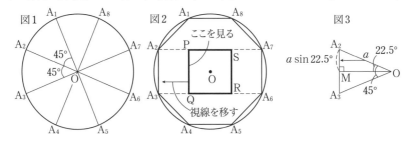

　本問では「円周を8等分する点」とあるから，図1の，円周上に等間隔に並んだ8点を見る．8分割された弧に対する中心角 $\dfrac{360°}{8} = 45°$ を見る．次に正方形PQRSとあるから，図2の一辺PQを見るのであるが，図1との関連で考えるから，図2のようにPQから A_2A_3 に目を移す．私は二等辺三角形があると，頂点（等辺を出している点のこと）から底辺に垂線を下ろして二等分する（図3）のが好きだから，A_2A_3 の中点をMとして

$$A_2A_3 = 2A_2M = 2a\sin\frac{45°}{2}$$

とする．正方形PQRSの面積は

$$A_2A_3{}^2 = 4a^2\sin^2\frac{45°}{2} = 2a^2(1 - \cos 45°) = a^2(2 - \sqrt{2})$$

となる．世間では，二等辺三角形を二分割する人は少数派であるから，解答では余弦定理を用いる．後半は，東大では，過去に，弓形の出題が多いから，図4のように分割し，弓形と45度定規に分ける．

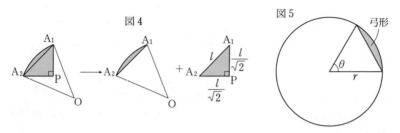

図4　　　　　　　　図5　　　　　弓形

以下，角はラジアンで測る．半径 r，中心角 θ の弓形の面積は $\dfrac{1}{2}r^2(\theta - \sin\theta)$ である．

▶解答◀　$PQ = A_2 A_3 = l$ とおく．求める2つの面積を順に S_1, S_2 とする．三角形 $OA_2 A_3$ に余弦定理を用いて

$$S_1 = PQ^2 = l^2 = a^2 + a^2 - 2a^2 \cos\frac{\pi}{4} = (2 - \sqrt{2})a^2$$

弓形 $A_1 A_2$ と直角二等辺三角形 $A_1 A_2 P$ を加えると考えて

$$S_2 = \frac{1}{2}a^2\left(\frac{\pi}{4} - \sin\frac{\pi}{4}\right) + \frac{1}{2}\left(\frac{l}{\sqrt{2}}\right)^2$$

$$= \frac{\pi a^2}{8} - \frac{a^2 \sqrt{2}}{4} + \frac{1}{4}(2 - \sqrt{2})a^2 = \left(\frac{\pi}{8} + \frac{1 - \sqrt{2}}{2}\right)a^2$$

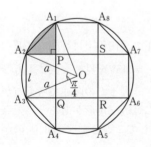

注意 【ラジアンと弓形の説明】

図6を見よ．角はラジアンで測る．半径1の円周上で，線分 OA_0 から線分 OP_0 まで回る角が θ であるとは，弧 $A_0 P_0$ の長さが θ であることをいう．弧の長さをもって，角とする．これを r 倍して，弧 AP の長さは $r\theta$ となる．

扇形の面積は，中学では，円全体との角の比で考えるが，図7のように，底辺×高さ÷2として，$\frac{1}{2}\overset{\frown}{AP}\cdot OH$ と考え

$$\frac{1}{2}(r\theta)\cdot r = \frac{1}{2}r^2\theta$$

となる．

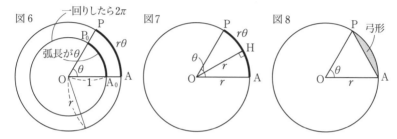

半径 r，中心角 θ の弓形の面積は扇形の面積から三角形 OAP の面積を引いて，

$$\frac{1}{2}r^2\theta - \frac{1}{2}r^2\sin\theta = \frac{1}{2}r^2(\theta - \sin\theta)$$

である．弓形は，通常は $0 < \theta < \pi$ で考えるが，東大の 2003 年には $\pi < \theta < 2\pi$ でも考える必要がある問題がある．その場合には符号付きの三角形の面積を引く（結果的には加える）ということになる．

2. 平面上に2定点 A, B があり, 線分の長さ $\overline{AB}$ は $2(\sqrt{3}+1)$ である. この平面上を動く3点 P, Q, R があって, つねに

$$\overline{AP}=\overline{PQ}=2, \quad \overline{QR}=\overline{RB}=\sqrt{2}$$

なる長さを保ちながら動いている. このとき, Q の動きうる範囲を図示し, その面積を求めよ.

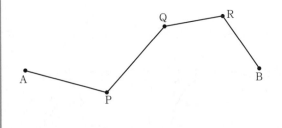

(82 東大・文科)

考え方 まず問題文に関していくつか, 注意を述べよう. 線分というのは, 図形である. それと, 線分の長さは別のものである. 区別をしようというのは, おかしなことではない. 海外の書籍では, 線分 AB の長さを表す記号として, $\overline{AB}$, |AB| 等の記号がある. 国際数学オリンピックの書籍では |AB| が多いように見える. 上に書いた棒はバーと読む. 最近は $\overline{AB}$ という書き方は少ない. 現在の日本では区別せず, AB は, 図形としての AB と, 長さそのものを表す. 以下では, 解答でも, バーをとって, AB で長さを表す.

同様に, 三角形 ABC という図形と, その面積は別のものである. 国際数学オリンピックでは |ABC| で面積を表すことが多いように見える. 日本では △ABC で面積を表す.

昔のアメリカの数学者で, クラムキンという人の本には, [ABCD] で, 四角形 ABCD の面積, 四面体 ABCD の体積を表すという, 便利な書き方がある.

驚いたことに, 問題文の図では, QR ＜ RB になっているように見える. 私の目が歪んでいる？これは教学社の資料にあった原図をコピーしてもらったものである. よくぞ, 原文を保存してあるものだ！作図のミスなのだろうか？

基本となる考え方は「逆手流」である. この用語に関しては, 後の「写像」のところで詳しく述べる. 今は, ここで必要な考え方の説明にとどめよう.

この問題は, 意外に奥が深い.

まず, 条件を Q から左と Q から右に分ける. デカルトの有名な言葉「困難は

分割せよ」である．

Q を 1 つ定めたとき，その Q が実現するかどうかは，AP ＝ PQ ＝ 2 となるような P が存在するかどうかによっている．それは，A，P，Q で三角形ができることで，それは三角不等式 |AP － PQ| ≦ AQ ≦ AP ＋ PQ が成り立つことである．AQ の長さが長すぎたり，短かすぎたりすると P が存在せず，Q が実現できないのである．なお，A，P，Q が線分または 1 点につぶれても三角形ができているということにする．

ところで，数学 II の教科書等で，三角関数の関係する不等式を三角不等式とよぶ人達がいるが，誤用である．三角不等式とは，三角形の 3 辺の長さに関する不等式である．

▶解答◀ Q を 1 つ定めたとき，AP ＝ PQ ＝ 2 となる P が存在するための必要十分条件は A，P，Q で三角形（線分につぶれてもよい）ができることで

$$|AP － PQ| ≦ AQ ≦ AP ＋ PQ$$

$$0 ≦ AQ ≦ 4$$

Q を 1 つ定めたとき，R が存在するための必要十分条件は

$$|QR － BR| ≦ BQ ≦ QR ＋ BR$$

$$0 ≦ BQ ≦ 2\sqrt{2}$$

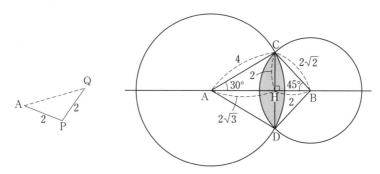

A を中心，半径 4 の円と B を中心，半径 $2\sqrt{2}$ の円の交点を C，D とする．CD と AB の交点を H とする．$\sqrt{3}$ と $\sqrt{2}$ があるから，30° や 45° があるのではないかと見当をつけて，AH ＝ $2\sqrt{3}$，CH ＝ 2 となる 60 度定規の形と，CH ＝ 2，BH ＝ 2 の 45 度定規の形を描いてみると，これがピタリと合う（計算で求める方法は注で述べる）．2 つの扇形を加えて四角形 ADBC を引くと考え

$$\pi \cdot 4^2 \cdot \frac{1}{6} ＋ \pi (2\sqrt{2})^2 \cdot \frac{1}{4} － \frac{1}{2}(2\sqrt{3} ＋ 2) \cdot 2 \cdot 2 ＝ \frac{14}{3}\pi － 4\sqrt{3} － 4$$

解答では次のように足したり，引いたりしている．

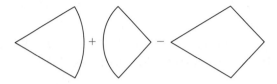

弓形を 2 つ加えると考えてもよい．ただし，角はラジアンで測る．半径 r，中心角 θ の弓形の面積は

$$\frac{1}{2}r^2\theta - \frac{1}{2}r^2\sin\theta$$

であるから，求める面積は

$$\frac{1}{2}\cdot 4^2\left(\frac{\pi}{3} - \sin\frac{\pi}{3}\right) + \frac{1}{2}(2\sqrt{2})^2\left(\frac{\pi}{2} - \sin\frac{\pi}{2}\right) = \frac{14}{3}\pi - 4\sqrt{3} - 4$$

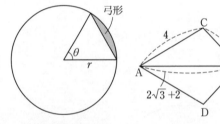

2° 【角を求める】

大人は，解答のように見当をつける人が多いが，生徒では，そうする人は少ない．$AC = 4$, $AB = 2(\sqrt{3}+1)$, $BC = 2\sqrt{2}$ のとき，余弦定理により

$$\cos\angle CAB = \frac{4^2 + 4(\sqrt{3}+1)^2 - (2\sqrt{2})^2}{2\cdot 4\cdot 2(\sqrt{3}+1)}$$

$$= \frac{8(3+\sqrt{3})}{2\cdot 4\cdot 2(\sqrt{3}+1)} = \frac{\sqrt{3}(\sqrt{3}+1)}{2(\sqrt{3}+1)} = \frac{\sqrt{3}}{2}$$

$\angle CAB = 30°$ となる．同様に

$$\cos\angle CBA = \frac{(2\sqrt{2})^2 + 4(\sqrt{3}+1)^2 - 4^2}{2\cdot 2\sqrt{2}\cdot 2(\sqrt{3}+1)}$$

$$= \frac{8\sqrt{3}+8}{8\sqrt{2}(\sqrt{3}+1)} = \frac{1}{\sqrt{2}}$$

$\angle CBA = 45°$ である．

3°【改題】

　問題の図で，QR ≠ RB になっていないから「最初は QR ≠ RB だったか？」と思って，改題をしてみた．次のようにすると，三角不等式の左辺も，微妙に影響する．ただし，最終的な面積には影響しないが，途中経過には影響する．

　平面上に 2 定点 A，B があり，線分 AB の長さは $2(\sqrt{3}+1)$ である．この平面上を動く点 P，Q，R があって，つねに

　　　$AP = 1$，$PQ = 3$，$QR = \dfrac{1}{2}\sqrt{2}$，$RB = \dfrac{3}{2}\sqrt{2}$

なる長さを保ちながら動いている．このとき，Q の動きうる範囲を図示し，その面積を求めよ．

(82　東大・文科／改題)

▶解答◀　Q を 1 つ定めたとき，P が存在するための必要十分条件は A，P，Q で三角形（線分につぶれてもよい）ができることで

　　　$|AP - PQ| \leqq AQ \leqq AP + PQ$

　　　$2 \leqq AQ \leqq 4$

　Q を 1 つ定めたとき，R が存在するための必要十分条件は B，R，Q で三角形（線分につぶれてもよい）ができることで

　　　$|QR - BR| \leqq BQ \leqq QR + BR$

　　　$\sqrt{2} \leqq BQ \leqq 2\sqrt{2}$

　図で，A を中心，半径 $r_1 = 2, r_2 = 4$ の円を，それぞれ C_1, C_2，B を中心，半径 $r_3 = \sqrt{2}, r_4 = 2\sqrt{2}$ の円を，それぞれ C_3, C_4 とする．ここで

　　　$2 + 2\sqrt{2} < 2\sqrt{3} + 2$

すなわち

　　　$r_1 + r_4 < AB$

であること，および

　　　$4 + \sqrt{2} < 2\sqrt{3} + 2 = AB$

すなわち，$r_2 + r_3 < AB$ であることに注意せよ．また，不等式の確認は

　　　$\sqrt{2} = 1.414\cdots\cdots,\ \sqrt{3} = 1.732\cdots\cdots$

で近似計算すればよい．

　C_1, C_2 で挟まれた同心円の部分，C_3, C_4 で挟まれた同心円の部分の共通部分の面積を求める．面積は，原題と同じである．A，B を中心とする 2 つの同心円のうち，小さい方は答えに影響がない．

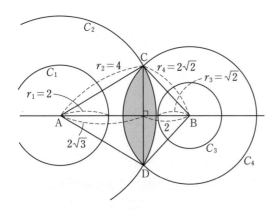

3. 半径 1 の円 O の周を 6 等分する点を図のように順次 A_1, A_2, ……, A_6 とする．弧 $A_2A_1A_6$ および半径 OA_2, OA_6 に接する円の中心を P とし，この円 P の周と線分 OP の交点を B とする．線分 OA_3 上に OQ = PA_1 を満たすように点 Q を定める．Q を中心とし QA_3 を半径とする円周と円 P の交点のうちで，直径 A_1B に関し点 A_2 と同じ側にあるものを C とする．このとき 4 辺形 OPCQ は平行 4 辺形であることを証明せよ．また弧 $A_1A_2A_3$，弧 A_3C，弧 CBA_1 によって囲まれた領域（図の太線で囲まれた部分）の面積を求めよ．

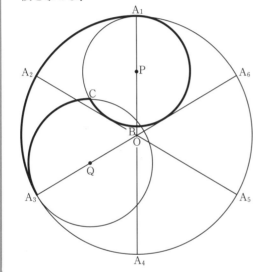

(78　東大・共通)

考え方　これは中学生にも解ける問題である．なぜこんなに易しい問題を採用するのかと思うなら，あなたは生徒との乖離が進んでいる．生徒に解いてもらうとわかるが，あまり解けない．ほどよい問題である．

当時，私は，数ヶ月，小さな塾をやっていた．その生徒に，H 君という，有名私立 K 高校の一番の人がいた．今は某病院の脳外科部長である．彼は東大理科三類に余裕で合格したのであるが，唯一解けなかったのが最初の設問，OPCQ が平行四辺形を示すことである．こんなに優秀な人でも気づかないことがあるのだと，問題作りのうまさに感心したものである．

円の問題には二種類ある．円周角や中心角が重要な問題と，長さだけの問題である．後者では「円弧を消せ」というスローガンが似合う．円の中心と，円周上

の点との距離が半径で与えられることに着目する.

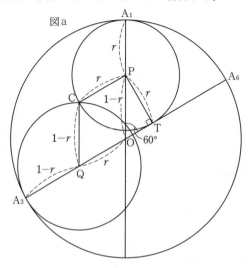

図a

図aを見よ. 円 P と A_3A_6 とが接する. 接点を T として, $\angle OTP = 90°$ で, 直角マークを入れよ. $A_1P = r$ とする. $OP = 1-r$ となる. 問題文から $OQ = A_1P = r$ である. $CQ = QA_3 = 1-r$, $PT = PC = PA_1 = r$ である.

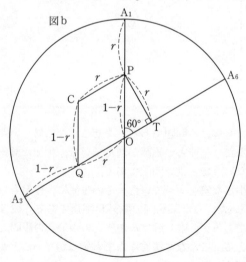

図b

図aから, 小円と中円を消したのが図bである. 図bを見ると, 平行四辺形 PCQO が浮かび上がるだろう.

$A_1P = r$ とする.$OP = 1 - r$ となる.

OQ $= A_1P = r$,CQ $=$ QA$_3 = 1 - r$ であるから

CQ $=$ OP $\cdots\cdots\cdots\cdots\cdots\cdots\cdots\cdots\cdots\cdots\cdots\cdots\cdots\cdots\cdots\cdots\cdots$①

である.また

OQ $= A_1P =$ PC $\cdots\cdots\cdots\cdots\cdots\cdots\cdots\cdots\cdots\cdots\cdots\cdots\cdots\cdots$②

である.①,②より向かい合った2組の辺の長さが等しいから,四角形 OPCQ は平行四辺形である.

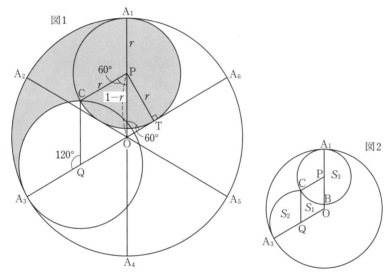

円 P と A_3A_6 の接点を T とする.三角形 POT は 60 度定規の形である.OP $= 1 - r$ である.

$$\frac{r}{1-r} = \frac{\sqrt{3}}{2}$$

$$2r = \sqrt{3} - \sqrt{3}r$$

$$r = \frac{\sqrt{3}}{2 + \sqrt{3}} = \sqrt{3}(2 - \sqrt{3}) = 2\sqrt{3} - 3$$

図2において,各部分の面積を S_1, S_2, S_3 と定める.平行四辺形 OPCQ の面積を2通りに表す.S_1(図形 OBCQ の面積)と,半径 r,中心角 60° の扇形 PCB の面積を加えると平行四辺形 OPCQ の面積になる.一方で,平行四辺形 OPCQ は 60 度を挟む2辺の長さが $r, 1 - r$ であるから

$$S_1 + \frac{\pi}{6}r^2 = \text{PC} \cdot \text{PO} \sin \angle \text{OPC}$$

$$S_1 = \frac{\sqrt{3}}{2}r(1-r) - \frac{\pi}{6}r^2$$

S_2 は半径 $1-r$，中心角 $120°$ の扇形 A_3QC の面積である．

$$S_2 = \frac{\pi}{3}(1-r)^2$$

S_3 は半径 r の半円の面積である．

$$S_3 = \frac{\pi}{2}r^2$$

求める面積を S とする．半径 1，中心角 $120°$ の扇形 OA_1A_3 の面積と S_3 を加え，S_1 と S_2 を引くと考える．

$$S = \frac{\pi}{3} \cdot 1^2 + S_3 - (S_1 + S_2)$$

$$= \frac{\pi}{3} + \frac{\pi}{2}r^2 - \frac{\sqrt{3}}{2}r(1-r) + \frac{\pi}{6}r^2 - \frac{\pi}{3}(1-r)^2$$

$$= \frac{\pi}{3}(r^2 + 2r) - \frac{\sqrt{3}}{2}(r - r^2)$$

$$= \frac{\pi}{3}(21 - 12\sqrt{3} + 4\sqrt{3} - 6) - \frac{\sqrt{3}}{2}(2\sqrt{3} - 3 - 21 + 12\sqrt{3})$$

$$= \frac{\pi}{3}(15 - 8\sqrt{3}) - 21 + 12\sqrt{3}$$

注 意 【巴の紋】

　図のような模様を巴の紋という．検索してみると，確定した形があるわけではなく，巴の紋は総称のようである．

　なお，1980 年の図形問題は円の中に十字の形（島津藩の紋のような形）であるが，十字が太すぎて，私には，島津の紋には見えない．

4. 四角形 ABCD が，半径 $\dfrac{65}{8}$ の円に内接している．この四角形の周の長さが 44 で，辺 BC と辺 CD の長さがいずれも 13 であるとき，残りの 2 辺 AB と DA の長さを求めよ． (06　東大・文科)

考え方　「6 年間も英語教育を受けているのに，英語を話せるようになっていないのは教育の仕方が悪いからである．だから英語を話すことを試験に取り入れるべきだ」という主張がある．それを言うなら，数学だって似たようなものであるという意見もある．「小学校 6 年間も入れたら，12 年間も算数・数学教育を行っているのに，ほとんど身についていない」という訳だ．

　私は，本問を見たとき「あの問題と同じだ」と思った．

【頻出問題】　四角形 ABCD は円に内接し，4 辺の長さが

$$BC = CD = 7,\ DA = 5,\ AB = 3$$

であるとき，対角線 BD の長さ，外接円の半径を求めよ．

は知っているだろう．これを学んだら，

【頻出問題の一般化】　四角形 ABCD は円に内接し，4 辺の長さが

$$AB = a,\ BC = b,\ CD = c,\ DA = d$$

であるとき，外接円の半径 R を求めよ．

も解けるだろう．もちろん，文字ばかりになるから，計算は面倒になるけれど，原理的には解ける．この結果は R が a, b, c, d で表される．誰も手を動かさないから，私が解いておく．$\angle BCD = \theta$ として

$$BD^2 = b^2 + c^2 - 2bc\cos\theta$$

$$BD^2 = a^2 + d^2 - 2ad\cos(\pi - \theta) = a^2 + d^2 + 2ad\cos\theta$$

を辺ごとに引いて整理すると

$$\cos\theta = \frac{b^2 + c^2 - a^2 - d^2}{2(ad + bc)}$$

$$\sin\theta = \sqrt{1 - \left(\frac{b^2 + c^2 - a^2 - d^2}{2(ad + bc)}\right)^2}$$

$$BD = \sqrt{b^2 + c^2 - 2bc \cdot \frac{b^2 + c^2 - a^2 - d^2}{2(ad + bc)}}$$

$$R = \frac{BD}{2\sin\theta} = \frac{\sqrt{b^2 + c^2 - 2bc \cdot \dfrac{b^2 + c^2 - a^2 - d^2}{2(ad + bc)}}}{2\sqrt{1 - \left(\dfrac{b^2 + c^2 - a^2 - d^2}{2(ad + bc)}\right)^2}}$$

となる.

【本問に合わせる】　四角形 ABCD は円に内接し，4 辺の長さを

$$AB = a, BC = b, CD = c, DA = d$$

とする.

$$a + b + c + d = 44, b = 13, c = 13$$

外接円の半径 $R = \dfrac{65}{8}$ のとき，a, d を求めよ.

というわけである．解答は簡単である．

$$a + b + c + d = 44, b = 13, c = 13$$

$$\frac{\sqrt{b^2 + c^2 - 2bc \cdot \dfrac{b^2 + c^2 - a^2 - d^2}{2(ad + bc)}}}{2\sqrt{1 - \left(\dfrac{b^2 + c^2 - a^2 - d^2}{2(ad + bc)}\right)^2}} = \frac{65}{8}$$

から a, d について解けばよい．これ以外の解法なんて，私には，考えられない．こういうと「えーっ，こんな汚い式を使うのですかあ」という人がいるから，困る．そこじゃあないだろ．こんな汚い式を具体的につくるのではなく.

a, b, c, d を与える $\Longrightarrow R$ が求められる

R を与える $\Longrightarrow a, b, c, d$ が満たす式が求められる

から，$b, c, a + d$ の値を与えれば，原理的には解けるということである．つまり，本問（東大の問題）と，【頻出問題】は，系統として同じ問題である．

　東大の出題姿勢の一つは「頻出問題の情報の与え方を変えてみる」である．それは 10 番でも出てくる．

　ところがである．後で掲載する別解を持ってくる大人が多い．「敢えて別解を考えた」ということではない．その人達には，本問と，頻出問題が，同じには見えなかったから，なんとなく垂線を下ろしていじってみたら解けたということである．それなら，その人達は，【頻出問題】でも，図 b を描いて，考えるのだろ

うか？そんなことはしないはずだ．おそらく「丸ごと同じなら定型通りに解く」「少しでも変えられたら，別の問題」という発想のように思われる．私自身は，二等辺三角形があるときには，垂線を下ろして半分にするというのは，好きな解法ではあるが，それをここで使おうとは思わない．

【頻出問題の解答】 図は次の図aを見よ．

$\angle \text{BCD} = \theta$ とすると $\angle \text{BAD} = \pi - \theta$ であり，余弦定理より BD^2 を2通りに表すと

$$\text{BD}^2 = 7^2 + 7^2 - 2 \cdot 7 \cdot 7 \cos\theta = 3^2 + 5^2 - 2 \cdot 3 \cdot 5 \cos(\pi - \theta)$$

$$\text{BD}^2 = 98 - 98\cos\theta = 34 + 30\cos\theta$$

これを解いて，$\cos\theta = \dfrac{1}{2}$, $\text{BD} = 7$, $R = \dfrac{\text{BD}}{2\sin\theta} = \dfrac{7}{\sqrt{3}}$ を得る．

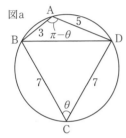
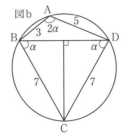

頻出問題と同じようにするなら，スピードも早い．迷いがない．

▶解答◀ $\text{AB} = x$, $\text{DA} = y$, $\angle \text{A} = \theta$ とおく．$\angle \text{C} = \pi - \theta$ となる．

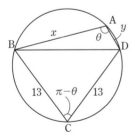

まず余弦定理を用いて BD^2 を2通りで表すと

$$\text{BD}^2 = 13^2 + 13^2 - 2 \cdot 13 \cdot 13 \cos(\pi - \theta)$$
$$= x^2 + y^2 - 2xy\cos\theta$$

となり，

$$\text{BD}^2 = 2 \cdot 13^2 (1 + \cos\theta) \quad \cdots\cdots\cdots\cdots\cdots\cdots ①$$

$$= x^2 + y^2 - 2xy \cos\theta \quad \cdots\cdots\cdots② $$

である．また正弦定理より

$$\frac{\mathrm{BD}}{\sin\theta} = 2 \cdot \frac{65}{8}$$

$$\mathrm{BD} = \frac{65}{4} \sin\theta$$

となる．① に代入して

$$\frac{65^2}{4^2} \sin^2\theta = 2 \cdot 13^2 (1 + \cos\theta)$$

$$\frac{5^2 \cdot 13^2}{4^2} (1 - \cos\theta)(1 + \cos\theta) = 2 \cdot 13^2 (1 + \cos\theta)$$

$1 + \cos\theta (\neq 0)$ で割り，さらに $\dfrac{16}{13^2}$ をかけて

$$25(1 - \cos\theta) = 32 \qquad \therefore \quad \cos\theta = -\frac{7}{25}$$

一方，①＝② より

$$2 \cdot 13^2 (1 + \cos\theta) = (x + y)^2 - 2xy(1 + \cos\theta) \quad \cdots\cdots\cdots③ $$

ここで，四角形の周の長さが 44 だから

$$x + y + 13 + 13 = 44$$

よって $x + y = 18$ となり，これと $\cos\theta = -\dfrac{7}{25}$ を ③ に代入すると

$$2 \cdot 13^2 \cdot \frac{18}{25} = 18^2 - 2xy \cdot \frac{18}{25}$$

$18 \cdot 2$ で割ると

$$\frac{169}{25} = 9 - xy \cdot \frac{1}{25} \qquad \therefore \quad 169 = 225 - xy$$

したがって

$$x + y = 18, \ xy = 56$$

となる．解と係数の関係より x, y は

$$t^2 - 18t + 56 = 0$$

の 2 解であり，

$$t = 9 \pm \sqrt{9^2 - 56} = 9 \pm \sqrt{25} = 9 \pm 5 = 14, 4$$

であり，x, y は 4 と 14 である．

$$\mathbf{(AB, DA) = (4, 14), (14, 4)}$$

注意 【基本対称式の計算】

　条件 $x + y = 18$ を最初に使い「2辺の長さを x, $18 - x$」として計算を始める人がいる．途中で 324 など，係数が大きくなる．AB，DA の対等性を崩し，AB $= x$ に偏った式を作るので，式の立て方として好ましくない．基本対称式の計算は重要である．

♦別解♦　文字の設定は解答と同じ．$x + y = 18$ も同様に導く．この後，$\angle \text{CDB} = \angle \text{CBD} = \alpha$ とおく．正弦定理より

$$\frac{13}{\sin\alpha} = 2 \cdot \frac{65}{8} \qquad \therefore \quad \sin\alpha = \frac{4}{5}$$

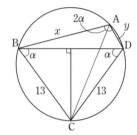

α は鋭角だから

$$\cos\alpha = \sqrt{1 - \sin^2\alpha} = \frac{3}{5}$$

$$\text{BD} = 2\text{CD}\cos\alpha = 2 \cdot 13 \cdot \frac{3}{5} \quad \cdots\cdots\cdots\cdots\cdots\text{①}$$

また，ここで

$$\angle \text{CAD} = \angle \text{CBD} = \alpha, \quad \angle \text{BAC} = \angle \text{BDC} = \alpha$$

より $\angle \text{A} = 2\alpha$ になるから，余弦定理より

$$\text{BD}^2 = x^2 + y^2 - 2xy\cos 2\alpha$$
$$= (x + y)^2 - 2xy(1 + \cos 2\alpha) = 18^2 - 2xy \cdot 2\cos^2\alpha$$
$$= 18^2 - 2xy \cdot 2 \cdot \frac{3^2}{5^2} \quad \cdots\cdots\cdots\cdots\cdots\text{②}$$

①，② より

$$2^2 \cdot 13^2 \cdot \frac{3^2}{5^2} = 18^2 - 2xy \cdot 2 \cdot \frac{3^2}{5^2}$$

これを整理して $xy = 56$ を得る．（以下略）

もう一つ，私が「同系統」と思う問題を入れておこう．

AB $= 3$, BC $= 4$, CD $= 5$, DA $= 6$ をみたす四角形 ABCD を考える．この四角形の面積を F とすると

$$F = \boxed{} \sin B + \boxed{} \sin D$$

が成り立つ．余弦定理を用いれば

$$F^2 = \boxed{} - \boxed{} \cos(B+D)$$

を得る．$B + D = \pi$ のとき，F は最大値 $6\sqrt{\boxed{}}$ をとる．

（15　慶應大・総合政策）

B, D は点 B，D のところの内角を表す．

▶解答◀ $F = \triangle \mathrm{ABC} + \triangle \mathrm{ACD}$

$$= \frac{1}{2} \cdot 3 \cdot 4 \sin B + \frac{1}{2} \cdot 5 \cdot 6 \sin D$$

$$F = \mathbf{6} \sin B + \mathbf{15} \sin D \quad \cdots\cdots\cdots\cdots\cdots\cdots\cdots\cdots\cdots\text{①}$$

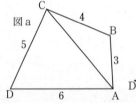 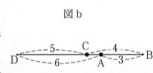 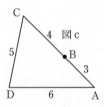

余弦定理で AC^2 を 2 通りに表して

$$3^2 + 4^2 - 2 \cdot 3 \cdot 4 \cos B = 5^2 + 6^2 - 2 \cdot 5 \cdot 6 \cos D$$

$$25 - 24 \cos B = 61 - 60 \cos D$$

$$-9 = 6 \cos B - 15 \cos D \quad \cdots\cdots\cdots\cdots\cdots\cdots\cdots\cdots\text{②}$$

①² + ②² より

$$F^2 + 81 = 36 + 225 - 2 \cdot 6 \cdot 15 (\cos B \cos D - \sin B \sin D)$$

$$F^2 = \mathbf{180} - \mathbf{180} \cos(B+D) \leqq 180 + 180 = 360$$

等号は $\cos(B+D) = -1$ のとき成り立つ．F は $B + D = \pi$ のとき，最大値 $6\sqrt{\mathbf{10}}$ をとる．

なお，極端な場合，図 b の場合は $B = D = 0$ で $B + D = 0$
図 c の場合は $B = \pi$ で $\pi < B + D < 2\pi$ となるから，途中のどこかで $B + D = \pi$ となる．この系統の問題は線分に潰れることができる設定が多い．

5. 四角錐 V-ABCD があって，その底面 ABCD は正方形であり，また 4 辺 VA，VB，VC，VD の長さはすべて相等しい．この四角錐の頂点 V から底面におろした垂線 VH の長さは 6 であり，底面の 1 辺の長さは $4\sqrt{3}$ である．VH 上に VK ＝ 4 となる点 K をとり，点 K と底面の 1 辺 AB とを含む平面で，この四角錐を 2 つの部分に分けるとき，頂点 V を含む部分の体積を求めよ．

(73 東大・文科)

考え方 1973 年は，私が大学 1 年のときで，問題を見て，方針が立たず，それっきりになった．いい加減なものである．解答を読むと，なんだ，こんなことかと思うだろうが，図形が苦手な者には，難しい．一時期，東大では立体図形が多く出題された．東大型の立体図形は 2 つに分類される．

（ア） ある面に関して対称な立体

（イ） 面対称でない立体

（ア）は扱い方を覚えれば実に簡単である．対称面をもつ立体の場合，

「対称面で切れ．断面上と断面に垂直な方向に必要な長さが現れる」

である．断面 VLM 上とそれに垂直な PQ を見る．

▶解答◀ AB，CD の中点を L，M とする．図 1 を参照し，

$$VH : LM = 6 : 4\sqrt{3} = \sqrt{3} : 2$$

であるから △VLM は 1 辺の長さが $4\sqrt{3}$ の正三角形である．点 K と底面の 1 辺 AB とを含む平面と VC，VD，VM の交点を P，Q，N とする．図 2 で，

$$VH : VK = 6 : 4 = 3 : 2$$

だから K は正三角形 VLM の重心である．よって N は VM の中点で，LN は VM と垂直である．P，Q は VC，VD の中点である．

図1
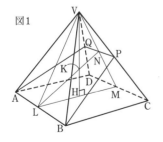

図2
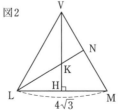

求める体積は台形 ABPQ を底面とし，VN を高さとする四角錐の体積で

$$\frac{1}{3}\left\{\frac{1}{2}\cdot(PQ+AB)\cdot LN\right\}\cdot VN = \frac{1}{3}\left\{\frac{1}{2}(2\sqrt{3}+4\sqrt{3})\cdot 6\right\}\cdot 2\sqrt{3} = \mathbf{36}$$

注 意 1°【等積変形】

いろいろな別解がある．最初は少し変わった解法を述べる．

以下では図形量を表す記号 $[F]$ を使う．F が平面図形ならば面積，F が立体図形ならば体積を表す．これはアメリカの数学者クラムキンがその著書の中で使っていた記号である．記号を変える必要がないので便利である．

立体が線分 VH に平行な線分で出来ていると考え，その線分の下端を平面 ABCD の上に落とし，立体を等積変形する．K, P, Q の正射影を K′, P′, Q′ とする．K′ = H である．三角形 ABK′ の面積を S とする．

$$[ABP'Q'] = \triangle ABH + \triangle BP'H + \triangle AHQ' + \triangle HP'Q'$$
$$= S + \frac{1}{2}S + \frac{1}{2}S + \frac{1}{4}S = \frac{9}{4}S = \frac{9}{16}[ABCD] = \frac{9}{16}(4\sqrt{3})^2 = 27$$

求める体積は

$$\frac{1}{3}[ABP'Q']\cdot VK = \frac{1}{3}\cdot 27\cdot 4 = \mathbf{36}$$

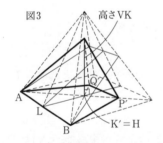

図3　高さVK

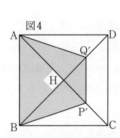

図4

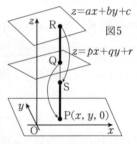

$z = ax + by + c$

図5

$z = px + qy + r$

なお「等積変形すると，なぜ線分の上端は平面上に並ぶか」については，次のように説明できる．図5を参照せよ．平面 ABCD を xy 平面とし，それに垂直な方向に z 軸をとる．線分の下端 Q が平面 $z = px + qy + r$，線分の上端 R が平面 $z = ax + by + c$ 上にあるとし Q が $P(x, y, 0)$ になるように線分 QR を移動するとき，R が移動後に S になるとする．

$Q(x, y, px + qy + r)$，$R(x, y, ax + by + c)$ であり，S の z 座標は

$$z = (ax + by + c) - (px + qy + r)$$

となり，S は平面

$$z = (a - p)x + (b - q)y + c - r$$

上にある．方程式を使わない説明も可能であるが，後に，放物面が関係する等積変形も出てくるため，方程式を使う方が筋が通る．なお，平面の方程式 $ax + by + cz + d = 0$ についての説明は 29 番にある．

2°【一般の四面体の体積比の公式】

四面体 OABC があり，辺 OA，OB，OC 上に P，Q，R をとり，

$$OA : OP = 1 : p, \quad OB : OQ = 1 : q, \quad OC : OR = 1 : r$$

とする．[OPQR] は上のクラムキンの記号で，今は体積である．

$$[OPQR] = pqr[OABC]$$

である．

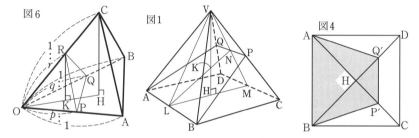

図6　図1　図4

C，R から平面 OAB に下ろした垂線の足を H，K とすると三角形の相似から RK $= r$CH である．また

$$\triangle OPQ = pq\triangle OAB$$

$$[OPQR] = \frac{1}{3}\triangle OPQ \cdot RK$$

$$= \frac{1}{3}pq\triangle OAB \cdot r CH = pqr\frac{1}{3}\triangle OAB \cdot CH = pqr[OABC]$$

となるからである．この公式を用いると次のように計算できる．これならば高校入試でも十分に対応できる．図1と図4を再掲した．

$$[VABPQ] = [VQBP] + [VQBA]$$

$$= \frac{VP}{VC} \cdot \frac{VQ}{VD}[VDBC] + \frac{VQ}{VD}[VDBA]$$

$$= \frac{1}{2} \cdot \frac{1}{2}[VDBC] + \frac{1}{2}[VDBA] = \frac{3}{4}[VDBA]$$

$$= \frac{3}{8}[VABCD] = \frac{3}{8} \cdot \frac{1}{3}(4\sqrt{3})^2 \cdot 6 = \mathbf{36}$$

6. 半径 r の球面上に 4 点 A，B，C，D がある．四面体 ABCD の各辺の長さは，

$$AB = \sqrt{3},\ AC = AD = BC = BD = CD = 2$$

を満たしている．このとき r の値を求めよ． (01　東大・共通)

考え方　本問も

「対称面で切れ，断面上と断面に垂直な方向に必要な長さが現れる」

である．まず，図 1 を描き，四面体 ABCD の対称面を見つけよう．辺 AB が特別で，他の辺が対等だから，A，B と CD の中点 M を通る平面 AMB に関して対称と気づく．対称性から，外接球の中心 O は平面 AMB 上にある．対称面を 1 枚見つけて安心してはいけない．もう 1 枚ある．辺 AB と辺 CD の立場を変えれば，AB の中点を N として，平面 DNC に関して対称だと気づくだろう．そして，外接球の中心 O は 2 平面 AMB と平面 DNC の交線である MN 上にある．平面 AMB や平面 DNC に関して立体が対称であることは，展開図を作って組み立てるのが直感的にわかりやすい説明である．**厳密な証明にこだわらず，対称性を活用して早く答えを出すのが実戦的**である．試験は答えが出てなんぼである．

▶解答◀　展開図から考察する．図 3 の図形を CD を折り目として折り（B，C，D を固定し A を右に持って行く），A を B に近づけて AB = $\sqrt{3}$ にすると図 1 になる．

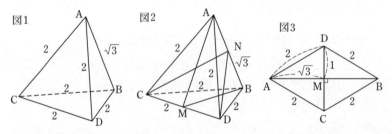

　折り曲げる過程で，四面体 ABCD は平面 AMB に関して対称とわかる．なお M は CD の中点である．外接球の中心 O は対称面の上にある．図 4 の図形を AB を折り目として折り，C と D を近づけて CD = 2 になるようにすると図 1 になる．四面体 ABCD は平面 DNC に関して対称だから，O は平面 DNC 上にある．よって O は，2 平面 AMB と平面 DNC の交線（MN）上にある．試験ではこの程度で十分．証明は ☞ 注意 1°．図 5，6 は同じものだが，線が多いと見づらいので

2つに分けた.

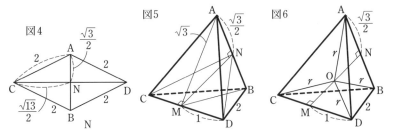

図4
図5
図6

図5で，△ABM は，一辺が $\sqrt{3}$ の正三角形で，MN は AB に垂直である．△AMN に三平方の定理を用いて

$$\mathrm{MN} = \sqrt{\mathrm{AM}^2 - \mathrm{AN}^2} = \sqrt{3 - \frac{3}{4}} = \frac{3}{2}$$

である．図6から，

$$\mathrm{OM} = \sqrt{\mathrm{OD}^2 - \mathrm{MD}^2} = \sqrt{r^2 - 1}$$

$$\mathrm{ON} = \sqrt{\mathrm{OA}^2 - \mathrm{NA}^2} = \sqrt{r^2 - \frac{3}{4}}$$

であり，これらを $\mathrm{OM} + \mathrm{ON} = \dfrac{3}{2}$ に代入すると，

$$\sqrt{r^2 - 1} + \sqrt{r^2 - \frac{3}{4}} = \frac{3}{2} \qquad \therefore \quad \sqrt{r^2 - \frac{3}{4}} = \frac{3}{2} - \sqrt{r^2 - 1}$$

両辺を2乗して

$$r^2 - \frac{3}{4} = \frac{9}{4} + r^2 - 1 - 3\sqrt{r^2 - 1}$$

$$3\sqrt{r^2 - 1} = 2 \qquad \therefore \quad 9r^2 - 9 = 4 \qquad \therefore \quad r = \frac{\sqrt{13}}{3}$$

注意 1° 【外接球の中心が対称面上にある理由】

$$\mathrm{OA} = \mathrm{OB} = \mathrm{OC} = \mathrm{OD} = r$$

なので，OA = OB より O は AB の垂直二等分面（平面 DNC）上にある（垂直二等分面については ☞ 注意 2°）．OC = OD より O は CD の垂直二等分面（平面 AMB）上にある．よって，O は平面 DNC と平面 AMB の交線 MN 上にある．

2° 【垂直二等分面について】

P，A，B が平面上にあるとき，PA = PB を満たす P の全体は AB の垂直二

等分線をなす（図7）．Pが空間にあるとき，PA＝PBを満たす点Pの全体は
ABの垂直二等分面になる．

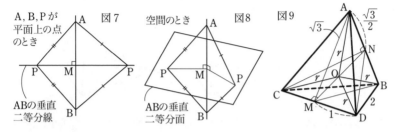

3°【三脚問題】

　教育とは「意図をもって臨む」ものであり，なんでも教えるのではない．本問では**対称面を見れば解ける**という安心感を与えることが目的である．私は，あることを書いたために本来の目的がボケることは書かない主義だ．しかし「三脚問題」に触れない訳にはいかない．

　最近は，他大学で次のようなアプローチをする問題も増えている．

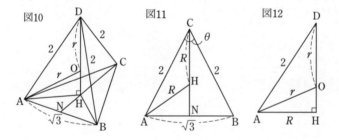

　今はDA＝DB＝DCになっていて，Dからカメラの三脚を立てたような形になっている．これを「三脚問題」と呼んでいる．この場合，Dから平面ABCに下ろした垂線の足をHとすると，Hは△ABCの外接円の中心である．DH＝hとすると，AH＝$\sqrt{DA^2-DH^2}=\sqrt{4-h^2}$であり，BH，CHも同様なので，HA＝HB＝HCとわかり，Hは△ABCの外心である．ABCDの外接球（半径r，中心O）についてもOA＝OB＝OC＝OD＝rだから同様の三脚状態である．したがって，Oから平面ABCに下ろした垂線の足もHで，D，O，Hは一直線上にある．実は辺の長さの関係で，OがD，Hの間にくる場合（今はこっち）と，DHの延長上にくる場合がある．

　図11を見よ．∠ACB＝θとおくと，△ABCに余弦定理を用いて

$$\cos\theta = \frac{2^2+2^2-(\sqrt{3})^2}{2\cdot2\cdot2} = \frac{5}{8} \qquad \therefore \quad \sin\theta = \sqrt{1-\cos^2\theta} = \frac{\sqrt{39}}{8}$$

$\triangle$ABC の外接円の半径を R とすると正弦定理より

$$\frac{\text{AB}}{\sin\theta} = 2R \qquad \therefore \quad R = \frac{4}{\sqrt{13}}$$

図 12 を見よ．$\triangle$DAH，$\triangle$OAH に三平方の定理を用いて

$$\text{DH} = \sqrt{\text{DA}^2 - R^2} = \frac{6}{\sqrt{13}}, \ \text{OH} = \sqrt{r^2 - R^2} = \sqrt{r^2 - \frac{16}{13}}$$

O が D と H の間にある場合には DH − OH = r ･････････････････････①

O が DH の延長上にある場合には DH + OH = r ･････････････････②

$$\frac{6}{\sqrt{13}} - r = \pm \sqrt{r^2 - \frac{16}{13}} \ \cdots\cdots\cdots\cdots\cdots\cdots\cdots\text{③}$$

両辺を 2 乗して

$$\frac{36}{13} - \frac{12r}{\sqrt{13}} + r^2 = r^2 - \frac{16}{13}$$

$$\frac{12r}{\sqrt{13}} = \frac{52}{13} \qquad \therefore \quad r = \frac{\sqrt{13}}{3}$$

これを③に代入すると左辺は正になる．± が + の場合が適すから，②は不適で①が適す．

　三脚問題は D から平面 ABC に垂線 DH を下ろすことから始まる．DH に強く意識が向いている．上の解法は，DH 上の長さ DH，DO，OH から式を立て，後は計算力に任せれば解けるはずだという見通しである．うまく解こうとしているのではない．うまく解くためには着眼を工夫しなければならない．あちこち見るから入試で迷って手が止まる．うまく計算するのなら次のようにする．

　図 12 で，DA の中点を I，$\angle$ADH = α とする．

$$\cos\alpha = \frac{\text{DH}}{\text{DA}} = \frac{3}{\sqrt{13}}$$

　一方，$\cos\alpha = \dfrac{\text{DI}}{\text{DO}}$ だから，$\dfrac{3}{\sqrt{13}} = \dfrac{1}{r}$ となり，$r = \dfrac{\sqrt{13}}{3}$

7. 正四角錐 V に内接する球を S とする．V をいろいろ変えるとき，

比 $R = \dfrac{\text{S の表面積}}{\text{V の表面積}}$ のとりうる値のうち，最大のものを求めよ．

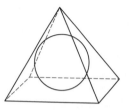

ここで正四角錐とは，底面が正方形で，底面の中心と頂点を結ぶ直線が底面に垂直であるような角錐のこととする． (83 東大・理科)

考え方 最近の大学入試問題と違って，昔の東大の問題は

変数は受験生自身が設定する．

問題に小設問がなく，解法は受験生自身が決める．

という傾向があった．本問でも，アルファベットの文字がほとんどない．これだと，答案毎に解法が違い，採点期間（一週間）の中では，一枚一枚丁寧に読んでいたら，50 枚程度を読むのが精一杯らしい．採点がどうなるかは，容易に想像できるだろう．

　現在は得点開示をするために，得点の統一感を持たせる必要があり，別解があまりなく，解法が固定されるように，指示が多く，小設問が多い．その意味で，隔世の感がある．

　東大は，立体を積極的に出題してきた．対称性のある立体は易しい．現在は「対称性をもつ立体は対称面で切れ」という解法が確立している．

　さらに，三角形の内接円の公式を使う．解答の図 1 を参照せよ．平面 OMN で切った断面は，立体を切った断面が二等辺三角形，球の断面が円で，内接円の半径の公式が使える．なんとなく内接円の半径の公式を使っているだけだと思う人が多いだろうが，等辺が x，底辺が $2y$ の二等辺三角形の内接円の半径が r であるための必要十分条件である．

　3 辺の長さが a, b, c の三角形の面積を S，内接円の半径を r とすると，公式

$$S = \frac{1}{2}r(a+b+c)$$

が成り立つ．$s = \dfrac{1}{2}(a+b+c)$ として $S = rs$ の形で覚えたい．

▶解答◀ 図1でMはABの中点，NはCDの中点である．球と側面OABの接点はOM上に，球と側面OCDの接点はON上にある．対称面OMNで切る．このとき，球の断面は三角形OMNの内接円である．図2を参照し，側面の二等辺三角形の高さをx，底面の1辺を$2y$とする．Sの半径をrとする．内接円の半径の公式により

$$（三角形\,OMN\,の面積）= \frac{1}{2}r \cdot （三角形\,OMN\,の周の長さ）$$

$$y\sqrt{x^2 - y^2} = r(x + y) \qquad \therefore \quad r = y\sqrt{\frac{x - y}{x + y}}$$

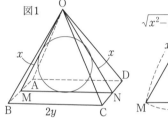

図1

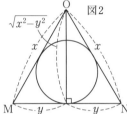

図2

$$（S\,の表面積）= 4\pi r^2 = 4\pi y^2 \cdot \frac{x - y}{x + y}$$

$$（V\,の表面積）= 4xy + (2y)^2 = 4y(x + y)$$

$$R = \pi \cdot \frac{y(x - y)}{(x + y)^2}$$

これは同次形と呼ばれるもので，分子と分母が文字について2次の項だけでできている．この場合，比を変数に取り直すのが定石である．大学の数学でも，同次形の微分方程式という用語がある．今は，変数の個数を減らす効果が絶大である．分母・分子をy^2で割り，$\dfrac{x}{y} = t$とおくと

$$R = \pi \cdot \frac{\dfrac{x}{y} - 1}{\left(\dfrac{x}{y} + 1\right)^2} = \pi \cdot \frac{t - 1}{(t + 1)^2}$$

$$= \pi \cdot \frac{t + 1 - 2}{(t + 1)^2} = \pi\left\{\frac{1}{t + 1} - 2\left(\frac{1}{t + 1}\right)^2\right\}$$

$$= \pi\left\{-2\left(\frac{1}{t + 1} - \frac{1}{4}\right)^2 + \frac{1}{8}\right\}$$

よってRの最大値は$\dfrac{\pi}{8}$である．それは$t = 3$，すなわち$x = 3y$のときに起こる．

◆別解◆ 1°【数学 III の微分を行って増減を調べる】

$R = \pi \cdot \dfrac{t-1}{(t+1)^2}$ までは解答と同じ．R を t で微分して

$$R' = \pi \cdot \frac{(t+1)^2 - (t-1) \cdot 2(t+1)}{(t+1)^4}$$

$$= \pi \cdot \frac{-t^2 + 2t + 3}{(t+1)^4} = \pi \cdot \frac{(t+1)(3-t)}{(t+1)^4}$$

t	1	$\cdots$	3	$\cdots$
R'		$+$	0	$-$
R		$\nearrow$		$\searrow$

R は $t = 3$ で最大値 $\dfrac{\pi}{8}$ をとる．

2°【相似の利用】

　三角形の相似比を計算するとき，一部分しか書かない人が多い．中学生だったときの私は「どうして，この本を書いた人は，この比だけを書いているのか？他の比だってあるのに」と疑問だった．この仕事をするようになって「執筆者は気分で書いている」と確信した．書籍の執筆者は気まぐれに書くのをやめ，3 辺の比をすべて書くべきである．図形問題は線が多いのだから，人によって，着目する箇所が違う．どの人にも対応できるような式の書き方をすべきである．

　角錐の頂点と球面の中心を通る平面で切り，図 4 のように点に名前をつける．$\mathrm{OM} = x$, $\mathrm{MH} = y$, $\mathrm{OH} = h$，球の半径を r とおく．三平方の定理より

$$x^2 = h^2 + y^2 \quad \cdots\cdots\cdots\cdots\cdots\cdots\cdots\cdots\cdots\cdots\cdots①$$

である．x が側面の高さとなることに注意せよ．

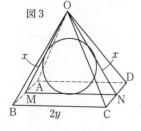

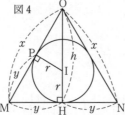

　M から円に引いた接線の長さは等しいから，$\mathrm{MP} = \mathrm{MH} = y$ である．
$\triangle\mathrm{OIP} \backsim \triangle\mathrm{OMH}$ より

$$\frac{\mathrm{OI}}{\mathrm{OM}} = \frac{\mathrm{OP}}{\mathrm{OH}} = \frac{\mathrm{IP}}{\mathrm{MH}}$$

$$\underbrace{\text{左から2つとって}}_{\text{上下に置く}} \qquad \underbrace{\text{右から2つとって}}_{\text{上下に置く}}$$

$$\triangle \text{OIP} \backsim \triangle \text{OMH} \qquad \frac{\text{OI}}{\text{OM}} = \frac{\text{OP}}{\text{OH}} = \frac{\text{IP}}{\text{MH}}$$

両端をとって
上下に置く

$$\frac{h-r}{x} = \frac{x-y}{h} = \frac{r}{y} \quad \cdots \cdots ②$$

左辺と右辺より，$\frac{h-r}{x} = \frac{r}{y}$ であり $x = \frac{y(h-r)}{r}$ となる．これを①に代入し

$$\frac{y^2(h-r)^2}{r^2} = h^2 + y^2$$

$$y^2h^2 - 2y^2hr + y^2r^2 = h^2r^2 + y^2r^2$$

$$y^2h^2 - 2y^2hr = h^2r^2$$

両辺を $h \neq 0$ で割って

$$y^2h - 2y^2r = hr^2$$

$(y^2 - r^2)h = 2y^2r$ である．両辺の符号から $y > r$ であり，

$$h = \frac{2y^2r}{y^2 - r^2}$$

となる．これを $x = \frac{y(h-r)}{r}$ に代入して

$$x = \frac{y}{r}\left(\frac{2y^2r}{y^2-r^2} - r\right)$$

$$= y \cdot \frac{2y^2 - y^2 + r^2}{y^2 - r^2} = \frac{y(y^2+r^2)}{y^2 - r^2} \quad \cdots \cdots ③$$

となる．V の表面積は，正四角錐の底面積と側面積の総和で

$$(V \text{ の表面積}) = (2y)^2 + 4 \cdot \frac{1}{2} \cdot 2y \cdot x$$

$$= 4y(x+y) = 4y\left\{\frac{y(y^2+r^2)}{y^2-r^2} + y\right\}$$

$$= 4y^2 \cdot \frac{y^2+r^2+y^2-r^2}{y^2-r^2} = \frac{8y^4}{y^2-r^2}$$

$(S \text{ の表面積}) = 4\pi r^2$ であるから

$$R = 4\pi r^2 \cdot \frac{y^2-r^2}{8y^4} = \frac{\pi r^2(y^2-r^2)}{2y^4} \quad \cdots \cdots ④$$

$t = y^2 - r^2$ とおくと，$t > 0$ で，$y^2 = t + r^2$ より

$$R = \frac{\pi r^2 t}{2(t + r^2)^2} = \frac{\pi}{2} \cdot \frac{1}{\dfrac{t^2 + 2tr^2 + r^4}{r^2 t}} = \frac{\pi}{2} \cdot \frac{1}{\dfrac{t}{r^2} + \dfrac{r^2}{t} + 2}$$

相加・相乗平均の不等式より

$$\frac{t}{r^2} + \frac{r^2}{t} \geqq 2\sqrt{\frac{t}{r^2} \cdot \frac{r^2}{t}} = 2$$

$$R \leqq \frac{\pi}{2} \cdot \frac{1}{2 + 2} = \frac{\pi}{8}$$

等号は，$\dfrac{t}{r^2} = \dfrac{r^2}{t}$，すなわち，$t = r^2$ のとき成り立つ．このとき

$$r^2 = y^2 - r^2 \qquad \therefore \quad y = \sqrt{2}\,r$$

R の最大値は，$\dfrac{\pi}{8}$

注意 1°【比例式の計算の仕方】

②の式の使い方で，中辺と右辺から $\dfrac{(x - y)y}{r} = h$ となる．

①を，$(x - y)(x + y) = h^2$ として h を消去すると

$$(x - y)(x + y) = \frac{(x - y)^2 y^2}{r^2} \qquad \therefore \quad x + y = \frac{(x - y)y^2}{r^2}$$

これを整理すると③を得る．方法は他にもある．実は①は不要である．②の左辺と右辺，中辺と右辺より

$$hy - ry = xr, \; xy - y^2 = rh$$

を得る．これらから h を消去すると

$$(x + y)r^2 = (x - y)y^2$$

③を得る．

2°【平方完成】

④の分母・分子を y^4 で割ると

$$R = \frac{\pi r^2}{2}\left(\frac{1}{y^2} - \frac{r^2}{y^4}\right) = \frac{\pi r^2}{2}\left\{\frac{1}{4r^2} - r^2\left(\frac{1}{y^2} - \frac{1}{2r^2}\right)^2\right\}$$

となり，R が最大になるのは，$\dfrac{1}{y^2} = \dfrac{1}{2r^2}$，つまり，$y = \sqrt{2}\,r$ のときである．

8. 3辺の長さが BC = 2a，CA = 2b，AB = 2c であるような鋭角三角形 △ABC の 3辺 BC，CA，AB の中点をそれぞれ L，M，N とする．線分 LM，MN，NL に沿って三角形を折り曲げ，四面体をつくる．その際，線分 BL と CL，CM と AM，AN と BN はそれぞれ同一視されて，長さが a, b, c の辺になるものとする．

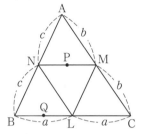

（1） 線分 MN，BL の中点をそれぞれ P，Q とする．四面体を組み立てたとき，空間内の線分 PQ の長さを求めよ．

（2） この四面体の体積を a, b, c を用いて表せ．

（96 東大・後期）

考え方 【ケプラー四面体のこと】

ヨハネス・ケプラー (1571-1630) はドイツの天文学者である．日本の教科書ではケプラーの法則などを発見したことで，とても肯定的に書かれている．しかし「ケプラー疑惑（ジョシュア・ギルダー，アン-リー・ギルダー著，山越幸江訳)」では，目が悪くて天体観測できず，天文学者のティコ・ブラーエを毒殺し，ブラーエの膨大な観測データを盗んだ人として描かれている．遺族からデータを返還するように訴訟を起こされている．「ケプラー疑惑」では，ブラーエのデータがなかったら科学書の脚注に出てくる程度の学者と書かれている．

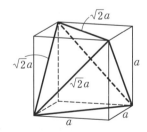

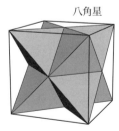

八角星

立方体の 8個の頂点のうち，各面の対角をなすような 4頂点をとって正四面体を作ることを「正四面体を立方体に埋め込む」と呼ぶ．これは，天文学者のケプ

ラーが始めたアイデアである．ケプラーが最初ではないという説もあるが，ここでは「数学点描 (I.J. シェーンベルグ著，三村護訳．翻訳本は 1989 年初版)」の説に従う．ケプラーは，他の 4 点も結んで，2 つの正四面体が組み合わさった八角星 (stella octangula) というものを考え，星形正多面体という概念の構成に貢献した．しかし，現在は，星形正多面体の決まりがあり，八角星はその中に入っていない．創業者が後継者に追い出される会社がよくあるが，それに似ている．八角星は，大学入試でも出題されたことはある（2013 年早大・教育）．

　各面が合同な四面体は**等面四面体**と呼ばれる．本問（96 年の東大の問題）で扱われている四面体は等面四面体である．大学入試において，等面四面体の出題自体は古くから行われており，たとえば 1968 年の大阪大にある．ケプラー四面体の応用で，等面四面体は直方体に埋め込むことができる．

等面四面体

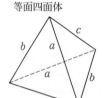

　1976 年に，受験雑誌「大学への数学」の当時の編集長であった山本矩一郎先生にケプラー四面体を教わった．当時は，正四面体を立方体に埋め込んで解くという解法は，受験の世界では行われていなかった．大数のアルバイト仲間だった川邊隆夫氏（後に東大医学部准教授，現在川辺クリニック医師）が「流行らせましょう」と提案した．そのアイデアで問題を作ることになったが，私達は上手い問題を新作できなかった．結局，川邊さんの問題を大数 1976 年 6 月号第三問に出題したが，簡単過ぎたし，私の解答もボケていたので，恥ずかしくて，ここには紹介できない．

　「正四面体の問題では，立方体を補助にする．場合によっては座標設定する」，「等面四面体では直方体を補助にする」を前面に出した解法が流行した．数学点描の翻訳本が出版され，類題の出題は加速した．東大に限っても，1982 年理科第二問，88 年理科第二問，93 年理科第一問，そして，96 年の本問がある．等面四面体自体は 2010 年理科第六問にもあるが，直方体は考えない．直方体に埋め込む問題は東大では終了であろう．しかし，93 年に出たときにも「まだ出るか？」と思ったくらいであるが，その当時でも埋め込む解法を知らない生徒は多くいた．いまだに知らない人はいるし，他大学の出題では健在であるから，取り上げる．

▶解答◀ （1） 折り曲げて四面体を作ったとき，ABC が出会った点を新た
な B とする．下左図を見よ．題意の四面体を図のような 3 辺の長さが p, q, r の
直方体に内接させる．

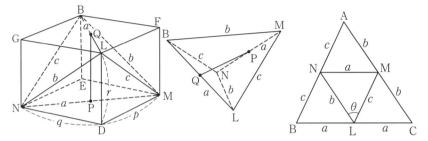

ただし，次のことを論証する．正の数 a, b, c が鋭角三角形の三辺の長さのと
き，図のような直方体をなすような正の数 p, q, r が存在する．

$$p^2 + q^2 = a^2 \quad\cdots\cdots\cdots\cdots\cdots\cdots\cdots\cdots\cdots\cdots\cdots\cdots\cdots\cdots\cdots ①$$

$$q^2 + r^2 = b^2$$

$$r^2 + p^2 = c^2$$

すべて加えて 2 で割ると

$$p^2 + q^2 + r^2 = \frac{1}{2}(a^2 + b^2 + c^2) \quad\cdots\cdots\cdots\cdots\cdots\cdots\cdots ②$$

②－① より

$$r^2 = \frac{1}{2}(b^2 + c^2 - a^2) \quad\cdots\cdots\cdots\cdots\cdots\cdots\cdots\cdots\cdots ③$$

ところで，三角形 LMN で，角 L を θ とすると，余弦定理より

$$\cos\theta = \frac{b^2 + c^2 - a^2}{2bc}$$

となり，三角形 LMN は三角形 ABC と相似で，三角形 ABC は鋭角三角形である
から $b^2 + c^2 - a^2 > 0$ である．よって，③ の右辺は正である．

$$r = \sqrt{\frac{1}{2}(b^2 + c^2 - a^2)}$$

は正の実数である．同様に

$$p = \sqrt{\frac{1}{2}(c^2 + a^2 - b^2)}$$

$$q = \sqrt{\frac{1}{2}(a^2 + b^2 - c^2)}$$

は正の実数である．P, Q は，ともに，それぞれが乗る長方形の中心であるから

$$PQ = r = \sqrt{\frac{1}{2}(b^2 + c^2 - a^2)}$$

（2） 四隅の三角錐を切り捨てて，残った四面体を考え，求める体積は

$$\left(1 - \frac{1}{6} \cdot 4\right) pqr$$

$$= \frac{1}{6} \sqrt{\frac{(b^2 + c^2 - a^2)(c^2 + a^2 - b^2)(a^2 + b^2 - c^2)}{2}}$$

注意 1°【等面四面体の外接球の半径】

PQ の中点（直方体の中心）を O とすると，O は，直方体の頂点との距離がすべて等しい．直方体の外接球（直方体の頂点を通る球面）の中心は O であり，直径の長さは

$$DB = \sqrt{p^2 + q^2 + r^2} = \sqrt{\frac{1}{2}(a^2 + b^2 + c^2)}$$

である．よってこの四面体の外接球の半径を R とすると R は

$$R = \frac{1}{2}DB = \frac{1}{2}\sqrt{\frac{1}{2}(a^2 + b^2 + c^2)}$$

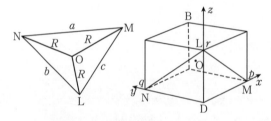

2°【等面四面体の内接球の半径】

この等面四面体を O を頂点とし，他の面 LMN, LMB, LNB, BMN を底面とする 4 つの四面体に分けると，各小四面体は，底面の三角形の三辺の長さが a, b, c で，O から底面の頂点までの距離がすべて R（上の外接球の半径）であるから，この 4 つの四面体は合同であり，O と各底面との距離はすべて等しい．上図のように座標軸をとる．D$(0, 0, 0)$, M$(p, 0, 0)$, N$(0, q, 0)$, L$(0, 0, r)$ である．このとき，等面四面体 LMNB の内接球の半径を s とすると，平面 LMN の方程式は

$$\frac{x}{p} + \frac{y}{q} + \frac{z}{r} = 1$$

$$qrx + pry + pqz - pqr = 0$$

であり，s は，O$\left(\frac{p}{2}, \frac{q}{2}, \frac{r}{2}\right)$ と平面 LMN の距離である．点と平面の距離の

公式により

$$s = \frac{\left| qr \cdot \dfrac{p}{2} + pr \cdot \dfrac{q}{2} + pq \cdot \dfrac{r}{2} - pqr \right|}{\sqrt{p^2 q^2 + q^2 r^2 + r^2 p^2}}$$

$$= \frac{pqr}{2\sqrt{p^2 q^2 + q^2 r^2 + r^2 p^2}}$$

これは a, b, c の式にすると汚くなるから，これで打ち切る．

ともかく，外接球の中心と内接球の中心は一致する．

3°【空間の平面の方程式と距離の公式】

点 $P_1(x_1, y_1, z_1)$ を通って $\vec{v} = (a, b, c)$ に垂直な平面 π 上の任意の点を $P(x, y, z)$ とすると

$$\overrightarrow{P_1 P} = (x - x_1,\, y - y_1,\, z - z_1)$$

は $\vec{v}$ に垂直だから，内積をとって

$$a(x - x_1) + b(y - y_1) + c(z - z_1) = 0$$

$-ax_1 - by_1 - cz_1 = d$ とおくと，

$$\pi : ax + by + cz + d = 0 \ \cdots\cdots\cdots\cdots\cdots\cdots\cdots \text{Ⓐ}$$

となる．このとき $\vec{v}$ を π の法線ベクトルという．

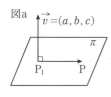

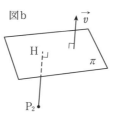

点 $P_2(x_2, y_2, z_2)$ から Ⓐ に下ろした垂線の足を H とする．

$\overrightarrow{P_2 H} = t\vec{v}$ とおけて

$$\overrightarrow{OH} = \overrightarrow{OP_2} + \overrightarrow{P_2 H} = \overrightarrow{OP_2} + t\vec{v}$$

$$= (x_2 + ta,\, y_2 + tb,\, z_2 + tc)$$

H は Ⓐ 上にあるから

$$a(x_2 + ta) + b(y_2 + tb) + c(z_2 + tc) + d = 0$$

$$t = -\frac{ax_2 + by_2 + cz_2 + d}{a^2 + b^2 + c^2}$$

$$|\overrightarrow{P_2 H}| = |t\vec{v}| = \frac{\left| ax_2 + by_2 + cz_2 + d \right|}{\sqrt{a^2 + b^2 + c^2}}$$

となる．これが点と平面の距離の公式である．

なお，平面の切片形については次のようになる．

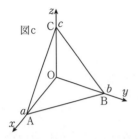
図c

$abc \neq 0$ として，特に点 A$(a, 0, 0)$，B$(0, b, 0)$，C$(0, 0, c)$ を通る平面の方程式は

$$\frac{x}{a} + \frac{y}{b} + \frac{z}{c} = 1 \quad \cdots\cdots\cdots\cdots\cdots\cdots\cdots\cdots\cdots\cdots\cdots\cdots\cdots\cdots\cdots\cdots Ⓑ$$

となる．これを切片形という．図 c を参照せよ．

[証明] これは法線ベクトルから求めるのではない．まず，Ⓑ は x, y, z の1次式であるから平面の方程式である．Ⓑ に $x = a, y = 0, z = 0$ を代入すると，成立する．Ⓑ は点 A を通る．同様に点 B，C も通る．よって Ⓑ は A，B，C を通る平面であり，平面 ABC の方程式は Ⓑ で与えられる．

依然として類題が出題されている．その1つを挙げよう．

　　各面が辺の長さ8，9，9の二等辺三角形である四面体がある．次の問いに答えよ．
（1）　この四面体の体積を求めよ．
（2）　この四面体のすべての頂点を通る球面の直径を求めよ．
（3）　この四面体のすべての面に接する球面の直径を求めよ．

（20　藤田医大・AO）

▶解答◀　（1）　図1のように，直方体に題意の四面体を埋め込む．

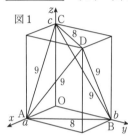
図1

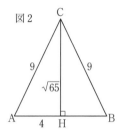
図2

直方体の3辺の長さを図1のように a, b, c として（$a=b$ は明らかではある）

$$a^2 + b^2 = 8^2, \quad b^2 + c^2 = 9^2, \quad c^2 + a^2 = 9^2$$

これを解いて

$$a = 4\sqrt{2}, \quad b = 4\sqrt{2}, \quad c = 7$$

直方体全体から四隅の三角錐を引くと考え，求める体積を V とおくと

$$V = abc - 4 \cdot \frac{1}{6}abc = \frac{1}{3}abc = \frac{224}{3}$$

（2）　この四面体の外接球の中心 G は図1の OD の中点である．よって，その直径は対角線 OD の長さに等しく

$$\sqrt{a^2 + b^2 + c^2} = \sqrt{32 + 32 + 49} = \sqrt{113}$$

（3）　図2で AB の中点を H とおく．三角形 ABC の面積を S とおく．

$$CH = \sqrt{9^2 - 4^2} = \sqrt{65}$$

$$S = \frac{1}{2}AB \cdot CH = 4\sqrt{65}$$

四面体の4面の面積はすべて S である．四面体 ABCD の各面を底面，G を1

つの頂点とする四面体に分割する．この四面体の内接球の半径を r とおく．

$$V = 4 \cdot \frac{1}{3} Sr$$

$$\frac{224}{3} = \frac{4}{3} \cdot 4\sqrt{65}\, r$$

$$r = \frac{14}{\sqrt{65}} = \frac{14\sqrt{65}}{65}$$

よって，内接球の直径は

$$2r = \frac{28\sqrt{65}}{65}$$

注意 **1°【S の計算】**

　空間座標で計算する方法もある．$b = a$ であるから

$$A(a, 0, 0),\ B(0, a, 0),\ C(0, 0, c)$$

$$\overrightarrow{CA} = (a, 0, -c),\ \overrightarrow{CB} = (0, a, -c)$$

$$S = \triangle ABC = \frac{1}{2}\sqrt{|\overrightarrow{CA}|^2 |\overrightarrow{CB}|^2 - \left(\overrightarrow{CA} \cdot \overrightarrow{CB}\right)^2}$$

$$= \frac{1}{2}\sqrt{(a^2 + c^2)^2 - c^4} = \frac{1}{2}\sqrt{9^4 - 49^2} = 4\sqrt{65}$$

2°【r の計算】

　直方体の中心 $G\left(\dfrac{a}{2}, \dfrac{a}{2}, \dfrac{c}{2}\right)$ と A，B，C，D との距離が等しいから，四面体 ABCD の各面を底面，G を 1 つの頂点とする四面体に分割すると，それらは合同である．よって，G と各面との距離は等しい．

　内接球の半径 r は，G と平面 ABC

$$\frac{x}{a} + \frac{y}{a} + \frac{z}{c} = 1$$

$$cx + cy + az - ac = 0$$

との距離に等しく

$$r = \frac{\left|\dfrac{ac}{2} + \dfrac{ac}{2} + \dfrac{ac}{2} - ac\right|}{\sqrt{c^2 + c^2 + a^2}} = \frac{7 \cdot 2\sqrt{2}}{\sqrt{130}}$$

$$2r = \frac{28}{\sqrt{65}} = \frac{28\sqrt{65}}{65}$$

【等面四面体ができるための必要十分条件について】

次の命題の真偽を述べよ.
命題：「AB = CD = 7, AD = BC = 5, AC = BD = 3 となる四面体 ABCD が出来る」

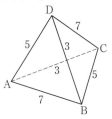

という問題を生徒に解いてもらったところ，なんと，正解者 0 名という，恐ろしい結果になり，唖然とした．全員が，真だという．このような四面体は出来ない．等面四面体は，各面が，鋭角三角形でないと出来ない．

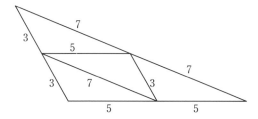

例えば，上の図のような紙を折り曲げても，四面体が組み上がらない.

生徒どころの話ではない．某予備校の模擬試験問題選定会議での出来事である．「四面体ができるための必要十分条件は，各面の三角形が，三角形として成立することだ」と主張して譲らないベテラン講師がいたのである．どれだけ私が説明しても「そんなことはない．AB = CD = 7, AD = BC = 5, AC = BD = 3 という四面体は出来る」と譲らない．さらに，予備校講師どころの話ではない.

空間に四面体 ABCD があって，AB = 3, BC = 4, CD = 5, AC = AD = BD = t となっている.
（1） t のとりうる値の範囲を求めよ.
（2） 省略
（06　近畿大）

という問題で，ある書籍は「各面の三角形が成立することだ」と言って，三角形の成立条件を並べ立て，答えを書いていた．そんなことでは解けない．大人なら，計算をする前に「危ない問題だ」と察知するべきである．

これは $\mathrm{C}\left(-\dfrac{5}{2}, 0, 0\right)$, $\mathrm{D}\left(\dfrac{5}{2}, 0, 0\right)$, $\mathrm{A}\left(0, \sqrt{t^2 - \dfrac{25}{4}}, 0\right)$, $\mathrm{B}(x, y, z)$ として，$\mathrm{BD} = t$, $\mathrm{BC} = 4$, $\mathrm{AB} = 3$ を式にして，x, y, z について解いて，

$$z^2 = \frac{-t^6 + 32t^4 + 419t^2 - 4050}{25(4t^2 - 25)} > 0$$

を解かないといけない．この不等式は，高校の範囲では解けない．大学の範囲の公式を使っても，3乗根の中に虚数 i が入ってしまうタイプで，綺麗な数値にはならない．この近畿大の問題は出題ミスである．

ところが，これを説明しても，それでも「面が三角形として成立すれば，四面体は出来ると思うんですよね」と言ってくる生徒がいるから不思議である．

もう一度，本問（1996 年の東大の問題）に戻れ．一辺の長さが 2a, 2b, 2c の紙を用意して，各辺の中点をとって，折り曲げて，等面四面体を作る．このときに，三角形が鋭角三角形でないと，立体にならない．

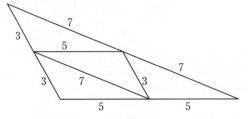

上の展開図を折っても立体にならない．納得できない人は，本当に紙を折ってほしい．面が三角形としてできるということと，四面体として組み上がることは別次元である．

等面四面体ができる $\iff$ 各面が鋭角三角形になる

を，$\implies$ の証明（89 年名大），$\impliedby$ の証明（03 年名大）の順に見てみよう．

> **《必要性の証明》**
>
> 四面体 ABCD において，
>
> $\quad$ AB = CD, AC = BD, AD = BC
>
> が成立するならば，三角形 ABC は鋭角三角形であることを示せ．
>
> （89　名大・理系）

▶解答◀ AB = CD，AC = BD，AD = BC が成立するならば，

△ABC ≡ △BAD ≡ △CDA

∠ABC = ∠BAD，∠ACB = ∠CAD

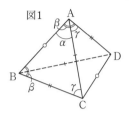
図1

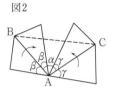
図2

∠BAC ≧ 90° であると仮定すると

∠BAD + ∠CAD = ∠ABC + ∠ACB

= 180° − ∠BAC ≦ 90° ≦ ∠BAC

よって点 A のところで立体を組み立てることができないから矛盾する．ゆえに ∠BAC < 90° である．他の角も同様に鋭角となり，三角形 ABC は鋭角三角形である．

注意 図2では A のところに3つの角 α, β, γ が集まり，β, γ の和が α より小さくて，立体が組み上がらない．等面四面体のときには α, β, γ の和が 180° であるが，それは立体が組み上がることの本質ではない．

　図4を見よ．これは**一般の立体**で，点 A のところに3つの角 α, β, γ が集まって立体が組み上がっている図である．3つの角 α, β, γ が集まって立体が組み上がるための必要十分条件は

$\alpha + \beta > \gamma,\ \beta + \gamma > \alpha,\ \gamma + \alpha > \beta,\ \alpha + \beta + \gamma < 360°$

である．この4つ目の条件は図3を見よ．カメラの三脚を平面上にペタッと潰して，$\alpha + \beta + \gamma = 360°$ の状態を作って，そこから A を上に持ち上げたとする．すると，足の間がスッとすぼまって，$\alpha + \beta + \gamma < 360°$ になる．このように，**面が組み上がる条件は，辺の長さの大小関係ではなく，角の大小関係**である．

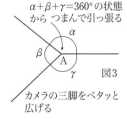
$\alpha+\beta+\gamma=360°$ の状態から つまんで引っ張る
図3
カメラの三脚をペタッと広げる

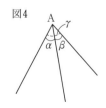
図4

《十分性の証明》

（1） 平行四辺形 ABCD において，

$$AB = CD = a, BC = AD = b, BD = c, AC = d$$

とする．このとき，$a^2 + b^2 = \dfrac{1}{2}(c^2 + d^2)$ が成り立つことを証明せよ．

（2） 3つの正数 $a, b, c\,(0 < a \le b \le c)$ が $a^2 + b^2 > c^2$ を満たすとき，各面の三角形の辺の長さを a, b, c とする四面体が作れることを証明せよ．

(03　名大・理系)

▶解答◀　（1）　$\angle BAD = \theta$ とおく．

$\angle ABC = 180° - \theta$ である．△ABD と △ABC に余弦定理を用いて

$$c^2 = a^2 + b^2 - 2ab\cos\theta \quad\text{……………………………………①}$$

$$d^2 = a^2 + b^2 - 2ab\cos(180° - \theta)$$

よって

$$d^2 = a^2 + b^2 + 2ab\cos\theta \quad\text{……………………………………②}$$

（①＋②）÷ 2 より

$$a^2 + b^2 = \frac{1}{2}(c^2 + d^2) \quad\text{……………………………………③}$$

よって証明された．

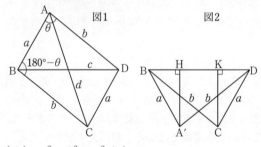

図1　　　図2

（2）　$a^2 + b^2 > c^2$ より

$$\cos\theta = \frac{a^2 + b^2 - c^2}{2ab} > 0$$

よって θ は鋭角である．△ABD で BD が最大辺だから $\angle BAD$ が最大角である．これが鋭角だから他の内角も鋭角で $\angle ABD = \angle CDB$ は鋭角である．A の直線 BD に関する対称点を A′ とし，A′ と C から BD に下ろした垂線の足を H, K とすると，$a \le b$ より B, H, K, D の順にある（$a = b$ のときは H, K は一致

72

する).

$$CA' = HK < BD = c$$

である．また ③ より

$$\frac{1}{2}(c^2 + d^2) = a^2 + c^2 > c^2$$

つまり $d > c$ ある．

以上は平面上での話であったが，これから空間図形として考える．（1）の平行四辺形の紙を BD を折り目として折り △ABD を回転させる（図1の △ABD を折って手前に起こしてくる）．このとき CA 間の距離が最初は CA > c であったが，A が平面 BCD 上にのると CA < c になる．この途中のどこかで CA = c となる点があり，このときの四面体 ABCD について，各面の3辺の長さは a, b, c である．

図3は A が回転している様子を表す．

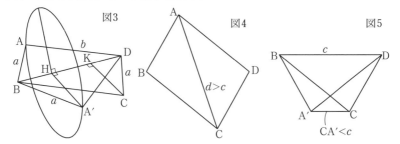

図3　図4　図5

$d > c$

$CA' < c$

注意　図4, 5は不要な線を消してある．図4は A の回転前で，図5は，回転終了である．この途中で，CA = c となる空中の A がある．

なお，最初の「紙を折る」という設定で，LMN を固定して，実際に折ってみると，A，B，C は三角形 ABC の垂心の真上で出会うことがわかる．このことに着目する解法もある．また，いきなり座標計算する方法もある．しかし，万人向けとも思えないから，割愛する．

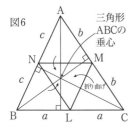

図6　三角形 ABC の垂心

折り曲げ

座標空間内の 2 点 A(1, 2, 3), B(2, 3, 4) を通る直線 l 上の動点を P, x 軸上の動点を Q(k, 0, 0) (k は実数) とするとき,次の問いに答えよ.

(1) PQ 間の距離が最小となるときの距離 m と,そのときの点 P, Q の座標をそれぞれ求めよ.

(2) PQ 間の距離が最小になるときの線分 PQ の中点を M とすると,点 M を中心とする半径 m の球面 S は直線 l, x 軸とそれぞれ 2 点で交わる.これら 4 つの交点を頂点とする四面体の体積を求めよ.

(18 藤田保健衛生大・後期)

考え方 (1) の m と (2) の m は同じものとする.

▶解答◀ (1) P(x, y, z) とすると,t を実数として

$$\overrightarrow{OP} = \overrightarrow{OA} + \overrightarrow{AP} = \overrightarrow{OA} + t\overrightarrow{AB}$$

とおける.

$$\overrightarrow{OP} = (1, 2, 3) + t(1, 1, 1) = (t+1, t+2, t+3)$$
$$PQ^2 = (t+1-k)^2 + (t+2)^2 + (t+3)^2$$
$$= (t+1-k)^2 + 2t^2 + 10t + 13$$
$$= (t+1-k)^2 + 2\left(t + \frac{5}{2}\right)^2 + \frac{1}{2}$$

は,$k = t + 1$, $t = -\dfrac{5}{2}$ のとき最小値 $\dfrac{1}{2}$ をとる.

$$m = \frac{\sqrt{2}}{2}, \quad P\left(-\frac{3}{2}, -\frac{1}{2}, \frac{1}{2}\right), \quad Q\left(-\frac{3}{2}, 0, 0\right)$$

(2) (1) のとき PQ は l, x 軸の共通垂線である.球面 S と l の交点を C, D とし,S と x 軸の交点を E, F とする.MC = m, MP = $\dfrac{m}{2}$ であり,三平方の定理より

$$PC = \sqrt{MC^2 - MP^2} = \frac{\sqrt{3}}{2}m$$

PD, QE, QF についても,同様に,$\dfrac{\sqrt{3}}{2}m$ に等しい.四面体 CDEF の各面は合同で,それは図 1 のような直方体に埋め込まれる.$\overrightarrow{AB} = (1, 1, 1)$ と x 軸の方向ベクトル $\vec{u} = (1, 0, 0)$ のなす角を θ,直方体の体積を V とする.

$$\cos\theta = \frac{\overrightarrow{AB} \cdot \vec{u}}{|\overrightarrow{AB}||\vec{u}|} = \frac{1}{\sqrt{3}}$$

$$\sin\theta = \sqrt{1-\cos^2\theta} = \sqrt{\frac{2}{3}}$$

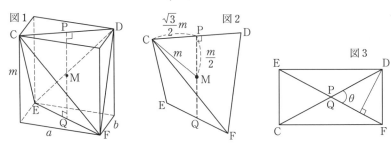

図1　図2　図3

直方体の底面積を S とする．図3を見よ．真上から見た図である．この状態で平面図形と考え

$$S = \frac{1}{2}\mathrm{CD}\cdot\mathrm{EF}\sin\theta = \frac{1}{2}(m\sqrt{3})^2\cdot\sqrt{\frac{2}{3}} = \frac{1}{2}\cdot\frac{1}{2}\cdot 3\sqrt{\frac{2}{3}}$$

$$V = S\cdot\mathrm{PQ} = Sm = \frac{1}{2}\cdot\frac{1}{2}\cdot 3\sqrt{\frac{2}{3}}\cdot\frac{1}{\sqrt{2}} = \frac{\sqrt{3}}{4}$$

図1の直方体で，底面の長方形の二辺の長さを a, b とする．直方体の高さは m である．直方体の隅を切り落としてできる三角錐の体積は

$$\frac{1}{3}\left(\frac{1}{2}ab\right)m = \frac{1}{6}abm = \frac{1}{6}V$$

である．直方体の四隅を切り落として残る四面体の体積は

$$\left(1-\frac{1}{6}\cdot 4\right)V = \frac{1}{3}V = \frac{\sqrt{3}}{12}$$

9. ある町で環状道路に沿って，順番に第 1 小学校から第 5 小学校まであり，各小学校には顕微鏡がそれぞれ 15，7，11，3，14 台あったが，今度各校の台数が等しくなるように，何台かずつ隣の小学校へ移した．このとき移動する顕微鏡の総台数が最小になるようにしたいという．このとき，

第 1 小学校から第 2 小学校へは ☐ 台移り

第 2 小学校から第 3 小学校へは ☐ 台移り

第 5 小学校から第 1 小学校へは ☐ 台移った．

また移動した顕微鏡の総台数は ☐ 台である．

ただし，たとえば甲から乙へ −3 台移ったということは，乙から甲へ 3 台移ったことを意味するものとする． (78 東大・文科-1次試験)

考え方 「顕微鏡を移してどうする」と思う．顕微鏡は移動しないで，最新機器を買った方がいいよ．まあ，問題のための問題である．ときどき類題が出題される．2019 年には産業医大にある．生徒に解いてもらうと，問題文が算数的だから算数のように考える人が多いのであるが，数学らしく解きたい．

▶解答◀ 第 1 小学校から第 5 小学校までの各小学校が持つ顕微鏡の合計台数は，$15 + 7 + 11 + 3 + 14 = 50$ 台であるから，各校の台数が等しくなるとき，各校が持つ顕微鏡の台数は 10 台ずつである．

ここで，移動する総台数が最小かどうかは一旦考えず，各校の台数が 10 台ずつになるような移動を 1 通り考える．例えば，図 1 のような移動が考えられる．一番上が第 1 小学校で，右回りを正としている．第 1 小学校から順に，各校 10 台になるように移動させていき，最後は第 5 小学校から第 4 小学校に 4 台移動している．

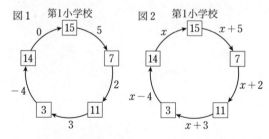

図1　第1小学校　　　図2　第1小学校

この図 1 の移動に対して，すべてに x を加えた移動を考える（図 2）．このと

きの移動する総台数を $f(x)$ とおく.
$$f(x) = |x+5| + |x+2| + |x+3| + |x-4| + |x|$$
境界値の小さい順に並べる. たとえば $|x+5|$ は境界値が -5 である.
$$f(x) = |x+5| + |x+3| + |x+2| + |x| + |x-4|$$
$a < b$ のとき, 数直線上で, 点 a, b, x の距離を考える.
$$|x-a| + |x-b| \geqq b - a \ (a \leqq x \leqq b)$$
である. 等号は $a \leqq x \leqq b$ の任意の x で成り立つ.

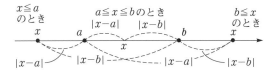

以下, 括弧内は等号成立条件である.
$$|x+5| + |x-4| \geqq 4 - (-5) = 9 \ (-5 \leqq x \leqq 4) \ \cdots\cdots\cdots\cdots①$$
$$|x+3| + |x| \geqq 0 - (-3) = 3 \ (-3 \leqq x \leqq 0) \ \cdots\cdots\cdots\cdots②$$
$$|x+2| \geqq 0 \ (x = -2) \ \cdots\cdots\cdots\cdots\cdots\cdots\cdots\cdots\cdots\cdots③$$
これらを辺ごとに加え
$$f(x) \geqq 9 + 3 + 0 = 12 \ \cdots\cdots\cdots\cdots\cdots\cdots\cdots\cdots\cdots④$$
④ の等号は ①, ②, ③ が同時に成り立つ $x = -2$ のときに成り立つ. このとき移動した顕微鏡の総台数は最小となる. その総台数は **12** 台である.

また, 第1小学校から第2小学校へは **3** 台移り, 第2小学校から第3小学校へは **0** 台移り, 第5小学校から第1小学校へは **−2** 台移っている.

◆別解◆ $f(x) = |x+5| + |x+3| + |x+2| + |x| + |x-4|$ について, 場合分けをして絶対値を外す. x の係数に着目する.

$x \leqq -5$ のとき
$$f(x) = -(x+5) - (x+3) - (x+2) - x - (x-4) = -5x + \cdots$$
$-5 \leqq x \leqq -3$ のとき
$$f(x) = (x+5) - (x+3) - (x+2) - x - (x-4) = -3x + \cdots$$
以下同様に,
$-3 \leqq x \leqq -2$ のときは $f(x) = -x + \cdots$
$-2 \leqq x \leqq 0$ のときは $f(x) = x + \cdots$
$0 \leqq x \leqq 4$ のときは $f(x) = 3x + \cdots$

$4 \leqq x$ のときは $f(x) = 5x + \cdots$

となる．x の係数が負のときは減少，x の係数が正のときは増加する．

よって，$f(x)$ は $x = -2$ で最小値 $\mathbf{12}$ をとる．

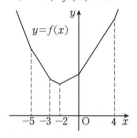

近年の入試における類題を紹介する．2019 年度の産業医科大学の問題である．

---

　7 つのマッチ箱が円にそって並べてある．はじめの箱には 24 本のマッチ棒が入っており，2 番目には 15 本，以下，17 本，13 本，28 本，14 本，29 本のマッチ棒が入っている．マッチ棒は隣り合う箱にしか移せないとする．移動させるマッチの総本数を輸送量とよぶことにする．下の図は，箱に入っているマッチの本数がすべて同じになるようなマッチの移し方のひとつであり，輸送量は $13 + 8 + 5 + 2 + 6 + 0 + 9 = 43$ 本である．他にも様々な移し方とそのときの輸送量が考えられる．すべての箱に入っているマッチの本数が同じ（すなわち各々 20 本ずつ）になるようにマッチを移すときの輸送量の最小値を求めなさい．

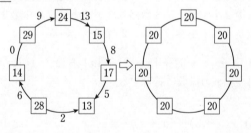

(19　産業医大)

▶解答◀　問題文の図のマッチの移し方について右回りの移動を正とし（図1），x をすべてに加えた移し方で考える．図2を見よ．輸送量を $f(x)$ とする．

$$f(x) = |x+9| + |x+13| + |x+8| + |x+5|$$
$$+ |x-2| + |x+6| + |x|$$

境界値の小さい順に並べる．たとえば $|x+13|$ は境界値が -13 である．

$$f(x) = |x+13| + |x+9| + |x+8| + |x+6|$$
$$+ |x+5| + |x| + |x-2|$$

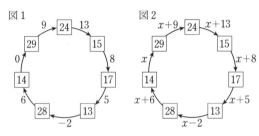

図1　図2

東大の問題と同じように考える．括弧内は等号成立条件である．

$$|x+13| + |x-2| \geqq 2-(-13) = 15 \ (-13 \leqq x \leqq 2) \ \cdots\cdots\cdots\cdots①$$

$$|x+9| + |x| \geqq 0-(-9) = 9 \ (-9 \leqq x \leqq 0) \ \cdots\cdots\cdots\cdots\cdots②$$

$$|x+8| + |x+5| \geqq (-5)-(-8) = 3 \ (-8 \leqq x \leqq -5) \ \cdots\cdots\cdots③$$

$$|x+6| \geqq 0 \ (x = -6) \ \cdots\cdots\cdots\cdots\cdots\cdots\cdots\cdots\cdots\cdots\cdots④$$

これらを辺ごとに加え

$$f(x) \geqq 15+9+3+0 = 27$$

等号は①，②，③，④が同時に成り立つ $x = -6$ のときである．よって，求める輸送量の最小値は **27** である．

♦別解♦ $x \leqq -13$ のとき $x-2 \leqq 0$, $x \leqq 0$, $\cdots$

$$f(x) = -(x+13) - (x+9) - (x+8)$$
$$-(x+6) - (x+5) - x - (x-2)$$
$$= -7x + \cdots$$

$-13 \leqq x \leqq -9$ のとき $x+13 \geqq 0$ になり他は上と同様．

$$f(x) = (x+13) - (x+9) - \cdots - x - (x-2)$$
$$= -5x + \cdots$$

x の係数は -5 になる．

$-9 \leqq x \leqq -8$ のときは $f(x) = -3x + \cdots$

$-8 \leqq x \leqq -6$ のときは $f(x) = -x + \cdots$

$-6 \leqq x \leqq -5$ のときは $f(x) = x + \cdots$

$-5 \leqq x \leqq 0$ のときは $f(x) = 3x + \cdots$

$0 \leqq x \leqq 2$ のときは $f(x) = 5x + \cdots$

$x \geqq 2$ のときは $f(x) = 7x + \cdots$

となる. x の係数が負のときは減少, x の係数が正のときは増加する. $f(x)$ は $x = -6$ で最小値 27 をとる.

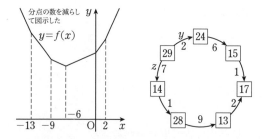

1° 【生徒の解法】

　多くの生徒に解いてもらった. 解答のように立式できた人は一割もいなかった. 大半の生徒は方針が立たなくて, 手が出なかった. 答えの数値が出た生徒は次のようにしていた. 29 本のところからは, 出る一方だろうと決める. 右に y 本, 左に z 本出るとして, たとえば $y = 2$, $z = 7$ のときは上右図のように移動し, 輸送量は 28 になる. $(y, z) = (0, 9) \sim (9, 0)$ で, 10 通り調べる.

2° 【差の絶対値は数直線上の距離】

　「差の絶対値は数直線上の距離」を初めて見たのは 50 年前, 受験雑誌「大学への数学」の記事であった. 当時の編集長, 山本矩一郎先生の解説である. 大変驚いた. 本来は, 絶対値は, 符号をプラスにするものである. この書籍をタイプセットしている TEX でも, プログラムの中で絶対値を使っている. TEX の中に数直線などない. だから「絶対値は符号をプラスにする」が本筋で, 数直線上の距離を考えるのはテクニックである.

　そのときに, 少し, 違和感を感じた. 小学校では, 数は正の数である. 中学になって, 負の数を習う. この時点で, 人は, 0 に立って, 右（正）と左（負）を見て, 数が左右に広がっていく意識をもつ. 数直線を習ったときに「正でも負でも, 2 点間の距離は単純な差でいいのか？」と, 少し, 心配になる人は少なくない.

　数直線の神様は 0 に立って左右を見ているのではない. $-\infty$ に立って, すべての数を平等に見ている. 目盛りは正の数や負の数かもしれないが, 目盛りが a, b の 2 点の間の距離は $|a - b|$ であると考えるのである.

10. a, b, c, d を正の数とする．不等式

$$\begin{cases} s(1-a) - tb > 0 \\ -sc + t(1-d) > 0 \end{cases}$$

を同時にみたす正の数 s, t があるとき，2 次方程式

$$x^2 - (a+d)x + (ad - bc) = 0$$

は $-1 < x < 1$ の範囲に異なる 2 つの実数解をもつことを示せ．

(96 東大・共通)

【考え方】 何度か書いているが，本書は，大人も対象である．だから，本問の意味は注に少し詳しく書いたが，本問は大学の線形代数の教科書に載っている話題である．この出題を見たとき，やられたなあと思った．例えて言えば，毎日見ていた道ばたの石が，貴重な隕石ですと，博覧会に展示されたようなものだろうか．しかも，生徒に解いてもらうと，難易度に比べて，これが，あまりできないから，適切な出題に感心した．

証明問題の多くは「C のとき P であることを証明せよ」という形をしている．通常，C は問題の状況を設定している条件（condition）という．（背理法でなく）直接証明をする場合，次の 2 点が重要である．

（ア） 第一のステップ：まず C を整理する．可能ならば，C になるための必要十分条件を求める．この追求が甘いと，場合によっては解けない．もちろん，甘い追求でも解けることもある．

（イ） 第二のステップ：P を証明するために何を言えばよいか，結論から歩み寄る．そして第一ステップの結果を利用する．

本問の場合は（ア）が問題である．

$$s(1-a) - tb > 0, \quad -sc + t(1-d) > 0$$

を満たす正の数 s, t が存在するために a, b, c, d の満たす必要十分条件を求めるのだが「存在性」が入っているために考えにくい．

生徒に解いてもらうと，第一のステップを早々に諦め，結論側の

$$x^2 - (a+d)x + (ad - bc) = 0$$

が $-1 < x < 1$ の範囲に異なる 2 つの実数解をもつための必要十分条件を調べる人が多い．もちろん「証明すべきことを整理する」と，適切な日本語を入れれば問題なく，それなりに点がもらえるが，今度は，慣れ親しんだことだけに，もう証明が完了したかのように錯覚してしまう人も多い．

まず，次の同次型の処理が問題である．

（ウ）　**【同次型の処理】** 正の数 x, y が

$$2y - 3x > 0, \ 7x - 3y > 0$$

を満たすとき x, y の比が $\dfrac{3}{2} < \dfrac{y}{x} < \dfrac{7}{3}$ と求められる．このような形の不等式を1次の同次形という．同次形では x と y の比が求められる．

さらに正の数 x, y についての不等式

$$2y - 5x > 0, \ 7x - 3y > 0$$

を考える．同じように解いてみると

$$\frac{5}{2} < \frac{y}{x} < \frac{7}{3}$$

となるが，$\dfrac{5}{2} < \dfrac{7}{3}$ は成り立たないから，このような x, y は存在しない．

（エ）　**【ここが重要！存在条件は求値問題と同じ】**

存在性は，多くの場合とても難しい．たとえば，平均値の定理の c は，存在性は分かっても，具体的には求められないことは多い．しかし，入試問題における存在性は，大抵の場合「求めよ」だと思って解いていけばよい．本問では，s と t の比のとる値の範囲を求めようと思えばよい．

▶解答◀ 問題の不等式は

$$s(1-a) > tb, \ t(1-d) > sc \ \cdots\cdots\cdots\cdots\cdots\cdots\cdots①$$

と書ける．文字はすべて正の数だから，両辺の符号を考え，

$$1 - a > 0, \ 1 - d > 0 \ (\text{☞注意}2°) \ \cdots\cdots\cdots\cdots\cdots\cdots②$$

が成り立つ．①から $\dfrac{t}{s}$ について解くと（☞注意1°）

$$\frac{c}{1-d} < \frac{t}{s} < \frac{1-a}{b}$$

このような $\dfrac{t}{s}$ が存在するために a, b, c, d が満たす必要十分条件は

$$\frac{c}{1-d} < \frac{1-a}{b}$$

である．分母を払い

$$bc < (1-a)(1-d)$$

展開して一方の辺に集めると

$$ad - bc - (a+d) + 1 > 0$$

となる．以上から，題意のような正の s, t が存在するために a, b, c, d の満たす必要十分条件は

$$0 < a < 1,\ 0 < d < 1,\ b > 0,\ c > 0 \quad \text{……………………………③}$$

$$\text{かつ}\quad ad - bc - (a + d) + 1 > 0 \quad \text{……………………………④}$$

となる．今は s, t の存在が保証されているから③，④が成り立つ．ここで

$$f(x) = x^2 - (a + d)x + (ad - bc)$$

とおく．判別式を D として

$$D = (a + d)^2 - 4(ad - bc) = (a + d)^2 - 4ad + 4bc$$
$$= (a - d)^2 + 4bc$$

となり，$(a - d)^2 \geqq 0,\ b > 0,\ c > 0$ であるから $D = (a - d)^2 + 4bc > 0$ である．よって $f(x) = 0$ は異なる 2 実数解をもつ．また④より

$$f(1) = 1 - (a + d) + (ad - bc) > 0$$

である．また

$$f(-1) = 1 + (a + d) + (ad - bc)$$

であり，$a > 0,\ d > 0$ であるから

$$f(-1) - f(1) = 2(a + d) > 0$$

である．よって $f(-1) > f(1) > 0$ である．さらに，③より $0 < a + d < 2$ だから，$f(x)$ のグラフの軸について $0 < \dfrac{a + d}{2} < 1$ である．以上から，$f(x) = 0$ は $-1 < x < 1$ に異なる 2 実数解をもつ．

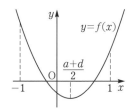

注 意 1°【必要十分な変形と必要条件としての変形】

「比を求める」という意識がないから，①の 2 式

$$s(1 - a) > tb,\ t(1 - d) > sc \quad \text{……………………………①}$$

を辺ごとに掛ける人が多い．

$$st(1 - a)(1 - d) > stbc \quad \text{……………………………⑤}$$

$st\,(>0)$ で割って

$$(1-a)(1-d) > bc$$

を得ることができる．しかし，① は式が2つあって，それを式2つのままで変形したのが

$$\frac{c}{1-d} < \frac{t}{s} < \frac{1-a}{b}$$

であり，① の2式を同値変形しているのに対し，⑤ では式が1つになっていて情報量が減っている．つまり，変形が必要条件である．これでも当面の問題解決には困らないが，なんとなく掛けたり割ったりするのは，よくない．

2° 【結論を見据えて】

$1-d>0$ は，① の $t(1-d)>sc$ を $1-d$ で割って，$\dfrac{c}{1-d}<\dfrac{t}{s}$ とする関係上で必要になる．

$s(1-a)>tb$ の方は $1-a$ では割らないから，$1-a$ の符号が必要になるわけではない．しかし最後の軸の位置についての考察，$0<\dfrac{a+d}{2}<1$ で必要になるから，$1-a>0$ を述べた．

3° 【問題の意味】

この項目は大人向けである．2次で書くが一般次数でも成り立つ．

単位行列を I で表し，$\boldsymbol{b}$, $\boldsymbol{x}$, $\boldsymbol{y}$ は2次の列ベクトルである．$\boldsymbol{0}$ は零ベクトルとする．2次行列 A を $A=\begin{pmatrix} a & b \\ c & d \end{pmatrix}$ とし，$O=\begin{pmatrix} 0 & 0 \\ 0 & 0 \end{pmatrix}$ とする．

行列 A と B で，各対応する成分が，A の方が大きいとき $A>B$ と表す．等号がついてもよい場合が $A\geqq B$ である．ベクトル $\boldsymbol{x}$, $\boldsymbol{y}$ についても，$\boldsymbol{x}>\boldsymbol{y}$, $\boldsymbol{x}\geqq\boldsymbol{y}$ を同様に定義する．

$A\geqq O$ であるような正方行列に対して，$n\to\infty$ のとき，$A^n\to O$ となるための必要十分条件は，次のいずれか（どれも同値）である．

（1） A の固有値の絶対値がすべて1より小さい．

（2） 任意のベクトル $\boldsymbol{b}\geqq\boldsymbol{0}$ に対して，$(I-A)\boldsymbol{x}=\boldsymbol{b}$ の解 $\boldsymbol{x}\geqq\boldsymbol{0}$ が存在する．

（3） $\boldsymbol{y}>A\boldsymbol{y}$ を満たす $\boldsymbol{y}>\boldsymbol{0}$ が存在する．

（4） $(I-A)^{-1}$ が存在し $(I-A)^{-1}\geqq O$ である．

本問（東大の問題）については，（3）と（1）の合体で，

「$(I-A)\boldsymbol{y}>\boldsymbol{0}$ を満たす $\boldsymbol{y}>\boldsymbol{0}$ が存在する」ならば，「A の固有値の絶対値がすべて1より小さい」を示せ

である．解きやすくするために $A>O$ になっている．「（1）から（4）までが同値」を示すのは興味深いが，大学で学んでほしい（大人向けはここまで）．

「C のとき P であることを証明せよ」という形の問題では，「第一ステップでは，C になる条件を（可能な限り）必要十分に表す．第二ステップでは結論から歩み寄る．そして第一ステップの結果を利用する」と述べた．他の例を示そう．

四面体 ABCD は AC＝BD，AD＝BC を満たすとし，辺 AB の中点を P，辺 CD の中点を Q とする．
（1） 辺 AB と線分 PQ は垂直であることを示せ．
（2） 線分 PQ を含む平面 α で四面体 ABCD を切って 2 つの部分に分ける．
このとき，2 つの部分の体積は等しいことを示せ． （18 京大・共通）

▶解答◀ （1） まず「AC＝BD，AD＝BC」を式にする．なお，本問は幾何的な（ベクトルでの計算をしない）証明もあるが，ここでは計算による解法だけを示す．

$\overrightarrow{AB}=\vec{b}$, $\overrightarrow{AC}=\vec{c}$, $\overrightarrow{AD}=\vec{d}$ とおく．

AC＝BD より $|\vec{c}|^2=|\vec{d}-\vec{b}|^2$

$$|\vec{c}|^2=|\vec{d}|^2-2\vec{b}\cdot\vec{d}+|\vec{b}|^2 \quad \cdots\cdots①$$

AD＝BC より $|\vec{d}|^2=|\vec{c}-\vec{b}|^2$

$$|\vec{d}|^2=|\vec{c}|^2-2\vec{b}\cdot\vec{c}+|\vec{b}|^2 \quad \cdots\cdots②$$

となる．①，②が「AC＝BD，AD＝BC」になるための必要十分条件である．

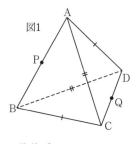
図1

ここで

$$\overrightarrow{PQ}=\overrightarrow{AQ}-\overrightarrow{AP}=\frac{\vec{c}+\vec{d}}{2}-\frac{1}{2}\vec{b}$$

であるから，$\overrightarrow{AB}$ との内積を計算すると

$$\overrightarrow{AB}\cdot\overrightarrow{PQ}=\vec{b}\cdot\frac{\vec{c}+\vec{d}-\vec{b}}{2}$$

$$= \frac{1}{2}\left(\vec{b}\cdot\vec{c}+\vec{b}\cdot\vec{d}-|\vec{b}|^2\right) \quad\cdots\cdots\cdots\cdots\cdots\cdots\cdots\cdots\cdots\cdots\text{③}$$

となる．③の値が0になるはずである．①，②のまま使うわけではなく，①，②を利用して，③の値を求める計算をする．いわば，せっかく得られた必要十分条件「①かつ②」から，条件を弱める形にする．③には$\vec{b}\cdot\vec{c}+\vec{b}\cdot\vec{d}$があるから，これを作ればよいと考える．

①，②を辺ごとに加えて$|\vec{c}|^2$，$|\vec{d}|^2$を消去すると

$$0 = -2\vec{b}\cdot\vec{d}-2\vec{b}\cdot\vec{c}+2|\vec{b}|^2$$

$$\vec{b}\cdot\vec{c}+\vec{b}\cdot\vec{d}-|\vec{b}|^2 = 0$$

となるから，③より$\overrightarrow{AB}\cdot\overrightarrow{PQ}=0$となり，辺ABと線分PQは垂直である．

（2）（1）と同様にして，辺CDと線分PQは垂直である．よって，PQを軸として四面体を180°回転させると，回転する前の四面体と一致する．PQを軸として平面αを180°回転させるとやはり回転前のαと一致．したがって，四面体ABCDを平面αで切って2つの部分に分けたとき，一方の部分をPQを軸として180°回転させると他方の部分と一致するから，これら2つの部分の体積は等しい．よって題意は示された．図3はPQの方向から見た図で，PQは紙面に垂直になっている．

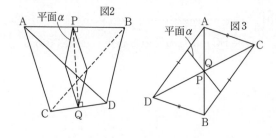

11. 次の条件を満たす正の整数全体の集合を S とおく.

「各けたの数字はたがいに異なり, どの2つのけたの数字の和も9にならない.」ただし, S の要素は10進法で表す. また, 1けたの正の整数は S に含まれるとする.

このとき次の問いに答えよ.

（1） S の要素でちょうど4けたのものは何個あるか.

（2） 小さい方から数えて2000番目の S の要素を求めよ. (00 東大・理科)

考え方 拙著「ハッとめざめる確率(東京出版)」に書いていることである. 私は, ほとほと, 学校教育と相性が悪いようで, 学校で教わったことは, 大半, そのままではマスターできなかった. 中でも高校一年のときに学んだ「場合の数」が最悪であった. 兄が使った参考書(以下 A とする)を3回まわりやったのに, 確認テストでは34点であった. これが私の高校時代の数学のテストの最低点である. 京大に行っていた兄が帰省し

洋:「おう, 亨, どうだ. 勉強やっとるか」

亨:「この前の場合の数のテストは34点だった. A を3回やったけど, 34点だった」

洋:「解いてみろ」

私は, A の問題を解き始めたら, 即座に

洋:「あかんわ. そんな解法をしていたら, あかん」

亨:「A も, 他の参考書も, こういう解答が書いてあるじゃん」

私が書いたのは $_nC_r$ や $_nP_r$ が並んだ解答であった.

洋:「とにかく, 駄目なものは駄目だ. $_nC_r$ や $_nP_r$ を使うな」

実は, 私は, 兄と仲が悪い. 彼は名古屋の名門, 旭丘高校に進学し, 卒業時は1番であった. 横柄で,

洋:「おう, 勉強教えてやる」

亨:「自分でやるからいらない」

洋:「そんなこと言わんで教えさせてくれ」

亨:「それなら教えさせてやる」

洋:「こうなる, 分かったか?」

亨:「今, 初めて聞いたことだから, 式が正しいことは分かるけれど, スッキリ理解したかと言われたら, スッキリはしない. 遠くの話し声を聞いている気がする」

というと「なんでわからん！」と，頭を殴るのであった．それで喧嘩になるから，私は，できる限り，兄とは話をしたくなかった．しかし，このときだけは，素直に聞くことにした．A を 3 回まわりやっても 34 点であるという現実は強力であった．

しかし，この後，具体的に教わったわけではない．仲が悪いから，兄と話す時間は一秒でも短くしたい．原因は分かったから，自分で考えた．ともかく「公式に頼るな」ということである．たとえば，1，2，3，4，5 のカードがあるとき，ここから 2 枚を取り出すという問題があったとする．「取り出し方は何通りか」という設問では，学校で習ったから $_5C_2 = \dfrac{5 \cdot 4}{2 \cdot 1} = 10$ 通りとなる．さすがに，これは理解していたが，それをやらないようにした．

大体よく考えてみると「取り出し方」という言葉自体もいけない（と，私は思う）．息子が小さいとき，同級生の K という子は変わっていて，シフォンケーキにクリームを添えて出すと，他の子はフォークで切って綺麗に食べるのに，彼は，手でつかんで，クシャクシャと丸めて，一口で食べるのだった．袋に入った駄菓子を出すと「僕赤あ～」と言って，いつも，赤の袋を選んだ．カードを選ぶときには「僕 1 番～」という．拘りがあって，選び方はいつも，確定している．「選び方は全部で何通り」という，個人の好みが入るような文章は数学には不似合いな，悪文であろう．

兄に，公式を使うなと言われてから，次のようにした．

「1，2，3，4，5 のカードがあるとき，ここから 2 枚を取り出す組合せは何通り」という問題も，公式を使わず，「1 と 2，1 と 3，1 と 4，1 と 5（以上が小さい方が 1 のとき），2 と 3，2 と 4，2 と 5（以上が小さい方が 2 のとき），3 と 4，3 と 5（以上が小さい方が 3 のとき），4 と 5（以上が小さい方が 4 のとき）であり，全部で $4 + 3 + 2 + 1 = 10$ 通り」と調べ，その結果が $_5C_2 = \dfrac{5 \cdot 4}{2 \cdot 1} = 10$ と一致することを確認するようにした．図 a を見よ．

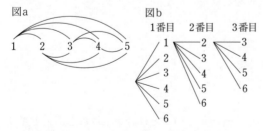

1, 2, 3, 4, 5, 6 から 3 つを選ぶ組合せのときには，「最小数が 1 のときは，図 a と同様に 2 と 3，2 と 4，2 と 5，2 と 6，… と調べて $4 + 3 + 2 + 1$ 通り，最小数

が2のときは3と4，3と5，3と6，…」と繰り返し

$$(4+3+2+1)+(3+2+1)+(2+1)+1=20$$

と計算し，

$$_6\mathrm{C}_3=\frac{6\cdot5\cdot4}{3\cdot2\cdot1}=20$$

と一致することを確認した．「最小数が何か」で分類している．何に着目して分類するかが問題だと思ったからである．

　1，2，3，4，5，6から3枚を選んで，左右一列に並べる順列の問題では図bのような樹形図をかいて「6本の枝の先に5本の枝がついて，その先に4本の枝がつくから（1番目，2番目，3番目）という順列は全部で6・5・4 = 120通りある」と調べた．

　どういうときが組合せになり，どういうときが順列になるかも，並べてみれば明白だ．私の授業では，この樹形図が何度も出てくる．そしてこう言う「樹形図を描けと言っているのではない．樹形図は私が描く．皆さんは面倒なら頭の中で思い浮かべよ．何を基準として分類するかを考えよ．その基準のもとに樹形図を描く．そして，常に，答案は説明的に書け．理詰めでない答案に価値はない」

　$_n\mathrm{P}_r$ はなくても不都合はないから，それ以来，$_n\mathrm{P}_r$ は使っていない．私の原稿や，授業には，一切，$_n\mathrm{P}_r$ は出てこない．$_n\mathrm{P}_r$ は不要であると，私は思う．$_n\mathrm{C}_r$ は残念ながら使う．

　優秀な生徒，大人の人は，慣れているから，こうしたやりかたを馬鹿げていると思うだろう．しかし，多くの生徒は「教わったことがある問題は，覚えている解法をパッと使う」「教わったことがない問題は，うろたえ，鉛筆をカチャカチャ動かし，説明もできないことをやって，答えは運任せ」である．

　私は，頻出問題も，初見の問題も，可能な限り，発想を同じにし，基準を設定して分類するのがよいと思っている．

（1）　生徒に解いてもらうと，一番多いのは，ボーッとしている人達である．粘りがある人は，別解のように，和が2数の組（この場合は集合）

　　　　$\{0, 9\}, \{1, 8\}, \{2, 7\}, \{3, 6\}, \{4, 5\}$

を考える．

　「ボーッとしていても，神はささやかないよ」と言っても，何もしないから「条件が『各けたの数字はたがいに異なる』だけだったらどうする？」というと，そんなの簡単だと，即座に「9・9・8・7通り」と答える．これは知っているからである．頭の中で樹形図を描いているわけではないらしい．仕方がないから，図1の樹形図を描いて見せる．

千の位は，1から9の9通りある．これが1のとき，百の位は，0（1は不適だから飛ばす），2，…，9の9通り．これが0のときは十の位は1，0以外の8通り，これが2のときには，一の位は3，…，9の7通りある．千の位が1のときには枝が9・8・7本くっつく．千の位が2のときも同様に，枝が9・8・7本くっつく．

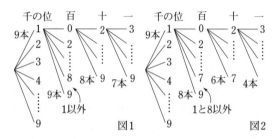

図1　　　　　　　図2

「それで？」と言っても，ほとんど，手を動かさない．樹形図を，実際に描いている人と，人が樹形図を描いているのを「また，樹形図描いてら．$_nP_r$ 使えば早いのに」と思って見ている人の違いである．もし，一向に場合の数・確率が得意にならない人がいたら，教わった解法は捨てて（その幾つかは，後で，拾って），可能な限り，樹形図を描いてみたらどうだろう？得意になる近道だと思う．

私は「図2のように図1の**樹形図の枝を減らすだけだ**」と思ったのだが，そういう発想になる人は大変少ない．（1）は名作である．

千の位が1のとき．百の位は（千の位の）1は駄目だ．千の位の1との和が9になる8も駄目だ．これら以外の0，2，…，7，9の8通りのどれかである．これが0のとき．十の位は1，0，8と，0との和が9になる9も駄目である．これら以外の6通りがある．これが2のとき，一の位は1，0，8，9，2，7以外の4通りとなる．

▶**解答◀**　（1）　最高位は1〜9の9通りのいずれかである．これをaとする．百の位は（0を含めた数でa，$9-a$を除く）で，各aに対してそれぞれ8通りずつある．これをbとする．

十の位は（0を含めた数でa，$9-a$，b，$9-b$を除く．次の桁になると2通りずつ減っていく）で，各a, bに対してそれぞれ6通りずつある．これをcとする．

一の位は（0を含めた数でa，$9-a$，b，$9-b$，c，$9-c$を除く）で，各a，b，cに対してそれぞれ4通りずつある．全部で

$$9 \cdot 8 \cdot 6 \cdot 4 = \mathbf{1728} 個$$

ある．

（2）　1桁のものは9個ある.

　　2桁のものは$9 \cdot 8 = 72$個ある.

　　3桁のものは$9 \cdot 8 \cdot 6 = 432$個ある.

　　4桁以下のものは全部で

$$1728 + 432 + 72 + 9 = 2241 \text{ 個ある.}$$

3桁以下のものは

$$9 + 72 + 432 = 513 \text{ 個ある.}$$

だから，4桁の途中で2000個になる.

$$2000 - 513 = 1487$$

だから4桁の中の1487番目を調べる. $1bcd$ の形のものは$8 \cdot 6 \cdot 4 = 192$個ある（b は1，8以外の8通りで，以下同様に2通りずつ減っていく）.

$$\frac{1487}{192} = 7.7\cdots$$

$$192 \cdot 7 = 1344$$

$$1487 - 1344 = 143$$

だから$8 \square \square \square$の形のうちの143番目を調べる.

　　$80 \square \square$は$6 \cdot 4 = 24$個

　　$82 \square \square$は$6 \cdot 4 = 24$個（48，括弧内は以上の和を表す）

　　$83 \square \square$は$6 \cdot 4 = 24$個（72）

　　$84 \square \square$は$6 \cdot 4 = 24$個（96）

　　$85 \square \square$は$6 \cdot 4 = 24$個（120）

$$143 - 120 = 23$$

だから$86 \square \square$の中の23番目を調べる. これは$86 \square \square$の最後から2番目である. 最後の4つは（☞注意1°）

$$8692, 8694, 8695, 8697$$

であり，**8695** が求めるものである.

注意 1°【$86 \square \square$ を数える】

　　$860 \square$は4個

　　$862 \square$は4個（8）

　　$864 \square$は4個（12）

　　$865 \square$は4個（16）

　　$867 \square$は4個（20）

あと 3 個である．最後の 4 つは

8692, 8694, 8695, 8697

2°【生徒の多くがやった解法】（１）「和が 9 にならない」を主にして数えると次のようになる．

♦別解♦　（１）　和が 9 になる 2 数の組は

$\{0, 9\}, \{1, 8\}, \{2, 7\}, \{3, 6\}, \{4, 5\}$

である．

（ア）　$\{0, 9\}$ からは取らないとき．

$\{1, 8\}, \{2, 7\}, \{3, 6\}, \{4, 5\}$

の各組からどちらかを取り（2^4 通りの取り方がある）それらを並べる（4! 通りの並べ方がある）から，この場合は全部で

$2^4 \cdot 4! = 384$ 個

ある．

（イ）　9 を取るとき．

$\{1, 8\}, \{2, 7\}, \{3, 6\}, \{4, 5\}$

から 3 組選び（${}_4C_3$ 通り），各組からどちらかを取り（2^3 通り）それらを並べる（4! 通り）から，この場合は全部で

${}_4C_3 \cdot 2^3 \cdot 4! = 768$ 個

ある．

（ウ）　0 を取るとき．

$\{1, 8\}, \{2, 7\}, \{3, 6\}, \{4, 5\}$

から 3 組選び（${}_4C_3$ 通り），各組からどちらかを取り（2^3 通り）それらを並べる（$3 \cdot 3 \cdot 2 \cdot 1$ 通り）から，この場合は全部で

${}_4C_3 \cdot 2^3 \cdot 18 = 576$ 個

ある．以上を加えて，全部で

$384 + 768 + 576 = \mathbf{1728}$ **個**

ある．

12. 座標平面上に 8 本の直線

$x = a \, (a = 1, 2, 3, 4), \ y = b \, (b = 1, 2, 3, 4)$

がある．以下，16 個の点

$(a, b) \, (a = 1, 2, 3, 4, \quad b = 1, 2, 3, 4)$

から異なる 5 個の点を選ぶことを考える．

（1） 次の条件を満たす 5 個の点の選び方は何通りあるか．

上の 8 本の直線のうち，選んだ点を 1 個も含まないものがちょうど 2 本ある．

（2） 次の条件を満たす 5 個の点の選び方は何通りあるか．

上の 8 本の直線は，いずれも選んだ点を少なくとも 1 個含む．

(20 東大・文科)

考え方 （1） これは良問である．前問にも書いたが，場合の数・確率では，$_nC_r$ や $_nP_r$ を使えば答えが求められるわけではない．あるレベルから上の問題は，何かに着目して，分類していく力が重要で，数えやすい形に分類していく，その分類の基準の設定が重要である．抽象的にいえば，思考の言語化こそ重要である．自分の思考を言語化できなければ，自分の思考が正しいかを，自分自身が検証できないし，採点者に伝わらない．

まず図 a のように 8 本の直線に名前をつける．

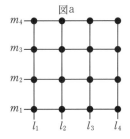

図a

「選んだ点を 1 個も含まない直線」を空き直線と呼ぶことにする．簡潔は雄弁である．2 本の空き直線が，どこにあるか，縦 2 本か，横 2 本か，縦横 1 本ずつか，をタイプ分けする．縦 2 本のとき，それが l_1, l_2, l_3, l_4 のうちのどの 2 本の組かを考える．これは $_4C_2$ 通りと数えることができる．しかし，

l_1 と l_2，l_1 と l_3，l_1 と l_4，l_2 と l_3，l_2 と l_4，l_3 と l_4

と列挙しても大したことはない（これは，次の図 b のように数えている．$_nC_r$ を

避けると話が横道にそれるから，以下では使う）．

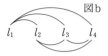

図b

以下は，これが l_3 と l_4 のときについて調べる．図cを見よ．

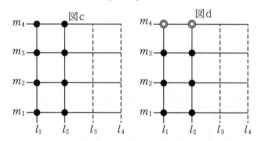

このとき図cの8個の黒丸から5個の点を選ぶことになる．$_8C_5$ と数えてもよいが（本解はその方針で数える），少し，待て．$_8C_5$ と数えると不適な場合も数えてしまうことになる．今度は横で見よう．m_1, m_2, m_3, m_4 の各直線から1個ずつを選んだら，4個しか選べないから，2個選ぶものがある．それがどれかで4通りある．図dは，それが m_4 のときの図である．m_4 上の◎は選んだ2点のつもりである．m_1, m_2, m_3 の各直線から，1個ずつ選ぶ．m_3 上の2点の，左右のどちらを選ぶかで2通り，m_2 上の2点の，左右のどちらを選ぶかで2通り，m_1 上の2点の，左右のどちらを選ぶかで2通りあるから，以上で $6 \cdot 4 \cdot 2^3 = 192$ 通りある．

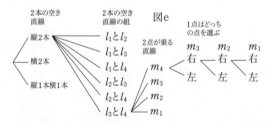

図e

図eのような手順で考えている．こうした思考の分岐を記したものを決定木という．「数える基準の設定」というのは，こうした決定木の分岐で，数えやすい形に分岐していくことである．特徴的なことに着目して分岐していく．

解答では $_8C_5$ と数える方針でいく．この場合は不適なものを除くことになる．

（2）は空き直線がない場合である．（1）と同じ方針を続けると，少し大変であるから，数え方を変える．

►解答◄ 直線 $x=1$, $x=2$, $x=3$, $x=4$ を l_1, l_2, l_3, l_4 とし, $y=1$, $y=2$, $y=3$, $y=4$ を m_1, m_2, m_3, m_4 とする.

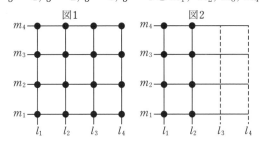

（１）　「選んだ点を1個も含まない直線」を「空き直線」と呼ぶことにする. 2本の空き直線が

（ア）　縦2本のとき：その2本の組合せは $_4C_2 = 6$ 通りある. 以下はそれが l_3, l_4 のときを考える. 図2を見よ. l_1, l_2 上に8個の点があり, ここから5個の点を選ぶ組合せは $_8C_5 = {}_8C_3 = \dfrac{8\cdot 7\cdot 6}{3\cdot 2\cdot 1} = 56$ 通りある. この中には, l_1, l_2, m_1, m_2, m_3, m_4 のうちで空き直線ができてしまうケースもある. しかし, l_1, l_2 上には4点しかないので, l_1 と l_2 は空き直線にはなり得ない. 空き直線は, m_1, m_2, m_3, m_4 のうちの1本である. 2本以上ではない. 以下は空き直線が m_4 のときを考える. 図3を見よ. 図3の6個の点から5個を選ぶ組合せは $_6C_5 = 6$ 通りある. 56通りのうち, 空き直線ができてしまうものは $6\cdot 4 = 24$ 通りある. 空き直線が縦2本になる組合せは $6\cdot(56-24) = 192$ 通りある.

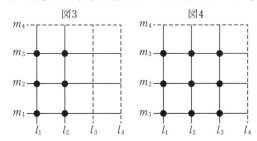

（イ）　横2本のとき：（ア）と同じで192通りある.

（ウ）　縦1本, 横1本のとき：その2本の組合せは $4\cdot 4 = 16$ 通りある. 以下はそれが l_4 と m_4 のときを考える. 図4の9個の点から5個の点を選ぶ組合せは $_9C_5 = {}_9C_4 = \dfrac{9\cdot 8\cdot 7\cdot 6}{4\cdot 3\cdot 2\cdot 1} = 126$ 通りある.

　この中には, l_1, l_2, l_3, m_1, m_2, m_3 のうちで空き直線ができてしまうケースもある. その直線が何かで6通りある. 以下はそれが l_3 のときを考える. この場

合は図3の6点から5点を選ぶ組合せを考えて $_6C_5 = 6$ 通りある．よって，空き直線が縦1本，横1本になる組合せは $16 \cdot (126 - 6 \cdot 6) = 1440$ 通りある．

空き直線がちょうど2本になる5点の組合せは

$$192 + 192 + 1440 = \mathbf{1824}(通り)$$

（2） 5点を選ぶとき，x 座標だけを見ていくと5つの数字（勿論，重複がある）が使われ，y 座標だけを見ていくと5つの数字（重複がある）が使われる．本問で求められているのは，x 座標の方でも，y 座標の方でも，1，2，3，4 がすべて使われるのは何通りあるかということである．このとき，x 座標の方では2回使われる数字が1つだけあり，y 座標の方でも2回使われる数字が1つだけある．これらが何かで $4 \cdot 4$ 通りの組合せがある．以下はそれがともに1のときを考える．

$$x: \quad 1, \quad 1, \quad 2, \quad 3, \quad 4$$
$$y: \quad \Box, \quad \Box, \quad \Box, \quad \Box, \quad \Box$$

と書くことにする．空欄に 2，3，4，1，1 と入ったら，

$$(1, 2), (1, 3), (2, 4), (3, 1), (4, 1) \quad \cdots\cdots\cdots\cdots\cdots① $$

を選ぶと考える．5つの空欄に 1，1，2，3，4 を入れる順列は $\dfrac{5!}{2!}$ 通りあるが，この中には，左端の2つの空欄に 1，1 を入れてしまうものが $3!$ 通りある．この場合は $(1, 1), (1, 1)$ という同じ点を2度選んでしまっており，不適である．これを除いて考える．

空欄に 3，2，4，1，1 と入ったら，

$$(1, 3), (1, 2), (2, 4), (3, 1), (4, 1) \quad \cdots\cdots\cdots\cdots\cdots② $$

になり，①，②は同じ点を作っている．左端の2つの空欄に a と b $(a \ne b)$ を入れるとき，$\dfrac{5!}{2!} - 3!$ 通りの中には，左から a, b と入れる場合と b, a と入れる場合が異なる場合として数えられているが，これは同じ場合であるから，求める個数は

$$\frac{\dfrac{5!}{2!} - 3!}{2} \cdot 4 \cdot 4 = (60 - 6) \cdot 8 = \mathbf{432}(通り)$$

注意 【1つのアイデアに拘るな】

（2）は重複が少ない（同じ x 座標が2回，y 座標が2回）から有効であったが，この方針を（1）でやるのは，あまり得策ではない．

◆別解◆ （2） 16個の点から5個の点を選ぶ組合せは全部で

$$_{16}C_5 = \frac{16 \cdot 15 \cdot 14 \cdot 13 \cdot 12}{5 \cdot 4 \cdot 3 \cdot 2 \cdot 1} = 4368 \ (通り)$$

ある．この中には空き直線ができるケースがある．以下，それを数えるが，その空き直線の本数で場合分けをする．

（ア）　3本のとき：空き直線が縦3本のときには，残る縦1本の上には4点しかないから，5点を選ぶことはできない．同じく，空き直線が横3本ということも起こらない．

　空き直線が3本になる場合は，縦2本と横1本，または縦1本と横2本である．以下は縦2本と横1本のときを考える．3直線の組合せは $_4C_2 \cdot {_4}C_1 = 24$ 通りある．以下はこれが l_3, l_4, m_4 のときを考える．この場合は図3の6点から5点を選ぶことになるから，その組合せは $_6C_5 = 6$ 通りある．空き直線が3本になる場合は $6 \cdot 24 \cdot 2 = 288$ 通りある．

（イ）　2本のとき：（1）より1824通りある．

（ウ）　1本のとき：それが何かで8通りある．以下はこれが l_4 のときを考える．
　図5の12個の点から5個を選ぶ組合せは
$$_{12}C_5 = \frac{12 \cdot 11 \cdot 10 \cdot 9 \cdot 8}{5 \cdot 4 \cdot 3 \cdot 2 \cdot 1} = 792 \ (通り)$$
ある．

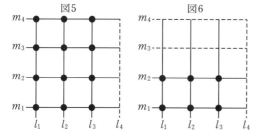

この中には空き直線ができてしまうケースがある．

（ウ-1）　縦の空き直線ができるもの：それが何かで3通りある．以下はそれが l_3 のときを考える．このとき図2の8点から5点を選ぶから，これは（1）の（ア）で考察してあり，$56 - 24 = 32$ 通りと求めてある．よって縦の空き直線ができるものは $32 \cdot 3 = 96$ 通りある．

（ウ-2）　横の空き直線が1本できるもの：それが何かで4通りある．以下はそれが m_4 のときを考える．このとき図4の9個の点から5点を選ぶから，これは（1）の（ウ）で考察してあり，$126 - 36 = 90$ 通りと求めてある．よって横の空き直線が1本できるものは $90 \cdot 4 = 360$ 通りある．

（ウ-3）　横の空き直線が2本できるもの：それが何かで $_4C_2 = 6$ 通りの組合せがある．以下はそれが m_3 と m_4 のときを考える．このとき図6の6個の点から5点を選ぶから $_6C_5 = 6$ 通りの組合せがある．よって横の空き直線が2本できるも

のは $6 \cdot 6 = 36$ 通りある.

(ウ-4) 縦の空き直線が1本と横の空き直線が1本できるもの：それが何かで $3 \cdot 4 = 12$ 通りの組合せがある. 以下はそれが l_3 と m_4 のときを考える. このとき図3の6個の点から5点を選ぶから, $_6C_5 = 6$ 通りの組合せがある. よって縦の空き直線が1本と横の空き直線が1本できるものは $6 \cdot 12 = 72$ 通りある.

よって空き直線が1本できるのは
$$\{792 - (96 + 360 + 36 + 72)\} \cdot 8 = 228 \cdot 8 = 1824 \text{（通り）}$$
ある.

以上より, 空き直線がないのは
$$4368 - (288 + 1824 + 1824) = \mathbf{432} \text{（通り）}$$
ある.

◆別解◆ （2） 上の解法の（ウ）の場合の別解である. 空き直線が1本のとき, それが何かで8通りある. 以下はそれが l_4 のときを考える. 図5を見よ. m_1, m_2, m_3, m_4 に5点を配置するから, これら4直線のうちの1本の上に2点, 他の3本の直線の上には1点を配置する. どれの上に2点を配置するかで4通りある. 以下はこれが m_4 のときを考える.

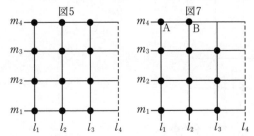

図5で, m_4 の上に3個の点があり, ここから2個の点を選ぶとき, その組合せは $_3C_2$ 通りある. 以下はそれが図7のA, Bのときを考える. m_1 上の3点のうちの1個, m_2 上の3点のうちの1個, m_3 上の3点のうちの1個を選ぶが, その 3^3 通りの選択のうち, m_1 上の左の2個（l_3 上の点を除く）, m_2 上の左の2個（l_3 上の点を除く）, m_3 上の左の2個（l_3 上の点を除く）を選ぶ 2^3 通りは, l_3 が空き直線となるから不適である.

よって空き直線が1本になるのは
$$8 \cdot 4 \cdot {}_3C_2 \cdot (3^3 - 2^3) = 1824 \text{（通り）}$$
ある.

◆別解◆ （2） 空き直線がない場合, m_1, m_2, m_3, m_4 の上に5点があるから,

2個含むものが1本ある．それが何かで4通りある．以下はそれが m_4 のときを考える．m_4 上の4点から2点を選ぶ組合せは $_4C_2$ 通りある．以下はそれが左の2つ（図8，9のA，B）のときを考える．以下では点を選ぶとき，それらは m_1，m_2，m_3 のうち，同一直線上に乗ってはいけないことに注意せよ．今度は縦方向を考え，l_1, l_2, l_3, l_4 のどれか1本の上に2点がある．

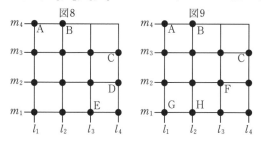

（ア）l_4 上の2点を選ぶとき．それは下から3個の中の2個を選ぶから，その組合せは $_3C_2 = 3$ 通りある．以下は図8のC，Dを選ぶときを考える．そのとき l_3 上の1点はEに定まる．

（イ）l_3 上の2点を選ぶときも3通りある．

（ウ）l_3, l_4 上には1点だけがあるとき．l_3 上の3点のどれを選ぶか，l_4 上の3点のどれを選ぶか（これらは左右に並んではいけない）で $3 \cdot 2$ 通りある．以下はこれが図9のC，Fのときを考える．このとき m_1 上ではGかHを選ぶ．

よって求める数は $4 \cdot {}_4C_2 \cdot (3 + 3 + 3 \cdot 2 \cdot 2) = \mathbf{432}$（通り）

13. $S = \{1, 2, \cdots\cdots, n\}$，ただし $n \geqq 2$，とする．2つの要素から成る S の部分集合を k 個とり出し，そのうちのどの2つも交わりが空集合であるようにする．方法は何通りあるか．

　つぎに，この数（つまり何通りあるかを表す数）を $f(n, k)$ で表したとき，

$$f(n, k) = f(n, 1)$$

をみたすような n と k（ただし，$k \geqq 2$）をすべて求めよ．(81　東大・理科)

考え方　「頻出の組分けの数」を東大が出題するのは，私としては，驚きであった．「n 人から2人ずつを選んで k 組作る」のだから，どこの基本問題かと思う．もちろん，ここではそれができる状態で考えるのであろう．要素2個からなる集合を k 個作るから，$n \geqq 2k$ でなければならない．「$n < 2k$ のときは0通り」などという，つまらない答えは，採点基準にはないものとしよう．だから問題文の $n \geqq 2$ は，せめて，$n \geqq 4$ にしておいてほしかった．

　主眼は，その後の整数の不定方程式にあるのだろうか．

　超基本問題の次は，木に竹を接いだような設問で，$f(n, k) = f(n, 1)$ と来た．$f(n, k) = f(n, 1)$ になったら，それがどうだというのだろう．場合の数と，整数の不定方程式が，どう関係するのか．東大は，こうした「なんとなく問題にしてみました」的な問題は少ない．ところが，これが大変難しい．

　$f(n, k) = f(n, 1)$ の，等式のままでは解けない．$n \geqq 2k$ を用いて n を消去して，k の満たす不等式を作る．

▶解答◀　$f(n, k) = \dfrac{{}_n\mathrm{C}_2 \cdot {}_{n-2}\mathrm{C}_2 \cdot \cdots\cdots \cdot {}_{n-2k+2}\mathrm{C}_2}{k!}$

$$= \frac{n(n-1)(n-2)\cdots\cdots(n-2k+2)(n-2k+1)}{(2^k)(k!)}$$

$f(n, k) = f(n, 1)$ のとき

$$\frac{n(n-1)(n-2)\cdots\cdots(n-2k+2)(n-2k+1)}{(2^k)(k!)} = \frac{n(n-1)}{2}$$

$$(n-2)(n-3)\cdots\cdots(n-2k+2)(n-2k+1) = 2^{k-1} \cdot k! \quad\cdots\cdots\cdots\cdots①$$

ここで，$n \geqq 2k$ だから

$$2^{k-1} \cdot k! = (n-2)(n-3)\cdots\cdots(n-2k+2)(n-2k+1)$$

$$\geqq (2k-2)(2k-3)\cdots\cdots 2 \cdot 1$$

$$= (2k-2)(2k-3)\cdots\cdots(k+1) \cdot k! \geqq (k+1)^{k-2} \cdot k!$$

これは $2k-2 \geqq k+1$，すなわち $k \geqq 3$ のときである．$k \geqq 3$ のとき

$$2^{k-1} \cdot k! \geqq (k+1)^{k-2} \cdot k! \quad \cdots\cdots\cdots\cdots\cdots\cdots\cdots\cdots\cdots\cdots\cdots\cdots\cdots\cdots ②$$

となり，さらに $k!$ で割って，

$$2^{k-1} \geqq (k+1)^{k-2}$$

となる．

底（というのだろうか？ $k+1$ のことである）と指数の両方に k が入っていては，難しい．底の方の k を消そう．

$k \geqq 3$ のとき．

$$2^{k-1} \geqq (k+1)^{k-2} \geqq 4^{k-2} = 2^{2k-4}$$

となる．$2^{k-1} \geqq 2^{2k-4}$ の指数に着目すると $k-1 \geqq 2k-4$ となり，$k \leqq 3$ となる．$k \geqq 3$ のときだから $k=3$ となる．これは $k \geqq 4$ のときは成立しないことを示している．

ゆえに $k=2$ または $k=3$ である．

（ア）$k=3$ のとき ② の両辺の値はともに 24 で等号が成り立つことに注意せよ．その上の変形を考えて

$$2^{k-1} \cdot k! = (n-2)(n-3)\cdots\cdots(n-2k+2)(n-2k+1)$$

$$\geqq (k+1)^{k-2} \cdot k! \quad \cdots\cdots\cdots\cdots\cdots\cdots\cdots\cdots\cdots\cdots\cdots\cdots\cdots\cdots ③$$

の左辺（$2^{k-1} \cdot k!$ のこと）と右辺（$(k+1)^{k-2} \cdot k!$ のこと）が，ともに 24 で等しいから，中央の値も等しい．ということは，③ の不等式で使った $n \geqq 2k$ の等号が成り立つということである．すなわち，$n=2k$ である．ゆえに，$n=6, k=3$ である．

（イ）$k=2$ のとき

① は，$(n-2)(n-3)=4$ となるが，これを満たす自然数 n は存在しない．

以上より，$n=6, k=3$

14. 正八角形の頂点を反時計回りに A, B, C, D, E, F, G, H と
する. また, 投げたとき表裏の出る確率がそれぞれ $\frac{1}{2}$ のコインがある.
点 P が最初に点 A にある. 次の操作を 10 回繰り返す.

　操作：コインを投げ, 表が出れば点 P を反時計回りに隣接する頂点に移
　　　動させ, 裏が出れば点 P を時計回りに隣接する頂点に移動させる.

例えば, 点 P が点 H にある状態で, 投げたコインの表が出れば点 A に移動
させ, 裏が出れば点 G に移動させる.

以下の事象を考える.

事象 S：操作を 10 回行った後に点 P が点 A にある.

事象 T：1 回目から 10 回目の操作によって, 点 P は少なくとも 1 回, 点 F
に移動する.

（1）　事象 S が起こる確率を求めよ.

（2）　事象 S と事象 T がともに起こる確率を求めよ. 　　（19　東大・文科）

─────────

考え方　独立試行である. 右回りと左回りの回数の設定をすれば $_nC_k p^k q^{n-k}$
型の公式が使える. 公式を使うか, 二進木（二分木ともいう, binary tree）の 2
方向に枝分かれする樹形図の中に確率を記入していくかを判断する. 「どっちか
だけ」と凝り固まってはいけない. 設定によって, 適切な方針を選ぶ.

▶解答◀　（1）　点 P は図 1 のように動く. 時計回り, 反時計回りに動く確率
は, ともに $\frac{1}{2}$ である.

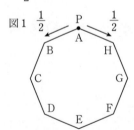

図 1

1 回の試行で, 表が出れば +1, 裏が出れば -1 と表す. 10 回の試行で, 10 個
の +1 と -1 の列ができるが, その列は全部で 2^{10} 通りできる（たとえば, 列が
すべて +1 ならば反時計回りに 10 頂点動いて C に行く）. このうち +1 が a 回,
-1 が $10-a$ 回起こるとする（その確率は $\frac{_{10}C_a}{2^{10}}$）と, $a-(10-a)=2a-10$ だ

け動くことになる．$0 \leqq a \leqq 10$ であるから $-10 \leqq 2a - 10 \leqq 10$ である．

S が起こるのは $2a - 10$ が 8 の倍数になるときであるから $2a - 10 = -8, 0, 8$，すなわち $a = 1, 5, 9$ のときである．求める確率は

$$\frac{{}_{10}\mathrm{C}_1 + {}_{10}\mathrm{C}_5 + {}_{10}\mathrm{C}_9}{2^{10}} = \frac{10 + 252 + 10}{2^{10}}$$

$$= \frac{5 + 63}{2^8} = \frac{68}{2^8} = \frac{\mathbf{17}}{\mathbf{64}}$$

なお ${}_{10}\mathrm{C}_5 = \dfrac{10 \cdot 9 \cdot 8 \cdot 7 \cdot 6}{5 \cdot 4 \cdot 3 \cdot 2 \cdot 1} = 2 \cdot 9 \cdot 7 \cdot 2 = 252$ である．

（2） $a = 1, 9$ のときは一周以上するから，F を通る．問題は $a = 5$ の場合，すなわち，反時計回り，時計回りに 5 頂点ずつ動く場合である．このとき，10 回後に A に戻るが，F に行かないのは，図 2 より 206 通りある．図 2 は毎回，$+1$ を↗，-1 を↘で表し，経路の数を書き込んだものである．

求める確率は

$$\frac{10 + (252 - 206) + 10}{2^{10}} = \frac{20 + 46}{2^{10}} = \frac{\mathbf{33}}{\mathbf{512}}$$

である．なお図 2 の t は試行の回数を表すが，図の中に t の値は記入していない．視覚の邪魔になるからである．

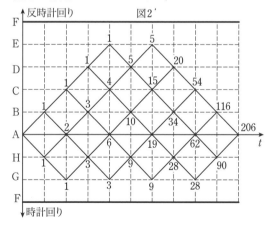

注意 【類題】

図に記入していくほうがよい（と，私は思う）類題を挙げておこう．問題文に「犯人」とあるが，「犯人」では，単なるコソ泥かもしれない．どうせなら，悪の帝国ソ連のスパイが東ベルリンへ逃げる設定とか，それらしく書けばいいのにと，試験の最中に思った．

《スパイ大作戦》

図の長方形 ABP_1P_5 はある国境の町を表し，各線分は道路を表す．図の地点 P_1, P_2, $\cdots$, P_9 には外国への通路が開かれている．いま，ある犯人が B から外国に向かって逃走しようとしているが，この犯人は P_j $(1 \leqq j \leqq 9)$ 以外の各交差点（B を含む）において，確率 $\dfrac{1}{2}$ ずつで真東または北東に進路を選ぶ．この犯人を捕えるために 3 人の警官を P_j $(1 \leqq j \leqq 9)$ のうちの適当な 3 地点に配置しようとする．どの 3 点に配置すれば，犯人を捕える確率 p が最大となるか．また，そのときの p の最大値を小数第 2 位まで求めよ．ただし，犯人は警官に出会わないで国境の地点に達すれば，無事逃げおおせるものとする．

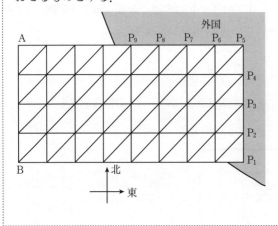

(72　東大・理科)

考え方　各 P_j に達するまでの分岐の数は点によって異なるから ${}_nC_k\left(\dfrac{1}{2}\right)^m$ の形で計算しても，あまりはかどらない．それなら，図に書き込んでいくほうが実戦的である．ただし，分母まで書き込むと，数が上下に膨れて，場所を圧迫して鬱陶しいから分子だけ書き込む．

▶解答◀　各点に到達する確率を書き込んでいくと図のようになる．

ただし，縦の点線の下には分母の数値を書き込み，図の中には分子のみ書き込んだ．図左上のように，a, b から $a+b$ を作っていく．たとえば P_1 に対する確率の分母は 256，分子は 1 となる．

P_1 から P_9 に達する確率を 256 倍すると，順に

$$1,\ 8,\ 28,\ 56,\ 35,\ 40,\ 40,\ 32,\ 16 \ \cdots\cdots\cdots\cdots\cdots\cdots ①$$

となる．大きい方から 3 つとって，**P_4, P_6, P_7** に配置すれば最大となる．最大

値は

$$\frac{56+40+40}{256} = \frac{7+5+5}{32} = \frac{17}{32} = 0.531\cdots \fallingdotseq \mathbf{0.53}$$

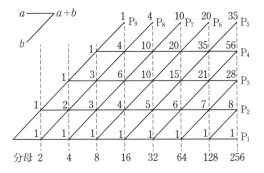

注意 1° 【確認せよ】

ボーッと生きていてはいけない．① の和を計算し 256 になっていることを確認せよ．我々は計算ミスをする．実際，1972 年に受験したとき，私は，この問題を解いて，足し算を間違えていた．常にチェックしながら解く癖をつけよ．

2° 【小数第二位まで】

「小数第二位まで」はその値まで正しく求めるという意味であろう．

《図示の効用》

　袋の中に赤玉が2個，白玉が3個あり，袋の外に赤玉が2個，白玉が3個ある．「袋の中から玉を1個取り出して色を確認し，この玉を袋にもどし，さらに同色の玉が外にある場合は同色の玉1個を袋に追加し，ない場合は追加しない」という試行を繰り返す．次の問いに答えよ．
（1）　2回目の試行後，袋の外に白玉が3個ある確率を求めよ．
（2）　3回目の試行で白玉が取り出される確率を求めよ．
（3）　試行を繰り返すとき，袋の外の赤玉が白玉より先になくなる確率を求めよ．

(20　藤田医大・前期)

▶解答◀　袋内に赤玉が r 個，白玉が w 個入っている状態を (r, w) で表す．最初は $(2, 3)$ である．そこから赤玉を取る（その確率は $\frac{2}{5}$）と，$(3, 3)$ に移動し，$(3, 3)$ になる確率は $\frac{2}{5}$ となる．これを点 $(3, 3)$ の上の線のすぐ上に小さく記入してある．他も同様にする．一般には図1と書いたところのように $ab + cd$ と計算する．ただし，a や c がないときにはその部分を 0 とする．また，直線 $r = 4$ 上や，$w = 6$ 上に達したら，そこにとどまることもあるから，注意する．下の計算では，とどまる計算が出てこないように考える．

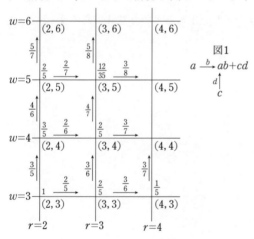

図1

$$a \xrightarrow{\ b\ } ab + cd$$
$$\begin{array}{c} d \uparrow \\ c \end{array}$$

（1）　求める確率は2回連続で白玉を取り出す確率で

$$\frac{2}{5} \cdot \frac{3}{6} = \frac{1}{5}$$

（2）　求める確率は，2回後に $(2, 5)$，$(3, 4)$，$(4, 3)$ になり，3回目に↑へ移動

する確率で

$$\frac{2}{5} \cdot \frac{5}{7} + \frac{2}{5} \cdot \frac{4}{7} + \frac{1}{5} \cdot \frac{3}{7} = \frac{21}{35} = \boldsymbol{\frac{3}{5}}$$

（3） 求める確率は，直線 $w = 6$ 上に達するよりも早く直線 $r = 4$ 上に達する確率で，$(3, 3)$, $(3, 4)$, $(3, 5)$ から→へ移動する確率である．

$$\frac{2}{5} \cdot \frac{3}{6} + \frac{2}{5} \cdot \frac{3}{7} + \frac{12}{35} \cdot \frac{3}{8}$$

$$= \frac{1}{5} + \frac{6}{5 \cdot 7} + \frac{9}{5 \cdot 7 \cdot 2} = \frac{14 + 12 + 9}{5 \cdot 7 \cdot 2} = \boldsymbol{\frac{1}{2}}$$

注意 （3） 余事象の確率は，袋の外の白玉が赤玉より先になくなる確率で，それは直線 $r = 4$ 上に達するよりも早く直線 $w = 6$ 上に達する確率である．

$$\frac{2}{5} \cdot \frac{5}{7} + \frac{12}{35} \cdot \frac{5}{8} = \frac{2}{7} + \frac{3}{14} = \frac{1}{2}$$

求める確率は $1 - \frac{1}{2} = \boldsymbol{\frac{1}{2}}$

15. 3人でジャンケンをして勝者をきめることにする．たとえば，1人が紙を出し，他の2人が石を出せば，ただ1回でちょうど1人の勝者がきまることになる．3人でジャンケンをして，負けた人は次の回に参加しないことにして，ちょうど1人の勝者がきまるまで，ジャンケンを繰り返すことにする．このとき，k回目に，はじめてちょうど1人の勝者がきまる確率を求めよ．

(71　東大・理科)

考え方　本問は，その後，1996年名古屋大に「3人の順位が決まる問題」として出題され，2004年東北大にも出題された．もちろん，その他，多くの類題がある．2012年の名古屋大には趣向を変えて漸化式で出題したものもある．

「石，鋏（はさみ），紙」は古い．以下，グー，チョキ，パーとする．

まず，ジャンケンの基本を押さえておかねばならない．

（ア）　A，Bの2人で1回ジャンケンをするとき．

Aが勝つ，Bが勝つ，アイコになる確率が $\dfrac{1}{3}$ である．

（イ）　A，B，Cの3人で1回ジャンケンをするとき．

1人だけ勝つ，1人だけ負ける，アイコになる確率が $\dfrac{1}{3}$ である．

以下，これを解説していく．なお，解説は基本的なところから始める．読者のレベルによって，**基本的過ぎると思う部分は適宜読み飛ばしてほしい**．

（ア）について：図1を見よ．Aがグー，チョキ，パー（以下グ，チ，パと略す）のどれを出すか，Bがどれを出すかを考え，（Aの出す手，Bの出す手）は全部で $3\cdot3＝9$ 通りある．このうち，Aが勝つのは（グ，チ），（チ，パ），（パ，グ）の3通りある．Bが勝つのも3通り，アイコも（グ，グ），（チ，チ），（パ，パ）の3通りある．よってAが勝つ，Bが勝つ，アイコになる確率が $\dfrac{1}{3}$ である．

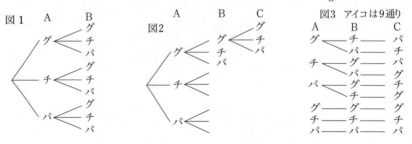

（イ）について：図2を見よ．ただし，図2はすべての枝が描いてあるわけでは

ない．描いてないところは，想像してもらう省略型の樹形図である．

　（Aの出す手，Bの出す手，Cの出す手）は全部で$3 \cdot 3 \cdot 3 = 27$通りある．このうち，Aが勝つのは（グ，チ，チ），（チ，パ，パ），（パ，グ，グ）の3通りある．Bが勝つのも3通り，Cが勝つのも3通りあるから，1人が勝つのは9通りある．1人が負けるのも9通りある．アイコも9通りある．3人のジャンケンにおいて，アイコとは，全員が同じ手になるときの3通りと，グー，チョキ，パーの3種類が出るときの6通りがある．図3を見よ．よって1人だけ勝つ，1人だけ負ける，アイコになる確率は，すべて$\dfrac{1}{3}$である．

　確率・場合の数では悪文が横行している．通常，ジャンケンでは「手の出し方は全部で○通り」と表現する．しかし，私の中での「手の出し方」は「正々堂々と出す」か，または，少し時間を遅らせて，相手の手を見て出す「遅出し（おそだし）」，右手で出すと見せかけて意表をついて左手で出す「スイッチ出し」しかない．「あ，汚ったねえ．安田，遅出ししやがった．ちゃんとやれ．糞野郎」と，もめたことはないだろうか？「手の出し方」とか，「場合の数」というのは，言葉を尽くして説明する労を惜しんだ大人の怠惰以外の何物でもない．

　誤解しないでほしい．生徒に「図1，2，3を描け」と言っているのではない．生徒はさっさと解答を書けばよい．自分が答案を書く際に誤解や錯覚を起こさない程度にキチンと記述すればよい．生徒の答案と，大人の解説とは，当然異なるべきである．「望ましい解説は，言葉を尽くし，時には樹形図を用いて，視覚化して理解しやすく説明するべきであると私は考えている」と言っているのである．「これは公式だ．頻出問題だ」と，説明を省いていきなり数値だけを書くのは，よほど簡単な問題を除いてやめるべきだと考えている．なお，これは私の原稿執筆，授業時の姿勢である．

▶解答◀ 2人で1回ジャンケンをするとき：アイコになるときその手が何かで3通りあるから，その確率は$\dfrac{3}{3^2} = \dfrac{1}{3}$，勝負がつく確率は$1 - \dfrac{1}{3} = \dfrac{2}{3}$である．

これらを順に$2 \xrightarrow{\frac{1}{3}} 2$，$2 \xrightarrow{\frac{2}{3}} 1$と表す．

A，B，Cの3人で1回ジャンケンをするとき：1人だけが勝つのは誰が勝つか，その手は何かで，$3 \cdot 3$通りあるから，その確率は$\dfrac{3^2}{3^3} = \dfrac{1}{3}$である．同様に2人が勝つ確率も$\dfrac{1}{3}$，アイコになる確率は$1 - \dfrac{2}{3} = \dfrac{1}{3}$である．これらを順に

$3 \xrightarrow{\frac{1}{3}} 1$，$3 \xrightarrow{\frac{1}{3}} 2$，$3 \xrightarrow{\frac{1}{3}} 3$と表す．

k 回目に勝者が決まるのは，次のようになるときである．

$$3 \xrightarrow{\frac{1}{3}} 3 \xrightarrow{\frac{1}{3}} 3 \xrightarrow{\frac{1}{3}} 3 \xrightarrow{\frac{1}{3}} 3 \xrightarrow{\frac{1}{3}} 3 \xrightarrow{\frac{1}{3}} 1 \quad \cdots\cdots\cdots\cdots\cdots\cdots①$$

$$3 \xrightarrow{\frac{1}{3}} 3 \xrightarrow{\frac{1}{3}} 3 \xrightarrow{\frac{1}{3}} 3 \xrightarrow{\frac{1}{3}} 3 \xrightarrow{\frac{1}{3}} 2 \xrightarrow{\frac{2}{3}} 1$$

$$3 \xrightarrow{\frac{1}{3}} 3 \xrightarrow{\frac{1}{3}} 3 \xrightarrow{\frac{1}{3}} 3 \xrightarrow{\frac{1}{3}} 2 \xrightarrow{\frac{1}{3}} 2 \xrightarrow{\frac{2}{3}} 1$$

$$3 \xrightarrow{\frac{1}{3}} 3 \xrightarrow{\frac{1}{3}} 3 \xrightarrow{\frac{1}{3}} 2 \xrightarrow{\frac{1}{3}} 2 \xrightarrow{\frac{1}{3}} 2 \xrightarrow{\frac{2}{3}} 1$$

$$3 \xrightarrow{\frac{1}{3}} 3 \xrightarrow{\frac{1}{3}} 2 \xrightarrow{\frac{1}{3}} 2 \xrightarrow{\frac{1}{3}} 2 \xrightarrow{\frac{1}{3}} 2 \xrightarrow{\frac{2}{3}} 1$$

$$3 \xrightarrow{\frac{1}{3}} 3 \xrightarrow{\frac{1}{3}} 2 \xrightarrow{\frac{1}{3}} 2 \xrightarrow{\frac{1}{3}} 2 \xrightarrow{\frac{1}{3}} 2 \xrightarrow{} 1$$

$$3 \xrightarrow{\frac{1}{3}} 2 \xrightarrow{\frac{1}{3}} 2 \xrightarrow{\frac{1}{3}} 2 \xrightarrow{\frac{1}{3}} 2 \xrightarrow{\frac{1}{3}} 2 \xrightarrow{\frac{2}{3}} 1 \quad \cdots\cdots\cdots\cdots\cdots\cdots②$$

この例は $k = 7$ であるが，一般の k だと思って見よ．どの横の並びでも矢印は k 個ある．

一番下の並び（②）では1個目の矢印の右に2がある（$3 \to 2$ ということ，矢の上の確率は省略して書く）．1個目とは左から数えて1個目ということである．その上の並びでは2個目の矢印の右に2がある．一番上の並び（①）では k 個目の矢印の右に1がある．$3 \to 2$ や，$3 \to 1$ と変化する位置が何個目の矢印かで，全部で k タイプある．一番上の並びの確率は $\left(\dfrac{1}{3}\right)^k = \dfrac{1}{3^k}$ であり，それ以外の $k-1$ タイプの確率は $\left(\dfrac{1}{3}\right)^{k-1} \cdot \dfrac{2}{3} = \dfrac{2}{3^k}$ である．ただし，$k = 1$ のときは一番上の並びしかない．求める確率は

$$\frac{1}{3^k} + \frac{2}{3^k}(k-1) = \frac{2k-1}{3^k}$$

注 意 1° 【…を使って書かない】

上のような列を書く場合，

$$3 \to 3 \to 3 \to \cdots \to 3 \to 1$$

と，……を入れて書く大人が少なくない．すると，一瞬，頭の中が真っ白にならないだろうか？私のように書けば「7回のジャンケンでは7個の矢印があり，① では7個目の矢印の前後で人数の変化が起こっている．② では1個目の矢印の前後で人数の変化が起こっている．並びは7タイプある」ことが歴然である．$k = 7$ の具体的な列を見て，式は一般で書けばよい．入試の会場で答案を

書いたとき，書いている自分を不安にしないこと，読者を不安にしないことが原稿執筆のコツである．……を使って書くことを「一般を気取る」と呼んでいる．厳密を気取って，一瞬，何回かわからなくなるのは，損をしているのである．

2° 【丁寧な説明】

以上で十分わかると思うが，さらに説明しよう．①は3人のジャンケンで，アイコが$k-1$回続いて（確率$\left(\frac{1}{3}\right)^{k-1}$），$k$回目に3人のジャンケンで1人だけが勝つ（確率$\frac{1}{3}$）場合である．②は1回目に3人のジャンケンで2人が勝って（確率$\frac{1}{3}$），2人のジャンケンでアイコが$k-2$回続き（確率$\left(\frac{1}{3}\right)^{k-2}$），$k$回目に勝負がつく（確率$\frac{2}{3}$）場合である．$k=2$のときは2→2はない．このように，小うるさいことをいうと，$k=1, 2$のときは別扱いであるが，誰もそういうことに注意しないから，答案では「$k=1, 2$のときも結果は正しい」などと書く必要はない．

3° 【流れを読む】

| ある状態が続く | 変化が起こる | ある状態が続く |

で，この変化が起こる場所がずれていく問題を「事象の流れを読む」と呼んでいる．変化が起こる場所が，川を流れていくように見えるからである．この事象の流れを読むタイプは，私の記憶にある限り，1971年の東大の問題が最初である．1971年というのは，私が高校3年のときである．それより前のことは，さすがに，自信がない．このような「事象の流れを読む」の類題を1つだけ示そう．

1つのさいころをn回続けて投げ，出た目を順に$X_1, X_2, \cdots, X_n$とする．このとき次の条件をみたす確率をnを用いて表せ．ただし$X_0 = 0$としておく．

条件：$1 \leqq k \leqq n$をみたすkのうち，$X_{k-1} \leqq 4$かつ$X_k \geqq 5$が成立するようなkの値はただ1つである．

(19 京大・共通)

▶解答◀ 解説風に書く．題意を誤解する人が少なくない．私もその一人である．

出る目が4以下，5以上になることをそれぞれY，Gで表す．Y，Gが起こる

確率はそれぞれ $\frac{2}{3}$, $\frac{1}{3}$ である. $a = \frac{2}{3}$, $b = \frac{1}{3}$ とおく. 以下は Y, G が 7 個ある列を書くが, n 個だと思って見よ. 最初, 私は

GGGGGGG ⋯⋯⋯⋯⋯⋯⋯⋯⋯⋯⋯⋯⋯⋯⋯⋯⋯⋯⋯⋯⋯⋯⋯⋯⋯Ⓐ
YGGGGGG
YYGGGGG
YYYGGGG
YYYYGGG
YYYYYGG
YYYYYYG

のように, 前に Y がいくつか (0 個を含む) 続いて, 後に G がいくつか続く場合かと思った. しかし, 実はそうではない. 考え落としがある. Ⓐ は先頭に Y が 0 個ある場合であるが, G だけの列の後ろの方に Y をつけてもよい. つまり, 先頭に Y が 0 個ある場合は

GGGGGGG
GGGGGGY
GGGGGYY
GGGGYYY
GGGYYYY
GGYYYYY
GYYYYYY

でもよい. 先頭に Y が 0 個ある場合の確率は (各場合では, G の個数が 1 個から n 個まであることに注意せよ)

$$b^n + b^{n-1}a + b^{n-2}a^2 + \cdots + ba^{n-1} \quad\cdots\cdots\cdots\cdots\cdots\cdots\cdots\cdots①$$

$$= b^n \cdot \frac{1 - \left(\frac{a}{b}\right)^n}{1 - \frac{a}{b}} = \frac{b}{b-a}(b^n - a^n)$$

$$= \frac{b}{a-b}(a^n - b^n) = a^n - b^n$$

である. なお, $\frac{b}{a-b} = 1$ である. ① は初項 b^n, 公比 $\frac{a}{b}$, 項数 n の等比数列の和である.

先頭に Y が 1 個ある場合は

YGGGGGG
YGGGGGY
YGGGGYY

YGGGYYY
YGGYYYY
YGYYYYY

であり，このようになる確率は（Gの個数は1個から
$n-1$個まであることに注意せよ）

$$ab^{n-1} + ab^{n-2}a + ab^{n-3}a^2 + \cdots + aba^{n-2}$$

$$= ab^{n-1} \cdot \frac{1 - \left(\dfrac{a}{b}\right)^{n-1}}{1 - \dfrac{a}{b}} = \frac{b}{b-a}(ab^{n-1} - a^n)$$

$$= \frac{b}{a-b}(a^n - ab^{n-1}) = a^n - ab^{n-1}$$

である．

　先頭にYがk個（$0 \le k \le n-1$）ある場合の確率は（Gの個数は1個から$n-k$個まであることに注意せよ）

$$a^k b^{n-k} + a^k b^{n-k-1}a + a^k b^{n-k-2}a^2 + \cdots + a^k ba^{n-k-1}$$

$$= a^k b^{n-k} \cdot \frac{1 - \left(\dfrac{a}{b}\right)^{n-k}}{1 - \dfrac{a}{b}} = \frac{b}{b-a}(a^k b^{n-k} - a^n)$$

$$= \frac{b}{a-b}(a^n - a^k b^{n-k}) = a^n - a^k b^{n-k}$$

である．これを$0 \le k \le n-1$でシグマする．$a^k b^{n-k}$のシグマは①と同じであるから，求める確率は

$$na^n - (a^n - b^n) = (n-1)a^n + b^n$$

$$= \frac{(n-1) \cdot 2^n + 1}{3^n}$$

《事象の独立》

16. さいころを n 回振り，第 1 回目から第 n 回目までに出たさいころの目
の数 n 個の積を X_n とする.
（1） X_n が 5 で割り切れる確率を求めよ.
（2） X_n が 4 で割り切れる確率を求めよ.
（3） X_n が 20 で割り切れる確率を p_n とおく. $\displaystyle\lim_{n\to\infty}\frac{1}{n}\log(1-p_n)$ を求
めよ.
注意：さいころは 1 から 6 までの目が等確率で出るものとする.

（03 東大・理科）

考え方 長い間，この業界で仕事をし，模擬試験の問題を作ったり，原稿を書
いていると，その後，定番になったりする問題や解法を提示することがある.

30 年以上昔に「サイコロを n 回振って出る目の積が 6 の倍数になる確率を求
めよ」という問題を，某予備校の京大模試に出した. 1992 年の京大に出題される
（後で掲載する）のであるが，それよりも，10 年くらい前の出題である. 「10 年
後の的中」と呼んでいる. 「問題が，あまりに斬新なために，10 年後にしか的中
しない」と言って「それ，的中しないってことでしょう」という突っ込みを期待
しているのだが，誰一人突っ込んだ人はおらず，苦笑いされるだけである. 古い
資料はとっていないため，いつであったかは不明である.

模範解答は余事象の重ね合わせで書いたのであるが，生徒の答案は「少なくと
も 1 回偶数の目が出る確率」と「少なくとも 1 回 3 の倍数の目が出る確率」を掛
けた解法が多く，想定外であった. しかも，間抜けなことに，採点基準は学校の
教科スタッフに任せていたために「答えが合うから，それでも満点にしました」
と言われて，ガックリしたのであった. ゆっくり解説していこう.

ここでは，事象の独立性が問題となる. 事象 A, B について

$$P(A\cap B) = P(A)P(B)$$

で計算してよいのかということである.

確率で重要なのは「題意の事象がどういうものかを分析し，数えやすい形で分
類すること」である.
（1） 5 が少なくとも 1 回出る確率を求める. 少なくとも 1 回とくれば，余事象
を考えるのが基本であり，余事象 G は「5 が 1 回も出ない」（図 1）である.
（2） X_n が 4 で割り切れるのは 4 が少なくとも 1 回出るか，偶数が少なくとも
2 回出るときである. 余事象を Y とする. Y は「X_n が 4 で割り切れない」こと

だが，これをそのまま書いただけでは数えられない．数えやすい形で分析することがポイントである．偶数が出る回数で分類を始めよう．偶数が2回以上出ると目の積は4で割り切れるから，0回または1回のときを考える．0回のときは X_n が4で割り切れないが，1回のときは，その目が4だと X_n が4で割り切れるから，Y は「偶数が1回も出ないか，2または6が1回だけ出る（残りは奇数が出る）」である．

図1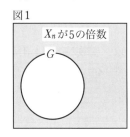

図2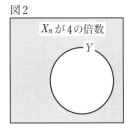

（3）X_n が20で割り切れるのは「X_n が5で割り切れ，かつ4で割り切れる」ときであるが，（1）（2）の確率をかけるのは東大受験生としては単純すぎる．東大では「出題者の用意したものをそのまま使うはずがない」からである．乗法定理

$$P(A \cap B) = P(A)P(B)$$

を使って答えが出せるのは「明らかに A, B が独立（無関係）」な場合だけである．今は，（1）（2）の事象が独立とは思えないので，これを使って答えを出そうとするのは好ましくない（独立などの説明は ☞ 注意2°）．

G と Y についてベン図（図3）をかいて考える．図3の網目部分の確率が求めるものだから，

$$P(G \cup Y) = P(G) + P(Y) - P(G \cap Y)$$

を利用して計算する．$P(G)$, $P(Y)$ は既に計算してあるから，後は $P(G \cap Y)$ を求めるだけである．これは $P(Y)$ を微調整すればよい（Y のうちで5が出ないようにする）と気づくことがポイントである．

図3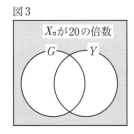

なお，「**余事象の重ね合わせは余事象のベン図をかいて考える**」は，いまや定

石である．類題の経験がない人は，後の京大の問題を見てほしい．

▶解答◀ （1） 「5が少なくとも1回出る」の余事象をGとする．Gは「5が1回も出ない」，すなわちn回とも1，2，3，4，6のいずれかが出ることである．

$$P(G) = \left(\frac{5}{6}\right)^n$$

求める確率は

$$1 - P(G) = 1 - \left(\frac{5}{6}\right)^n$$

（2） 「X_nが4で割り切れる」の余事象をYとする．Yは「偶数が1回も出ない（奇数がn回出る）か，2か6が1回出て奇数が$n-1$回出る」 ……………①ことである．

$$P(Y) = \left(\frac{3}{6}\right)^n + {}_n\mathrm{C}_1 \cdot \frac{2}{6} \cdot \left(\frac{3}{6}\right)^{n-1} \quad\cdots\cdots\cdots\cdots\cdots\cdots\cdots\cdots②$$
$$= \left(1 + \frac{2n}{3}\right)\left(\frac{1}{2}\right)^n$$

求める確率は

$$1 - P(Y) = 1 - \left(1 + \frac{2n}{3}\right)\left(\frac{1}{2}\right)^n$$

（3） 確率$P(G \cap Y)$は「n回の目の積が4の倍数でなく，かつ，5の倍数でない確率」であるから，Yの確率を一部手直しし（②の一部を変える），5の倍数になる要因を除けばよい．それは①の奇数のうちの5を除くのである．$P(G \cap Y)$は「偶数と5が1回も出ない（1，3がn回出る）か，2か6が1回出て1か3が$n-1$回出る」確率であり，

$$P(G \cap Y) = \left(\frac{2}{6}\right)^n + {}_n\mathrm{C}_1 \cdot \frac{2}{6} \cdot \left(\frac{2}{6}\right)^{n-1}$$

約分すると整理が煩わしいので，すべて分母を6^nにして

$$P(G) = \frac{5^n}{6^n}, \ P(Y) = \frac{3^n + 2n \cdot 3^{n-1}}{6^n}, \ P(G \cap Y) = \frac{2^n + 2n \cdot 2^{n-1}}{6^n}$$

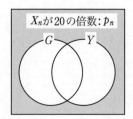

$$1 - p_n = P(G \cup Y) = P(G) + P(Y) - P(G \cap Y)$$

$$= \frac{5^n + 3^n + 2n \cdot 3^{n-1} - 2^n - n \cdot 2^n}{6^n}$$

n が大きいとき分子で一番大きい項は 5^n だから，これで括って

$$1 - p_n = \left(\frac{5}{6}\right)^n \left\{ 1 + \left(\frac{3}{5}\right)^n + \frac{2}{5}n\left(\frac{3}{5}\right)^{n-1} - \left(\frac{2}{5}\right)^n - n\left(\frac{2}{5}\right)^n \right\}$$

$$\log(1 - p_n) = n \log \frac{5}{6}$$
$$+ \log \left\{ 1 + \left(\frac{3}{5}\right)^n + \frac{2}{5}n\left(\frac{3}{5}\right)^{n-1} - \left(\frac{2}{5}\right)^n - n\left(\frac{2}{5}\right)^n \right\}$$

$$\frac{1}{n} \log(1 - p_n) = \log \frac{5}{6}$$
$$+ \frac{1}{n} \log \left\{ 1 + \left(\frac{3}{5}\right)^n + \frac{2}{5}n\left(\frac{3}{5}\right)^{n-1} - \left(\frac{2}{5}\right)^n - n\left(\frac{2}{5}\right)^n \right\}$$

$$\lim_{n \to \infty} \frac{1}{n} \log(1 - p_n) = \log \frac{5}{6} + 0 \cdot \log(1 + 0) = \boldsymbol{\log \frac{5}{6}}$$

なお

$$\lim_{n \to \infty} n\left(\frac{3}{5}\right)^{n-1} = 0, \ \lim_{n \to \infty} n\left(\frac{2}{5}\right)^n = 0 \ \cdots\cdots\cdots\cdots\cdots\cdots\text{③}$$

であることは既知とした．

注 意 1° 【極限の証明について】

③で用いた

$$|r| < 1 \text{ のとき } \lim_{n \to \infty} nr^n = 0$$

は有名で，応用問題では証明の必要はない．証明は二項展開を使う．

$r = 0$ のときは成り立つ．

$0 < |r| < 1$ のときは $|r| = \dfrac{1}{1+h}$, $h > 0$ とおくと，$n \geq 2$ のとき

$$n|r|^n = \frac{n}{(1+h)^n} = \frac{n}{1 + {}_n C_1 h + {}_n C_2 h^2 + \cdots} < \frac{n}{{}_n C_2 h^2} = \frac{2}{(n-1)h^2}$$
$$-\frac{2}{(n-1)h^2} < nr^n < \frac{2}{(n-1)h^2}$$

$\displaystyle\lim_{n \to \infty} \frac{2}{(n-1)h^2} = 0$ とハサミウチの原理により

$$\lim_{n \to \infty} nr^n = 0$$

なお，$1 + {}_n C_1 h + {}_n C_2 h^2 + \cdots > {}_n C_2 h^2$ とする関係上，$h > 0$ でなければならず，$|r| = \dfrac{1}{1+h}$ とおくという手順はどうしても必要である．

2° 【独立と従属】

　事象 A と B が無関係のとき独立，関係があるとき従属であるという．世間では，一見関係ありそうで関係がない場合があるし，無関係に見えたものが裏で手を結んでいたりして複雑怪奇である．

　乗法定理

$$P(A \cap B) = P(A)P_A(B)$$

で $P_A(B)$ は，昔の教科書では「A が起こったという条件のもとで B が起こる確率」と説明された．この「A が起こったという条件のもとで B が起こる確率」というのは，安田少年にはピンとこなかった．「条件のもと」なんて，今から学ぼうという人に向けた言葉ではない．実際，最近の教科書では「A が起こったことが分かったとき」と書いてある．この方が理解しやすいが，別の問題がある．「起こったことが分かった」と書くと「もうやってしまった」ときの公式だと思ってしまう．その場合にも使うが，まだやっていないケースでも使うから，少々配慮が足らない．

　本問の場合は「まだ何もしていない段階での確率」である．今後，実際に行ったと仮定して，時間を未来に移して，A が起こることもあれば起こらない事もあるけれど，もしも起こったと想定した状態で，そのときに B が起こる確率である．

　A が起こったという状況を想定しても，そのとき B が起こる確率に影響を与えない（A と B が独立）のであれば

$$P(A \cap B) = P(A)P(B) \quad \cdots\cdots\cdots\cdots\cdots\cdots\cdots\cdots ⓐ$$

と計算する．今問題になっているのは

A「X_n が 5 の倍数」

B「X_n が 4 の倍数」

としたときに，ⓐ で求めてよいのか？である．結果的には ⓐ で計算すると間違える．だから，東大の問題では A と B は独立ではない．では，そもそも独立とはなにか？と気になる．実は，ⓐ が成り立つときに A と B が独立であると定義するのだから，ややこしい．

　東大の問題では X_n が 4 の倍数になることと X_n が 5 の倍数になることは独立ではないが，以下の京大の問題では，X_n が 2 の倍数になることと X_n が 3 の倍数になることは独立になる．このように，従属か独立か不明な事象の場合には，ⓐ を使わないで計算するのが普通である．

サイコロを繰り返し n 回振って，出た目の数をかけ合わせた積を X とする．すなわち，k 回目に出た目の数を Y_k とすると $X = Y_1 Y_2 \cdots \cdots Y_n$

（1）　X が 3 で割り切れる確率 p_n を求めよ．

（2）　X が 6 で割り切れる確率 q_n を求めよ．　　　　　（92　京大・理系）

▶解答◀　（1）　「X が 3 で割り切れる」の余事象は「X が 3 で割り切れない」で，それは「n 回の試行で 1 回も 3, 6 が出ない」つまり「n 回とも 1，2，4，5 のいずれかが出る」である．その確率は $\left(\dfrac{4}{6}\right)^n$ であるから

$$p_n = 1 - \left(\frac{2}{3}\right)^n$$

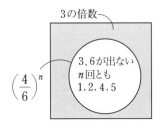
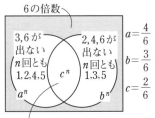

（2）　「X が 6 で割り切れる」の余事象は「X が 6 で割り切れない」で，それは
A「n 回の試行で 1 回も 3, 6 が出ない（1，2，4，5 のいずれかが出る）」
か，または
B「n 回の試行で 1 回も 2, 4, 6 が出ない（1，3，5 のいずれかが出る）」
である．

$$P(A) = \left(\frac{4}{6}\right)^n, \ P(B) = \left(\frac{3}{6}\right)^n$$

であり，$A \cap B$ は
$A \cap B$「n 回の試行で 1 回も 2, 3, 4, 6 が出ない（1，5 のいずれかが出る）」
だから $P(A \cap B) = \left(\dfrac{2}{6}\right)^n$ である．したがって

$$1 - q_n = P(A \cup B) = P(A) + P(B) - P(A \cap B)$$
$$= \left(\frac{2}{3}\right)^n + \left(\frac{1}{2}\right)^n - \left(\frac{1}{3}\right)^n$$
$$q_n = 1 - \left(\frac{2}{3}\right)^n - \left(\frac{1}{2}\right)^n + \left(\frac{1}{3}\right)^n$$

京大では次のような別解も用意していた．A, B は上で書いたものである．

♦別解♦ $P(A) = \left(\dfrac{4}{6}\right)^n$, $P(B) = \left(\dfrac{3}{6}\right)^n$, $P(A \cap B) = \left(\dfrac{2}{6}\right)^n$ だから,

$$P(A \cap B) = P(A)P(B)$$

が成り立つ. よって A と B は独立であり, それならば A と B の余事象同士も独立である. よって q_n は

$\overline{A}$「少なくとも 1 回 3 の倍数が出る」

となる確率と

$\overline{B}$「少なくとも 1 回偶数が出る」

となる確率の積に等しく

$$q_n = \left\{ 1 - \left(\dfrac{2}{3}\right)^n \right\} \left\{ 1 - \left(\dfrac{1}{2}\right)^n \right\}$$

注 意　【A と B が独立 $\iff$ $\overline{A}$ と $\overline{B}$ が独立の証明】

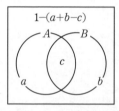

$P(A) = a$, $P(B) = b$, $P(A \cap B) = c$ とおく.

$$P(A \cup B) = a + b - c$$

であるから

$$P(\overline{A} \cap \overline{B}) = 1 - (a + b - c)$$
$$P(\overline{A}) = 1 - a, \ P(\overline{B}) = 1 - b$$

となる.

$\overline{A}$ と $\overline{B}$ が独立 $\iff P(\overline{A} \cap \overline{B}) = P(\overline{A})P(\overline{B})$

$\iff 1 - (a + b - c) = (1 - a)(1 - b)$

$\iff 1 - a - b + c = 1 - a - b + ab$

$\iff c = ab \iff P(A \cap B) = P(A)P(B)$

$\iff A$ と B が独立

17. n を 1 以上の整数とする.
（1） n^2+1 と $5n^2+9$ の最大公約数 d_n を求めよ.
（2） $(n^2+1)(5n^2+9)$ は整数の 2 乗にならないことを示せ.

（19 東大・理科）

考え方 まず，大人の方へ，最初にご注意申し上げるが，本書は大学入試問題を早く正確に解くことを第一の重要課題とする本である．数理論理学や，整数論の基礎理論を扱うものではないから，重きを置く場所を間違えないでいただきたい．

小学校で
「1 から 100 までを掛けると末尾に 0 がいくつ並びますか」
という問題がある．このとき，素数 5 の個数を数える．素数 2 は，素数 5 よりも多くあり，素数 3，7 などは，いくら集めても，2 にもならないし，5 にもならないからである．2 以上の自然数を素因数分解したとき，ただ一通りに素因数分解されるという定理を「素因数分解の一意性」という．

高校でも
「$2^4 \cdot 3^3$ の約数は幾つあるか」
という問題がある．答えは $(1+4)(1+3)$ である．素数 2 と素数 3 は違うものであり，ここでも素因数分解の一意性を用いている．つまり，我々が問題を解くときには，**いたるところで素因数分解の一意性を使う．素因数分解の一意性を使わずして整数問題を解くことはできない**．整数問題では「素因数がどうなっているか」を考察することは重要である．これについては，後の注でしつこく述べることにして，ひとまず，解説と解答にうつる．

（1） a, b は自然数，x, y は整数とする．$ax+by=1$ が成り立つとき，a, b の最大公約数は 1 である．しかし $ax+by=4$ のとき「a, b の最大公約数は 4」とは言えないから注意しよう．
（2） 問題文には「整数の 2 乗」と書かれているが，通常，それを平方数という．以下でも，解答冒頭を除き，平方数で通す．

x, y が自然数で，互いに素（共通な素数の因数をもたない）であるとする．xy が平方数のとき，x, y はともに平方数である．例として，

$$xy = 2^2 \cdot 5^4 \cdot 7^2 \cdot 11^6$$

のときを考える．

$$xy = (2 \cdot 5^2 \cdot 7 \cdot 11^3)^2$$

で，右辺は平方数である．右辺には，素因数 2 が 2 つ，素因数 5 が 4 つ，素因数 7 が 2 つ，素因数 11 が 6 つある．これらを x, y に振り分ける．x, y が互いに素のとき，2 つの 2 をバラバラにして，1 つずつ，x, y に渡すことはできない．$x = 2A, y = 2B$（A, B は自然数）の形にはならないのである．これだと，x, y は共通の素因数 2 をもち，互いに素ではなくなるからである．だから，2 つの 2 は，x, y の一方だけがもつ．同様に，4 つの 5 も x, y の一方だけがもち，2 つの 7，6 つの 11 も同様である．すると，たとえば

$$x = 2^2 \cdot 11^6, \ y = 5^4 \cdot 7^2$$

のような状態になり，

$$x = (2 \cdot 11^3)^2, \ y = (5^2 \cdot 7)^2$$

で，x, y はともに平方数になる．

▶解答◀ （1） $P = 5n^2 + 9, Q = n^2 + 1$ とおく．n^2 を消去して

$$P - 5Q = 4$$

$P = d_n P', Q = d_n Q'$（P', Q' は互いに素な自然数）とおくと

$$d_n(P' - 5Q') = 4$$

d_n は 4 の約数であり，d_n は 1, 2, 4 のいずれかである．いずれが実現するか，調べる．素因数 2 の有無を調べるから，n の偶奇による分類をする．

（ア）n が偶数のとき．$Q = n^2 + 1$ は奇数であるから

$$d_n = 1$$

（イ）n が奇数のとき．$n = 2k + 1$（k は整数）とおけて

$$Q = n^2 + 1 = (2k + 1)^2 + 1$$
$$= 4k^2 + 4k + 2 = 2(2k^2 + 2k + 1)$$

であるから，$Q = n^2 + 1$ は 2 と奇数の積であり，2 の倍数ではあるが，4 の倍数ではない．このとき $P = 5Q + 4$ は偶数である．よって

$$d_n = 2$$

　以上より，**n が偶数のとき $d_n = 1$，n が奇数のとき $d_n = 2$** である．

（2） $(n^2 + 1)(5n^2 + 9)$ が整数の 2 乗になると仮定する．

（ア）n が偶数のとき．

$$n^2 + 1 \geqq 2, \ 5n^2 + 9 \geqq 14$$

$d_n = 1$ より，$n^2 + 1$ と $5n^2 + 9$ は互いに素であるから，積が平方数のとき，それぞれが互いに素な平方数になっている．よって，互いに素な自然数 A, B を用いて

$$n^2 + 1 = A^2, \ 5n^2 + 9 = B^2$$

と書ける．このとき $n^2 + 1 = A^2$ より

$$A^2 - n^2 = 1$$
$$(A+n)(A-n) = 1$$

$A + n > 0$ であるから $A - n > 0$ であり，$A + n \geqq 2$, $A - n \geqq 1$ となる．
$(A+n)(A-n) = 1$ ということは起こらず，矛盾する．

（イ）n が奇数のとき．$d_n = 2$ つまり $n^2 + 1$ と $5n^2 + 9$ の最大公約数は 2 である
から，互いに素な自然数 C, D を用いて

$$n^2 + 1 = 2C^2, \ 5n^2 + 9 = 2D^2$$

と書ける．このとき n^2 を消去して

$$2D^2 - 10C^2 = 4$$
$$D^2 = 5C^2 + 2$$

となる．右辺は 5 で割って余りが 2 の数であるが，平方数を 5 で割ると余りが 2
ということは起こらない．それを以下に示す．k を整数として $D = 5k + r$（r は
$0, \pm 1, \pm 2$ のいずれか）とおけるが，

$$D^2 = (5k + r)^2 = 25k^2 + 10kr + r^2$$
$$= 5(5k^2 + 2kr) + r^2$$

であり，$r^2 = 0, 1, 4$ のいずれかであるから，D^2 を 5 で割ると，余りは 0, 1, 4
のいずれかとなり，2 にはならない．

　いずれの場合も矛盾するから $(n^2 + 1)(5n^2 + 9)$ は整数の 2 乗にはならない．

素因数に着目すると解答が短くなる類題を挙げる.

《基本問題》

次の命題を証明せよ.
（1） n は自然数とする. n^2 が偶数ならば, n は偶数であることを証明せよ.
（2） n は自然数, p は素数とする. n^2 が p の倍数ならば, n は p の倍数であることを証明せよ.
（3） $\sqrt{2}$ は無理数である.
（4） 1, 4, 9, 16 のように, 自然数の 2 乗で表せる数を平方数という. n を平方数でない自然数とするとき, $\sqrt{n}$ は無理数であることを示せ.

((4)は 2018 佐賀大)

▶解答◀ （1） n^2 が偶数のとき, m を自然数として $n^2 = 2m$ とおける. 右辺には素因数 2 があるから, 左辺にも素因数 2 があり, n は素因数 2 をもつ. よって n は偶数である.

（2） n^2 が p の倍数のとき, m を自然数として $n^2 = pm$ とおける. 右辺には素因数 p があるから, 左辺にも素因数 p があり, n は素因数 p をもつ. よって n は p の倍数である.

（3） $\sqrt{2}$ が有理数であると仮定する. $\sqrt{2} = \dfrac{p}{q}$ とおける. p, q は互いに素な自然数である. 互いに素とは, 共通な素因数をもたないということである.

$$2 = \frac{p^2}{q^2}$$

$q \geqq 2$ であるとすると, q は素因数をもつ. その素因数の 1 つを r とすると, p は r を素因数にもたないから, $\dfrac{p^2}{q^2}$ の分母に r が残ってしまい, $\dfrac{p^2}{q^2}$ が整数にならず矛盾する. ゆえに $q = 1$ であり, $2 = p^2$ である. 右辺には素因数が偶数個, 左辺には 2 が 1 個あるだけだから矛盾する. ゆえに $\sqrt{2}$ は無理数である.

（4） $\sqrt{n}$ が有理数であると仮定する. $\sqrt{n} = \dfrac{p}{q}$ とおける. p, q は互いに素な自然数である.

$$n = \frac{p^2}{q^2}$$

となり, （3）と同様に $q = 1$ である. $n = p^2$ であり, 右辺は平方数であるから矛盾する. ゆえに $\sqrt{n}$ は無理数である.

素因数に着目して考察する類題を示そう.

《ピタゴラス数の定番問題》

自然数 a, b, c について，等式 $a^2 + b^2 = c^2$ が成り立ち，かつ a, b は互いに素とする．このとき，次のことを証明せよ．
（1） a が奇数ならば，b は偶数であり，したがって c は奇数である．
（2） a が奇数のとき，$a + c = 2d^2$ となる自然数 d が存在する．

(1999　京大・文系-後)

考え方 （2） ここにも「任意の数，ある数，存在」が出てくる．

「a が奇数，かつ，$a,$ が互いに素，かつ，$a^2 + b^2 = c^2$ を満たす任意の自然数 a, b, c に対して，ある自然数 d が存在して $a + c = 2d^2$ と書ける」のである．言い方を変えると「$\dfrac{a+c}{2}$ が平方数になること」を示す．

ほとんどの答案が 0 点だったらしい．偉そうなことは言えない．私は，高校時代に，高木貞治という有名な数学者の書いた「初等整数論講義（岩波書店）」で，次の証明を読んだが，すぐに忘れてしまい，結局，高校時代には何度読んでも覚えられなかった．高校生のときの安田少年なら，解けませんわ．

なお，$a^2 + b^2 = c^2$ を満たす自然数をピタゴラス数という．本問はピタゴラス数の一般形を求める問題である．

▶解答◀ （1） a が奇数のとき，b も奇数であると仮定すると，a^2, b^2 が奇数になり，$a^2 + b^2 = c^2$ の左辺は偶数になる．よって c も偶数になる．以下，文字は整数とする．

$$a = 2k - 1, \quad b = 2l - 1, \quad c = 2m$$

とおけて，これを $a^2 + b^2 = c^2$ に代入すると

$$4(k^2 - k + l^2 - l) + 2 = 4m^2$$

となる．左辺は 4 で割って余りが 2，右辺は 4 の倍数となるから矛盾する．ゆえに b は偶数である．このとき a^2 が奇数，b^2 が偶数，$a^2 + b^2 = c^2$ の左辺は奇数になる．よって c も奇数になる．

（2） $c^2 - a^2 = b^2$ であり，両辺を 4 で割って

$$\frac{c-a}{2} \cdot \frac{c+a}{2} = \left(\frac{b}{2}\right)^2 \quad \cdots\cdots\cdots\cdots\cdots\cdots\cdots①$$

となる．$c + a > 0$，$b^2 > 0$ であるから，$c - a > 0$ である．c, a は奇数，b は偶数であるから $\dfrac{c-a}{2}, \dfrac{c+a}{2}, \dfrac{b}{2}$ はすべて自然数である．

積が平方数で, $\dfrac{c-a}{2}$, $\dfrac{c+a}{2}$ は互いに素である（後述）から, ともに平方数である. ゆえに自然数 d を用いて $\dfrac{c+a}{2} = d^2$ と書けるから, 証明された.

以下,「$\dfrac{c-a}{2}$, $\dfrac{c+a}{2}$ は互いに素」の証明をする.

$\dfrac{c-a}{2}$ と $\dfrac{c+a}{2}$ が互いに素でないと仮定する. 共通な素因数をもつから, その1つを p とする. A, B を自然数として

$$\frac{c-a}{2} = pA, \ \frac{c+a}{2} = pB$$

とおける. これらを辺ごとに引いた式と加えた式を作ると

$$a = p(B-A), \ c = p(A+B)$$

よって, a, c はともに p の倍数である. このとき

$$b^2 = c^2 - a^2 = p^2\{(A+B)^2 - (A-B)^2\} = 4p^2 AB$$

$$b = 2p\sqrt{AB}$$

① のように, 積 AB は平方数であったから, b は p の倍数であり, これは, a, b が互いに素であることに反する. ゆえに「$\dfrac{c-a}{2}$, $\dfrac{c+a}{2}$ は互いに素」である.

注意 1°【互いに素】

互いに素は「最大公約数が1」と書かれるが「共通な素因数をもたない」と考える. 共通な素因数があるかないかを考察し, ある場合にはそれを設定するからである. 最大公約数を設定してはいけない.

2°【ピタゴラス数の一般形】

よく知られた形に合わせて, 文字を変える. m, n を自然数として

$$\frac{c+a}{2} = m^2, \ \frac{c-a}{2} = n^2$$

とおける. $\left(\dfrac{b}{2}\right)^2 = m^2 n^2$ となる. これらより

$$c = m^2 + n^2, \ a = m^2 - n^2, \ b = 2mn$$

となる.

$a^2 + b^2 = c^2$ を満たし, a, c が互いに素な, 任意の自然数 a, b, c について, それぞれ, 適当な自然数 m, n が存在して

$$c = m^2 + n^2, \ a = m^2 - n^2, \ b = 2mn$$

と書ける. m, n はなんでもいいわけではない.

$m = 3, n = 1$ のときは $a = 8, b = 6, c = 10$ となり, これは不適である.

$m = 2, n = 1$ のときの $a = 3, b = 4, c = 5$, および
$m = 3, n = 2$ のときの $a = 5, b = 12, c = 13$ は有名である.

なお,適当とは「適するように,当たるように,うまく」である.
$a = 3, b = 4, c = 5$ のときは $m = 2, n = 1$ である.

《整数部分の考察》

18. $\dfrac{10^{210}}{10^{10}+3}$ の整数部分の桁数と，一の位の数字を求めよ．ただし

$3^{21}=10460353203$ を用いてもよい．　　　　　　　　（89　東大・理科）

　次の英文と比べて，こんなに似ているのは凄いと，笑おうではないか．皆さんはどう感じるだろうか？ただし，非難するつもりではない．私はパクリだと思うのだが(×_×)☆\(^^;)ポカ

> What is the units (i.e. rightmost) digit of $\left\lfloor \dfrac{10^{20000}}{10^{100}+3} \right\rfloor$? Here $\lfloor x \rfloor$ is the greatest integer $\leqq x$.　　　（1986　Putnam Competition）

　William Lowell Putnam Mathematical Competition は 1938 年から続くアメリカの大学生を対象とした数学のコンテストである．パトナム競争の問題は一の位の数だけを聞いている（東大教授：似ているけれど偶然の一致です）．これは，86 年のパトナム競争の A 問題の第二問であるが，B 問題の第二問は，2006年の東大の理科第四問の整数問題と，アイデアが同じで，マルコフの問題と呼ばれている（東大教授：だから，偶然の一致だってば）．ほとんど同じ問題が，2006年の広島大・理学部（数学科）の AO 入試に出題されている．

　なお，本問の類題は，他大学には，たとえば 2018 年北大・後期第一問にある．パトナム競争から取っているわけではなかろう．東大に出題されたから，記憶に残りやすいのである．東大の過去問を解いておくと，他大学の対策になるということである．

　それにしても，アメリカの文章の，なんと思い切りのよいことだろう．「最大の整数 $\leqq x$」と日本語で書いたら，おそらく，多くの大人が「もっと丁寧に書きなさい」と注意するだろう．$a \neq 0$ のとき，「両辺を $a \neq 0$ で割って」と書くと，「両辺を $a\,(\neq 0)$ で割ってと，括弧を付けるべきだ」と，皆に言われる．アメリカの本じゃ，普通なんだけどねえ，なお，$\lfloor x \rfloor$ は floor function といい，日本ではガウス記号という名前で知られている $[x]$ と同じ意味である．

考え方　生徒に解答を配ったら「合った」と言う．ノートを覗き込むと

「大体 $\dfrac{10^{210}}{10^{10}}=10^{200}$ で，10^{200} なら 201 桁だけど，これより少し小さいから 200桁．10^{200} なら下のほうは …00 だから，これより少し小さいだけなので …99 で，

一の位は9」

と書いてある．酷い人になると「200, 9」とメモがあるだけである．「これじゃあ，限りなく 0 点だな」と言うと「なんでですか，合っているじゃないですか」と不満げである．「何度も言っているだろう．結果なんかどうでもいいの．途中が問題なの．僕（安田は常に解答プリントを配布する）の解答と比べて，これでも，違いが分からないの？」と言っても，結果が合うから高得点であると思うらしい．普段から，生徒には「小学生モードから脱却をしない限り，難関校には受からない」と，言い続けているのであるが，一向に直らない．そして，残念なことに，過去の経験では，こうした人達は，絶対に合格しないのである．私は，子供の頃から，今何を言えば大人（先生）が喜ぶかを考えて行動していた．「論証が重要」と何度言っても身につけようとしない彼等を見ていると，期待されていることを読み取り，書くという能力は後天的なものではなく，先天的なものなのかもしれないと思う．近似は予想に過ぎず，人に見せる正確な論証は不等式で挟むなど，切り分けをしようと強く思わない限り，難関校合格のステップは上れないのである．

不等式などを用いた論証がなければ，0 点である．

前半について：x は実数，k は自然数とする．$1 \leqq x < 10$ ならば x の整数部分は 1 桁，$10 \leqq x < 10^2$ ならば x の整数部分は 2 桁，$10^{k-1} \leqq x < 10^k$ ならば x の整数部分は k 桁である．$10^{199} < \dfrac{10^{210}}{10^{10}+3} < 10^{200}$ を証明する．そのためには

$$\frac{10^{210}}{10^{11}} < \frac{10^{210}}{10^{10}+3} < \frac{10^{210}}{10^{10}}$$

を証明する．そのためには $10^{10} < 10^{10}+3 < 10^{11}$ であることを述べる．

後半について：因数分解の公式

$$x^2 - a^2 = (x-a)(x+a)$$
$$x^n - a^n = (x-a)(x^{n-1} + ax^{n-2} + \cdots + a^{n-1})$$

を利用する．n は正の整数である．

▶解答◀　$y = \dfrac{10^{210}}{10^{10}+3}$ とおく．$10^{10} < 10^{10}+3 < 10^{11}$ であるから

$$\frac{10^{210}}{10^{11}} < \frac{10^{210}}{10^{10}+3} < \frac{10^{210}}{10^{10}}$$

$$10^{199} < y < 10^{200}$$

y の整数部分は **200** 桁である．

$x = 10^{10}, a = -3$ とする．

$$y = \frac{x^{21}}{x-a} = \frac{x^{21} - a^{21}}{x-a} + \frac{a^{21}}{x-a}$$

$$= (x^{20} + x^{19}a + \cdots + xa^{19} + a^{20}) + \frac{(-3)^{21}}{x+3}$$

$z = x^{20} + x^{19}a + \cdots + xa^{19} + a^{20}$ とおく.

$$z = x^{20} + x^{19}(-3) + x^{18}(-3)^2 + x^{17}(-3)^3 + \cdots$$
$$+ x^2(-3)^{18} + x(-3)^{19} + (-3)^{20}$$

前の方から 2 個ずつ組にして, 最後の 1 個 $(-3)^{20} = 3^{20}$ は, 単独にする.

$$z = x^{19}(x-3) + x^{17} \cdot 3^2(x-3) + \cdots + x \cdot 3^{18}(x-3) + 3^{20}$$

$x - 3 > 0$ であるから, $x^{19}(x-3)$, $\cdots$, $x \cdot 3^{18}(x-3)$ はすべて正の整数で, 10^{10} の倍数である. また $3^{20} = (3^4)^5 = 81^5$ は一の位が 1 の自然数である. z は $z = \boxed{}1$ と表される. これは一の位が 1 の自然数であることを表している. また

$$\frac{3^{21}}{x+3} = \frac{10460353203}{10000000003} = 1.046\cdots$$

$$y = \boxed{}1 - 1.046\cdots = \boxed{}9.95\cdots$$

y の一の位の数は 9

注意 1° 【評価】

前半の評価 (解答者が不等式を自分で作ること) は

$$10^{10} < 10^{10} + 3 < 2 \cdot 10^{10}$$

でもよい. この場合は

$$\frac{10^{210}}{2 \cdot 10^{10}} < \frac{10^{210}}{10^{10} + 3} < \frac{10^{210}}{10^{10}}$$

$$5 \cdot 10^{199} < y < 10^{200}$$

となる.

2° 【因数分解の公式】

n が正の奇数のとき

$$x^n + a^n = (x+a)(x^{n-1} - ax^{n-2} + a^2x^{n-3} - \cdots - a^{n-2}x + a^{n-1})$$

になる. $a = 3$ として, これを用いてもよい. 同じことである.

19. 自然数の 2 乗になる数を平方数という. 以下の問いに答えよ.

（1） 10 進法で表して 3 桁以上の平方数に対し, 10 の位の数を a, 1 の位の数を b とおいたとき, $a + b$ が偶数となるならば, b は 0 または 4 であることを示せ.

（2） 10 進法で表して 5 桁以上の平方数に対し, 1000 の位の数, 100 の位の数, 10 の位の数, および 1 の位の数の 4 つすべてが同じ数となるならば, その平方数は 10000 で割り切れることを示せ. (04 東大・理科)

考え方 私は, 高校生のとき, 雑誌「数学セミナー」で, 次の問題を見た.

Find the length of the longest sequence of equal nonzero digits in which an integral square can terminate(in base 10)and find the smallest square which terminates in such a sequence.

(1970 Putnam Competition)

「平方数で, 下位に 0 以外の同じ数が最も長く続くとき, それは何か. また, そのような最小の数を求めよ」というものである. 実は, 受験雑誌「大学への数学」1971 年 6 月号学力コンテストで「10 の倍数でない 2 桁の自然数の平方で十の位と一の位の数が等しいとき, その 2 桁の数を求めよ」を解いていた. 学コンは, パトナム競争のパクリであろう. パトナム競争の過去問集の解答は鋭い.

▶**解答**◀ 求める自然数を n とする.

$$0^2 = 0,\ 1^2 = 1,\ 2^2 = 4,\ 3^2 = 9,\ 4^2 = 16,\ 5^2 = 25,$$
$$6^2 = 36,\ 7^2 = 49,\ 8^2 = 64,\ 9^2 = 81$$

だから n^2 の一の位は 0, 1, 4, 9, 6, 5 のいずれかである. 今は 0 以外を考えるから 1, 4, 9, 6, 5 のいずれかである.

$$n^2 = N111,\ N444,\ N555,\ N666,\ N999$$

の形になる. N は千の位以上の部分を表し $n^2 = N111$ のときには

$$n^2 = N \cdot 1000 + 111$$

ということである. この場合, 両辺を 4 で割った余りを考えると, 左辺を 4 で割った余りは 0 または 1, 右辺を 4 で割った余りは 3 で矛盾する. なお, m を自

然数として

$$(2m)^2 = 4m^2, \quad (2m-1)^2 = 4(m^2-m)+1$$

であるから，平方数を 4 で割ると余りは 0 または 1 である．**整数問題では重要!**

444，555，666，999 を 4 で割った余りは順に 0，3，2，3 であるから，4 で割って余りが 0 または 1 になるのは $N444$ である．

まず，$n^2 = N444$ 型の最小のものを探す．

$$\sqrt{444} = 2\sqrt{111} \text{ は整数でない．}$$

$$\sqrt{1444} = \sqrt{4 \cdot 361} = 2 \cdot 19 = 38$$

よって，最小のものは $38^2 = 1444$ である．

もし，$n^2 = N4444$ になることがあるとすると，

$$n^2 = N \cdot 10000 + 4444$$

n は偶数であるから，l を自然数として $n = 2l$ とおける．これを代入して 4 で割ると

$$l^2 = N \cdot 5^4 \cdot 4 + 1111$$

右辺を 4 で割ると余りは 3 で，左辺を 4 で割ると余りは 0，または 1 であるから，矛盾する．ゆえに $n^2 = N4444$ になることはない．下位に最も長く続く 0 以外の数は **4** で，**4 が 3 個続く**．このような最小数は $\mathbf{38^2 = 1444}$ である．

（Putnam 競争の解答終わり）

数セミには一般形が書いてあった．

$n^2 = N444$ になるとき，$38^2 = 1444$ と辺ごとに引いて

$(n-38)(n+38)$ は $1000 = 2^3 \cdot 5^3$ の倍数となる．

よって $n-38, n+38$ の少なくとも一方は 4 の倍数で，

$$(n+38) - (n-38) = 76 = 4 \cdot 19 \quad \cdots\cdots\cdots\cdots\cdots\cdots Ⓐ$$

が 4 の倍数だから $n-38, n+38$ の両方とも 4 の倍数である．また Ⓐ は 5 の倍数でなく $(n-38)(n+38)$ は $5^3 = 125$ の倍数だから，$n-38, n+38$ の一方だけが 125 の倍数である．よって $n+38, n-38$ の一方だけが $125 \cdot 4 = 500$ の倍数である．

i を整数として $n \mp 38 = 500i$ すなわち $n = 500i \pm 38$ とおける．

$$n^2 = 250000i^2 \pm 38000i + 1444$$

は $n^2 = N444$ 型になる．n^2 の千の位は $8i+1$ の一の位に等しく，これは奇数であるから，$8i+1$ の一の位が 4 になることはない．ゆえに $n^2 = M4444$ 型になることはない．$n^2 = N444$ になるときの n の一般形は，i を整数として

$$\mathbf{n = 500i + 38 \ (i \geqq 0), \ 500i - 38 \ (i \geqq 1)}$$

である.

50 年前の数セミは保存しておらず，記憶に基づいて書いているため，細部は違うことをお断りしておく．実は，$500i \pm 38$ の一般形が，本当に数セミに載っていたのかも，自信がない．

東大の解答に移る．

生徒に問題を解かせると「2 乗するから，小学生のような計算をするモード」になり，「$(\cdots 00)^2$ から $(\cdots 99)^2$ まで 100 個調べたら確かにそうなっている」みたいな答案もある．駄目だねえと言うと，調べた結果を書いて何が悪いと言う．生徒だけではない．それを肯定するような大人もいる．100 個書かれても，すべて検算するわけにもいかないが，省略されたら，もっと困る．大体，本当に 100 個計算しているか，怪しい．私なら説明不足として減点する．大体，数学らしく書く準備ができていないではないか．数学らしく書くとは，基本，文字で計算し，理詰めで書くということである．

百位以上の部分は平方した後の下 2 桁には影響しないから，下 2 桁だけ平方する．平方する前の自然数の下 2 桁を pq とする．pq とは，ここでは「p かける q」のことではなく，十の位が p，一の位が q のことである．

▶**解答**◀ （1） 平方する前の数の百の位以上の部分は平方後の下 2 桁に関係ないから，平方する前の数の下 2 桁について考えればよい．平方する前の数の十の位を p，一の位を q として，

$$(10p + q)^2 = 100p^2 + 20pq + q^2$$

$q^2 = 10r + s$ とおく．r は q^2 の十の位で s は一の位である．ただし r は 0 の場合もある．

$$(10p + q)^2 = 100p^2 + 20pq + 10r + s = 100p^2 + 10(2pq + r) + s$$

の十の位は「$2pq + r$ の一の位」であり，$(10p + q)^2$ の一の位は s である．よって K を 0 以上の整数として

$$2pq + r = 10K + a, \; s = b$$

と書ける．これらを辺ごとに加え，

$$2pq + r + s = 10K + a + b$$

$a + b$ が偶数となるならば $r + s$ も偶数となる．すなわち q^2 の一の位と十の位の和が偶数である．

$$0^2 = 0, \; 1^2 = 1, \; 2^2 = 4, \; 3^2 = 9, \; 4^2 = 16, \; 5^2 = 25,$$
$$6^2 = 36, \; 7^2 = 49, \; 8^2 = 64, \; 9^2 = 81$$

のうちで，$0^2 = 0$，$2^2 = 4$，$8^2 = 64$ 以外は十の位と一の位の和が奇数になり不適．よって，十の位と一の位の和が偶数になるならば，その平方数の一の位は 0 か 4 である．

（2）　$N^2 = \cdots\cdots kkkk$ のタイプのとき，十の位と一の位の和が $2k$ で偶数だから，（1）より $k = 0, 4$ である．

$k = 4$ であると仮定すると，$N^2 = \cdots\cdots 4444$ である．これを $N^2 = 10000L + 4444$ と表し，N も偶数だから $N = 2M$ とおくと

$$(2M)^2 = 10000L + 4444$$

$$M^2 = 2500L + 1111 \quad \cdots\cdots\cdots\cdots\cdots\cdots\cdots\cdots\cdots\cdots\cdots\cdots\cdots\cdots\cdots①$$

$2500L$ の十の位と一の位は 0 だから，M^2 の十の位と一の位は 1 で，和が 2 で偶数であるが，これは（1）に反する．

よって $k = 0$ で，$N^2 = \cdots\cdots 0000$ は 10000 で割り切れる．

注意 【割るときにうっかりしないように】

$(2M)^2 = \cdots\cdots 4444$ を 4 で割るときに，うっかり $M^2 = \cdots\cdots 1111$ としないようにしよう．① により，L が奇数ならば，$M^2 = \cdots\cdots 611$ と 1 が 2 つ並び，L が偶数ならば，$M^2 = \cdots\cdots 111$ と 1 が 3 つ並ぶが，1 が 4 つ並ぶかどうかは不明である．大体，東大の（1）の着眼はよろしくない．① でも，両辺を 4 で割ったときの余りは，左辺については（平方数を 4 で割ると余りは 0 または 1）0 または 1，右辺については 3 で，矛盾するという方が自然である．パトナム競争の模範解答から遠ざけようという意図のために，無理な解法になっている．

20. 次の条件を満たす組 (x, y, z) を考える.

条件 (A)：x, y, z は正の整数で，$x^2 + y^2 + z^2 = xyz$ および $x \leqq y \leqq z$ を満たす.

以下の問いに答えよ.

（1） 条件 (A) を満たす組 (x, y, z) で，$y \leqq 3$ となるものをすべて求めよ.

（2） 組 (a, b, c) が条件 (A) を満たすとする．このとき，組 (b, c, z) が条件 (A) を満たすような z が存在することを示せ.

（3） 条件 (A) を満たす組 (x, y, z) は，無数に存在することを示せ.

(06 東大・理科)

考え方 （2）「存在問題」である．東京出版から出している「東大数学で1点でも多く取る方法」にも書いている．重複になるがお許し願いたい．生徒に解かせたら「z があればいいんですよね」というので『任意の』という言葉のかかり方を理解しているかが問題だけどね」と，あらかじめ注意を与えたが，通じない.

【誤答】$a = b = c = 3$ とすると成り立つから，存在する.

とする生徒が多い．全く話にならない.

「$a^2 + b^2 + c^2 = abc$，$a \leqq b \leqq c$ を満たす任意の a, b, c に対して，それぞれ z が存在して，(b, c, z) が解になるようにできることを示す」

のであって，解答者が決めることができるのは z だけである．a, b, c が任意であり，それに応じてうまく z をとることができるのである．そしてその z は与式を満たす任意の a, b, c に対して通用するものでなければならない．さらに「任意」が問題である．「答案を書く人の好き勝手」と思う生徒が多い．任意の数とは，生徒の自由にならない第三者，あなたのことを嫌っている嫌なヤツ，イジワルな出題者が，自由に選ぶ数である.

さらに，日本の大学入試では，「任意」を「すべて」と表す傾向が強い．「任意」を「すべて」で代用できる場合もあるけれど，代用できない場合もある．本書でも，私の主義に反して「任意」とすべきところを「すべて」で代用している問題（95年の不等式の問題）もある．95年の問題は代用できる．しかし，本問（06年の問題）は代用はできない．まず，あなた以外の誰かが「任意に，解をとってくる」のである．それがどのような解であっても，あなたが，うまく z を定めて，解にできるのである．最終的には，任意にとってくる解は，すべての解を動くが，一つ一つの作業の間は，解は止まっているから，ここは「任意」でなければ

ならない.

　なぜ，日本の学校教育はこんなことになってしまったのだろうか．私は「生徒が間違えることはやめよう」という文科省に問題があると思う．たとえば
「$x \geqq 1$ ならば $x > 0$」
ですら，述語論理学では「任意の実数 x に対して，もし $x \geqq 1$ であるならば $x > 0$ である」と，任意が入っている．また，$p \implies q$ は if p then q であり，「もし」という言葉が入っている．生徒が間違えることは，しつこく教えて生徒が間違えないようにするべきと思う.

　パトナム競争の過去問集 1985-2000 の p.74 に，次の記述がある．パトナム競争の問題自体は，多項式の組を無数に作る問題である．自然数バージョンでは易しすぎるから，多項式で出題したけれど，元は自然数であるということのようである.

Remark.The preceding analysis is similar to the proof that the positive integer solutions to the Markov equation

$$x^2 + y^2 + z^2 = 3xyz$$

are exactly those obtained from $(1, 1, 1)$ by iterations of $(x, y, z) \mapsto (x, y, 3xy - z)$ and permutatios.

▶解答◀　（1）$y = 3$ のとき，$x^2 + 9 + z^2 = 3xz$ ······················①

　　　$x \leqq 3 \leqq z$　　　∴　$x = 1, 2, 3$

　$x = 1$ のとき①に代入し，$1 + 9 + z^2 = 3z$

　　　$z^2 - 3z + 10 = 0$

となり，判別式 $D = 9 - 40 < 0$ で不適.

　$x = 2$ のとき，$z^2 - 6z + 13 = 0$，やはり $D < 0$ で不適.

　$x = 3$ のとき，$z^2 - 9z + 18 = 0$　　　∴　$z = 3, 6$

何度も判別式をとるのは面倒なので，以下はまとめて書く.

$z^2 - xyz + x^2 + y^2 = 0$ を z の方程式とみて，判別式

　　　$D = x^2y^2 - 4(x^2 + y^2) = (x^2 - 4)(y^2 - 4) - 16 \geqq 0$

$y = 2$ のときは成立しない.

$y = 1$ のときは $x = 1$ であるから，やはり成立しない.

　以上から，

　　　$(x, y, z) = (3, 3, 3), (3, 3, 6)$

（2） 次の2つの方程式

$$a^2 + b^2 + c^2 = abc \quad \cdots\cdots\cdots\cdots\cdots\cdots\cdots\cdots\cdots\cdots\cdots ②$$

$$a \leqq b \leqq c \quad \cdots\cdots\cdots\cdots\cdots\cdots\cdots\cdots\cdots\cdots\cdots\cdots\cdots\cdots ③$$

$$b^2 + c^2 + z^2 = bcz \quad \cdots\cdots\cdots\cdots\cdots\cdots\cdots\cdots\cdots\cdots\cdots ④$$

$$b \leqq c \leqq z \quad \cdots\cdots\cdots\cdots\cdots\cdots\cdots\cdots\cdots\cdots\cdots\cdots\cdots\cdots ⑤$$

について，④−②より $z^2 - a^2 = bc(z - a)$

$$(z - a)(z + a - bc) = 0$$

よって $z = bc - a$ のとき ④ は成り立つ．また ⑤ が成り立つかを調べる．

$$b \leqq c \leqq bc - a \quad \cdots\cdots\cdots\cdots\cdots\cdots\cdots\cdots\cdots\cdots\cdots ⑥$$

であることを確認するが，この左側の不等式は問題ないから，右側の不等式が成り立つことを示す．すなわち

$$a \leqq c(b - 1)$$

を示す．ここで（1）より，②，③の解については $b \leqq 2$ ということはなかった．つまり，$b \geqq 3$ である．したがって

$$c(b - 1) \geqq 2c > c \geqq b \geqq a$$

である．ゆえに ⑥ が成り立つから適する．実際には $b \leqq c < bc - a$ が成り立つ．ゆえに $z = bc - a$ が存在する．

（3） $x = 3, y = 3, z = 6$ が解だから，（2）より

$x = 3, y = 6, z = 3 \cdot 6 - 3 = 15$ も解である．

ここから始め，$x = a, y = b, z = c \ (a < b < c)$ が解なら

$x = b, y = c, z = bc - a, \ b < c < bc - a$

も解であり，増加し続ける解が得られるので，解は無数にある．

注意 【要領よく書くと】

（2）の⑥の後をゆっくり書いたが，$a \leqq b \leqq c \ (b \geqq 3)$ のとき，$c < z$ を示すのに

$$z = bc - a \geqq 3c - a = 2c + (c - a) \geqq 2c > c$$

と書くことができる．

本問の手法は，無数に多くの解を作り，解は大きくなるから，無限増大法とでも呼ぶ論法であろうか．

21. すべての正の実数 x, y に対し $\sqrt{x} + \sqrt{y} \leq k\sqrt{2x+y}$ が成り立つような実数 k の最小値を求めよ. (95 東大・共通)

考え方 過去の出題と比べて, 絶滅に瀕しているのが, 数学 II の不等式である. 大学の解析学を勉強するためには, 三角不等式は使えた方がよいと思うが, 大学入試では, 三角不等式すら, 絶滅している. 国際数学オリンピック (IMO) でも, 不等式証明の問題が減っており, 2012 年のアルゼンチン大会以来出題されていない. 古い数学への決別を意図しているのであろうか (筆者の想像である). 大学入試の場合は, ほとんど落書きに近い答案を読まされることにウンザリした出題者側が, 避けるようになったためであろう (筆者の想像である). 「ウンザリする式」は, この問題の解説の最後に, 京大の例を挙げる.

本問は, 典型的な悪文である. こういう問題文を書く人は, 誤読する人の存在を想像できないのであろう.

本問では文字が 3 つある. x, y は正の変数であるが k は定数である. 「k の最小値」とあるために, k も動くのかと思ってしまう人がいる. たとえば, 高校時代の安田少年である. こんなことを考えた.

【誤読少年の悲しい思考】

k の最小値とあるから, k も動いてよい. 正の数 x, y を 1 つ定めたとき,

$\sqrt{x} + \sqrt{y} \leq k\sqrt{2x+y}$ を満たす k の最小値は $k = \dfrac{\sqrt{x}+\sqrt{y}}{\sqrt{2x+y}}$ である. 分母・

分子を $\sqrt{x}$ で割って $\dfrac{y}{x} = t$ とおくと $k = \dfrac{1+\sqrt{t}}{\sqrt{2+t}}$ になる. これは後の「文字定数は分離」に出てくる $f(t)$ と同じで, $t > 0$ では $t = 4$ で極大になる形であり, $t \to +0$ で $\dfrac{1}{\sqrt{2}}$, $t \to \infty$ では 1 に近づくから, 最小の値は存在しない. 存在しないが「限りなく $\dfrac{1}{\sqrt{2}}$ に近い値を $\lim \dfrac{1}{\sqrt{2}}$ と表す」ことにして, 答えは $\lim \dfrac{1}{\sqrt{2}}$ だ.

(誤答終わり)

馬鹿でしょう. しかし, こういう答案は, 少なからずある.

大学受験の問題は, 元々, 受験生という素人が受けるものである. 素人を相手に出しているのだから, 誤読する人の存在を想定し, 先回りして, とっかかりで脱落する人を減らすようにするのが, 出題のプロである. 「k は動いてはいけない」という言葉を入れておくのが親切というものである.

「すべての正の実数 x, y に対し $\sqrt{x} + \sqrt{y} \leqq k\sqrt{2x+y}$ が成り立つような，x, y に無関係な実数の定数 k のうちで，一番小さな値を求めよ」
と書けばすむことである．あるいは，最小の k なんて言わないで
「すべての正の実数 x, y に対し $\sqrt{x} + \sqrt{y} \leqq k\sqrt{2x+y}$ が成り立つような，x, y に無関係な実数の定数 k が満たす必要十分条件を求めよ」
と書けばよい．

　本問の場合，理系であれば「文字定数は分離」が一番よい．また，出題当時では，コーシー・シュワルツの不等式を利用した答案は，それなりにあったが，完璧な答案は少なかった．これは後に述べる．

　共通問題であるから，文系の場合には，平方してルートを減らす解答が一番多い．それから述べよう．ところで，最初に基本的事実を述べておこう．

　$g(x) = ax^2 + bx + c$ として，$g(x) \geqq 0$ が任意の x で成り立つ条件は

　　　$a = 0,\ b = 0,\ c \geqq 0$

または

　　　$a > 0$ かつ $D = b^2 - 4ac \leqq 0$

である．D は判別式である．次の図は曲線 $y = g(x)$ の，a, D などの値と曲線の関係の図である．上の基本を図で確認せよ．

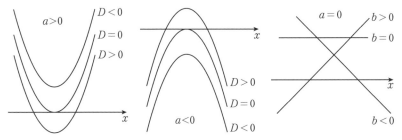

▶**解答**◀ 　x, y は正だから，両辺の符号から k も正である．

　　　$\sqrt{x} + \sqrt{y} \leqq k\sqrt{2x+y}$

を 2 乗して

　　　$x + y + 2\sqrt{xy} \leqq k^2(2x+y)$

　まだルートが 1 個残るが，さらに 2 乗すると次数が上がりすぎる．左辺と右辺の文字の次数は 1（この左辺の文字の次数が 1 とは，高校的ではないが，アバウトに使う）こうした時には比を変数にとる．両辺を x で割って

　　　$1 + \dfrac{y}{x} + 2\sqrt{\dfrac{y}{x}} \leqq k^2\left(2 + \dfrac{y}{x}\right)$

$z = \sqrt{\dfrac{y}{x}}$ とおくと，$z > 0$ であり

$$1 + z^2 + 2z \leqq k^2(2 + z^2)$$
$$(k^2 - 1)z^2 - 2z + 2k^2 - 1 \geqq 0$$

となる．ここで

$$f(z) = (k^2 - 1)z^2 - 2z + 2k^2 - 1$$

とおく．正の任意の z に対して $f(z) \geqq 0$ になる条件を求める．

（ア）$k = 1$ のとき．これは大きな z に対して $f(z) < 0$ になり不適．

（イ）$k \neq 1$ のとき．正の任意の z に対して $f(z) \geqq 0$ になる場合，$k^2 - 1 > 0$ であり，このとき，軸の位置 $z = \dfrac{1}{k^2 - 1} > 0$ であることに注意すると，正の任意の z に対して $f(z) \geqq 0$ になる条件は

$$\frac{D}{4} = 1 - (k^2 - 1)(2k^2 - 1) = k^2(3 - 2k^2) \leqq 0$$

$$k^2 \geqq \frac{3}{2} \qquad \therefore \quad k \geqq \frac{\sqrt{6}}{2}$$

これは $k > 1$ を満たす．最小の k は $k = \dfrac{\sqrt{6}}{2}$

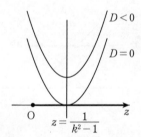

♦別解♦ 1° 【三角関数の利用】

ルートをはずすことを目標とする．そのためには $1 + \tan^2\theta = \dfrac{1}{\cos^2\theta}$ を念頭において $y = 2x \cdot \tan^2\theta$ とおく．ただし θ は $0° < \theta < 90°$ とする．不等式は

$$\sqrt{x} + \sqrt{2x}\tan\theta \leqq k\sqrt{2x + 2x\tan^2\theta}$$

となり，$\sqrt{x}$ で割って

$$1 + \sqrt{2}\tan\theta \leqq k\sqrt{2}\sqrt{1 + \tan^2\theta}$$
$$1 + \sqrt{2}\tan\theta \leqq k\sqrt{2} \cdot \frac{1}{\cos\theta}$$

となる．さらに $\cos\theta$ をかけて

$$\cos\theta + \sqrt{2}\sin\theta \leqq k\sqrt{2}$$

$$\sqrt{3}\cos(\theta - \alpha) \leqq k\sqrt{2} \quad \cdots\cdots\cdots\cdots\cdots\cdots\cdots\cdots ①$$

と合成できる．ただし α は

$$\cos\alpha = \frac{1}{\sqrt{3}}, \ \sin\alpha = \frac{\sqrt{2}}{\sqrt{3}}, \ 0° < \alpha < 90°$$

を満たす角である．① の左辺は $\sqrt{3}$ 以下のいろいろな値をとる．① が任意の θ で成り立つための必要十分条件は左辺の最大値で成り立つことで

$$\sqrt{3} \leqq k\sqrt{2} \qquad \therefore \quad \boldsymbol{k \geqq \frac{\sqrt{6}}{2}}$$

2° 【コーシー・シュワルツの不等式の利用】

式番号は 1 から振り直す．

$$k\sqrt{2x+y} \geqq \sqrt{x} + \sqrt{y} \quad \cdots\cdots\cdots\cdots\cdots\cdots\cdots\cdots ①$$

右辺は正なので左辺も正，よって $k > 0$ である．

$$k^2(2x+y) \geqq (\sqrt{x} + \sqrt{y})^2$$

これとコーシー・シュワルツの不等式

$$(a^2 + b^2)(c^2 + d^2) \geqq (ac + bd)^2$$

を比べる．

$$k^2\{(\sqrt{2x})^2 + (\sqrt{y})^2\} \geqq (\sqrt{x} + \sqrt{y})^2$$

$c = \sqrt{2x}, d = \sqrt{y}, ac = \sqrt{x}, bd = \sqrt{y}$ と考え，$a = \dfrac{1}{\sqrt{2}}, b = 1$ としてみると

$$\left\{\left(\frac{1}{\sqrt{2}}\right)^2 + 1^2\right\}\{(\sqrt{2x})^2 + (\sqrt{y})^2\} \geqq \left(\frac{1}{\sqrt{2}} \cdot \sqrt{2x} + 1 \cdot \sqrt{y}\right)^2$$

$$\frac{3}{2}(2x+y) \geqq (\sqrt{x} + \sqrt{y})^2 \quad \cdots\cdots\cdots\cdots\cdots\cdots\cdots\cdots ②$$

となる．等号は

$$\frac{\sqrt{2x}}{\frac{1}{\sqrt{2}}} = \frac{\sqrt{y}}{1} \qquad \therefore \quad y = 4x \quad \cdots\cdots\cdots\cdots\cdots\cdots\cdots\cdots ③$$

のときに成り立つ．

$$\sqrt{\frac{3}{2}}\sqrt{2x+y} \geqq \sqrt{x} + \sqrt{y}$$

① が任意の正の実数 x, y に対して成り立つような定数 k の1つの例は $k = \sqrt{\dfrac{3}{2}} = \dfrac{\sqrt{6}}{2}$ である．このままではまだ完全解ではない．k の一例であって，k の最小性については何も述べていないからである．

これより小さな k のときには ① が成立しない x, y があることを示さねばならない．① が任意の x, y で成り立つためには $y = 4x$ を満たす x, y，たとえば $x = 1, y = 4$ で成り立つことが必要である．このとき

$$k\sqrt{2+4} \geqq \sqrt{1} + \sqrt{4} \qquad \therefore \quad k \geqq \frac{3}{\sqrt{6}} = \frac{\sqrt{6}}{2}$$

となる．言い方を変えると $k < \dfrac{\sqrt{6}}{2}$ のときは $x = 1, y = 4$ で成立しない．

以上から，① が任意の x, y に対して成り立つためには，$k \geqq \dfrac{\sqrt{6}}{2}$ であることが必要十分である．このような最小の k は $k = \dfrac{\sqrt{6}}{2}$ である．

【コーシー・シュワルツの不等式】

$$(a^2 + b^2)(c^2 + d^2) \geqq (ac + bd)^2$$

が成り立つ．等号は

$$\frac{c}{a} = \frac{d}{b}$$

のとき成り立つ．等号成立条件はベクトル (c, d) とベクトル (a, b) が平行と読んでほしい．分母が 0 のときにはどうするか気になるかもしれないが，実際の問題で使うとき，分母が 0 のケースが関わってくることはない．厳密に書くと無駄に煩雑になる．大昔から，上のように分数式で書くことになっている．

3° 【文字定数の分離】

理系の場合は「文字定数は分離（分数関数の増減を調べる）」である．私は，東大では，文系でも，数学 III の微分まではやっておいた方がいいと思っている．

不等式の両辺を $\sqrt{2x + y}$ で割る．

$$k \geqq \frac{\sqrt{x} + \sqrt{y}}{\sqrt{2x + y}}$$

右辺の形は同次形と呼ばれ，こうした形のときには，比を変数にとる．分母・分子を $\sqrt{x}$ で割って，$\dfrac{y}{x} = t$ とおく．

$k \geqq \dfrac{1+\sqrt{t}}{\sqrt{2+t}} = f(t)$ とおく. $t > 0$ である.

$$f'(t) = \dfrac{\dfrac{1}{2\sqrt{t}} \cdot \sqrt{2+t} - (1+\sqrt{t}) \cdot \dfrac{1}{2\sqrt{2+t}}}{(\sqrt{2+t})^2} = \dfrac{2-\sqrt{t}}{2(\sqrt{2+t})^3\sqrt{t}}$$

t	0	$\cdots$	4	$\cdots$
$f'(t)$		$+$	0	$-$
$f(t)$		$\nearrow$		$\searrow$

$f(t)$ は, $t = 4$ で極大値かつ最大値 $\dfrac{3}{\sqrt{6}} = \dfrac{\sqrt{6}}{2}$ をとる.

$\displaystyle\lim_{t\to\infty} f(t) = 1$, $\displaystyle\lim_{t\to +0} f(t) = \dfrac{1}{\sqrt{2}}$ であるから $f(t)$ の値域は $\dfrac{\sqrt{2}}{2} < f(t) \leqq \dfrac{\sqrt{6}}{2}$ である. この範囲の任意の $f(t)$ に対して常に $f(t) \leqq k$ となるために, 定数 k の満たす必要十分条件は $\dfrac{\sqrt{6}}{2} \leqq k$ である. これを満たす定数 k のうちで最小の k は $k = \dfrac{\sqrt{6}}{2}$ である.

注意 【怪しい書き方】

　生徒の中には, 最後のところで, 次のように書く人が少なくない.

$f(t) \leqq \dfrac{\sqrt{6}}{2}$, $f(t) \leqq k$ 　　　$\therefore$ 　$\dfrac{\sqrt{6}}{2} \leqq k$ 　　　　　　　　　(駄目解答終わり)

この書き方は, 悪い. 駄目な理由は, 一般に

$x \leqq a$, $x \leqq b$ のとき $a \leqq b$ とするのか？ ということである.

これが正しいなら,

$x \leqq b$, $x \leqq a$ のときは $b \leqq a$ になるのか？

である.

　値域を表すときと, 単純な大小比較を混在して使う場合には, 正しく意図が伝わるように言葉を補って説明するべきと考える.

2020 年には類題が出題された.

> すべての実数 x, y に対して,$x + y \leqq k\sqrt{3x^2 + y^2}$ が成り立つような実数 k の最小値を求めよ. 　　　　　　　　　（20　早大・人間科学-数学選抜）

　本問は,東大の問題と似ているが,完全には同じではない.そこは,微調整する必要がある.$x + y \geqq 0$ とは限らないから,いきなり 2 乗するのはまずい.東大の問題に倣って,いろいろな解法を書いてみる.最初はコーシー・シュワルツの不等式を用いる解を示すが,2 乗を外すときに符号が問題になるから,$x^2 = |x|^2$ を利用して,まず,絶対値で表す.

【コーシー・シュワルツの不等式を用いる解】

$$\left\{\left(\frac{1}{\sqrt{3}}\right)^2 + 1^2\right\}\left\{\left(\sqrt{3}|x|\right)^2 + |y|^2\right\} \geqq \left(\frac{1}{\sqrt{3}} \cdot \sqrt{3}|x| + 1 \cdot |y|\right)^2$$

$$\frac{4}{3}(3x^2 + y^2) \geqq (|x| + |y|)^2$$

ルートをとって

$$\frac{2}{\sqrt{3}}\sqrt{3x^2 + y^2} \geqq |x| + |y| \geqq x + y$$

となる.ここで $|x| \geqq x,\ |y| \geqq y$ ……………………………………………①
を用いた.

$$x + y \leqq \frac{2}{\sqrt{3}}\sqrt{3x^2 + y^2} \quad\text{……………………………………②}$$

① の等号は $x \geqq 0,\ y \geqq 0$ のときに成り立つから,② の等号は,$x \geqq 0,\ y \geqq 0$ かつ

$$\frac{\sqrt{3}|x|}{\frac{1}{\sqrt{3}}} = \frac{|y|}{1}$$

すなわち

$$3x = y \geqq 0$$

のときに成り立つ.

$k < \dfrac{2}{\sqrt{3}}$ であると仮定する.$y = 3x > 0$ のとき

$$k\sqrt{3x^2 + y^2} < \frac{2}{\sqrt{3}}\sqrt{3x^2 + y^2} = x + y$$

となり，

$$x + y \leqq k\sqrt{3x^2 + y^2} \quad \cdots\cdots\cdots\cdots\cdots\cdots\cdots\cdots\cdots\cdots\cdots\cdots\cdots③$$

が成立しない．

$k \geqq \dfrac{2}{\sqrt{3}}$ のときは，② より

$$x + y \leqq \dfrac{2}{\sqrt{3}}\sqrt{3x^2 + y^2} \leqq k\sqrt{3x^2 + y^2}$$

となり，③ が成り立つ.

　よって，任意の実数 x, y に対して常に ③ が成り立つために k の満たす必要十分条件は $k \geqq \dfrac{2}{\sqrt{3}}$ である．このような最小の k は $k = \dfrac{2\sqrt{3}}{3}$

【三角関数を使う解】

　式番号は1から振り直す.

$$x + y \leqq k\sqrt{3x^2 + y^2} \quad \cdots\cdots\cdots\cdots\cdots\cdots\cdots\cdots\cdots\cdots\cdots\cdots\cdots①$$

は $(x, y) = (0, 0)$ のとき成り立つ．① は

$$x + y \leqq k\sqrt{(\sqrt{3}x)^2 + y^2} \quad \cdots\cdots\cdots\cdots\cdots\cdots\cdots\cdots\cdots\cdots\cdots②$$

と書ける.

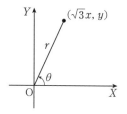

　$(x, y) \neq (0, 0)$ のとき

$$\sqrt{3}x = r\cos\theta, \ y = r\sin\theta \ (r > 0)$$

とおけて，$x = \dfrac{1}{\sqrt{3}}r\cos\theta, \ y = r\sin\theta$ を ② に代入し

$$\dfrac{1}{\sqrt{3}}r\cos\theta + r\sin\theta \leqq kr$$

両辺を $r > 0$ で割って

$$\dfrac{1}{\sqrt{3}}(\cos\theta + \sqrt{3}\sin\theta) \leqq k$$

$$\frac{2}{\sqrt{3}}\left(\frac{1}{2}\cos\theta + \frac{\sqrt{3}}{2}\sin\theta\right) \leqq k$$

$$\frac{2}{\sqrt{3}}\sin\left(\theta + \frac{\pi}{6}\right) \leqq k \quad\cdots\cdots\cdots\cdots\cdots\cdots\cdots\text{③}$$

$\frac{2}{\sqrt{3}}\sin\left(\theta + \frac{\pi}{6}\right)$ の値域は

$$-\frac{2}{\sqrt{3}} \leqq \frac{2}{\sqrt{3}}\sin\left(\theta + \frac{\pi}{6}\right) \leqq \frac{2}{\sqrt{3}}$$

であり，常に ③ が成り立つために k の満たす条件は

$$\frac{2}{\sqrt{3}} \leqq k$$

である．このような最小の k は $\dfrac{2}{\sqrt{3}} = \dfrac{2\sqrt{3}}{3}$

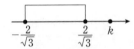

注意 【k は任意と書かない】

$$x + y \leqq k\sqrt{3x^2 + y^2} \quad\cdots\cdots\cdots\cdots\cdots\cdots\cdots\cdots\cdots\text{Ⓐ}$$

で $x = 0$, $y = 0$ とすると左辺も右辺も 0 となり，成り立つ．このとき「k は任意」と書く人がいるが，よくない．「任意の (x, y)」というのは，あなたがコントロールできない人が勝手に選ぶ1組の (x, y) のことである．

　元々の問題は，どのような x, y を取ってきても Ⓐ が成り立つようにするとき，k はどうなっているか？である．$(x, y) = (0, 0)$ を取ってきて成り立つからといって，まだ1組入れただけだから，この時点で「k は何でもいい」と即断するのは間違っている．$(x, y) = (1, 3)$ を代入したら $\dfrac{2}{\sqrt{3}} \leqq k$ と情報が得られるが，$(x, y) = (0, 0)$ を代入しても何も分からないという方が正確である．

【2乗する解法】

式番号は1から振り直す．

何も言わないで2乗すると怪しいことになる．

$$x + y \leqq k\sqrt{3x^2 + y^2} \quad\cdots\cdots\cdots\cdots\cdots\cdots\cdots\cdots\text{①}$$

と

$$(x + y)^2 \leqq k^2(3x^2 + y^2) \quad\cdots\cdots\cdots\cdots\cdots\cdots\cdots\text{②}$$

は同値ではないからである．k の符号が不明では何もできない．

① で $x=1, y=1$ とおくと，$2 \leqq \sqrt{4k}$ となり，$k \geqq 1$ である．もう少し，きちんと言葉を使うと，「① が任意の実数 x, y で成り立つためには，$x=1, y=1$ で成り立つことが必要であり，$k \geqq 1$ が必要である」ということになる．

① を2乗したいから，$x+y>0$ のときを考えるが，気前よく，$x>0, y>0$ のときを考える．そのとき ① の両辺は正であるから，2乗する．② となる．

$$(3k^2-1)x^2 - 2xy + (k^2-1)y^2 \geqq 0$$

$$(3k^2-1)\left(x-\frac{y}{3k^2-1}\right)^2 - \frac{y^2}{3k^2-1} + (k^2-1)y^2 \geqq 0$$

$$(3k^2-1)\left(x-\frac{y}{3k^2-1}\right)^2 + \frac{(k^2-1)(3k^2-1)-1}{3k^2-1}y^2 \geqq 0$$

$$(3k^2-1)\left(x-\frac{y}{3k^2-1}\right)^2 + \frac{(3k^2-4)k^2}{3k^2-1}y^2 \geqq 0 \quad \cdots\cdots\cdots\cdots\cdots\text{③}$$

$x=\dfrac{y}{3k^2-1}$ で成り立つことが必要で，このとき

$$\frac{(3k^2-4)k^2}{3k^2-1}y^2 \geqq 0$$

となり，$y^2>0, 3k^2-1>0, k^2>0$ であるから，

$$3k^2-4 \geqq 0$$

よって $k>1$ かつ $3k^2 \geqq 4$ より $k \geqq \dfrac{2}{\sqrt{3}}$ が必要である．

逆に，$k \geqq \dfrac{2}{\sqrt{3}}$ のとき，$x>0, y>0$ に限らず，一般で考え，

$$(3k^2-1)\left(x-\frac{y}{3k^2-1}\right)^2 \geqq 0, \quad \frac{(3k^2-4)k^2}{3k^2-1}y^2 \geqq 0$$

だから ③ は任意の実数 x, y で成り立つ．よって，前に戻り，② が任意の実数 x, y で成り立つ．この両辺のルートをとり

$$|x+y| \leqq k\sqrt{3x^2+y^2}$$

が成り立つ．$x+y \leqq |x+y|$ であるから

$$x+y \leqq |x+y| \leqq k\sqrt{3x^2+y^2}$$

となり，① が任意の実数 x, y に対して成り立つ．

よって ① が任意の実数 x, y に対して成り立つための必要十分条件は $k \geqq \dfrac{2}{\sqrt{3}}$

である．これを満たす最小の k は $\dfrac{2}{\sqrt{3}} = \dfrac{2\sqrt{3}}{3}$

【文字定数は分離せよ】

　解説を交えて書く．生徒に解いてもらったら，この解法が一番多かったが，全員，どこかに欠陥があり，完全解はなかった．欠陥で多いのは

(a)　【0 についての分類】

「$x = 0$ かつ $y = 0$」と「$x \neq 0$ かつ $y \neq 0$」と場合分けする人が多く，これ以外にも「$x = 0$ かつ $y \neq 0$」「$y = 0$ かつ $x \neq 0$」があるのを見逃している．

(b)　【x で割って根号内に入れるときのミス】

$x \neq 0$ のときに

$$\frac{\sqrt{3x^2 + y^2}}{x} = \sqrt{\frac{3x^2 + y^2}{x^2}} = \sqrt{3 + \frac{y^2}{x^2}} \quad \cdots\cdots\cdots\cdots\text{Ⓐ}$$

とするミスが大変多い．分母の計算で $x = \sqrt{x^2}$ としているが，これは $x > 0$ のときである．$x < 0$ のときは $x = -\sqrt{x^2}$ になる．

　さて，解答本体にうつる．

$$x + y \leqq k\sqrt{3x^2 + y^2} \quad \cdots\cdots\cdots\cdots\text{①}$$

$(x, y) = (0, 0)$ のとき ① は成り立つから，以下は

$(x, y) \neq (0, 0)$ のときを考える．① を $\sqrt{3x^2 + y^2}$ で割って

$$\frac{x + y}{\sqrt{3x^2 + y^2}} \leqq k \quad \cdots\cdots\cdots\cdots\text{②}$$

y を固定して x を動かす．$f(x) = \dfrac{x + y}{\sqrt{3x^2 + y^2}}$ とおく．$x > 0$ のとき

$$f(-x) = \frac{-x + y}{\sqrt{3x^2 + y^2}}$$

$$f(x) - f(-x) = \frac{2x}{\sqrt{3x^2 + y^2}} > 0$$

$f(-x) < f(x)$ である．① では，$f(x)$ の最大値が必要になるから，$x \geqq 0$ で値域を求める．

$$f(0) = \frac{y}{\sqrt{y^2}} = \frac{y}{|y|}$$

は $y > 0$ のとき 1，$y < 0$ のとき -1 であるから $f(0) = 1$ または $f(0) = -1$ である．

$x > 0$ のとき $f(x)$ の分母・分子を x で割って

$$f(x) = \dfrac{1 + \dfrac{y}{x}}{\sqrt{3 + \dfrac{y^2}{x^2}}}$$

となる. $t = \dfrac{y}{x}$ とおくと $f(x) = \dfrac{1+t}{\sqrt{3+t^2}}$ となる. ここで $g(t) = \dfrac{1+t}{\sqrt{3+t^2}}$ とおく.

$$g'(t) = \dfrac{1 \cdot \sqrt{3+t^2} - (1+t) \cdot \dfrac{2t}{2\sqrt{3+t^2}}}{(\sqrt{3+t^2})^2}$$

$$= \dfrac{(3+t^2) - (t+t^2)}{(\sqrt{3+t^2})^3} = \dfrac{3-t}{(\sqrt{3+t^2})^3}$$

$g(t)$ の最大値は $g(3) = \dfrac{4}{\sqrt{12}} = \dfrac{2}{\sqrt{3}}$

t	$\cdots$	3	$\cdots$
$g'(t)$	$+$	0	$-$
$g(t)$	↗		↘

① が任意の実数 x, y で成り立つ条件は $k \geqq \dfrac{2}{\sqrt{3}}$ である. このような最小の k は $k = \dfrac{2\sqrt{3}}{3}$

「ほとんど落書きに近い答案」になる不等式の問題の例を挙げよう．

実数 $a, b \left(0 \leqq a < \dfrac{\pi}{4},\ 0 \leqq b < \dfrac{\pi}{4} \right)$ に対し，次の不等式が成り立つことを示せ．

$$\sqrt{\tan a \cdot \tan b} \leqq \tan \left(\frac{a+b}{2} \right) \leqq \frac{1}{2}(\tan a + \tan b)$$

(91　京大・理系-前期)

考え方　知識のある人，特に大人は「関数の凹凸を利用した不等式」を発想するが，入試の，受験生の答案は，ほとんど，加法定理で展開した．それも可能な限りあちこちで展開し，式が脹れあがって，読む方は大変であった．ここでは，それを最も効率的に書く．

▶解答◀　$\tan a + \tan b - 2\tan \left(\dfrac{a+b}{2} \right)$

$$= \frac{\sin a}{\cos a} + \frac{\sin b}{\cos b} - 2 \cdot \frac{\sin \dfrac{a+b}{2}}{\cos \dfrac{a+b}{2}}$$

$$= \frac{\sin a \cos b + \cos a \sin b}{\cos a \cos b} - \frac{2\sin \dfrac{a+b}{2}}{\cos \dfrac{a+b}{2}}$$

$$= \frac{\sin(a+b)}{\cos a \cos b} - \frac{2\sin \dfrac{a+b}{2}}{\cos \dfrac{a+b}{2}}$$

$$= \frac{2\sin \dfrac{a+b}{2} \cos \dfrac{a+b}{2}}{\cos a \cos b} - \frac{2\sin \dfrac{a+b}{2}}{\cos \dfrac{a+b}{2}}$$

$$= \sin \frac{a+b}{2} \cdot \frac{2\cos^2 \dfrac{a+b}{2} - 2\cos a \cos b}{\cos a \cos b \cos \dfrac{a+b}{2}}$$

$$= \frac{\sin \dfrac{a+b}{2}}{\cos a \cos b \cos \dfrac{a+b}{2}} \{ 1 + \cos(a+b) - (\cos(a+b) + \cos(a-b)) \}$$

$$= \frac{\sin \dfrac{a+b}{2}}{\cos a \cos b \cos \dfrac{a+b}{2}} \{1 - \cos(a-b)\} \geqq 0$$

だから $2\tan\left(\dfrac{a+b}{2}\right) \leqq \tan a + \tan b$ が証明された. なお $0 \leqq \dfrac{a+b}{2} < \dfrac{\pi}{4}$ だから $\sin \dfrac{a+b}{2} \geqq 0$, $\cos \dfrac{a+b}{2} > 0$ である. また $\cos a > 0$, $\cos b > 0$, $1 - \cos(a-b) \geqq 0$ である. 次に,

$$\tan^2\left(\frac{a+b}{2}\right) - \tan a \cdot \tan b$$

$$= \frac{\sin^2 \dfrac{a+b}{2}}{\cos^2 \dfrac{a+b}{2}} - \frac{\sin a}{\cos a} \cdot \frac{\sin b}{\cos b}$$

$$= \frac{1 - \cos(a+b)}{1 + \cos(a+b)} - \frac{\sin a \sin b}{\cos a \cos b}$$

$$= \frac{1}{\{1 + \cos(a+b)\}\cos a \cos b} \{\cos a \cos b - \cos a \cos b \cos(a+b)$$
$$- \sin a \sin b - \sin a \sin b \cos(a+b)\}$$

$$= \frac{1}{\{1 + \cos(a+b)\}\cos a \cos b} \{\cos(a+b) - \cos a \cos b \cos(a+b)$$
$$- \sin a \sin b \cos(a+b)\}$$

$$= \frac{\cos(a+b)(1 - \cos a \cos b - \sin a \sin b)}{\{1 + \cos(a+b)\}\cos a \cos b}$$

$$= \frac{\cos(a+b)\{1 - \cos(a-b)\}}{\{1 + \cos(a+b)\}\cos a \cos b} \geqq 0$$

であるから, $\tan a \cdot \tan b \leqq \tan^2\left(\dfrac{a+b}{2}\right)$ である. 以上で証明された.

注意 1°【解答は丁寧にわかりやすく書こう】

最も効率的でこれだから, 下手に書かれたら, ゴミ屋敷だろう.

$$\tan a + \tan b - 2\tan\left(\frac{a+b}{2}\right)$$

をただひたすら展開し, 散らかり放題の, 無茶苦茶に長い式を, いきなり $\geqq 0$ と書いた答案が, かなりあったらしい. 例えば

$$1 - \cos a + 2 - 2\sin b \geqq 0$$

と書かれると, 採点者の配慮で, 括弧を補って読み

$$(1 - \cos a) + 2(1 - \sin b) \geqq 0$$

の各括弧部分が0以上だとわかる．しかし，これが大変長い式の場合，どこで切ればよいのかを伝えない限り，採点者は読みようがない．長い式に下線を引き「ここだけで0以上，ここだけで0以上」と書くくらいはするべきである．

2°【Jensen の定理】

グラフの凹凸を利用した不等式がある．

曲線 $y = f(x)$ が下に凸のとき，

$$\frac{f(x_1) + f(x_2)}{2} \geqq f\left(\frac{x_1 + x_2}{2}\right) \quad \cdots\cdots\cdots\cdots\cdots\cdots③$$

となる．これを利用した解法も考えられるが，実際の答案では，ほとんどなかった．大人の鑑賞用である．

♦別解♦ $f(x) = \tan x \left(0 \leqq x < \dfrac{\pi}{2}\right)$ のグラフは下に凸だから

$$f\left(\frac{a+b}{2}\right) \leqq \frac{f(a) + f(b)}{2}$$

$$\tan\left(\frac{a+b}{2}\right) \leqq \frac{1}{2}(\tan a + \tan b)$$

次に

$$\sqrt{\tan a \cdot \tan b} \leqq \tan\left(\frac{a+b}{2}\right) \quad \cdots\cdots\cdots\cdots\cdots④$$

を凹凸の不等式にするために log をとる．積のままでは凹凸の不等式にならないからである．log をとるためには0だとまずいので $a = 0$ あるいは $b = 0$ のときを別に考える．このとき⑤の左辺は0，右辺は正だから成り立つ．

$0 < a < \dfrac{\pi}{4}$，$0 < b < \dfrac{\pi}{4}$ のとき両辺の自然対数をとって，同値変形していく．

$$\log \sqrt{\tan a \cdot \tan b} \leqq \log \tan\left(\frac{a+b}{2}\right)$$

$$\frac{\log \tan a + \log \tan b}{2} \leqq \log \tan\left(\frac{a+b}{2}\right) \quad \cdots\cdots\cdots\cdots⑤$$

ここで $g(x) = \log \tan x$ とおくと

$$g'(x) = \frac{(\tan x)'}{\tan x} = \frac{\dfrac{1}{\cos^2 x}}{\tan x} = \frac{1}{\cos x \sin x} = \frac{2}{\sin 2x}$$

$$g''(x) = -\frac{4 \cos 2x}{\sin^2 2x} < 0$$

$g(x)$ は上に凸だから

$$\frac{g(a) + g(b)}{2} \leqq g\left(\frac{a+b}{2}\right)$$

よって⑥が成り立つ．

22. n を 2 以上の自然数とする.

$$x_1 \geqq x_2 \geqq \cdots \geqq x_n$$

および

$$y_1 \geqq y_2 \geqq \cdots \geqq y_n$$

を満足する数列 $x_1, x_2, \cdots, x_n$ および $y_1, y_2, \cdots, y_n$ が与えられている. $y_1, y_2, \cdots, y_n$ を並べ変えて得られるどのような数列 $z_1, z_2, \cdots, z_n$ に対しても

$$\sum_{j=1}^{n}(x_j - y_j)^2 \leqq \sum_{j=1}^{n}(x_j - z_j)^2$$

が成り立つことを証明せよ. (87 東大・理科)

考え方 人生が長くなれば, いろいろ恥もかくし, やむを得ず不法行為に手を染めることもあるだろう. 50 年前に駿台模試を受けに行ったら会場が同志社女子大で, 女子トイレに入るしかなかったとか, 離婚 3 回で結婚 4 回とか, 電車賃が 50 円足りなかっときに, 自動券売機に 50 円取り残されていたとか, いろいろである. 東大の出題者にしてみれば, 言いがかりだ, 偶然の一致だと言い張るかもしれない. それは, 読者の皆さんに判断してもらうしかない. ただし, 東大の非難をしているわけではないから, 誤解なきよう願いたい. こんなこともあるんだね, アハハと, 笑い飛ばしていただきたい.

　問題を新作するというのは, なかなか大変なことである. アイデアが浮かばないとき, 写してしまえと, 東大教授の耳元で悪魔がささやいても, 不思議はない (東大教授：偶然の一致です).

Let x_i, y_i $(i = 1, 2, \cdots, n)$ be real numbers such that

$$x_1 \geqq x_2 \geqq \cdots \geqq x_n \text{ and } y_1 \geqq y_2 \geqq \cdots \geqq y_n.$$

Prove that, if $z_1, z_2, \cdots, z_n$ is any permutation of $y_1, y_2, \cdots, y_n$, then

$$\sum_{i=1}^{n}(x_i - y_i)^2 \leqq \sum_{i=1}^{n}(x_i - z_i)^2.$$

(1975 IMO)

IMO とは国際数学オリンピックである. IMO に, こんなに簡単な問題が出ていた時代があるというのは驚きである. 日本では, シグマは $\sum\limits_{k=1}^{n}$ にすることが多

い．原題の i を j に変えたのは「せめて，見かけだけでも変えなくては」という意識の表れであるが，k にしなかったのは，i の次は j だろという条件反射に違いない（東大教授：だから，パクリじゃないってば）．

なお「並べ変える」というのは「変わっていないもの」も含むのは，当然である．「変える，と書いてあるから変えないといけない」と言うのは子供である．数学的には「任意の順列を考える」ということである．任意を「解答者の好き勝手な」と誤解する未熟な生徒が多いから，誤解を避けるためには，「すべての順列を考えたとき，どの場合についても」と書くことになる．

▶解答◀ $x \leqq y$ のとき，y の方が x より大きいと呼ぶことにする．また，都合により，以下で，x_1 は x の添え字が1と表し，他も同様に表す．

$$S = \sum_{j=1}^{n} (x_j - z_j)^2 - \sum_{j=1}^{n} (x_j - y_j)^2$$

とおく．

$$\sum_{j=1}^{n} (x_j - z_j)^2 = \sum_{j=1}^{n} (x_j{}^2 + z_j{}^2 - 2x_j z_j)$$

$$= \sum_{j=1}^{n} x_j{}^2 + \sum_{j=1}^{n} z_j{}^2 - 2\sum_{j=1}^{n} x_j z_j$$

$y_1, y_2, \cdots, y_n$ を並べ変えたものが $z_1, z_2, \cdots, z_n$ であるから $\sum_{j=1}^{n} z_j{}^2 = \sum_{j=1}^{n} y_j{}^2$ である．

$$\sum_{j=1}^{n} (x_j - z_j)^2 = \sum_{j=1}^{n} x_j{}^2 + \sum_{j=1}^{n} y_j{}^2 - 2\sum_{j=1}^{n} x_j z_j$$

また，

$$\sum_{j=1}^{n} (x_j - y_j)^2 = \sum_{j=1}^{n} x_j{}^2 + \sum_{j=1}^{n} y_j{}^2 - 2\sum_{j=1}^{n} x_j y_j$$

であるから

$$S = 2\left(\sum_{j=1}^{n} x_j y_j - \sum_{j=1}^{n} x_j z_j \right)$$

さて，y_1, y_2, y_3 を並べ変えて y_2, y_1, y_3 になり，$z_1 = y_2, z_2 = y_1, z_3 = y_3$ になったとき，

$$x_1 z_1 + x_2 z_2 + x_3 z_3 = x_1 y_2 + x_2 y_1 + x_3 y_3$$

になる．このとき「$x_1 y_1$ がないが，$x_3 y_3$ はある」と，z に振ってある添え字でなく，x の添え字と，もとの y の添え字の組について記述する．たとえば $z_1 = y_2$ は z の添え字が1であるが，y の添え字が2である．

$a \geqq b$, $x \geqq y$ のとき,
$$ax + by - (ay + bx) = a(x - y) + b(y - x) = (a - b)(x - y) \geqq 0$$
により, $ax + by \geqq ay + bx$ である.

$\sum\limits_{j=1}^{n} x_j z_j$ において, z の表記を y の表記に戻したとき, $x_1 y_1$ がなく, $x_1 y_k$, $x_l y_1$ があるとする. このとき $x_1 \geqq x_l$, $y_1 \geqq y_k$ であるから
$$x_1 y_k + x_l y_1 \leqq x_1 y_1 + x_l y_k$$
である. つまり, $x_1 y_1$ があるように掛ける相手を交換した方が大きくなる. そのように掛ける相手を交換した後で, 残る項について, $x_2 y_2$ があるようにした方が大きくなる. これを繰り返し $x_1 y_1$, $x_2 y_2$, $\cdots$, $x_n y_n$ があるようにした方が大きく
$$\sum_{j=1}^{n} x_j z_j \leqq \sum_{j=1}^{n} x_j y_j$$
である. ゆえに $S \geqq 0$ であるから, 不等式は証明された.

23. n, k を，$1 \leqq k \leqq n$ を満たす整数とする．n 個の整数

$$2^m \quad (m = 0, 1, 2, \cdots, n-1)$$

から異なる k 個を選んでそれらの積をとる．k 個の整数の選び方すべてに対しこのように積をとることにより得られる $_nC_k$ 個の整数の和を $a_{n,k}$ とおく．例えば，

$$a_{4,3} = 2^0 \cdot 2^1 \cdot 2^2 + 2^0 \cdot 2^1 \cdot 2^3 + 2^0 \cdot 2^2 \cdot 2^3 + 2^1 \cdot 2^2 \cdot 2^3 = 120$$

である．

（1） 2 以上の整数 n に対し，$a_{n,2}$ を求めよ．

（2） 1 以上の整数 n に対し，x についての整式

$$f_n(x) = 1 + a_{n,1}x + a_{n,2}x^2 + \cdots + a_{n,n}x^n$$

を考える．$\dfrac{f_{n+1}(x)}{f_n(x)}$ と $\dfrac{f_{n+1}(x)}{f_n(2x)}$ を x についての整式として表せ．

（3） $\dfrac{a_{n+1,k+1}}{a_{n,k}}$ を n, k で表せ． （20　東大・共通）

考え方 本問を見て，二項係数の母関数

$$(a+b)^n = \sum_{k=0}^{n} {}_nC_k a^k b^{n-k}$$

$$(1+x)^n = \sum_{k=0}^{n} {}_nC_k x^k$$

と同系統だと閃いてほしいものである．

▶解答◀ （1） $(a+b+c+d)^2 = a^2+b^2+c^2+d^2+2S$

S は a, b, c, d から 2 つずつとった積の和で

$$S = ab+ac+ad+bc+bd+cd$$

である．このようにすると

$$(1+2+2^2+\cdots+2^{n-1})^2 = (1+4+4^2+\cdots+4^{n-1})+2a_{n,2}$$

$$\left(1 \cdot \frac{1-2^n}{1-2}\right)^2 = 1 \cdot \frac{1-4^n}{1-4} + 2a_{n,2}$$

$$(2^n-1)^2 = \frac{4^n-1}{3} + 2a_{n,2}$$

$$4^n - 2^{n+1} + 1 = \frac{1}{3} \cdot 4^n - \frac{1}{3} + 2a_{n,2}$$

$$a_{n,2} = \frac{1}{3} \cdot 4^n - 2^n + \frac{2}{3}$$

（2） $(1+ax)(1+bx)(1+cx)$

$$= 1+(a+b+c)x+(ab+bc+ca)x^2+abcx^3$$

であるから，同様の考え方により，

$$f_n(x) = (1+x)(1+2x)\cdots(1+2^{n-1}x)$$

$$f_{n+1}(x) = (1+x)(1+2x)\cdots(1+2^{n-1}x)(1+2^n x)$$

$$f_n(2x) = (1+2x)(1+4x)\cdots(1+2^n x)$$

であるから，$\dfrac{f_{n+1}(x)}{f_n(x)} = 1+2^n x$ ···①

$$\frac{f_{n+1}(x)}{f_n(2x)} = 1+x \ \cdots\cdots\cdots\cdots\cdots\cdots\cdots\cdots\cdots\cdots\cdots\cdots\cdots\cdots\text{②}$$

（3） ① より

$$1+a_{n+1,1}x+\cdots+a_{n+1,k+1}x^{k+1}+\cdots+a_{n+1,n+1}x^{n+1}$$

$$= (1+a_{n,1}x+\cdots+a_{n,k}x^k+a_{n,k+1}x^{k+1}+\cdots+a_{n,n}x^n)(1+2^n x)$$

の x^{k+1} の係数を比較して

$$a_{n+1,k+1} = a_{n,k+1}+2^n a_{n,k} \ \cdots\cdots\cdots\cdots\cdots\cdots\cdots\cdots\cdots\cdots\text{③}$$

② より

$$1+a_{n+1,1}x+\cdots+a_{n+1,k+1}x^{k+1}+\cdots+a_{n+1,n+1}x^{n+1}$$

$$= (1+2a_{n,1}x+\cdots+2^k a_{n,k}x^k$$

$$+2^{k+1}a_{n,k+1}x^{k+1}+\cdots+2^n a_{n,n}x^n)(1+x)$$

の x^{k+1} の係数を比較して

$$a_{n+1,k+1} = 2^{k+1}a_{n,k+1}+2^k a_{n,k} \ \cdots\cdots\cdots\cdots\cdots\cdots\cdots\cdots\text{④}$$

③, ④ より $a_{n,k+1}$ を消去する．③×2^{k+1}－④ より

$$(2^{k+1}-1)a_{n+1,k+1} = (2^n \cdot 2^{k+1}-2^k)a_{n,k}$$

$$\frac{a_{n+1,k+1}}{a_{n,k}} = \frac{2^k(2^{n+1}-1)}{2^{k+1}-1}$$

$$(a+b+c+d)^2 = a^2+b^2+c^2+d^2+2S$$

の利用は有名である．しかし，中には，知らない生徒もいる．教科書が，この展開を正式には扱っていないからである．その場合には，少しずつ書いていくしかない．$2^i \cdot 2^j$ を $i<j$ の形で書いていくのである．

$a_{n,2}$ は次の形になる．

$$2^0 \cdot 2^1 + 2^0 \cdot 2^2 + 2^0 \cdot 2^3 + 2^0 \cdot 2^4 + \cdots + 2^0 \cdot 2^{n-1}$$
$$+ 2^1 \cdot 2^2 + 2^1 \cdot 2^3 + 2^1 \cdot 2^4 + \cdots + 2^1 \cdot 2^{n-1}$$
$$+ 2^2 \cdot 2^3 + 2^2 \cdot 2^4 + \cdots + 2^2 \cdot 2^{n-1}$$
$$+ 2^3 \cdot 2^4 + \cdots + 2^3 \cdot 2^{n-1}$$
$$\cdots$$
$$+ 2^{n-2} \cdot 2^{n-1}$$

一番上の行（横の並び）を 0 行目，次の行を 1 行目，… とすると i 行目は

$$2^i(2^{i+1} + \cdots + 2^{n-1})$$

になる．$2^{i+1} + \cdots + 2^{n-1}$ の項数は $n-1-(i+1)+1 = n-i-1$ である．等比数列の和は 初項 $\cdot \dfrac{1-\text{公比}^{\text{項数}}}{1-\text{公比}}$ と覚えるのが伝統的な形である．あるいは，$\dfrac{(初め)-(終わり)(公比)}{1-公比}$ と覚えてもよい．後者を使うと項数を確認しなくてもよい．

$$2^i(2^{i+1} + \cdots + 2^{n-1}) = 2^i \cdot \frac{2^{i+1}-2^n}{1-2} = 2^i(2^n - 2^{i+1})$$
$$= 2^i \cdot 2^n - 2^{2i+1}$$

これを $i=0$ から $n-2$ でシグマする．2^{2i+1} は初項 2，公比 4 の等比数列をなすから（項数は $n-1$）

$$a_{n,2} = 2^0 \cdot \frac{1-2^{n-1}}{1-2} \cdot 2^n - 2 \cdot \frac{1-4^{n-1}}{1-4}$$
$$= 2^n(2^{n-1}-1) - \frac{2}{3}(4^{n-1}-1)$$
$$= \frac{4^n}{2} - 2^n - \frac{1}{6} \cdot 4^n + \frac{2}{3}$$
$$a_{n,2} = \frac{1}{3} \cdot 4^n - 2^n + \frac{2}{3}$$

なお，等比数列の和で，$\dfrac{初項(公比^{項数}-1)}{公比-1}$ と書いている教科書もあるが，私は使わない．理由は，数学 III では，収束する無限等比級数の和の公式は

$\dfrac{a}{1-r}$ になり，$1-r$ が自然だからである．私が高校生の頃は無論，今でも，上位進学校では，文系でも数学 III の微分までは教えている．それを理想とするなら，$\dfrac{\text{初項}\,(\text{公比}^{\text{項数}}-1)}{\text{公比}-1}$ を覚える意味がない（あくまでも，私の意見です）．「等比数列の和の計算で，符号ミスをする生徒がいるので避けるためです」という人がいるが，そんなところでミスをするレベルなら，どのみち，すぐに計算ミスをするだろう．私は突っ張るのである．

2° 【母関数のこと】

数列 $\{a_k\}$ に対して，

$$f(x) = a_0 + a_1 x + a_2 x^2 + \cdots + a_n x^n$$

または，場合によっては無限級数で表される関数

$$f(x) = a_0 + a_1 x + a_2 x^2 + \cdots + a_n x^n + \cdots$$

を数列 $\{a_k\}$ の母関数という．大学で出てくるものは大半は無限級数になる．

二項係数の場合，n は 1 つの定数として，$a_k = {}_nC_k$ とする．

$$a_0 = {}_nC_0,\ a_1 = {}_nC_1,\ a_2 = {}_nC_2,\ \cdots,\ a_n = {}_nC_n$$

とする．

$$a_0 + a_1 x + a_2 x^2 + \cdots + a_n x^n = (1+x)^n$$

となる．$(1+x)^n$ は数列 $\{a_k\}$ $(k = 0,\, 1,\, \cdots,\, n)$ の母関数である．

大学では，いろいろな母関数が出てくるが，残念なことに，高校では二項係数の母関数だけしか習わない．ポリアという，昔の有名な教授は「組合せ論入門（近代科学社，絶版）」という本の中で「$a_0,\, a_1,\, \cdots,\, a_n$ をすべて 1 つの関数にパッキングしている」と表現している．

$$(a+b)^n = \sum_{k=0}^{n} {}_nC_k a^k b^{n-k}$$

になる理由は，説明できるだろうか？

$(a+b)(a+b)(a+b)(a+b)$ を並べておいて，各括弧内から，a か b を取り出して積を作る．たとえば，各括弧の左から順に

$a,\, a,\, a,\, b$ と取れば $a^3 b$ ができる．

$a,\, a,\, b,\, a$ と取れば $a^3 b$ ができる．

$a,\, b,\, a,\, a$ と取れば $a^3 b$ ができる．

$b,\, a,\, a,\, a$ と取れば $a^3 b$ ができる．

$a^3 b$ は 4 個できる．このように，$(a+b)$ を n 個並べ，各括弧から a を k 個（他は b をとる）とれば $a^k b^{n-k}$ ができる．そして，それは ${}_nC_k$ 個できる．このことを理解していたら，本問で「あ，二項係数と同じだ」と気づくはずである．

3°【多項式環】

もしも，東大の問題文が生徒の答案で，学校の試験ならば
「$f_n(x) \neq 0$ のとき $\dfrac{f_{n+1}(x)}{f_n(x)} = 1 + 2^n x$，$f_n(x) = 0$ のとき $\dfrac{f_{n+1}(x)}{f_n(x)}$ は定義できない」と書きなさい，と減点を食らうかもしれない．

この場合，$f_n(x)$ は関数値を考えているわけではなく，単に式を考えており，大学の数学の，多項式環という立場をとっている．「多項式環では，これでいい．$f_n(x) \neq 0$ のときなんて安っぽいことは，意地でも書かないぞ」と，東大は突っ張るのである．入試問題を解くときには，出題者は絶対であり，多くの場合，答えがないというケースを想定しない．だから「$f_n(x) \neq 0$ のとき $\dfrac{f_{n+1}(x)}{f_n(x)} = 1 + 2^n x$，$f_n(x) = 0$ のとき $\dfrac{f_{n+1}(x)}{f_n(x)}$ は定義できない」とは書かないだろう．しかし「$f_n(x) \neq 0$，$f_n(x) = 0$ の場合分けをしなくていいのだろうか」と心配になった人も，一部にはいるだろう．東大は，その人達を突き放したままで，いいのだろうか？「それが気になる人は合格するに違いない．大学で説明する」という，メッセージなら，それはそれでよいとは思う．

次は類題である.

自然数 $1, 2, \cdots\cdots, n$ から k 個を取り出して積をつくり,取り方すべてについてのこの積を加えた和を $S(n, k)$ で表す.

$k > n$ のときには $S(n, k) = 0$ とする.たとえば

$$S(n, 1) = 1 + 2 + \cdots\cdots + n = \frac{1}{2}n(n+1)$$

$$S(4, 2) = 1 \cdot 2 + 1 \cdot 3 + 1 \cdot 4 + 2 \cdot 3 + 2 \cdot 4 + 3 \cdot 4 = 35$$

である.さらに数列 $a_1, a_2, \cdots\cdots$ を

$$a_n = S(n, 1) + S(n, 2) + \cdots\cdots + S(n, n)$$

により定義し,これを以下のように求める.

$n = 2, 3, \cdots\cdots$ にたいして

$$S(n, 1) = n + S(n-1, 1)$$

であり,$1 < k \leqq n$ にたいしては $S(n, k)$ を
$S(n-1, k-1)$ と $S(n-1, k)$ を用いて表すと

$$S(n, k) = \boxed{} + S(n-1, k)$$

である.これから,a_n を a_{n-1} で表す漸化式

$$a_n = \boxed{}, \quad n = 2, 3, \cdots\cdots$$

が得られる.これを $b_n = a_n + 1$ とおいて解くと
$a_n = b_n - 1 = \boxed{}$ となる.

(86 慶應大・理工)

考え方 漸化式をつくる場合,**最後の項に着目する**のは定石の1つである.本問の

$$S(n, k) = \boxed{} + S(n-1, k)$$

でも,n に注意し,n を使った積の部分と,そうでない部分に分けてみるとよい.たとえば,$S(4, 2)$ を並べかえ

$$S(4, 2) = 1 \cdot 2 + 1 \cdot 3 + 2 \cdot 3 + 4(1 + 2 + 3)$$

また

$$S(5, 3) = 1 \cdot 2 \cdot 3 + 1 \cdot 2 \cdot 4 + 1 \cdot 3 \cdot 4 + 2 \cdot 3 \cdot 4$$
$$+ 5(1 \cdot 2 + 1 \cdot 3 + 1 \cdot 4 + 2 \cdot 3 + 2 \cdot 4 + 3 \cdot 4)$$

とすれば分かるように

$$S(4, 2) = S(3, 2) + 4S(3, 1)$$

$$S(5, 3) = S(4, 3) + 5S(4, 2)$$

▶解答◀ $1 \sim n$ から k 個とる場合, n を使うものは $1 \sim n-1$ から $k-1$ 個とるもので, それらの和は $n \cdot S(n-1, k-1)$ であり, n を使わないものは $1 \sim n-1$ から k 個とるもので, それらの和は $S(n-1, k)$ であり,

$$S(n, k) = \boldsymbol{n \cdot S(n-1, k-1)} + S(n-1, k) \quad \cdots\cdots\cdots\cdots\cdots\cdots ①$$

である. $S(n, 1) = n + S(n-1, 1)$ であるから $S(n-1, 0) = 1$ とすると ① は $k = 1$ でも成り立つ. ① で k を $1, 2, \cdots\cdots, n$ とした式を辺ごとに加え, $S(n-1, n) = 0$ に注意すると

$$S(n, 1) + \cdots\cdots + S(n, n)$$
$$= n\{1 + S(n-1, 1) + \cdots\cdots + S(n-1, n-1)\}$$
$$\qquad + S(n-1, 1) + \cdots\cdots + S(n-1, n-1)$$

$$a_n = n(1 + a_{n-1}) + a_{n-1}$$
$$a_n = \boldsymbol{(n+1)a_{n-1} + n}$$
$$a_n + 1 = (n+1)(a_{n-1} + 1)$$
$$b_n = (n+1)b_{n-1} \quad (n \geq 2)$$

$a_1 = S(1, 1) = 1$ より, $b_1 = 2$ である.

$$b_n = (n+1)n(n-1)\cdots\cdots\cdot 3b_1 \quad (n \geq 2)$$
$$b_n = (n+1)! \quad (n \geq 2)$$

であり, $b_1 = 2$ より

$$b_n = (n+1)! \quad (n \geq 1)$$
$$a_n = b_n - 1 = \boldsymbol{(n+1)! - 1}$$

注意 次の等式が成り立つ. ただし, $S(n, 0) = 1$, $x^0 = 1$ とする.

$$(1+x)(1+2x)\cdots\cdots(1+nx) = \sum_{k=0}^{n} S(n, k)x^k$$

ここで $x = 1$ とすると

$$(n+1)! = S(n, 0) + S(n, 1) + \cdots\cdots + S(n, n)$$
$$a_n = (n+1)! - S(n, 0) = (n+1)! - 1$$

24. n は正の整数とする. x^{n+1} を $x^2 - x - 1$ で割った余りを $a_n x + b_n$ とおく.

（1） 数列 a_n, b_n, $n = 1, 2, 3, \cdots$, は

$$\begin{cases} a_{n+1} = a_n + b_n \\ b_{n+1} = a_n \end{cases}$$

を満たすことを示せ.

（2） $n = 1, 2, 3, \cdots$ に対して，a_n, b_n は共に正の整数で，互いに素であることを証明せよ.

(02　東大・共通)

考え方 （1）　多項式の割り算では $F(x)$ を $G(x)$ で割ったときの商を $H(x)$，余りを $R(x)$ とすると，

$$F(x) = G(x)H(x) + R(x)$$

と書ける. 今は

$$x^{n+1} = (x^2 - x - 1)f(x) + a_n x + b_n$$

の形で書く. 実は，この後が問題である. 多項式の割り算で，学校で，最初に学ぶのは「0 になるような x の値を代入する」という方法である. そのために $x = \dfrac{1 \pm \sqrt{5}}{2}$ を代入して a_n, b_n を具体的に求めてしまう人も結構いる. それでも，計算力さえあれば，それなりに解けるのであるが，右往左往する人も多い.

　　ここは，漸化式を作ることを目標にするのが定石である. 次数をあげて（x を掛けて）$x^2 - x - 1$ を括りだす. $a_{n+1} = a_n + b_n$, $b_{n+1} = a_n$ と a_n, b_n の関係を求めるのだから，これが一番の近道である.

　　大人は，簡単な問題だと思うが，意外に差がつく.

（2）　「a_n, b_n は互いに素」とは「共通な素数の約数をもたないこと」である.「互いに素」を「最大公約数が 1」と書くこともあるが，「互いに素」が関わる問題では，共通な素数の約数の 1 つをとって考察するのがポイントである. 最大公約数を設定すると，一般に合成数になり，素数よりも扱いにくい.

　　数学的帰納法を使って進むか，背理法を使って戻るか，方針の選択が問題である. 最初，背理法の解法を示し，最後に，進む帰納法について解説する.

▶解答◀ （1）　x^{n+1} を $x^2 - x - 1$ で割ったときの商を $f(x)$ とおく.

$$x^{n+1} = (x^2 - x - 1)f(x) + a_n x + b_n$$

x を掛けて

$$x^{n+2} = (x^2 - x - 1)xf(x) + a_n x^2 + b_n x$$

この x^2 を $x^2 - x - 1$ に変えることを考える.

$$x^{n+2} = (x^2 - x - 1)xf(x) + a_n\{(x^2 - x - 1) + x + 1\} + b_n x$$
$$= (x^2 - x - 1)xf(x) + a_n(x^2 - x - 1) + a_n(x + 1) + b_n x$$
$$= (x^2 - x - 1)\{xf(x) + a_n\} + (a_n + b_n)x + a_n$$

よって

$$a_{n+1} = a_n + b_n, \quad b_{n+1} = a_n$$

（2） $n = 1$ のとき

$$x^2 = (x^2 - x - 1)\cdot 1 + x + 1$$

だから $a_1 = 1$, $b_1 = 1$ であり，これらはいずれも正の整数である.

a_k, b_k が正の整数であれば $a_{k+1} = a_k + b_k$, $b_{k+1} = a_k$ も正の整数になるから，数学的帰納法により a_n, b_n は常に正の整数である.

あるきに対して，a_{k+1} と b_{k+1} が互いに素でないと仮定する. a_{k+1} と b_{k+1} の共通な素数の約数の 1 つを p とする. a_{k+1} と b_{k+1} は p の倍数である.

$$a_{k+1} = a_k + b_k, \quad b_{k+1} = a_k$$

これを a_k, b_k について解くと

$$a_k = b_{k+1}, \quad b_k = a_{k+1} - b_{k+1}$$

となり，この右辺は共に p の倍数になるから，a_k と b_k が共に p の倍数となる. これを繰り返すと，

a_{k-1} と b_{k-1} も共に p の倍数，…，a_1 と b_1 も共に p の倍数となるが，$a_1 = 1$, $b_1 = 1$ は素数の倍数ではないので矛盾する. ゆえに a_n, b_n は常に互いに素である.

注意 1°【繰り返してという言葉を避ける】

上の解答で「a_{k+1} と b_{k+1} が共に p の倍数 → a_k と b_k が共に p の倍数 → a_{k-1} と b_{k-1} が共に p の倍数 → …… → a_1 と b_1 が共に p の倍数」と繰り返しているのが気になる人もいるだろう. この書き方が許されるなら，数学的帰納法などという言葉は不要で「これを繰り返して，ずっと○○が成り立つ」と書けば良いからである.

実は，この繰り返しを避ける方法がある.「初めてそれが起こる」という言葉を入れれば良い. これはテクニックではなく，数学的帰納法の原点ともいえる手法である.

◆別解◆ （2） $a_1 = 1$ と $b_1 = 1$ は互いに素である.

ある k に対して a_{k+1} と b_{k+1} が初めて互いに素でなくなったと仮定する. すなわち, a_1 と b_1 が互いに素, ……, a_k と b_k が互いに素で, a_{k+1} と b_{k+1} が互いに素でない. a_{k+1} と b_{k+1} の共通な素数の約数の 1 つを p とする.

$$a_{k+1} = a_k + b_k, \quad b_{k+1} = a_k$$

これを a_k, b_k について解くと

$$a_k = b_{k+1}, \quad b_k = a_{k+1} - b_{k+1}$$

この右辺はともに p の倍数になるから, a_k と b_k が互いに素であることに反する. よって a_n, b_n は常に互いに素である.

注意 2°【背理法による帰納法】

　私は数学的帰納法を初めて見たとき, 奇妙な感じを覚えた. 学校教育は, 反復練習によって帰納法に対する違和感を取り去ろうとするが, 解答の書き方には慣れても, 私は, 心の違和感そのものをぬぐい去ることはできなかった. それは私だけのことではなさそうである. 帰納法は分かりにくいという批判がある.

　学校教育では「$n = k$ のとき成り立つとすると」の k が「ある k」なのか「任意の k」なのかには全く触れない. 結局は『「ある k について $n = k$ のとき成り立つとすると $n = k + 1$ でも成り立つ」ということが任意の k で成り立つ』のであり, 証明の主要部分では k を定数として扱う. 背理法を用いて書くと「ある」と「任意」が明確になる.

　正の整数 a と b が互いに素であるとき, 正の整数からなる数列 $\{x_n\}$ を

$$x_1 = x_2 = 1, \quad x_{n+1} = ax_n + bx_{n-1} \ (n \geqq 2)$$

で定める. このとき, すべての正の整数 n に対して x_{n+1} と x_n が互いに素であることを証明せよ.　　　　　　　　　　　　　　　　（04　名大・理系）

考え方　「初めて起こる」に着目し, 背理法を利用した数学的帰納法の有効な例を示す. なお, 1 は素数の約数をもたないので 1 は誰とでも互いに素である.

▶解答◀　$x_1 = 1$ と $x_2 = 1$ は互いに素である.

$x_2 = 1$ と $x_3 = ax_2 + bx_1 = a + b$ は互いに素である.

背理法を利用する. ある n で初めて x_{n+1} と x_n が互いに素でなくなったと仮定する. つまり x_1 と x_2 は互いに素, x_2 と x_3 は互いに素, ……, x_{n-1} と x_n は互いに素だが, x_n と x_{n+1} が共通な素数の約数を持ったとする. その素数を p とす

る．また，n は 3 以上である．素数の約数を持つとすれば x_3 以後だからである．

$$x_{n+1} = ax_n + bx_{n-1}$$

であり，x_{n+1} と x_n が p の倍数である．これらを左辺に集め

$$x_{n+1} - ax_n = bx_{n-1}$$

の左辺は p の倍数だから右辺の bx_{n-1} も p の倍数である．ところが x_{n-1} は p の倍数でない（x_n と x_{n-1} は互いに素で x_n は p の倍数だから）ために，b が p の倍数である．

ここで，まだ条件の「a と b が互いに素」を使っていない．これを使うためには，もう 1 回漸化式を下げないといけない．そこで

$$x_n = ax_{n-1} + bx_{n-2}$$

を作る．$n \geqq 3$ だから $n-2 \geqq 1$ であり，問題ない．x_n と b は p の倍数である．これを左辺に集め

$$x_n - bx_{n-2} = ax_{n-1}$$

の左辺は p の倍数だから右辺の ax_{n-1} も p の倍数であり，x_{n-1} は p の倍数でないから a が p の倍数になる．

つまり a と b がともに p の倍数となり，互いに素であることに矛盾するからこのような n は存在しない．よって x_{n+1} と x_n は常に互いに素である．

注意 3°【進む帰納法】

本問（東大の問題）からページが離れてしまった．解答では a_{k+1}, b_{k+1} から a_1, b_1 まで戻る（添え字が小さくなる）形式で書いたが，進む（添え字が大きくなる）帰納法で書く．

正の整数 a, b について『a と b が互いに素なとき $a+b$ と a も互いに素』というのは基本的な事実である．互いに素というのは，1 のように素因数自体をもたないか，素因数をもっても，共通な素因数がないことである．$a=1$ ならば $1+b$ と 1 は互いに素である．a が 2 以上ならば a がもっている素因数の 1 つを p とすると，$a = pa'$ （a' は正の整数）とおける．もし，b が p をもっていれば，$b = pb'$ （b' は正の整数）とおけて $a+b = pa' + pb' = p(a'+b')$ と p を括り出せるが，a と b が互いに素なとき，b は p をもっていないから，$a+b = pa' + b$ では $p(a'+b')$ のように p を括り出すことはできない．だから『』が成り立つ．

別解 （2） 正の整数 a, b について，a と b が互いに素なとき $a+b$ と a も互いに素というのは基本的な事実であるからこれを用いる．

$a_1 = 1$, $b_1 = 1$ であり，これらは互いに素な正の整数である．a_k と b_k が互いに素な正の整数であれば $a_k + b_k$ と a_k も互いに素な正の整数であるから，$a_{k+1} = a_k + b_k$ と $b_{k+1} = a_k$ も互いに素な正の整数である．よって数学的帰納法により a_n, b_n は常に互いに素な正の整数である．

注意 4°【生徒に書かせると意外に間違いやすい】

最後に，生徒が実際にやって「外したこと」を書いておく．

n のときと $n+1$ のときを等式で書いて，

$$x^{n+1} = (x^2 - x - 1)f(x) + a_n x + b_n \quad \cdots\cdots\cdots\cdots\cdots\text{①}$$

$$x^{n+2} = (x^2 - x - 1)f(x) + a_{n+1} x + b_{n+1} \quad \cdots\cdots\cdots\cdots\text{②}$$

を並べて ②−① とした生徒がいた．

どんな問題でも「なんとなく引く」という変形をする人は多い．目的もなく式をいじってはいけない．同じ引くのでも，せめて，①×x−② として「左辺を消去する」はしないと正解には達しない．それから，① と ② で同じ $f(x)$ を使ってはいけない．n が変われば商も変わる．

え？この後どうやるのかって？

$$x^{n+2} = (x^2 - x - 1)g(x) + a_{n+1} x + b_{n+1} \quad \cdots\cdots\cdots\cdots\text{③}$$

として，①×x−③ より

$$(x^2 - x - 1)x f(x) + a_n x^2 + b_n x$$

$$-(x^2 - x - 1)g(x) - a_{n+1} x - b_{n+1} = 0$$

この x に $x^2 - x - 1 = 0$ の解 $x = \dfrac{1 + \sqrt{5}}{2}$ を代入するのであるが，一旦，$x^2 = x + 1$ を代入し

$$a_n(x+1) + b_n x - a_{n+1} x - b_{n+1} = 0$$

$$(a_n + b_n - a_{n+1})x + a_n - b_{n+1} = 0$$

としてから

$$(a_n + b_n - a_{n+1})\frac{1 + \sqrt{5}}{2} + a_n - b_{n+1} = 0$$

とする．整数係数の多項式を整数係数の多項式で割ると係数は有理数係数になる（実際には $x^2 - x - 1$ は最高次の係数が 1 だから整数係数になる）から，a_n, b_n は有理数である．よって

$$a_n + b_n - a_{n+1} = 0, \quad a_n - b_{n+1} = 0$$

5°【求めてしまう】

$$x^{n+1} = (x^2 - x - 1)f(x) + a_n x + b_n$$

に $x = \dfrac{1 \pm \sqrt{5}}{2}$ を代入すると a_n, b_n を求めることができる。このあと具体的にすると嵩張るから $\alpha = \dfrac{1 + \sqrt{5}}{2}$, $\beta = \dfrac{1 - \sqrt{5}}{2}$ とおく。

$$\alpha^2 - \alpha - 1 = 0, \ \beta^2 - \beta - 1 = 0$$

が成り立つから

$$\alpha^{n+1} = a_n \alpha + b_n \ \cdots\cdots\cdots\cdots\cdots\cdots\cdots\cdots\cdots\cdots\cdots\cdots\cdots ④$$

$$\beta^{n+1} = a_n \beta + b_n \ \cdots\cdots\cdots\cdots\cdots\cdots\cdots\cdots\cdots\cdots\cdots\cdots\cdots ⑤$$

が成り立つ。④ − ⑤ より

$$a_n = \frac{\alpha^{n+1} - \beta^{n+1}}{\alpha - \beta} \ \cdots\cdots\cdots\cdots\cdots\cdots\cdots\cdots\cdots\cdots ⑥$$

⑤ × α − ④ × β より

$$b_n = \frac{\alpha \beta^{n+1} - \beta \alpha^{n+1}}{\alpha - \beta}$$

$\alpha \beta = -1$ が成り立つから

$$b_n = \frac{\alpha^n - \beta^n}{\alpha - \beta} \ \cdots\cdots\cdots\cdots\cdots\cdots\cdots\cdots\cdots\cdots\cdots ⑦$$

⑥, ⑦ より $b_{n+1} = a_n$ である。また

$$a_n + b_n = \frac{\alpha^n(\alpha + 1) - \beta^n(\beta + 1)}{\alpha - \beta}$$

$\alpha + 1 = \alpha^2$, $\beta + 1 = \beta^2$ が成り立つから

$$a_n + b_n = \frac{\alpha^n \alpha^2 - \beta^n \beta^2}{\alpha - \beta} = \frac{\alpha^{n+2} - \beta^{n+2}}{\alpha - \beta} = a_{n+1}$$

6° 【漸化式を解こうとする人達】

一方で（解答の方針で漸化式を導いた場合）連立漸化式

$$a_{n+1} = a_n + b_n, \ b_{n+1} = a_n$$

を解こうとする人達もいる。整数問題と漸化式の融合問題では，a_n, b_n を n で具体的に表してから論証するのは，一般的ではない（極めて稀には，そのタイプもある）。

25. 数列 $\{a_n\}$ において，$a_1 = 1$ であり，$n \geqq 2$ に対して a_n は次の条件（1），（2）を満たす自然数のうちで最小のものである．

（1）　a_n は，$a_1, \cdots\cdots, a_{n-1}$ のどの項とも異なる．

（2）　$a_1, \cdots\cdots, a_{n-1}$ のうちから重複なくどのように項を取り出しても，それらの和が a_n に等しくなることはない．

　このとき，a_n を n で表し，その理由を述べよ．　　　　　（83　東大・理科）

【考え方】　最初に幾つか，求めてみる．容易に a_n が予想できるだろう．それを帰納法で証明するが，問題は，$a_1 \sim a_k$ を使った和が，数を連続して埋め尽くしていくということを，どう証明するかである．

　表題に「2 進法の活用」と入れたが，生徒に解いてもらうと，2 進法を使える人は，ほとんどいないから，最初は 2 進法を使わない解法を示す．この場合は $n = k$ を仮定する普通の帰納法でできる．2 進法を使う場合は人生帰納法（$n = 1, \cdots, n = k$ を仮定するタイプ）になるため，あまり練習していないだろう．人生帰納法は，一年に 1 題くらいしか出題されない．たとえば 2019 年は聖マリアンナ医大に 1 題あるだけである．

　なお，$n = k$（昨日）を仮定して $n = k + 1$（今日）を示すのは昨日法（きのうほう），$n = k - 1$（一昨日）と $n = k$（昨日）を仮定して $n = k + 1$（今日）を示すのは，一昨日昨日法（おとといきのうほう），昨日までのすべての日々を仮定して今日を示すタイプは人生帰納法という名前で知られている．単なるオヤジギャグである．数理論理学では $n = 1, \cdots, n = k$ を仮定して $n = k + 1$ を示すタイプは完全帰納法という名前で知られている．

　2 進法を使わない場合は「数を連続して埋め尽くしていくこと」を「証明する事項」に入れ込んでしまえばよい．

▶解答◀　a_2 は，$a_1 = 1$ と異なる最小の自然数であるから，$a_2 = 2$ である．

　a_3 は，$a_1 = 1, a_2 = 2, a_1 + a_2 = 3$ のいずれとも異なる最小の自然数であるから，$a_3 = 4$ である．

　a_4 は

$$a_1 = 1, a_2 = 2, a_3 = 4,$$

$$a_1 + a_2 = 3, a_1 + a_3 = 5, a_2 + a_3 = 6,$$

$$a_1 + a_2 + a_3 = 7$$

のいずれとも異なる最小の自然数であるから，$a_4 = 8$ である．

$a_n = 2^{n-1}$ と予想できる.

「$a_n = 2^{n-1}$ であり,$a_1, \cdots\cdots, a_n$ から各項を高々1回取り出して作った和の取る値は1以上 $2^n - 1$ 以下のすべての自然数である」$\cdots\cdots\cdots\cdots\cdots\cdots\cdots\cdots\cdots$①
を証明する.なお,1個だけでも「和」と表すことにする.

$n = 1$ のときは成り立つ.

$n = k$ で成り立つとする.$a_k = 2^{k-1}$ であり,$a_1 \sim a_k$ から各項を高々1回取り出して作った和の取る値は1以上 $2^k - 1$ 以下のすべての自然数である.

すると a_{k+1} は1以上 $2^k - 1$ 以下のすべての自然数より大きな最小の自然数であり,それは 2^k である.よって $a_{k+1} = 2^k$ である.次に,$a_1 \sim a_{k+1}$ から各項を高々1回取り出して作った和の取る値は1以上 $2^{k+1} - 1$ 以下のすべての自然数であることを示す.

$a_1, \cdots\cdots, a_k, a_{k+1}$ から各項を高々1回取り出して作った和のとる値は,a_{k+1} を使わないものが1以上 $2^k - 1$ 以下のすべての自然数であり,a_{k+1} 単独で 2^k になり,$a_{k+1} = 2^k$ と他の数を使って,$2^k + 1$ から $2^k + (2^k - 1) = 2^{k+1} - 1$ のすべての自然数をとる.

よって①は $n = k + 1$ でも成り立つから,数学的帰納法により証明された.
$a_n = \mathbf{2^{n-1}}$ である.

出題者は2進法を考えて問題を作成したのであろう.1983年は,まだ2進法が一般的ではなく,いわばマニアの解法であった.その時代に2進法を活用し洒落た問題にしたのは,先進的である.生徒に2進法の解法を示すと,多くは「出題者が2進法と,問題文に明示的に書いてないときに,自分で2進法を持ち出した経験が少ないから使いにくい」と言う.経験が,全くないという訳ではない.教科書傍用問題集によっては「$1, 2, 2^2, \cdots, 2^n$ グラムの重りがあって,これを用いて正の整数値の重さを量るとき,何種類の重さを量ることができるか?」という問題があり,多くはその経験がある.1題やそこら解いても,2進法が身近にないのである.後は,自分の仕事だ.自分で,2進法に触れる機会を作ればよいのである.

高校時代の筆者は,一時期,13進法の九九の表を作って,しょっちゅう,13進法の掛け算や割り算をやっていた.たとえば,10進法での 10, 11, 12 を13進法で J, Q, K と表して,$JQK_{(13)} \times 87_{(13)}$ とか,$JQK_{(13)} \div 89_{(13)}$ とかを,13進法のままやるのである.変態である.なぜそんなことをしていたか?受験雑誌「大学への数学」の増刊号で読み,面白そうだったからである.こういうことをやっていれば,2進法なんて,朝飯前である.生徒にやらせると,結構,愉しんでやってくれる.割り算では,圧倒的に私の速度が遅く,全敗であった.

「2進法なんて使えません」というのは，自分が使えなくしているだけである．よく「2進法は10進法に直して計算すればよい」と教える人がいるが，そんなイヤイヤやるならやめちまえ．

少し，実例で説明しよう．

$a_1 = 1$, $a_2 = 2$, $a_3 = 4$ であることが分かったとしよう．これを2進表示する．

$$a_1 = 1_{(2)}$$
$$a_2 = 10_{(2)}$$
$$a_3 = 100_{(2)}$$
$$a_2 + a_1 = 11_{(2)}$$
$$a_3 + a_1 = 101_{(2)}$$
$$a_3 + a_2 = 110_{(2)}$$
$$a_3 + a_2 + a_1 = 111_{(2)}$$

$a_1 = 1$, $a_2 = 2$, $a_3 = 4$ から高々1回ずつ取り出した和は，1以上7以下のすべての自然数を，1つの値も抜けることなく，表す．これらと異なる最小の自然数は8であり，$a_4 = 8$ である．

◆別解◆　$a_n = 2^{n-1}$ である．$n = 1$ のとき成り立つ．

$n \leqq k$ で成り立つとする．

$$a_1 = 1, \cdots\cdots, a_k = 2^{k-1}$$

$a_1 = 1$ から $a_k = 2^{k-1}$ までのすべての和で表される値を N とする．N を2進法で表すと，これは1が k 個並んだ自然数になる．

$$N = a_1 + a_2 + \cdots + a_k = 111\cdots1_{(2)}$$

a_j を取らないときには，下から j 桁目が0になる．$a_1, \cdots\cdots, a_k$ から重複なく取り出した和の取りうる値は1から N までのすべての自然数である．

$$N = 111\cdots1_{(2)} = 1000\cdots0_{(2)} - 1 = 2^k - 1$$

（$1000\cdots0_{(2)}$ は1のあと，0が k 個並んだ数を表す）であるから，$a_{k+1} = 2^k$ である．$n = k + 1$ でも成り立つ．

数学的帰納法により証明された．

2進法が使いにくいのは，ポケットの中で2進法を握っていないからである．私は，高校のとき，問題を書いた小さな紙を何枚かポケットに入れ，歩き出すときには，そのうちの1枚の問題を読んで，頭の中で解きながら歩いていた．常に数学と一緒にいた．

「ポケットの中で2進法を握る」とは，もちろん，比喩である．常に「2進法を使ったらどうなるか？」と考えるということである．練習をしよう．

《2進法の活用》

N を2以上の自然数とし，a_n $(n = 1, 2, \cdots)$ を次の性質（ⅰ），（ⅱ）をみたす数列とする．

（ⅰ） $a_1 = 2^N - 3$

（ⅱ） $n = 1, 2, \cdots$ に対して，a_n が偶数のとき $a_{n+1} = \dfrac{a_n}{2}$，a_n が奇数のとき $a_{n+1} = \dfrac{a_n - 1}{2}$．

このときどのような自然数 M に対しても，

$$\sum_{n=1}^{M} a_n \leqq 2^{N+1} - N - 5$$

が成り立つことを示せ． (13 京大・理系)

▶解答◀ 2進法で考える．以下，下から1桁目を1位，下から2桁目を2位，…，ということにする．たとえば $1101_{(2)}$ では1位は1，2位は0，3位と4位は1である．

$a_1 + 2 = 2^N - 1$ である．$a_1 + 2 = 2^N - 1$ を2進表示すると1が N 個並ぶ数である．以下は $N = 6$ として，点点（…のこと）を使わないで書いてみる．$N = 6$ で書いているが，一般だと思って読め．

$$a_1 + 2 = 2^N - 1 = 111111_{(2)}$$

この各辺から2を引くと2位の1が消える．

$$a_1 = 111101_{(2)}$$

となる．なお，まず，0の上位に1がある場合を考えるから，$N \geqq 3$ のときを考える．（ⅱ）の規則は，

a_n が偶数（2進表示された1位が0）のとき2で割るから，2進表示された1位を消す（当然，桁は1つ減る），

a_n が奇数（2進表示された1位が1）のとき1を引いて2で割るから，2進表示された1位を消す（桁は1つ減る）

ことを示している．すなわち，a_n が偶数でも奇数でも，2 進表示された 1 位を消しゴムで消して桁を 1 つ減らすことを意味している．

$$a_2 = 11110_{(2)}$$

$$a_3 = 1111_{(2)}$$

$$a_4 = 111_{(2)}$$

$$a_5 = 11_{(2)}$$

$$a_6 = 1_{(2)}$$

$$a_7 = 0$$

今は $N = 6$ で書いているが，一般には $a_{N+1} = 0$ となる．一旦 0 になったら，これ以後も 0 である．さて，これから和をとる．$a_1 + 3 = 2^N$ は $N + 1$ 位が 1，それより下は 0 の数である．

$$a_1 + 3 = 1000000_{(2)}$$

今は 0 が 6 個並んでいる．

$a_2 + 1 = 11111_{(2)}$ は 1 が $N - 1$ 個並ぶ数である．さらに 1 を加えると 1 の下に 0 が $N - 1$ 個並ぶ数になる．

$$a_2 + 2 = 100000_{(2)}$$

a_3 は 1 が $N - 2$ 個並ぶ数で，$a_3 + 1$ は 1 の後に 0 が $N - 2$ 個並ぶ数である．

$$a_3 + 1 = 10000_{(2)}$$

$$a_4 + 1 = 1000_{(2)}$$

$$a_5 + 1 = 100_{(2)}$$

$$a_6 + 1 = 10_{(2)}$$

$$a_7 + 1 = 1_{(2)}$$

一般には

$$a_{N+1} + 1 = 1_{(2)}$$

である．$a_1 + 3$ と $a_2 + 2$ だけ 3，2 を加えたが，他は $a_n + 1$ の形である．これらを加えると

$$\sum_{n=1}^{N+1} a_n + 2 + 1 + (N+1) = 1111111_{(2)}$$

となる．一般には 1 が $N + 1$ 個並ぶ数になる．

$$\sum_{n=1}^{N+1} a_n + 2 + 1 + (N+1) = 2^{N+1} - 1$$

$$\sum_{n=1}^{N+1} a_n = 2^{N+1} - N - 5$$

これが $\sum_{n=1}^{M} a_n$ で，M を動かしたときの最大値である．よって問題の不等式は成り立つ．

$N = 2$ のときは $a_1 = 1$ で $2^{N+1} - N - 5 = 2^3 - 2 - 5 = 1$ であるから問題の不等式は成り立つ．

《2進法の活用》

負でない整数 N が与えられたとき,

$$a_1 = N, \quad a_{n+1} = \left[\frac{a_n}{2}\right] \quad (n = 1, 2, 3, \cdots)$$

として数列 $\{a_n\}$ を定める. ただし $[a]$ は, 実数 a の整数部分 ($k \leqq a < k+1$ となる整数 k) を表す.

（1） $a_3 = 1$ となるような N をすべて求めよ.

（2） $0 \leqq N < 2^{10}$ をみたす整数 N のうちで, N から定まる数列 $\{a_n\}$ のある項が 2 となるようなものはいくつあるか.

（3） 0 から $2^{100} - 1$ までの 2^{100} 個の整数から等しい確率で N を選び, 数列 $\{a_n\}$ を定める. 次の条件 （∗） をみたす最小の正の整数 m を求めよ.

（∗） 数列 $\{a_n\}$ のある項が m となる確率が $\dfrac{1}{100}$ 以下となる.

(14　名古屋大・理系)

考え方　b_k, c_k はいずれも 0 または 1 とする. 実数 x を

$$x = \cdots + b_2 \cdot 2^2 + b_1 \cdot 2 + b_0 + \frac{c_1}{2} + \frac{c_2}{2^2} + \frac{c_3}{2^3} + \cdots$$

$$x = \cdots b_2 b_1 b_0 . c_1 c_2 c_3 \cdots$$

の形に表すとき, x を2進表示するという.

$a_n = \cdots b_2 b_1 b_0$ のとき, a_{n+1} は

$$a_{n+1} = \left[\frac{a_n}{2}\right] = [\cdots b_2 b_1 . b_0] = \cdots b_2 b_1$$

のように, a_n の下一桁を削除して, 桁を少なくしたものになる.

▶解答◀　2進法で考えると, a_{n+1} は a_n の下1桁を削除し, 桁を1つ繰り下げたものである.

（1）　$a_3 = 1$ となるのは, $N = (1\square\square)_{(2)}$ のときである. ただし, $\square$ には 0 か 1 が入る.

　よって, $N = \mathbf{4, 5, 6, 7}$ である.

（2）　$0 \leqq N < 2^{10}$ より, $a_n = 2$ となりうるのは

$$N = (10\underbrace{\square\square\cdots\square}_{0\sim8\text{桁}})_{(2)}$$

のときで, N の個数は

$$1 + 2 + 2^2 + \cdots + 2^8 = 2^9 - 1 = \mathbf{511}$$

（3）　m を2進法で表したときの桁数を x とする.

$0 \leqq N < 2^{100}$ より，$a_n = m$ となりうるのは

$$N = (\underbrace{(m \text{ の 2 進法表示}) \underbrace{\square\square\cdots\square}_{0\sim100-x\ \text{桁}})}_{(2)}$$

のときで，N の個数は

$$1 + 2 + 2^2 + \cdots + 2^{100-x} = 2^{101-x} - 1$$

である．よって題意の確率は

$$\frac{2^{101-x} - 1}{2^{100}} \leqq \frac{1}{100}$$

$$2^{101-x} - 1 \leqq \frac{2^{100}}{100} \quad \cdots\cdots\cdots\cdots\cdots\cdots\cdots\cdots\cdots\cdots\cdots\cdots\cdots\cdots①$$

ここで $2^6 < 100 < 2^7$ であるから

$$\frac{2^{100}}{2^7} < \frac{2^{100}}{100} < \frac{2^{100}}{2^6}$$

$$2^{93} < \frac{2^{100}}{100} < 2^{94} \quad \cdots\cdots\cdots\cdots\cdots\cdots\cdots\cdots\cdots\cdots\cdots\cdots②$$

$101 - x \leqq 93$ のとき，② より

$$2^{101-x} - 1 < 2^{101-x} \leqq 2^{93} < \frac{2^{100}}{100}$$

であるから ① が成り立つ．

$\quad 101 - x \geqq 94$ のとき

$$2^{94} < 2^{101-x} - 1$$

とできたらよいのであるが，残念ながらできない．そのため，$2^6 < 100$ を少し改良する．

$$2^6\sqrt{2} = 64 \cdot 1.414\cdots < 64 \cdot 1.5 = 96 < 100$$

であるから ② の左の不等式はそのままで，右の不等式を

$$\frac{2^{100}}{100} < \frac{2^{100}}{2^{6.5}} = 2^{93.5}$$

とする．$94 \leqq 101 - x$ のとき

$$\frac{2^{100}}{100} < 2^{93.5} < 2^{94} - 1 \leqq 2^{101-x} - 1$$

となり，① にならない．

$\quad$ なお，$2^{93.5} < 2^{94} - 1$ の確認は $1 < 2^{94} - 2^{93.5} = 2^{93.5}(\sqrt{2} - 1)$ を確認すればよいが

$$2^{93.5}(\sqrt{2} - 1) > 4(\sqrt{2} - 1) > 4 \cdot 0.4 > 1$$

と確認できる．よって ① になる条件は $101 - x \leqq 93$, すなわち $x \geqq 8$ である．最小の正の整数 m は 2 進表示して 8 桁の最小数であり，$m = 2^7 = \mathbf{128}$

注意 【概算】

−1 のせいで，2 進法を使っても，かなり面倒な議論になった．実戦的には −1 を無視して

$$2^{101-x} \leqq \frac{2^{100}}{100}$$

$$2^{93} < \frac{2^{100}}{100} < 2^{94}$$

から $2^{101-x} \leqq 2^{93}$ として $101 - x \leqq 93$ とすれば，そこそこの点数が貰えるだろう．

26. 点 (x, y) が，原点を中心とする半径 1 の円の内部を動くとき，
点 $(x+y, xy)$ の動く範囲を図示せよ． (54　東大)

考え方　1954 年とは，執筆時点（2019 年）の 65 年前，私がまだ一歳にもなら
ない頃である．いまだに多くの大学に類題が出題されており，2019 年には大阪
大・理系にある．ヒット作の多い東大の中でも，群を抜いて長寿なヒット作であ
る．実は 1953 年以前の他大学では，判別式を誘導するヒントつきで出題されて
おり，当時の流行であった．突然東大に出題されたわけではない．「ノーヒント
で出題した」ということが大きい．本問を「元祖」と呼ぶことにする．

以下，原理から，丁寧に説明する．「知っているよ」という人は適宜読み飛ば
してほしい．

▶解答◀　【文字消去という原始的な解（以下「原始的な解」という）】

$X = x+y, Y = xy$ とおく．(x, y) が $x^2 + y^2 < 1$ を満たして動くとき，
(X, Y) が動く領域を求めるのである．極端な言い方をすれば，x, y を消去すれ
ばよい．**消去するときには，消したい文字について解いて代入する**．それが，必
要十分な消去の方法である．

$X = x+y, Y = xy$ から x, y について解こう．解と係数の関係を使う解法は
後に書くが，今は，もっと原始的に，文字消去で解く．

$y = X - x$ を $Y = xy$ に代入し，

$$Y = x(X - x)$$
$$x^2 - Xx + Y = 0$$
$$x = \frac{X \pm \sqrt{X^2 - 4Y}}{2}$$

以下，複号同順とする．

$$y = X - x = X - \frac{X \pm \sqrt{X^2 - 4Y}}{2} = \frac{X \mp \sqrt{X^2 - 4Y}}{2}$$

となる．したがって

$$x = \frac{X \pm \sqrt{X^2 - 4Y}}{2}, y = \frac{X \mp \sqrt{X^2 - 4Y}}{2}$$

となる．

この x, y が実数（根号内が 0 以上）でかつ，$x^2 + y^2 < 1$ を満たすために，X, Y
が満たす条件は，

$X^2 - 4Y \geqq 0$ かつ

$$\left(\frac{X \pm \sqrt{X^2 - 4Y}}{2} \right)^2 + \left(\frac{X \mp \sqrt{X^2 - 4Y}}{2} \right)^2 < 1$$

である．複号同順だから，結局

$$\left(\frac{X + \sqrt{X^2 - 4Y}}{2} \right)^2 + \left(\frac{X - \sqrt{X^2 - 4Y}}{2} \right)^2 < 1$$

となり，これを展開すると

$$\frac{X^2 + X^2 - 4Y + 2X\sqrt{X^2 - 4Y}}{4} + \frac{X^2 + X^2 - 4Y - 2X\sqrt{X^2 - 4Y}}{4} < 1$$
$$X^2 - 2Y < 1$$

となる．よって X, Y が満たす必要十分条件は

$X^2 - 4Y \geqq 0$ かつ $X^2 - 2Y < 1$

である．これを図示すると答えの領域が得られる．図は後に示す．

　「こんな変な解法はおかしい！」と感じる人も多いことだろう．日本の学校教育では，根号を入れた計算を極力避けるからである．また，基本対称式，$x + y, xy$ を上手く扱うことがよいとされているのに，それを行わないからである．

　本書は，受験生だけでなく，大人も想定している．数学セミナーという大人向けの数学雑誌がある．そこに「エレガントな解答を求む」というコーナーがあり，私は，出題担当をしていたことがある．受験雑誌「大学への数学」の「宿題」と同じで，読者が解答を送ってくる．読者は，数学科の学生や高校教員，大学教員，趣味で数学を愉しむ大人の方である．そこに
「a, b は $a > b > 0$ を満たす定数である．x, y が $x^2 + y^2 \leqq 1$ をみたして動くとき，$X = ax + by, Y = xy$ で定まる点 (X, Y) の描く図形の面積を求めよ．」
という問題を出題したことがある．解答の概要を述べる．上と同じように解くと

$$x = \frac{X \pm \sqrt{X^2 - 4abY}}{2a}, \quad y = \frac{X \mp \sqrt{X^2 - 4abY}}{2b}$$

となり，これを $x^2 + y^2 \leqq 1$ に代入して展開し

$$(a^2 + b^2)X^2 - 2ab(a^2 + b^2)Y - 2a^2b^2 \leqq \pm(a^2 - b^2)X\sqrt{X^2 - 4abY}$$

　この後，この曲線を図示し，面積計算の完了までには，まだ，長い，長い計算を必要とする．その正直な方針を完遂したのは，応募総数 76 名の中の 4 名の方であった．私が用意していたのはヤコービアンという大学の手法を使った解法であるが，その方針は述べない．ともかく「x, y を X, Y で表して代入する」は，

大変オーソドックスな解法であるということを書きたかったのである．今一度確認しよう．「答えを求めたいもの（今は X, Y）で，関係式が分かっているもの（今は x, y）を表し，x, y を消せば，答えが得られる」のである．

さて，そろそろ「よくある解法」（以下，「よくある解」という）を書こう．

▶解答◀ $X = x + y, \; Y = xy$ ……………………………………①

とおく．$x^2 + y^2 < 1$ より

$$(x + y)^2 - 2xy < 1 \qquad \therefore \quad X^2 - 2Y < 1 \;\cdots\cdots\cdots②$$

次に，①より，解と係数の関係により x, y は $t^2 - Xt + Y = 0$ の2解である．判別式を D とする．このような実数 t が存在する条件は，

$$D = X^2 - 4Y \geqq 0 \qquad \therefore \quad Y \leqq \frac{X^2}{4} \;\cdots\cdots\cdots③$$

である．②，③を図示すると図の網目部分（境界は破線と白丸を除き，実線を含む）となる．なお，$Y = \dfrac{X^2 - 1}{2}$ と $Y = \dfrac{X^2}{4}$ を連立させると

$$\frac{X^2 - 1}{2} = \frac{X^2}{4} \qquad \therefore \quad X^2 = 2$$

となり，$X = \pm\sqrt{2}, Y = \dfrac{1}{2}$ を得る．

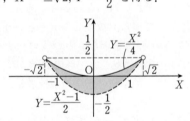

これだこれだ，見たことがある解法が出てきてホッとするなあ，という大人も多いことだろう．しかし，これを，予備知識のない生徒に授業してみたらよい．突然現れた t にギョッとして，$t^2 - Xt + Y = 0$ ってなんですか？と聞く生徒がいるはずだ．最初の「原始的な解」では疑問を挟む人はいないが，「よくある解」は後味の悪さが残る人は多い．

【写像と逆手流】

そこで，従来，写像を使って理屈づけを行う．

$$f(x, y) = (X, Y)$$

と書く．(x, y) の f による**像**が (X, Y) であるという．点 (x, y) が f で点 (X, Y) に写されるともいう．1つの (X, Y) に対して，$f(x, y) = (X, Y)$ を満

たす (x, y) のすべてを (X, Y) の**逆像**といい，$(x, y) = f^{-1}(X, Y)$ と表すことにする．

$$(x, y) = \left(\frac{X \pm \sqrt{X^2 - 4Y}}{2}, \frac{X \mp \sqrt{X^2 - 4Y}}{2} \right)$$

である．

　たとえば，

$$f(0.1, 0.2) = (0.1 + 0.2, 0.1 \cdot 0.2) = (0.3, 0.02)$$
$$f(0.2, 0.1) = (0.2 + 0.1, 0.2 \cdot 0.1) = (0.3, 0.02)$$

で，f によって $(0.1, 0.2)$ と $(0.2, 0.1)$ は同一の点 $(0.3, 0.02)$ に写される．$(0.3, 0.02)$ の逆像は $(0.1, 0.2)$ と $(0.2, 0.1)$ である．

（ア）　$X^2 - 4Y = 0$ のときには $(x, y) = \left(\dfrac{X}{2}, \dfrac{X}{2} \right)$ であり，

点 $(x, y) = \left(\dfrac{X}{2}, \dfrac{X}{2} \right)$ が曲線 $Y = \dfrac{X^2}{4}$ 上の点 $\left(X, \dfrac{X^2}{4} \right)$ に写される．点

$\left(X, \dfrac{X^2}{4} \right)$ の逆像は $\left(\dfrac{X}{2}, \dfrac{X}{2} \right)$ である．

（イ）　$Y < \dfrac{X^2}{4}$ のときには，(X, Y) に写される点は 2 つ存在し，丁寧に書けば

$$f^{-1}(X, Y) = \left\{ \left(\frac{X + \sqrt{X^2 - 4Y}}{2}, \frac{X - \sqrt{X^2 - 4Y}}{2} \right), \right.$$
$$\left. \left(\frac{X - \sqrt{X^2 - 4Y}}{2}, \frac{X + \sqrt{X^2 - 4Y}}{2} \right) \right\}$$

となる．$\{\ \}$ は集合を表す．次の図は，場所を広くとるために，少し大げさに描いてある．

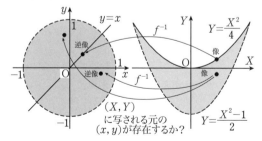

$x^2 + y^2 < 1$ のとき，これを X, Y の式に直すと $Y > \dfrac{X^2 - 1}{2}$ で，像 (X, Y) は領域 $Y > \dfrac{X^2 - 1}{2}$ に含まれる．そして，この領域内の (X, Y) に写されるよ

うな元の点 (x, y) が存在するための必要十分条件が $Y \leqq \dfrac{X^2}{4}$ であり，$Y \leqq \dfrac{X^2}{4}$ ならば，(X, Y) を成立させる元の点 (x, y) が存在するから大丈夫と，ホッと胸をなで下ろすのである．しかし，気持ちの悪さは，依然として残るのではなかろうか？

逆像の存在を考える解法を，受験雑誌「大学への数学」は「逆手流」と呼んでいる．逆像というのは数学用語で，大学の本に載っているが，逆手流というのは数学用語ではない．世間に広まっているから，本書でも逆手流と呼ぶ．

次は，実際に点を動かす方針をとる．次の解法を「**直接的な写像**」と呼ぶ．

♦別解♦　$X = x + y$ を固定するように点 (x, y) を直線 $x + y = k$ 上で動かす．k は定数とする．$X = k$ は一定であり，

$$Y = xy = x(k - x) = \frac{k^2}{4} - \left(x - \frac{k}{2}\right)^2$$

であるから，Y は $Y \leqq \dfrac{k^2}{4}$ を動く．(x, y) が点 $\left(\dfrac{k}{2}, \dfrac{k}{2}\right)$ から遠ざかれば遠ざかるほど Y は小さくなり，点 (X, Y) は直線 $X = k$ 上を下方に動く．点 $\left(\dfrac{k}{2}, \dfrac{k}{2}\right)$ は直線 $y = x$ 上にあるから，点 (X, Y) の描く図形は，直線 $y = x$ の像と，円 $x^2 + y^2 = 1$ の像で囲まれた図形を描く．

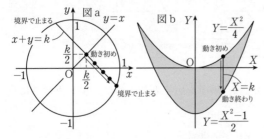

$x = y$ のとき $X = 2x$，$Y = x^2$ であるから x を消去して $Y = \dfrac{X^2}{4}$ となる．$x^2 + y^2 = 1$ のとき $(x + y)^2 - 2xy = 1$ となるから $X^2 - 2Y = 1$ となる．よって求める領域は2曲線 $Y = \dfrac{X^2}{4}$，$Y = \dfrac{X^2 - 1}{2}$ で囲まれた領域となる．ただし $x^2 + y^2 = 1$ 上は除くから，曲線 $Y = \dfrac{X^2 - 1}{2}$ 上を除く．図 b では，動きを見やすくするように，領域を縦に伸ばしてある．

「元祖」では，x, y に対称性があった．$x^2 + y^2 < 1$, $X = x + y$, $Y = xy$ で x と y を取り替えても，全体としては変わらない．ところが，対称性のない問題もある．高校2年の安田少年は，1971年の東工大の問題を見て大いに困ったのであるが，同系統の問題が2018年の広島大にあるから，それを掲載しよう．

次の問いに答えよ．
（1） 次の条件（A）を満たす座標平面上の点 (u, v) の存在範囲を図示せよ．
  （A） 2次式 $t^2 - ut + v$ は，$0 \leqq x \leqq 1$, $0 \leqq y \leqq 1$ を満たす実数 x, y を用いて $t^2 - ut + v = (t - x)(t - y)$ と因数分解される．
（2） 次の条件（B）を満たす座標平面上の点 (u, v) の存在範囲を図示せよ．
  （B） 2次式 $t^2 - ut + v$ は，$0 \leqq x \leqq 1$, $1 \leqq y \leqq 2$ を満たす実数 x, y を用いて $t^2 - ut + v = (t - x)(t - y)$ と因数分解される．
（3） 座標平面上の点 (x, y) が4点 $(0, 0)$, $(1, 0)$, $(1, 2)$, $(0, 2)$ を頂点とする長方形の周および内部を動くとき，点 $(x + y, xy)$ の動く範囲の面積を求めよ．
                                                                （18 広島大・理系）

考え方 本問は，大変出来が悪い．その原因は「（A）の意味が分からない生徒が多かった」という，大変お粗末（この場合は，出題者のお粗末）なことである．問題文を読んだ生徒が「何をやったらいいのかわからない」という場合，大人はすぐに「読解力がない」という．しかし，私に言わせれば書き手に問題がある．少なくとも，大学入試問題を読んで，バシッと理解してもらえないのは「伝わりやすい文章を書く能力が欠落している」のである．実際，この問題を見た私の第一声は「何じゃこりゃ？何言っているか分からない」である．広島の高校教員をしているうちのスタッフとの打ち合わせで，「こんな問題で，生徒は解けましたか？」と聞いたら，案の定「生徒が帰ってきて，皆，暗い顔をしていました」という．普通に書くと次のようになる．
（1） (x, y) が $0 \leqq x \leqq 1, 0 \leqq y \leqq 1$ を満たして動くとき，$u = x + y, v = xy$ で定まる点 (u, v) の描く図形を求めよ．
（2） (x, y) が $0 \leqq x \leqq 1, 1 \leqq y \leqq 2$ を満たして動くとき，$u = x + y, v = xy$ で定まる点 (u, v) の描く図形を求めよ．
（3） (x, y) が $0 \leqq x \leqq 1, 0 \leqq y \leqq 2$ を満たして動くとき，$u = x + y, v = xy$ で定まる点 (u, v) の描く図形を求めよ．
このように書けば，かなり正答率が高かっただろう．出題者は，生徒より先に一歩進んで，

解と係数の関係から x, y は t の 2 次方程式 $t^2 - ut + v = 0$ の 2 解であり，2 次方程式の 2 解が x, y とは

t の 2 次式 $t^2 - ut + v$ が $t^2 - ut + v = (t - x)(t - y)$ と因数分解されることと言い換えたものだから「何を言っているかわからない」となったのである．交際もしていない女性に向かって「僕達の子供は何人にしましょうか？」と言うようなものである．先走ってはいけない．

　以下では，この言い換えをした問題の解答を書く．読者で，広島大の問題原文と，言い換えをした問題が同じだということが，スッキリ理解できない人もいると思うが，広島大原文は無視してほしい．

　最初に逆手流の考え方から解説をする．「元祖」では，最初に $x^2 + y^2 < 1$ を $X^2 - 2Y < 1$ に直したが次の解答では $0 \leqq x \leqq 1, 0 \leqq y \leqq 1$ を変形して u, v の式に直すことは出てこない．もちろん，

$$0 \leqq x + y \leqq 2, 0 \leqq xy \leqq 1$$

から $0 \leqq u \leqq 2, 0 \leqq v \leqq 1$ としてもよいが，こんなことはやっても仕方がない．実は無駄骨である．考え方から丁寧に述べる．

（1）　x, y が $0 \leqq x \leqq 1, 0 \leqq y \leqq 1$ を満たして動くとき $u = x + y, v = xy$ で定まる点 (u, v) の描く図形を求める．u, v を定めたとき，

$$u = x + y, v = xy, 0 \leqq x \leqq 1, 0 \leqq y \leqq 1$$

となるような x, y が存在するかが問題である．たとえば，$u = 0.3, v = 0.02$ と定めた場合，$x + y = 0.3, xy = 0.02$ を解くと

$$(x, y) = (0.1, 0.2), (0.2, 0.1)$$

となり，x, y が存在する．だから，$u = 0.3, v = 0.02$ は適するのである．解き方は元祖で示したように解いてもよいが，ここでは解と係数の関係を用いる．x, y は t の 2 次方程式 $t^2 - ut + v = 0$ の 2 解であることを用いて，解の配置の解法にする．この場合，定石的には，判別式と，軸の位置と，区間の端での値を考える．

▶解答◀　$u = x + y, v = xy$ のとき，x, y は t の 2 次方程式 $t^2 - ut + v = 0$ の 2 解である．$f(t) = t^2 - ut + v$ とする．判別式を D とする．$D = u^2 - 4v$ である．また $f(t)$ のグラフの対称軸は $t = \dfrac{u}{2}$ である．

（1）　$f(t) = 0$ が $0 \leqq t \leqq 1$ に 2 解（重解でもよい）をもつ条件（図 1 を参照）を求める．カンマは「かつ」の意味である．

$$D \geqq 0, 0 \leqq \frac{u}{2} \leqq 1, f(0) \geqq 0, f(1) \geqq 0$$

$$v \leqq \frac{1}{4}u^2, 0 \leqq u \leqq 2, v \geqq 0, v \geqq u - 1$$

これを図示して図2の境界を含む網目部分となる.

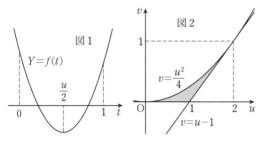

（2） $f(t) = 0$ が $0 \leqq t \leqq 1$ と $1 \leqq t \leqq 2$ の解をもつ条件（図3を参照）は

$$f(0) = v \geqq 0, \; f(1) = 1 - u + v \leqq 0, \; f(2) = 4 - 2u + v \geqq 0$$

$$v \geqq 0, \; v \leqq u - 1, \; v \geqq 2u - 4$$

これを図示して，図4の境界を含む網目部分となる.

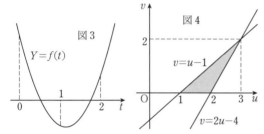

（3） 4点 $(0, 0)$, $(1, 0)$, $(1, 2)$, $(0, 2)$ を頂点とする長方形は
$0 \leqq x \leqq 1, 0 \leqq y \leqq 2$ と表され（図5），さらに
(A) 「$0 \leqq x \leqq 1$ かつ $0 \leqq y \leqq 1$」
(B) 「$0 \leqq x \leqq 1$ かつ $1 \leqq y \leqq 2$」
に分解できる．(A) は（1）で，(B) は（2）で扱った．よって，これを満たす領域は（1），（2）の結果を合わせたもので，それは図6の境界を含む網目部分である.

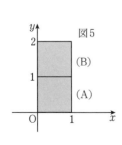
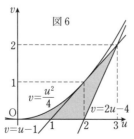

求める面積は

$$\int_0^2 \frac{1}{4}u^2\,du + \frac{1}{2}\cdot 1 \cdot 1 = \left[\frac{1}{12}u^3\right]_0^2 + \frac{1}{2} = \frac{2}{3} + \frac{1}{2} = \boldsymbol{\frac{7}{6}}$$

🈡🈒 実は，（2）が

$$f(0)\geqq 0,\ f(1)\leqq 0,\ f(2)\geqq 0 \quad\cdots\cdots\cdots\cdots\cdots\cdots\cdots Ⓐ$$

でよいというのは，理解しにくいらしく，ここで引っかかる人が予想外に多かった．l は対称軸である．$f(0)\geqq 0,\ f(2)\geqq 0$ で，
$f(1)<0$ のとき（図01を参照）は，$0\leqq t<1$，$1<t\leqq 2$ に解が1つずつある．
$f(1)=0$ かつ l が $1<t<2$ にあるとき（図02を参照）は，$t=1$，$1<t\leqq 2$ に解が1つずつある．
$f(1)=0$ かつ l が $0<t<1$ にあるとき（図03を参照）は，$0\leqq t<1$，$t=1$ に解が1つずつある．
$f(1)=0$ かつ l が $t=1$ のとき（図04を参照）は，$t=1$ の重解である．
Ⓐ でこれらが尽くされている．

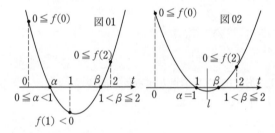

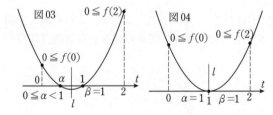

【直接整理する】

広島大の問題で続ける．$x+y=u$, $xy=v$ のとき，x, y について解くと x, y は

$$\frac{u-\sqrt{u^2-4v}}{2}, \frac{u+\sqrt{u^2-4v}}{2}$$

になるのであった．$u^2-4v \geqq 0$ のもとで考える．

（1）x, y が両方とも 0 以上 1 以下であるように動くということは

$$0 \leqq \frac{u-\sqrt{u^2-4v}}{2} \leqq \frac{u+\sqrt{u^2-4v}}{2} \leqq 1 \quad\cdots\cdots\cdots\cdots①$$

が成り立つということである．

（2）$0 \leqq x \leqq 1$, $1 \leqq y \leqq 2$ であるように動くということは

$$0 \leqq \frac{u-\sqrt{u^2-4v}}{2} \leqq 1, 1 \leqq \frac{u+\sqrt{u^2-4v}}{2} \leqq 2 \quad\cdots\cdots\cdots\cdots②$$

が成り立つということである．これらを整理すれば答えが得られる．

この整理をやって見せよう．

（1）①を整理する．①から $\sqrt{u^2-4v}$ について整理する．

$$\sqrt{u^2-4v} \leqq u, \sqrt{u^2-4v} \leqq 2-u \quad\cdots\cdots\cdots\cdots\cdots\cdots③$$

左辺は 0 以上だから右辺も 0 以上で $0 \leqq u \leqq 2$ である．③の各辺を 2 乗し

$$u^2-4v \leqq u^2, u^2-4v \leqq 4-4u+u^2$$

以上をまとめて

$$u^2-4v \geqq 0, 0 \leqq u \leqq 2, v \geqq 0, v \geqq 1-u$$

（2）次に②を整理する．まず $\sqrt{u^2-4v}$ について整理する．

$$u-2 \leqq \sqrt{u^2-4v}, 2-u \leqq \sqrt{u^2-4v} \quad\cdots\cdots\cdots\cdots④$$

$$\sqrt{u^2-4v} \leqq u, \sqrt{u^2-4v} \leqq 4-u \quad\cdots\cdots\cdots\cdots⑤$$

となる．④の 2 式は $|u-2| \leqq \sqrt{u^2-4v}$ と同値で，両辺を 2 乗すると

$$u^2-4u+4 \leqq u^2-4v$$

$v \leqq u-1$ となる．

⑤の各左辺は 0 以上だから右辺も 0 以上で $0 \leqq u \leqq 4$ である．⑤の各辺を 2 乗し

$$u^2-4v \leqq u^2, u^2-4v \leqq u^2-8u+16$$

よって $v \geqq 0$, $v \geqq 2u-4$ となる．まとめると

$$0 \leqq u \leqq 4, v \leqq u-1, v \geqq 0, v \geqq 2u-4$$

「まず $\sqrt{u^2-4v}$ について整理する」をすれば大したことがないと分かるだろう．

【直接的な写像】

♦別解♦（3） $u=x+y$, $v=xy$ で，点 P(x,y) が点 Q(u,v) に写されるということにする．

直線 $y=x$ に関して対称な2点 (a,b), (b,a) はともに，同じ点 $(a+b,ab)$ に写されるから $y \leqq x$ の部分の像は $y \geqq x$ の部分の像に吸収される．

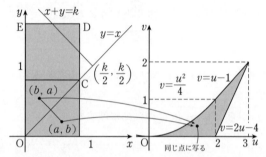

したがって題意の長方形の $y \geqq x$ の部分（S と呼ぶ）の像を考える．

k を定数として点 (x,y) を直線 $x+y=k$ 上の $y \geqq x$ の部分を動かす．$u=k$ で一定である．

$$v=xy=x(k-k)=\frac{k^2}{4}-\left(x-\frac{k}{2}\right)^2$$

x が $\frac{k}{2}$ から離れるほど v は減少する．S の周の像がどうなるかを調べればよい．C, D, E は上左図を見よ．

（ア）P が線分 OC 上を動くとき

$$y=x, 0 \leqq x \leqq 1$$

$u=2x$, $v=x^2$ であり，x を消去すると，曲線 $v=\dfrac{u^2}{4}$, $0 \leqq u \leqq 2$ を描く．

（イ）P が線分 CD 上を動くとき

$$x=1, 1 \leqq y \leqq 2$$

$u=1+y$, $v=y$ であり，y を消去すると，線分 $v=u-1$, $2 \leqq u \leqq 3$ を描く．

（ウ）P が線分 DE 上を動くとき

$$0 \leqq x \leqq 1, y=2$$

$u = x + 2, v = 2x$ であり，x を消去すると，線分 $v = 2(u - 2), 2 \leqq u \leqq 3$ を描く．

（エ）P が線分 OE 上を動くとき

$\qquad x = 0, 0 \leqq y \leqq 2$

$u = y, v = 0$ であり，線分 $v = 0, 0 \leqq u \leqq 2$ を描く．

　求める図形はこれらで囲まれたもので，図 6 と同じものである．面積計算は省略する．

　さて，もう一つ，逆手流の類題を解説しておきたい．2019 年，一つの事件があったからである．

---

　a, b を複素数，c を純虚数でない複素数とし，i を虚数単位とする．複素数平面において，点 z が虚軸全体を動くとき
$$w = \frac{az + b}{cz + 1}$$
で定まる点 w の軌跡を C とする．次の 3 条件が満たされているとする．

（ア）$z = i$ のときに $w = i$ となり，$z = -i$ のときに $w = -i$ となる．

（イ）C は単位円の周に含まれる．

（ウ）点 -1 は C に属さない．

このとき a, b, c の値を求めよ．さらに C を求め，複素数平面上に図示せよ．

(19　九大・理系)

▶**解答**◀　（ア）より

$$i = \frac{ai + b}{ci + 1}, \quad -i = \frac{-ai + b}{-ci + 1}$$

$-c + i = ai + b$ $\cdots\cdots\cdots\cdots\cdots\cdots\cdots\cdots\cdots\cdots$①

$-c - i = -ai + b$ $\cdots\cdots\cdots\cdots\cdots\cdots\cdots\cdots\cdots$②

①+②，①-② より

$\qquad -2c = 2b, 2i = 2ai \qquad \therefore \quad b = -c, a = 1$

となり，$w = \dfrac{z - c}{cz + 1}$ となる．これから z について解く．

$\qquad czw + w = z - c \qquad \therefore \quad z(cw - 1) = -w - c$

$cw = 1$ のとき，$-w - c = 0$ となり，w を消去すると

$\qquad -c^2 = 1 \qquad \therefore \quad c = \pm i$

c が純虚数でないことに反する．よって $cw \neq 1$ である．

$$z = \frac{-w - c}{cw - 1} \quad \cdots\cdots\cdots\cdots\cdots\cdots\cdots\cdots\cdots\cdots\cdots\cdots\cdots\cdots\cdots③$$

ここで $c = 0$ とすると $z = w$ となり，w も虚軸を動き不適．よって $c \neq 0$ であり，$cw \neq 1$ より $w \neq \dfrac{1}{c}$ である．

さて，z が虚軸全体を動くときの w の軌跡を求める．それは，$z + \bar{z} = 0$ を満たす w の全体を求めることである．

$$z + \bar{z} = 0 \quad \cdots\cdots\cdots\cdots\cdots\cdots\cdots\cdots\cdots\cdots\cdots\cdots\cdots\cdots\cdots④$$

$$-\frac{w + c}{cw - 1} - \frac{\overline{w} + \overline{c}}{\overline{c}\,\overline{w} - 1} = 0$$

$$(w + c)\left(\overline{c}\,\overline{w} - 1\right) + \left(\overline{w} + \overline{c}\right)(cw - 1) = 0$$

$$\overline{c}\,w\overline{w} - w + c\overline{c}\,\overline{w} - c + cw\overline{w} - \overline{w} + c\overline{c}\,w - \overline{c} = 0$$

$$\left(c + \overline{c}\right)\left(w\overline{w} - 1\right) + \left(c\overline{c} - 1\right)\left(w + \overline{w}\right) = 0$$

$c + \overline{c} \neq 0$ で割り，$\dfrac{|c|^2 - 1}{c + \overline{c}} = d$ とおくと

$$w\overline{w} - 1 + d\left(w + \overline{w}\right) = 0$$

である．なお，d は実数である．

$$(w + d)\left(\overline{w} + d\right) = 1 + d^2$$

$$|w + d|^2 = 1 + d^2$$

w は点 $-d$ を中心とし，半径 $\sqrt{1 + d^2}$ の円（ただし，$w \neq \dfrac{1}{c}$）を描く．これが円 $|w| = 1$（$w \neq -1$）に含まれる（結果的には一致する）条件は，中心が一致し，かつ $\dfrac{1}{c} = -1$ になることで，$-d = 0$ かつ $c = -1$

すなわち，$|c| = 1$ かつ $c = -1$ である．よって，$a = 1, b = 1, c = -1$ である．C は白丸を除く太線部分である．

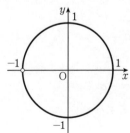

注意 1°【同値な言い換え】

除外点 $w = \dfrac{1}{c}$ を除いて,

$$w = \frac{z-c}{cz+1} \iff z = \frac{-w-c}{cw-1}$$

である. これは, もう少し丁寧にいうと, $w = \dfrac{z-c}{cz+1}$ を z について解き直したものが $z = \dfrac{-w-c}{cw-1}$ であり, $z = \dfrac{-w-c}{cw-1}$ を w について解き直したものが $w = \dfrac{z-c}{cz+1}$ だということである. そして,

$$z + \overline{z} = 0 \quad\cdots\cdots\cdots\cdots\cdots\cdots\cdots\cdots\cdots\cdots\cdots\cdots\text{⑤}$$

であるような任意の z に対して

$$|w+d|^2 = 1 + d^2 \quad\cdots\cdots\cdots\cdots\cdots\cdots\cdots\cdots\cdots\cdots\text{⑥}$$

が成り立ち, ⑥であるような任意の w に対して⑤が成り立つ.

z が虚軸上の任意の点であれば, $w = \dfrac{z-c}{cz+1}$ で定まる w は(除外点を除く)円⑥にある. 逆に w が(除外点を除く)円⑥にあれば, $z = \dfrac{-w-c}{cw-1}$ で定まる点 z は虚軸上にある. だから, z が虚軸全体を動くという情報を, w が(除外点を除く)円⑥全体を動くという情報に完全に言い換えている.

そして, 重要なことがある. ここに書いたようなしつこい説明は, 答案に書かないということである. 元祖で書いたように,

$$X = x + y, Y = xy$$

という式を解き直して,

$$x = \frac{X + \sqrt{X^2 - 4Y}}{2}, y = \frac{X - \sqrt{X^2 - 4Y}}{2}$$

または

$$x = \frac{X - \sqrt{X^2 - 4Y}}{2}, y = \frac{X + \sqrt{X^2 - 4Y}}{2}$$

とした. これは同値な言い換えである. これらを $x^2 + y^2 < 1$ に代入して答えが得られた. $x^2 + y^2 < 1$ という関係を, 同値に言い換えたものが $Y > \dfrac{X^2 - 1}{2}$ かつ $Y \le \dfrac{X^2}{4}$ である.

答えを求めたいもの(元祖では X, Y)を用いて, 関係式が分かっているもの (x, y) を表し, 関係式 $x^2 + y^2 < 1$ に代入して答えが得られるのである.

だから, 九州大の問題は, 答えを求めたいもの(w)を用いて, 関係式が分かっているもの(z)を表し, 関係式 $z + \overline{z} = 0$ に代入すれば w の描く図形⑥が求められるのである. それで完璧である.

2° 【事件】

　九州大の入試が行われた後，各予備校が解答速報を出した．その解答を読んだある大学の准教授が「どの予備校の解答も誤答だ」とツイッターで書いたらしい．大半は無視したが，1 つの予備校が慌てて解答を差し替えたために「解答を差し替えたということは，やはり誤答だったんだ」と，世間の人は思ったらしい．実は，私は，各社の解答は見ていない．しかし，上のような解答を書いたことは容易に想像できる．定型問題だからである．どこにも間違いなどない．高級な数学の専門家といえど，どんな数学のことも知っているわけではない．その准教授は，同値変形を，単なる消去計算で，必要条件に過ぎないと，誤解していると想像される．

　受験生諸君は，普段習っている解法で，全く問題ない．さらに，その予備校の，解答を差し替えた人は，間違っているから差し替えたのではない．無用な混乱を避けるために，生徒のためを思い，差し替えたものと想像される．

3° 【九州大でのパラメータ表示】

虚軸上の任意の z は $z = i\tan\theta\left(-\dfrac{\pi}{2} < \theta < \dfrac{\pi}{2}\right)$ とおけて

$$w = \frac{z+1}{-z+1} = \frac{i\sin\theta + \cos\theta}{-i\sin\theta + \cos\theta}$$

$$= (\cos\theta + i\sin\theta)^2 = \cos 2\theta + i\sin 2\theta$$

$-\pi < 2\theta < \pi$ より，w は円 $|w| = 1$ 上で $2\theta = \pm\pi$ に対応する点 $w = -1$ 以外を動く．

　しかし，くり返すが，このようにパラメータ表示をしなければ不完全だと思うのは誤解である．元祖の問題や広島大の問題で，「直接的な写像」の解法だけが正解であると言われたら，困惑するだろう．

27. a, b を実数とする．次の 4 つの不等式を同時に満たす点 (x, y) 全体からなる領域を D とする．

$$x + 3y \geqq a, \quad 3x + y \geqq b, \quad x \geqq 0, \quad y \geqq 0$$

領域 D における $x + y$ の最小値を求めよ．

(03 東大・文科)

考え方 たとえば「$2x + y \leqq 1$, $x + 3y \leqq 1$, $x \geqq 0$, $y \geqq 0$ のとき $x + y$ の最大値を求めよ」というような問題を学校で習う．こうした問題を線形計画法 (linear programming，以下 LP 問題と略す) と呼ぶと，高校で教わった．たかが直線を図示して，ずらすだけなのに大層な名前をつけて，数学者は自己肯定感が強すぎると思った．こんな簡単な問題を考えて大学の給料を貰ってごめんなさいと，少し卑下するくらいが丁度いいレベルである．ところが，大学に入って勉強したら，本当の LP 問題は多変数で，式も多く，図示なんかできないと知って，己の不明を詫びた．有限個の 1 次不等式の制約条件のもとで，ある 1 次式（目的関数）を最大または最小にする問題である．「線形数学（一松信著，筑摩書房）」によれば，18 世紀のモンジュという人の研究に始まるが，図示して解ける問題以外はあまり進歩せず，広く扱われるようになったのは 1950 年代以後，コンピュータの進歩によって多変数の計算ができるようになってからだという．「カーマーカー特許とソフトウェア（今野浩著，中公新書）」p.36 によれば，デルタ航空が 7000 人の乗務員を対象としたスケジュール問題を定式化したとき，変数は 1700 万個，条件式は 800 個，それを解いて年間 1000 万ドル（10 億円）を削減したという．凄い．もっとも，そのために AT&T から 11 億円でコンピュータとソフトを購入した．AT&T とカーマーカーは特許を申請し，世界中の学者を敵に回した．特許は一旦は認められたが，取り下げている．東工大ではこの理論を使って学生の志望学科への振り分けをしているらしい．

LP 問題は多変数で，条件式も多いが，そこに未知の定数が入っているというのは，どうなのかと思う．つまり，本問（03 年の東大の問題）は，問題のための問題であろう．本問が解けないからといって LP 問題が分かっていないということにはならない．

本問は，「東大 1 点」旧版には収録していたが，現在は外している．「東大 1 点」は生徒の視点に立って，できるだけ生徒のアプローチに近い解法を提示したものであるが，本書は大人の読者も想定しているから，見栄えのことも考え，分かりやすい解法を提示する．

まず，生徒に解いてもらうと，一番多いのが，図 1 の (a) の状態が一般だと

思って，これだけを描いて，場合分けなしで，$\dfrac{a+b}{4}$ だけを答えとするものである．これで終わったと思って次の問題にいくのが平和かもしれない．もちろん，満点にはほど遠いが少しは点を貰えるだろう．

「どのように分類するか」が問題である．分類の基準は注で述べる．

▶解答◀　図1を見よ．

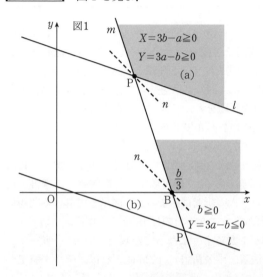

$x+3y=a$, $3x+y=b$ を連立させて解くと
$$x=\frac{3b-a}{8},\ y=\frac{3a-b}{8}$$
となる．$\mathrm{P}\left(\dfrac{3b-a}{8},\ \dfrac{3a-b}{8}\right)$ とする．分母が図を圧迫するから，分子だけ $X=3b-a, Y=3a-b$ とおいて，図にその符号を記入した．$x+y=k$ とおく．図で l, m, n は3直線
$$l:x+3y=a,\ m:3x+y=b,\ n:x+y=k$$
である．n が D と共有点をもち，一番下にあるときを考える．最小値を m とおく．

(a)　$3b-a\geqq 0$, $3a-b\geqq 0$ のとき．図1の (a) 付近を見よ．

　P を通るときに最小になり
$$m=\frac{3b-a}{8}+\frac{3a-b}{8}=\frac{a+b}{4}$$

(b)　$3a-b\leqq 0$, $b\geqq 0$ のとき．図1の (b) 付近を見よ．

$B\left(\dfrac{b}{3}, 0\right)$ を通るときに最小になり, $m = \dfrac{b}{3}$

(c) $3b - a \leqq 0,\ a \geqq 0$ のとき. 図2の (c) 付近を見よ.

$A\left(0, \dfrac{a}{3}\right)$ を通るときに最小になり, $m = \dfrac{a}{3}$

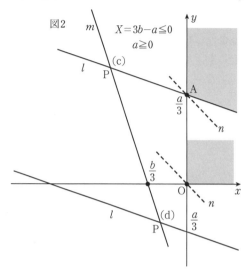

図2

(d) $a \leqq 0,\ b \leqq 0$ のとき. 図2の (d) 付近を見よ. $O(0, 0)$ を通るときに最小になり, $m = 0$

以上をまとめると

$3b - a \geqq 0,\ 3a - b \geqq 0$ のとき $m = \dfrac{a + b}{4}$

$3b - a \leqq 0,\ a \geqq 0$ のとき $m = \dfrac{a}{3}$

$3a - b \leqq 0,\ b \geqq 0$ のとき $m = \dfrac{b}{3}$

$a \leqq 0,\ b \leqq 0$ のとき $m = 0$

注意 1°【分類の仕方】

図1は $b \geqq 0$ の場合である. m を固定する. P が $x \geqq 0,\ y \geqq 0$ にある場合は, 全く問題ない. 皆, それを考える. それが (a) である. このとき $3b - a \geqq 0,\ 3a - b \geqq 0$ を b について解くと, $\dfrac{a}{3} \leqq b \leqq 3a$ となり, $\dfrac{a}{3} \leqq 3a$ より $a \geqq 0$ となり, $0 \leqq \dfrac{a}{3} \leqq b$ から $b \geqq 0$ となる. つまり, $3b - a \geqq 0,\ 3a - b \geqq 0$ のとき $b \geqq 0$ という条件は不要になる.

m を固定して, この状態から l を下方に移動していく. $Y = 3a - b \leqq 0$ の

とき，当然 $X = 3b - a \geqq 0$ になる．これは式で確認できる．$3a - b \leqq 0$ より $a \leqq \dfrac{b}{3}$ であり，

$$X = 3b - a \geqq 3b - \frac{b}{3} = \frac{8b}{3} \geqq 0$$

なお，図1は $b \geqq 0$ の場合であることを思い出せ．

図2は，雰囲気的には $b \leqq 0$ の場合である．しかし，そうだと決めているわけではない．そうだと言い切ってしまうと，抜ける場合が出るからである．だから，解答にはそうだとは書いていない．(a) の状態から l をもっともっと上に上げていくと (c) の状態になる．

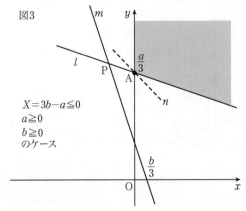

図3

$X = 3b - a \leqq 0$
$a \geqq 0$
$b \geqq 0$
のケース

(c) は図3のようなものも含んでいるのである．だから (c) で $b \leqq 0$ とは書いてない．図2で m を固定する．l が上方にあり，P が $X \leqq 0$ にあるときが (c) である．$X = 3b - a \leqq 0$，$a \geqq 0$ であり，$b \leqq \dfrac{a}{3}$ となる．このとき $Y = 3a - b \geqq 0$ になる．これも式で確認できる．

$$Y = 3a - b \geqq 3a - \frac{a}{3} = \frac{8a}{3} \geqq 0$$

となる．(d) は説明の必要はあるまい．

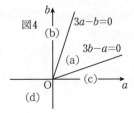

図4

図4のようになっており，すべてが尽くされている．

2° 【逆手流】

他のページでも説明しているが，逆手流と呼ばれる考え方がある．実数変数の場合，極端な言い方をすれば「k のとる値の範囲を求めるときには，k 以外の文字が実数として存在する条件を求めればよい」というものである．

本問でも，$x + y = k$ と領域 D の共有点を考えるが，それは $x + y = k$ と D の式をともに満たす (x, y) が存在するかどうかを考えている．だから，k のとる値の範囲を考えるためには，x, y が存在する条件を調べればよい．そこで次のような解法がある．ただし，このような解法をとる文系の人は，おそらく一人もいない．理系なら，いるかもしれない．不等式がいくつもあり，決して簡単ではない．本書は大人も対象ということで書く．

◆別解◆ $x + y = k$ とおく．k の最小値を求めるということは，しばらく忘れよ．後で考える．$y = k - x$ を

$$x + 3y \geqq a, \ 3x + y \geqq b, \ x \geqq 0, \ y \geqq 0$$

に代入し

$$3k - 2x \geqq a, \ 2x + k \geqq b, \ x \geqq 0, \ k - x \geqq 0$$

$$x \leqq \frac{3k - a}{2}, \ \frac{b - k}{2} \leqq x, \ 0 \leqq x, \ x \leqq k$$

ここで $x \leqq \dfrac{3k - a}{2}$ の形の式を「x を上から押さえた式」，$0 \leqq x$ の形の式を「x を下から押さえた式」と呼ぶことにする．下から押さえた式が2つと上から押さえた式が2つあるから，上下の組合わせを考える．

一般に，実数 A, B に対して $A \leqq x$ かつ $x \leqq B$ となる実数 x が存在するために A, B の満たす必要十分条件は $A \leqq B$ である．このとき A を下の境界，B を上の境界と呼ぶことにする．今は下の境界が2つ，上の境界が2つあるから上下の境界の組合せで4通り考え，実数 x が存在するために a, b, k の満たす必要十分条件は

$$0 \leqq \frac{3k - a}{2}, \ 0 \leqq k, \ \frac{b - k}{2} \leqq \frac{3k - a}{2}, \ \frac{b - k}{2} \leqq k$$

これを整理して

$$\frac{a}{3} \leqq k, \ 0 \leqq k, \ \frac{a + b}{4} \leqq k, \ \frac{b}{3} \leqq k$$

このすべての式が成り立つために k の満たす必要十分条件は

$$\max \left\{ 0, \ \frac{a}{3}, \ \frac{b}{3}, \ \frac{a + b}{4} \right\} \leqq k$$

である．max はその後に続く4数の最大の値を表す．

$m = \max \left\{ 0, \ \dfrac{a}{3}, \ \dfrac{b}{3}, \ \dfrac{a+b}{4} \right\}$ とおく．m が何かを調べるが，4 数のうちの 2 数ずつを比べて大小を調べたら面倒である．極端な言い方をしたら $4! = 24$ 通りの順列がある．

（ア）　$a \leqq 0$ かつ $b \leqq 0$ のとき．$a + b \leqq 0$ であるから $m = 0$ である．

　以下ではすべて $a > 0$ または $b > 0$ のときを考える．

（イ）　$\dfrac{a}{3} \leqq \dfrac{a+b}{4}$ かつ $\dfrac{b}{3} \leqq \dfrac{a+b}{4}$ のとき．$a \leqq 3b$ かつ $b \leqq 3a$ である．

　この場合は，たとえば $a > 0$ なら $3b \geqq a > 0$ から $b > 0$ となり，$b > 0$ なら $3a \geqq b > 0$ から $a > 0$ となる．よって $a > 0$ かつ $b > 0$ となる．$m = \dfrac{a+b}{4}$ である．

　以下では $3b < a$ または $3a < b$ のときを考える．

（ウ）　$3b < a$ のとき $a > 0$ である．$\dfrac{b}{3} < \dfrac{a}{9} < \dfrac{a}{3}$ であるから $m = \dfrac{a}{3}$

（エ）　$3a < b$ のときは $b > 0$ で $m = \dfrac{b}{3}$

このようにして定まる m に対して，$m \leqq k$ を満たす k の最小値は m である．

　求める最小値は

$a \leqq 0$ かつ $b \leqq 0$ のとき　0

$0 < a \leqq 3b$ かつ $0 < b \leqq 3a$ のとき　$\dfrac{a+b}{4}$

$3b < a$ かつ $a > 0$ のとき　$\dfrac{a}{3}$

$3a < b$ かつ $b > 0$ のとき　$\dfrac{b}{3}$

普通，LP問題は，入試では2変数の問題が出題されるが，かつては3変数の問題が出題されたこともある．この場合，空間で図示するのは考えにくく，大変であるから，式だけで処理する方法を選ぶ．不等式を等式に直すのである．

(x, y, z) が次の不等式で表される領域を動くとき，$6x + 10y + 11z$ の最小値を求めよ．

$$x \geqq 0, y \geqq 0, z \geqq 0,$$
$$x + 2y + z \geqq 3, x + y + 2z \geqq 2$$

（94　武蔵大）

▶解答◀ 不等式を等式に直すために，差を新たな変数として設定する．

$$x + 2y + z - 3 = p, x + y + 2z - 2 = q$$

とおく．

$$x + 2y + z = p + 3 \quad \cdots\cdots\cdots\cdots\cdots\cdots\cdots\cdots\cdots① $$
$$x + y + 2z = q + 2 \quad \cdots\cdots\cdots\cdots\cdots\cdots\cdots\cdots\cdots② $$

①－②より

$$y - z = p - q + 1$$
$$y = p - q + z + 1 \quad \cdots\cdots\cdots\cdots\cdots\cdots\cdots\cdots③ $$

これを②に代入し

$$x + p - q + z + 1 + 2z = q + 2$$
$$x = 2q - p - 3z + 1 \quad \cdots\cdots\cdots\cdots\cdots\cdots\cdots④ $$

$x \geqq 0, y \geqq 0$ より

$$q - p - 1 \leqq z \leqq \frac{2q - p + 1}{3} \quad \cdots\cdots\cdots\cdots\cdots⑤ $$

となる．

$6x + 10y + 11z$ に③，④を代入し

$$6x + 10y + 11z$$
$$= 6(2q - p - 3z + 1) + 10(p - q + z + 1) + 11z$$
$$= 4p + 2q + 3z + 16$$

となる．これは $p = 0, q = 0, z = 0$ のとき最小値 **16** をとり，そのとき③，④より $x = 1, y = 1$ となる．⑤は結果的には使わない．x, y を消去するから，その文字についての情報を残しておいただけである．

28. xy 平面上に，不等式で表される 3 つの領域

$$
\begin{cases}
A : x \geqq 0 \\
B : y \geqq 0 \\
C : \sqrt{3}x + y \leqq \sqrt{3}
\end{cases}
$$

をとる．いま任意の点 P に対し，P を中心として A, B, C のどれか少なくとも 1 つに含まれる円を考える．このような円の半径の最大値は P によって定まるから，これを $r(\mathrm{P})$ で表すことにする．

（1） 点 P が $A \cap C$ から $(A \cap C) \cap B$ を除いた部分を動くとき，$r(\mathrm{P})$ の動く範囲を求めよ．

（2） 点 P が平面全体を動くとき，$r(\mathrm{P})$ の動く範囲を求めよ．

(77 東大・共通)

考え方 私の感覚で，東大入試史上，最も題意がとりにくい問題である．私は，常に，受験生のときの自分を思いだし，受験生のつもりになって問題を解く．そうしないと，生徒の発想と乖離が広がるからである．オジサンの自分勝手な解法などに価値はない（私の価値観である）．77 年当時，一読し，何を言っているのか，さっぱり分からなかった．私だけではない．受験生の多くも同じ感想であった．もし，あなたが，すぐに理解できるなら，とても優秀かリラックスし過ぎである．3 直線 l, m, n を

$$l : x = 0, \ m : y = 0, \ n : \sqrt{3}x + y = \sqrt{3}$$

とする．A, B, C（図 a，b，c を参照）全体で平面全体を覆う．「A, B, C のどれか少なくとも 1 つに含まれる円」を「円の各点が A, B, C の少なくとも 1 つに含まれる」と思ったために，そりゃあ，含まれるだろう，なんで最大値があるんだ？と思ったのである．ここは，A, B, C のうちの 1 個にスッポリと含まれるということである．だから図 d のように A, C にまたがってはいけないのである．

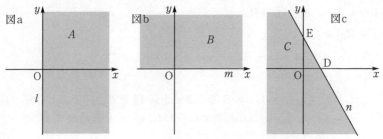

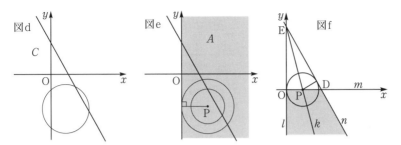

図eはAにすっぽりと含まれる場合である．このとき，y軸に接する場合が半径が最大の場合である．

（1）　点Pが$A \cap C$から$(A \cap C) \cap B$を除いた部分を動くとき，Pは図fの網目部分（x軸上を除く）にある．x軸上を除くと説明しにくいので，x軸上も含めると，$r(\mathrm{P})$が最小になるのは図fの円の状態である．この後，l, nに接したまま，右下方向に円を動かせば，$r(\mathrm{P})$はいくらでも大きくできる．

（2）　$r(\mathrm{P})$が最小になるのは，図gの円のように，l, m, nで作る三角形の内接円の半径のときである．

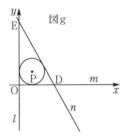

　問題がある．「なぜそれが最小値になるのか？」を図形的に説明しようとすると，大変書きにくいのである．

　図形問題では，解法の選択が問題である．

図形的に解く，ベクトルで計算する，三角関数で計算する，座標計算する
の中から解法を選ぶのである．たとえば，図gの内接円の中心$\mathrm{P}(a, b)$を求めるとき，どのように解くか？三角形ODEの面積をS，三角形ODEの周の長さの半分をs，内接円の半径をrとして，$S = rs$から求める人が多いだろう．しかし，これは座標平面である．点と直線の距離の公式でよいではないか？Pと，y軸，x軸，直線DEとの距離がすべて等しいということを式にすれば

$$a = b = \frac{\sqrt{3} - \sqrt{3}a - b}{2}$$

を解くことになる．これを，一般に利用すれば，式で，簡単に説明できる．

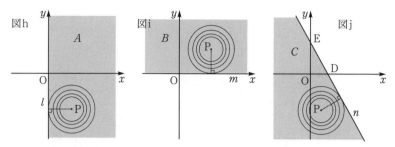

　A だけを考えたとき：Pを中心とする円が A に含まれるのは $a > 0$ のときで，半径が最大のとき，その円の半径は a である．$r(\mathrm{P}) = a$ である．図hを参照せよ．

　B だけを考えたとき：Pを中心とする円が B に含まれるのは $b > 0$ のときで，半径が最大のとき，その円の半径は b である．$r(\mathrm{P}) = b$ である．図iを参照せよ．

　C だけを考えたとき：Pを中心とする円が C に含まれるのはPが $\sqrt{3}x + y - \sqrt{3} < 0$ にあるときであり，Pと直線 n の距離は $\dfrac{\left| \sqrt{3}a + b - \sqrt{3} \right|}{\sqrt{(\sqrt{3})^2 + 1^2}}$ である．$r(\mathrm{P}) = \dfrac{\sqrt{3} - \sqrt{3}a - b}{2}$ である．図jを参照せよ．

▶**解答◀** 3直線 l, m, n を

$$l : x = 0, \quad m : y = 0, \quad n : \sqrt{3}x + y = \sqrt{3}$$

とする．n と座標軸との交点を $\mathrm{D}(1, 0), \mathrm{E}(0, \sqrt{3})$ とする．角 OED の二等分線を k とする．題意は，Pを中心とする円が

「$x \geqq 0$ にすっぽり含まれる」 ……………………………………①

か，または

「$y \geqq 0$ にすっぽり含まれる」 ……………………………………②

か，または

「$\sqrt{3}x + y \leqq \sqrt{3}$ にすっぽり含まれる」 ……………………………③

ということである．

　$\mathrm{P}(a, b)$ とおく．

（1）Pが，図の網目部分（x 軸を除く）

$$x \geqq 0, \ y < 0, \ \sqrt{3} - \sqrt{3}x - y \geqq 0$$

にあるときである．

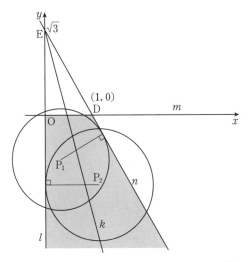

Pと*l*の距離は a であり，P と *n* との距離は

$$\frac{\left|\sqrt{3}a+b-\sqrt{3}\right|}{\sqrt{(\sqrt{3})^2+1^2}} = \frac{\sqrt{3}-\sqrt{3}a-b}{2}$$

である．$r(P)$ は a と $\dfrac{\sqrt{3}-\sqrt{3}a-b}{2}$ の大きい方（等しいときはその値）であり，

たとえば図の P_1 のときは $r(P) = \dfrac{\sqrt{3}-\sqrt{3}a-b}{2}$，図の P_2 のときは $r(P) = a$

である．以下しばらくは $b=0$ の場合も含めて記述する．書きにくいからである．

$$r(P) \geqq a \quad \cdots\cdots\cdots\cdots\cdots\cdots\cdots\cdots\cdots\cdots\cdots\cdots\cdots\cdots\text{④}$$

$$r(P) \geqq \frac{\sqrt{3}-\sqrt{3}a-b}{2} \quad \cdots\cdots\cdots\cdots\cdots\cdots\cdots\cdots\cdots\text{⑤}$$

だから，④×$\sqrt{3}$＋⑤×2 より

$$(2+\sqrt{3})r(P) \geqq \sqrt{3}-b$$

$$r(P) \geqq (\sqrt{3}-b)(2-\sqrt{3}) \quad \cdots\cdots\cdots\cdots\cdots\cdots\cdots\cdots\cdots\text{⑥}$$

等号は $a = \dfrac{\sqrt{3}-\sqrt{3}a-b}{2}$ のとき（P が *k* 上にあるとき）に成り立つ．

⑥の右辺は $b=0$ のとき（P が *k* と *x* 軸の交点のとき）に最小値

$\sqrt{3}(2-\sqrt{3}) = 2\sqrt{3}-3$ をとる．それは $b=0$ かつ $a = \dfrac{\sqrt{3}-\sqrt{3}a-b}{2}$ のときで

あり，

$$b = 0, a = \frac{\sqrt{3}}{2 + \sqrt{3}} = \sqrt{3}(2 - \sqrt{3})$$

のときである．また l, n に接したまま，右下方向に円を動かせば，$r(\mathrm{P})$ はいくらでも大きくできる．$b < 0$ に戻して，$r(\mathrm{P})$ の値域は

$$r(\mathrm{P}) > 2\sqrt{3} - 3$$

（2） P と l, m, n の距離はそれぞれ

$$|a|, |b|, \frac{\left|\sqrt{3}a + b - \sqrt{3}\right|}{2}$$

であるが，①，②，③が有効になるのはそれぞれ P が $x > 0, y > 0, \sqrt{3}x + y < \sqrt{3}$ にあるときであるから，それぞれ

$$a > 0, b > 0, \sqrt{3} - \sqrt{3}a - b > 0$$

のときであることに注意する．つまり

$$r(\mathrm{P}) = \max\left\{a, b, \frac{\sqrt{3} - \sqrt{3}a - b}{2}\right\} \quad\text{……………⑦}$$

である．max は，3 数 $a, b, \dfrac{\sqrt{3} - \sqrt{3}a - b}{2}$ のうちの最大の値ということである．なお，この 3 数の中には正の数がある．すべてが 0 以下ということはない．$a \leqq 0, b \leqq 0$ ならば $\sqrt{3} - \sqrt{3}a - b > 0$ になるからである．

$$r(\mathrm{P}) \geqq a \quad\text{………………………………………⑧}$$

$$r(\mathrm{P}) \geqq b \quad\text{………………………………………⑨}$$

$$2r(\mathrm{P}) \geqq \sqrt{3} - \sqrt{3}a - b \quad\text{……………………⑩}$$

⑧$\times \sqrt{3}$＋⑨＋⑩より

$$(3 + \sqrt{3})r(\mathrm{P}) \geqq \sqrt{3}$$

$$r(\mathrm{P}) \geqq \frac{\sqrt{3}}{3 + \sqrt{3}} = \frac{1}{\sqrt{3} + 1} = \frac{\sqrt{3} - 1}{2}$$

等号は $a = b = \sqrt{3} - \sqrt{3}a - b$ のときに成り立つ．また，l, n に接したまま，右下方向に円を動かせば，$r(\mathrm{P})$ はいくらでも大きくできる（他の動かし方もある）．よって $r(\mathrm{P})$ の値域は

$$r(\mathrm{P}) \geqq \frac{\sqrt{3} - 1}{2}$$

注 意 1° 【max を使う利点】

max$\{a, b\}$ や max(a, b) は a, b の大きい方（$a = b$ のときはその値），
max$\{a, b, c\}$ や max(a, b, c) は a, b, c の最大の値を表す．これを，高校の授業で初めて出てきたとき，教師は「場合分けすればいい」と言った．そのときには，そうなのかと思ったが，後に，Z 会や大数の問題を解くようになって，それは間違っていることに気づいた．場合分けしても解けるなら，場合分けする．しかし，可能な限り場合分けをしないのがよい．特に，本問では，場合分けしたくないから max を使っているのである．

max$\{a, b, c\}$ は

$$\text{max}\{a, b, c\} \geqq a, \quad \text{max}\{a, b, c\} \geqq b, \quad \text{max}\{a, b, c\} \geqq c$$

が成り立ち，かつ，少なくとも 1 つ等号が成り立つとして扱えば，場合分けの必要がなくなる．

同様に，小さい方（等しいときにはその値）や，最小数を min で表す．

2° 【本問では等号成立の見通しをもて】

$r(\text{P}) = \text{max}\left\{a, b, \dfrac{\sqrt{3} - \sqrt{3}a - b}{2}\right\}$ は，⑧，⑨，⑩が成り立ち，かつ，⑧，⑨，⑩の少なくとも 1 つの等号が成り立つことと同値である．最小が起こるとき，3 つの等号が成り立つに決まっている．三角形 ODE の内接円のときに最小が起こるから，そのときすべての等号が成り立つ．

3° 【図にこだわるならば】

次の図で，k と x 軸の交点を F とする．角の二等分線の定理より

$$\text{OF} : \text{FD} = \text{OE} : \text{DE} = \sqrt{3} : 2$$

$$\text{OF} = \frac{\sqrt{3}}{\sqrt{3} + 2}\text{OD} = \frac{\sqrt{3}}{\sqrt{3} + 2} \cdot 1 = \sqrt{3}(2 - \sqrt{3})$$

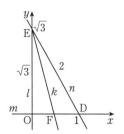

29. 1辺の長さが1の正六角形 ABCDEF が与えられている．点 P が辺 AB 上を，点 Q が辺 CD 上をそれぞれ独立に動くとき，線分 PQ を 2:1 に内分する点 R が通りうる範囲の面積を求めよ． (17　東大・文科)

考え方　図形問題だから，解法の選択が重要である．

（ア）　図形的に解く．

（イ）　ベクトルで計算する．

（ウ）　三角関数で計算する．

（エ）　座標計算する．

今は図形的に行うか，ベクトルだろう．P が AB 上を動き，Q が CD 上を動くから，$\vec{AB}, \vec{CD}$ を基本ベクトルとして式を立てる．ベクトルの基本の話は注を見よ．

▶解答◀　$\vec{AB} = \vec{a}, \vec{CD} = \vec{b}$ とおく．正六角形の中心を O とする．

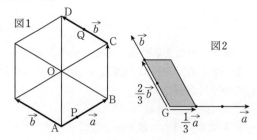

$$\vec{AP} = p\vec{a}, \vec{CQ} = q\vec{b}, 0 \leqq p \leqq 1, 0 \leqq q \leqq 1$$

とおく．

$$\vec{AC} = \vec{AB} + \vec{BO} + \vec{OC} = \vec{a} + \vec{b} + \vec{a} = 2\vec{a} + \vec{b}$$

$$\vec{AQ} = \vec{AC} + \vec{CQ} = 2\vec{a} + \vec{b} + q\vec{b}$$

$$\vec{AR} = \frac{1}{3}(\vec{AP} + 2\vec{AQ}) = \frac{1}{3}(p\vec{a} + 4\vec{a} + 2\vec{b} + 2q\vec{b})$$

$$\vec{AR} = \frac{1}{3}(4\vec{a} + 2\vec{b}) + \frac{1}{3}p\vec{a} + \frac{2}{3}q\vec{b}$$

$\vec{AG} = \frac{1}{3}(4\vec{a} + 2\vec{b})$ とおく．

$$\vec{AR} = \vec{AG} + \frac{1}{3}p\vec{a} + \frac{2}{3}q\vec{b}$$

R は図2のような平行四辺形を描く．

求める面積は $\frac{2}{3} \cdot \frac{1}{3} \cdot \sin 120° = \frac{\sqrt{3}}{9}$

注意 1°【点の世界と矢線の世界】

他のページと重複するが，私の大きな主張である．

日本では点を R のように立体で表すが，それは世界では少数派で，点も，線分も点 R や線分 AB のようにイタリックで表す．嘘だと思うなら国際数学オリンピックの問題文を見よ．この注では世界に合わせる．

ベクトルの世界には，矢全体を見るときと，矢の先端だけを見るときがある．その切り替えをしないといけない．

今，A を座標原点とする．R の座標が (x, y) であることを $R = (x, y)$ と表す．これは $\overrightarrow{AR} = (x, y)$ と，A から R にまでの矢全体を見てもよいし，R という点が (x, y) だと思ってもよい．

始点の A を省略し，$\vec{a}, \vec{b}$ 以外の，頭の上の矢を省略する．矢を省略するのは，点と見るときにイメージの邪魔になるからである．$\overrightarrow{AG} = G, \overrightarrow{AR} = R$ である．解答で書いた

$$\overrightarrow{AR} = \overrightarrow{AG} + \frac{1}{3}p\vec{a} + \frac{2}{3}q\vec{b}$$

を

$$R = G + \frac{1}{3}p\vec{a} + \frac{2}{3}q\vec{b} \quad \cdots\cdots\cdots\cdots\cdots\cdots\cdots\cdots\cdots\cdots\cdots①$$

と見る．さらに「点 G から $\frac{1}{3}p\vec{a} + \frac{2}{3}q\vec{b}$ だけ動いた点が R」と見る．

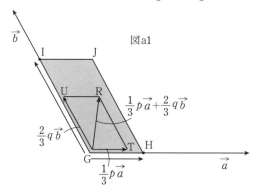

図a1

想像せよ．あなたは点 G に立っている．2 本の腕を伸ばせ．右腕は $\vec{a}$ と平行に出せ．長さをヒョイっと縮め，$\frac{1}{3}p\vec{a}$ とせよ（右腕が図 a1 の GT）．左腕は $\vec{b}$ と平行に出せ．やはり長さを縮め，$\frac{2}{3}q\vec{b}$ とせよ（左腕が GU）．次に，右の腕と左の腕を 2 辺とする平行四辺形（図 a1 の GTRU のこと）を考えよ．$\frac{1}{3}p\vec{a}$ と

207

$\frac{2}{3}q\vec{b}$ で張る平行四辺形の第 4 の頂点に向かうベクトル（図 a1 の $\frac{1}{3}p\vec{a}+\frac{2}{3}q\vec{b}$ を見よ）が定まる．G から，そのベクトルだけ動いた点が R である．① は G ＋ 移動量 ＝ R と見る．

途中では矢全体を見ることもあるが，最終的には，点 R を見ている．

伸ばす倍率 p, q を変えると，R は図の平行四辺形 GHJI の周と内部を動く．なお，$\overrightarrow{\mathrm{GH}}=\frac{1}{3}\vec{a}$，$\overrightarrow{\mathrm{GI}}=\frac{2}{3}\vec{b}$ である．

ベクトルには，このように，点を考える世界と，矢を伸ばしたり縮めたりする世界があり，今は点を考えているのか，矢を考えて移動しているのか，視点の切り替えをする．「みんな，ちゃんと，そうやっているわ」と思う人も多いだろう．勿論，上位の人は，できているに違いない．しかし，高校時代の安田少年がそうであったように，その読み替えがうまくできず，「なんだかよくわからないわ」と脱落していく人も少なくないはずである．

なお，全体での配置は下図のようになる．

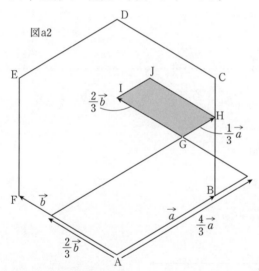

図a2

2°【1 次結合と平行移動】

ベクトルをあまり出題してこなかった東大・文科が，2017, 2018, 2019 と，立て続けに出題している．2017 は基底を設定して 1 次結合で表現することがテーマで，2018, 2019 は点の移動，図形の移動がテーマであった．受け取り方はいろいろであろう．私はこうした出題は大変好ましいと思う．

♦別解♦ 今度はベクトルを使わず，図形だけで説明する．以下で現れる点は，**今までに現れた点と無関係**である．図 b を見よ．

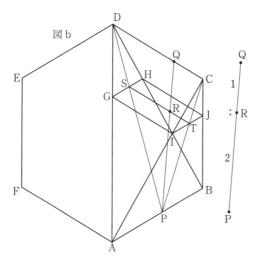

図 b

P を固定して Q を動かしたとき，R は P を中心として，DC を $\frac{2}{3}$ 倍に縮小した線分 ST を描く．ST $= \frac{2}{3}$DC $= \frac{2}{3}$ である．DS は DP を $\frac{1}{3}$ 倍に縮小したものであるから，S は D を中心として AB を $\frac{1}{3}$ 倍に縮小した線分 GH を描く．G は DA を，H は DB を，I は CA を，J は CB を 1：2 に内分する．GH の上に端 S を置いて，DC に平行で長さが一定 $\frac{2}{3}$ の線分 ST を動かしていくと，線分の通過領域は平行四辺形 GIJH を描く．GI は DC と平行，IJ は AB と平行であるから，∠GIJ は CD と AB のなす角 120° に等しい．∠GIJ $= 120°$ である．GI $= \frac{2}{3}$，IJ $= \frac{1}{3}$ である．面積は解答と同じである．

🈟🈳 **【一般の相似について】**

一般の相似の説明をする．以下の文字等は解答のものとは無関係である．

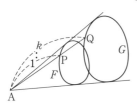

図形 F 上の動点 P に対して，k は 0 でない定数として，$\overrightarrow{\mathrm{AQ}} = k\overrightarrow{\mathrm{AP}}$ で定まる点 Q の描く図形を G とすると，F と G は A を中心として相似の位置にあるといい，F と G は相似形であるという．なお，$k < 0$ のときは，Q は A に対して P と逆側にとる．さらに G を回転または裏返し，あるいは平行移動した図形を H とすると H も F と相似である．

　今は線分（あるいは，見方によっては三角形）を相似縮小している．

30. （1）　一般角 θ に対して $\sin\theta$, $\cos\theta$ の定義を述べよ.

　（2）　（1）で述べた定義にもとづき，一般角 α, β に対して

$$\sin(\alpha+\beta) = \sin\alpha\cos\beta + \cos\alpha\sin\beta,$$
$$\cos(\alpha+\beta) = \cos\alpha\cos\beta - \sin\alpha\sin\beta$$

を証明せよ.

（99　東大・共通）

考え方　敬語を省略する. 50 年前, 後に東大教授になる H 氏（故人）が, まだ大学院生であった頃, 受験雑誌「大学への数学」で, 添削や原稿執筆のアルバイトをしていた. 編集長に「H 君が来てね『今後は, テクニカルな解き方ばかり解説するのではなく, 定義と定理を確認して, 理論の成り立ちを理解させることが重要だ』と言っていたよ」と聞いた. その影響もあるのだろうか, 大数の記事は, 余弦定理の証明など, 基本の公式の証明から始まることもあり, 誌面が基本的になった. それから二十数年後, 本問が出題されたとき, ついに来たと驚いた. 出題者が H 教授かどうかは知らない.

　私が高校生のとき, 授業中に「なんじゃ？これ」と思うことが度々あり, 三角関数の加法定理の証明もその 1 つであった. 教科書に載っている証明は, 発想が不自然に感じる（私の感想である）し, 大体, サインとコサインが分離していて, 私は覚えられないと思った. その結果「証明方法は忘れて, 結果だけを覚えて, 使う」という選択をした. 高校時代の安田少年なら, 本問は解けなかっただろう.

　某予備校の大阪校には, 優秀な高校 2 年生を集めて, 東大入試直後に東大の問題を解いてもらうという企画があった. 今もあるかどうかは知らない. 某有名私立 N 高校 2 年生 20 人のうち, 本問が解けたのは 1 人だったらしい. その後, 授業で「1999 年に東大で出たのだけど, 加法定理の証明, 出来る？」というと, 皆, 出来るというから, おそらく, あちこちの高校で「これだけは覚えておけ」と言われたに違いない. しかし, 2013 年に大阪大・文系で, 点と直線の距離の公式 $\dfrac{|ax_0 + by_0 + c|}{\sqrt{a^2 + b^2}}$ の証明が出たときには, あちこちの教員, 生徒に解いてもらったら, あまりできなかったから「基本公式の証明全体」が, 力を込めて教えられているというわけではなさそうである. 東大に出たものは注目を集めるということだろう.

　私は, 既に高校で学んだ人を対象として授業をしている. いつも, ベクトルの授業の前に「ベクトルで一番重要なことは何？」と聞く.「内分点の公式」と答

えるのは，良い方である．大半は，何も答えられない．私の期待する答えは「基底を定めてその1次結合で表す」である．「ベクトルとは移動量だ」を答えてくれてもよいと思っている．基本の解説は後回しにして，解答に移ろう．

本問は基底を上手くとることで，円の座標のままで扱うことができる．

▶解答◀ （1）円 $C : x^2 + y^2 = 1$ 上で，点 $A(1, 0)$ を θ 回転した点 P の座標を (x, y) として，$x = \cos\theta, y = \sin\theta$ と定義する．このとき，O を座標原点として OA の偏角が θ であるという．図1を参照せよ（参照するほどのものではないが）．なお，一般角の説明は注を見よ．

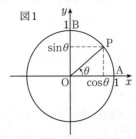

図1

（2）証明すべき2つの式

$$\cos(\alpha + \beta) = \cos\alpha\cos\beta - \sin\alpha\sin\beta$$

$$\sin(\alpha + \beta) = \sin\alpha\cos\beta + \cos\alpha\sin\beta$$

を縦のベクトルで書いて

$$\begin{pmatrix} \cos(\alpha + \beta) \\ \sin(\alpha + \beta) \end{pmatrix} = \begin{pmatrix} \cos\alpha\cos\beta - \sin\alpha\sin\beta \\ \sin\alpha\cos\beta + \cos\alpha\sin\beta \end{pmatrix}$$

とし，さらに右辺を書き直し

$$\begin{pmatrix} \cos(\alpha + \beta) \\ \sin(\alpha + \beta) \end{pmatrix} = \cos\alpha \begin{pmatrix} \cos\beta \\ \sin\beta \end{pmatrix} + \sin\alpha \begin{pmatrix} -\sin\beta \\ \cos\beta \end{pmatrix} \quad\cdots\cdots\cdots\cdots\cdots①$$

とする．これを目標に説明する．

図2を見よ．OP の偏角を α とする．

$$\overrightarrow{OP} = \begin{pmatrix} \cos\alpha \\ \sin\alpha \end{pmatrix} = (\cos\alpha)\begin{pmatrix} 1 \\ 0 \end{pmatrix} + (\sin\alpha)\begin{pmatrix} 0 \\ 1 \end{pmatrix}$$

であり，$A\begin{pmatrix} 1 \\ 0 \end{pmatrix}, B\begin{pmatrix} 0 \\ 1 \end{pmatrix}$ とすると

$$\overrightarrow{OP} = (\cos\alpha)\overrightarrow{OA} + (\sin\alpha)\overrightarrow{OB}$$

となる．

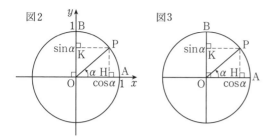

図2　図3

これは『$\overrightarrow{\mathrm{OA}}$ を $\dfrac{\pi}{2}$ 回転したベクトルが $\overrightarrow{\mathrm{OB}}$ であり，直交する 2 つの半径を表すベクトル $\overrightarrow{\mathrm{OA}}$, $\overrightarrow{\mathrm{OB}}$ に対し，P から直線 OA，OB に下ろした垂線の足を H，K として

$$\overrightarrow{\mathrm{OP}} = \overrightarrow{\mathrm{OH}} + \overrightarrow{\mathrm{OK}}, \ \overrightarrow{\mathrm{OH}} = (\cos\alpha)\overrightarrow{\mathrm{OA}}, \ \overrightarrow{\mathrm{OK}} = (\sin\alpha)\overrightarrow{\mathrm{OB}}$$

と見ている』．この『』で囲んだ部分は，図3のように座標軸を消しても成り立っていることに注意せよ．

図4を見よ．全体を β 回転する．P，A，B，H，K を β 回転した点をすべてダッシュをつけて表す．回転後についても

$$\overrightarrow{\mathrm{OP'}} = (\cos\alpha)\overrightarrow{\mathrm{OA'}} + (\sin\alpha)\overrightarrow{\mathrm{OB'}} \quad\cdots\cdots\cdots\cdots\cdots\cdots\cdots\text{②}$$

となる．これは

$$\overrightarrow{\mathrm{OP'}} = \overrightarrow{\mathrm{OH'}} + \overrightarrow{\mathrm{OK'}}, \ \overrightarrow{\mathrm{OH'}} = (\cos\alpha)\overrightarrow{\mathrm{OA'}}, \ \overrightarrow{\mathrm{OK'}} = (\sin\alpha)\overrightarrow{\mathrm{OB'}}$$

となるからである．

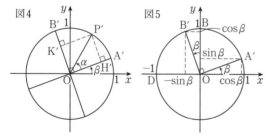

図4　図5

成分で表すと

$$\overrightarrow{\mathrm{OP'}} = \begin{pmatrix} \cos(\alpha+\beta) \\ \sin(\alpha+\beta) \end{pmatrix}, \ \overrightarrow{\mathrm{OA'}} = \begin{pmatrix} \cos\beta \\ \sin\beta \end{pmatrix}, \ \overrightarrow{\mathrm{OB'}} = \begin{pmatrix} -\sin\beta \\ \cos\beta \end{pmatrix}$$

であり，これらを②に代入したものが①である．よって証明された．

注意 1°【$\overrightarrow{\mathrm{OB'}}$ の求め方】

$\overrightarrow{\mathrm{OB'}} = \begin{pmatrix} -\sin\beta \\ \cos\beta \end{pmatrix}$ を求めるところは，図5で十分であろう．絵を描いて理

解するのか？式でできないのか？と突っ込む人がいるかもしれないから，式だけで説明する．図5を見よ．B′ は B を β 回転した点である．B を $\frac{\pi}{2}$ 回転した点を D として

$$\overrightarrow{\mathrm{OB'}} = (\cos\beta)\overrightarrow{\mathrm{OB}} + (\sin\beta)\overrightarrow{\mathrm{OD}}$$

$$= (\cos\beta)\begin{pmatrix} 0 \\ 1 \end{pmatrix} + (\sin\beta)\begin{pmatrix} -1 \\ 0 \end{pmatrix} = \begin{pmatrix} -\sin\beta \\ \cos\beta \end{pmatrix}$$

となる．このように計算で求められる．

2° 【一般角】

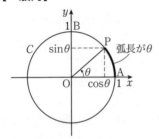

　一般角について書いておく．C 上で，A から P までの弧 AP の符号付き長さを θ と定め，左回りのときは $\theta > 0$，右回りのときは $\theta < 0$，回転しないときは $\theta = 0$ とする．

3° 【ベクトルの基本の説明】

　ベクトルの基本の説明をしよう．基本が分かっている人は飛ばしてほしい．

【ベクトルの二面性・点を見るか矢を見るか】

私の定番のお馬鹿な話があります．あちこちに書いている話です．

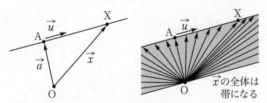

　私が高校生のときのことである．「直線のベクトル方程式」$\vec{x} = \vec{a} + t\vec{u}$ を習ったときに「いろいろな $\vec{x}$ に対して，その $\vec{x}$ の全体は上右図の網目部分のように帯をなすから，直線の方程式でなく，帯の方程式ではないのか？」と思っていた．問題が解けないかというと，そんなことはない．「この問題はこういう解答を書け」と習うから，そのまま覚える．だから定期テストでは○をもらっていた．中には「何かおかしいか？普通だろ？」と思う人もいるだろう．おかしいのである

が，その答えは少し後に書くから，しばし待て．

　ここには教訓がある．点が取れることと，理解していることが別であるということである．

　私には，習っていない初見の問題で，このズレが障害となって，解答が理解できなかったのである．

　そのために，「ベクトルとは何か」を考え続けた．一週間後に「すべてに矢をつける記号が悪いのではないか」という結論に至った．ベクトルには点を見ているときと，矢全体を見ているときがある．そのことを，私の教師は言わなかったし，おそらく現在も，生徒に注意しない教師が多いのではないだろうか？

　以下は，私が授業で行っている説明である．なお，日本では，点を A のように立体で表すが，これは，世界では圧倒的に少数派である．疑問に思うなら国際数学オリンピックの過去問の出題ファイルを見よ．本書でも，他の部分では日本の慣習に合わせたが，ここの部分では，世界の慣習に合わせる．イタリックで点 A と表す．なお，こうした記述はあちこちで重複する．読者は順に，隅から隅まで読むとは限らない．どこから読んでもよいように書く．2次元に限定して書くが，3次元でも，そして，大学で高次元になっても同様である．

【順序対の和と差と実数倍】

　まず，(a, b) を順序対といい，$(1, 2)$ と $(2, 1)$ は別のものであるという，数の組である．場合の数のときの「組合せ $\{a, b\}$」は集合であるから，これとは区別せよ．「数の組」と「数の組合せ」が区別できない人が多い．

　「座標とは何か」から説明する．平面上に 2 本の直交する数直線を考え，それらを x 軸，y 軸とする．交点では x 軸，y 軸のいずれの目盛り（数値）も 0 とする．平面上の点から x 軸，y 軸に下ろした点の数値を a, b とするとき，順序対 (a, b) を点 A の座標といい，$A(a, b)$ あるいは $A = (a, b)$ と表す．これは順序対と点を同一視するということである．

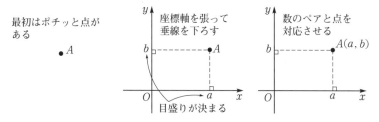

最初はポチッと点がある　●A

座標軸を張って垂線を下ろす

目盛りが決まる

数のペアと点を対応させる

　同一視するということは，本来は点と順序対は違うということである．この例を説明するときに，私はいつも，模試の点のことを持ち出す．1972 年 1 月 15 日に，私は京都で駿台模試を受けた．数学は 115 点（満点 120，以下同様に表す），

物理は 40（40），化学は 35（40）であった．凄いと思ってはいけない．東大入試を想定しているはずなのに，東大入試に比べて，異様に簡単であった．英語は 9（120），国語は 7（80）であった．英語は，分かる単語が be 動詞だけだったが，2ヶ月後の東大入試では，分からない英単語は 1 個だけであった．もちろん，2ヶ月の間に英語力が進歩したわけではない．「はい，安田君，点 (9, 7) に立って．$Y = (9, 7)$ である」と言われたら，それは許せないと言うだろう．私と (9, 7) は同じではない．ある意味で同一視しているだけである．授業中だと，この後，ひとしきり，当時の駿台模試の悪口を言うのであるが，ここでは割愛する．

次に，順序対同士の和，差を定義する．文字はすべて任意の実数である．任意の数とは，あなたがコントロールできない人が好き勝手に選ぶ数である．

$(a, b) = (c, d)$ とは $a = c$ かつ $b = d$ であることとする．ここで，「$a = c$ かつ $b = d$」のイコールは通常のイコールであるが，「$(a, b) = (c, d)$」のイコールは，通常のイコールの流用である．

$$(a, b) + (c, d) = (a + c, b + d)$$
$$(a, b) - (c, d) = (a - c, b - d)$$
$$k(a, b) = (ka, kb)$$

これはそうなるのではなく，そのように定義するのである．これは，それまでの，普通の代数規則（1 次元の代数規則）を，2 次元に広げているのである．また，これによって，形式的な移項，マイナスをつけて左辺のものを右辺に，右辺のものを左辺に移すことができる．

次に，ベクトルを定義する．ベクトルとは座標の差（引いたもの）である．$A = (a, b), B = (c, d)$ とするとき，

$$\overrightarrow{AB} = B - A = (c, d) - (a, b) = (c - a, d - b)$$

と定義する．これは A から B までの移動量を表す．このようにすれば「ベクトルは方向と大きさをもつ．ただし $\overrightarrow{0}$ には方向がない」という無理なことをしなくてもすむ．

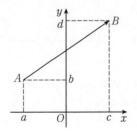

海外の書籍では，$\overrightarrow{AB}$ の上の矢を書かない人達がいて，アメリカでは，それが多数派に思える．「ピタゴラスの定理（E. オマール著，伊里由美訳，岩波書店）」p.215 には「記号 $\overrightarrow{PQ}$ を使う例にまだ遭遇することがあるが，上に付いた矢印は余分である」という記述がある．「お前んとこでは，まだ，矢を付けているのか？」という感じの書き方である．しかし，日本では，幾何図形の問題を解くことが多いから，矢は，ある方が紛れにくい．オマールさん，ごめんなさい．名著として有名な W.W. ソーヤーの「線形代数とは何か（高見 穎郎他訳，岩波書店）」p.30 には $X = A + tU$（X, A, U はベクトルで，t は実数）という感じの式もある．徹底的に矢を書かない．細い文字か，$\boldsymbol{a}$ のような太字で表す．当然ながら，大学の教科書であるから，図形問題も解かない．したがって，内分点の公式も出てこない．

　さらに，日本では $\vec{a}$ と小文字で書いて「位置ベクトル」という．ヤフーの質問箱でも「位置ベクトルってなんですか？」という質問が散見される．位置ベクトルは座標である．座標はベクトルである．なぜいちいち小文字にするのか，意図がわからない．$\vec{a}$ でなく A のままでよいではないか．

　$O = (0, 0)$ は座標原点とする．上の定義では

$$A = (a, b) = (a, b) - (0, 0) = A - O = \overrightarrow{OA}$$

であるから，点 A とベクトル $\overrightarrow{OA}$ は同一視できる．つまり，ベクトルを見たとき，A という点をイメージするか，$\overrightarrow{OA}$ という矢全体をイメージするかは自由である．

　$\overrightarrow{AB} = B - A$ だから，$B = A + \overrightarrow{AB}$ と書いて，A から $\overrightarrow{AB}$ だけ動いて点 B に行くと読める．

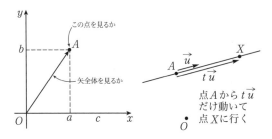

　そこで，「直線のベクトル方程式」$\vec{x} = \vec{a} + t\vec{u}$ に戻ろう．これは $X = A + tu$ と書いて，点 A から $t\vec{u}$ だけ動いて点 X に行くと読める．だから「直線のベクトル方程式」という表現は不適当であり「直線上の点をベクトルとパラメータ t で表示している式」である．ちなみに，直線 $y = mx + n$ は，直線上の点 (x, y) の

間に成り立つ等式を表しており，これを使って $(x, y) = (x, mx + n)$ を作り，x を 1 つ定めると点 (x, y) ができ，x を動かしていくと直線上のすべての点ができるという式である．中学以来直線 $y = mx + n$ に慣れているから，$y = mx + n$ を見ると，パッと頭の中に直線が引かれるだろうが，これも，直線そのものを表現しているわけではない．点を作る関係式である．

　高校時代，私は，自分で考え，「$\vec{x} = \vec{a} + t\vec{u}$ は，最終的には $X = A + t\vec{u}$ と見て，点 A から $t\vec{u}$ だけ動いて点 X に行く」と読んでいるのだと理解した．そのように，矢を見たり，点を見たりして読み替えていくとうまく読める．「当たり前だろ，皆，そう読んでいるさ」と思う人が多いだろう．その陰で「なんだかベクトル，よくわからんわ」と脱落していく人がごまんといることを想像できるだろうか？教師は「今，矢全体を見ているのか，先の点だけを見ているのか」を，説明するべきである．少なくとも，私の高校時代の教師は一切，その説明をしなかった．自分の頭の悪さをヒョイッと棚に上げて，悔し紛れに言えば，実は，そうした言い換えを，教師は認識していなかったのではないかと思える．「どこで生徒がわからなくなるのか」に対するアンテナを張っていないのである．

　授業では，一通り注意を述べた後で，見方さえ正しければ，記号はどうでもよいから，文科省の定めた記号に戻して書いていく．

　「なぜ長々とベクトルの基本の解説をしたのか？」と思う人も多いだろう．私が本問のベクトルによる解法をすると，大人（教員）も含め，多くの人がウンザリした顔をするのである．「そんなことをしなくてもいいじゃない？教科書に載っている普通の解法でやってくれ」と言いたげである．

　学校教育のベクトルでは，内分点の公式で，線分と線分の交点を求めることはやるが，平行四辺形の形で和を作ることを避けているように見える．だから，本問のような形の問題で使うことを苦手にしているのではないか？だから，嫌なものを見たと，多くの人が避けたがるのではないだろうか？

　次のページで，最初に戻る．表記の仕方も，最初の解答の形式に戻す．「ベクトルで一番重要なことはなんですか？」の答えを繰り返す．「基底を定めてその 1 次結合で表す」である．問題に応じて，基底の変更をする必要がある．

【解答の補足】

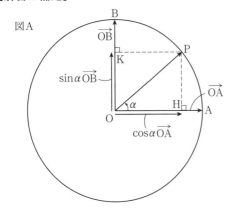

図A

図 A を見よ．想像せよ．

$$\overrightarrow{OP} = (\cos\alpha)\overrightarrow{OA} + (\sin\alpha)\overrightarrow{OB}$$

　図の中に入って行き，靴で原点 O を踏み，立て．右手を伸ばして OA に重ね
よ．左手を伸ばして OB に重ねよ．右手をキュッと縮めて，それを $(\cos\alpha)\overrightarrow{OA}$ だ
と思え．左手をキュッと縮めて，それを $(\sin\alpha)\overrightarrow{OB}$ だと思え．$\overrightarrow{OH}$ と $\overrightarrow{OK}$ で張る
平行四辺形（今は一般に長方形）を考えよ．$\overrightarrow{OP} = \overrightarrow{OH} + \overrightarrow{OK}$ で定まる点 P をと
り，平行四辺形 OHPK を作り，この平行四辺形を「$\overrightarrow{OH}$ と $\overrightarrow{OK}$ で張る平行四辺
形」と呼ぶ．P を，その第四頂点と呼ぶ．$\overrightarrow{OH} = (\cos\alpha)\overrightarrow{OA}$，$\overrightarrow{OK} = (\sin\alpha)\overrightarrow{OB}$，
$\overrightarrow{OP} = \overrightarrow{OH} + \overrightarrow{OK}$ を作るまで，すべて，矢全体を見ている．

　そして，$\overrightarrow{OP}$ の先端の点 P を見よ．この P は円周上にある．

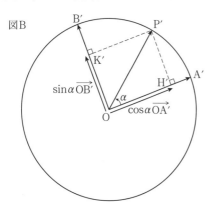

図B

図Bを見よ．図Bになっても，この相対的な位置関係は同様である．

$$\overrightarrow{OP'} = (\cos\alpha)\overrightarrow{OA'} + (\sin\alpha)\overrightarrow{OB'} \quad\cdots\cdots\cdots\cdots\cdots\cdots\cdots\cdots\cdots\cdots\text{③}$$

である．繰り返す必要はないだろうが，コンピュータで原稿を書いていると，繰り返しは，コピー・ペーストでいけるから，簡単である．図の中に入って行き，靴で原点 O を踏み，立て．右手を伸ばして OA′ に重ねよ．左手を伸ばして OB′ に重ねよ．右手をキュッと縮めて，それを $(\cos\alpha)\overrightarrow{OA'}$ だと思え．左手をキュッと縮めて，それを $(\sin\alpha)\overrightarrow{OB'}$ だと思え．$\overrightarrow{OH'}$ と $\overrightarrow{OK'}$ で張る平行四辺形を考えよ．その第四頂点を意識せよ．ということである．xy 座標に戻せば

$$\begin{pmatrix} \cos(\alpha+\beta) \\ \sin(\alpha+\beta) \end{pmatrix} = (\cos\alpha)\begin{pmatrix} \cos\beta \\ \sin\beta \end{pmatrix} + (\sin\alpha)\begin{pmatrix} -\sin\beta \\ \cos\beta \end{pmatrix}$$

となる．両辺の成分を比べれば，目的の結果を得る．

　なお，**図 A，B は α が鋭角で描いているが，そうだと決め込んでいるわけではない．図は，あくまでも一例である．**

　$\cos\alpha < 0$ ならば，$\overrightarrow{OH}$ は $\overrightarrow{OA}$ と逆向きに出し，$\sin\alpha < 0$ ならば，$\overrightarrow{OK}$ は $\overrightarrow{OB}$ と逆向きに出せ．$\cos\alpha = 0$ ならば，$\overrightarrow{OH}$ は一点 O に潰れ，長方形 OHPK は線分に潰れる．そのときであっても，長方形とみなす．$\sin\alpha = 0$ でも同様である．平行四辺形とか，長方形というのは，話の流れの中で判断し，こうしたベクトルの話では，真に平行四辺形，真に長方形というわけではない．三角形の形で加えるときにも，同様である．

次に教科書に載っている証明を書く．式番号は ① から振り直す．

◆別解◆ （2）　まず円 $x^2 + y^2 = 1$ 上に点 A$(\cos\alpha, \sin\alpha)$，点 B$(\cos\beta, \sin\beta)$ をとる．

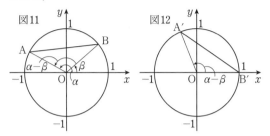

次に，これらを原点のまわりに $-\beta$ 回転した点 A′$(\cos(\alpha-\beta), \sin(\alpha-\beta))$，点 B′$(1, 0)$ をとる．A と B の距離は A′ と B′ の距離に等しいから

$$(\cos\alpha - \cos\beta)^2 + (\sin\beta - \sin\beta)^2$$
$$= \{\cos(\alpha-\beta) - 1\}^2 + \{\sin(\alpha-\beta)\}^2$$

これを展開して，$\cos^2\alpha + \sin^2\alpha = 1$ などを用いると

$$2 - 2(\cos\alpha\cos\beta + \sin\alpha\sin\beta) = 2 - 2\cos(\alpha-\beta)$$
$$\cos(\alpha-\beta) = \cos\alpha\cos\beta + \sin\alpha\sin\beta$$

β は任意であるから β のところに $-\beta$ を代入する．

$$\cos(\alpha+\beta) = \cos\alpha\cos(-\beta) + \sin\alpha\sin(-\beta)$$

一般に

$$\cos(-\theta) = \cos\theta, \ \sin(-\theta) = -\sin\theta \ \cdots\cdots\cdots\cdots\cdots\cdots\cdots① $$

であることを，後に証明する．これにより

$$\cos(\alpha+\beta) = \cos\alpha\cos\beta - \sin\alpha\sin\beta$$

となる．次に α のところに $\dfrac{\pi}{2} + \alpha$ を代入する．

$$\cos\left(\frac{\pi}{2} + \alpha + \beta\right) = \cos\left(\frac{\pi}{2} + \alpha\right)\cos\beta - \sin\left(\frac{\pi}{2} + \alpha\right)\sin\beta \ \cdots\cdots②$$

一般に

$$\cos\left(\frac{\pi}{2} + \theta\right) = -\sin\theta, \ \sin\left(\frac{\pi}{2} + \theta\right) = \cos\theta \ \cdots\cdots\cdots\cdots\cdots\cdots③$$

であることを後に証明する．すると ② から

$$-\sin(\alpha+\beta) = -\sin\alpha\cos\beta - \cos\alpha\sin\beta$$

$$\sin(\alpha + \beta) = \sin\alpha\cos\beta + \cos\alpha\sin\beta$$

残る課題，①，③ の証明をする．$c = \cos\theta$, $s = \sin\theta$ とする．

点 $\mathrm{P}(\theta) = (\cos\theta, \sin\theta)$ とおく．図 1K を見よ．$\mathrm{P}(\theta)$ と $\mathrm{P}(-\theta)$ は x 軸に関して対称であるから ① が成り立つ．

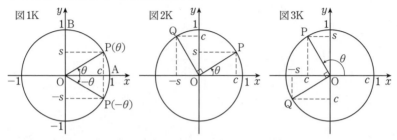

$\mathrm{P}(\theta)$ を P とする．

$$\mathrm{P}\!\left(\frac{\pi}{2} + \theta\right) = \left(\cos\!\left(\frac{\pi}{2} + \theta\right), \sin\!\left(\frac{\pi}{2} + \theta\right)\right)$$

を Q とする．図 2K，3K，4K，5K は OP が第 1 象限，第 2 象限，第 3 象限，第 4 象限の角（いずれも境界の座標軸上を含む）のときであり，いずれも $\mathrm{Q} = (-s, c)$ であるから ③ が成り立つ．

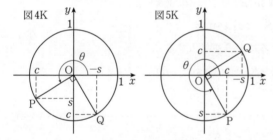

♦別解♦ （2） 最も自然な方法を述べる.

$$\cos(\alpha + \beta) = \cos\alpha\cos\beta - \sin\alpha\sin\beta \quad \cdots\cdots\cdots\cdots\cdots\text{①}$$

$$\sin(\alpha + \beta) = \sin\alpha\cos\beta + \cos\alpha\sin\beta \quad \cdots\cdots\cdots\cdots\cdots\text{②}$$

$x = \cos(\alpha + \beta)$, $y = \sin(\alpha + \beta)$, $\mathrm{Q}(x, y)$ とする.

（ア） $\alpha = 0$ のときは成り立つ. $\beta = 0$ のときも成り立つ.

（イ） $0 < \alpha < \dfrac{\pi}{2}$, $0 < \beta < \dfrac{\pi}{2}$ のとき. 点の名前などは図 32 を見よ. Q から直線 OP に下ろした垂線の足が H で, 他も同様に垂線の足である.

図31

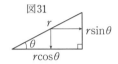

図 31 のように, 掛け算で, 底辺の長さ（$r\cos\theta$ のこと）と, 立辺の長さ（$r\sin\theta$ のこと）を計算していく.

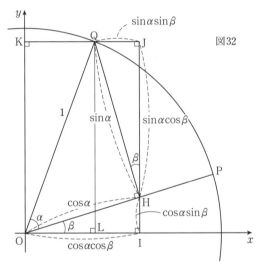

図32

OP の偏角は β, OQ の偏角は $\alpha + \beta$ である. 図のように長さが定まる.

$$x = \mathrm{OI} - \mathrm{QJ} = \cos\alpha\cos\beta - \sin\alpha\sin\beta$$

$$y = \mathrm{OK} = \mathrm{HJ} + \mathrm{HI}$$

$$= \sin\alpha\cos\beta + \cos\alpha\sin\beta$$

よって①, ②が成り立つ.

なお, 図 32 は $\alpha + \beta \leqq \dfrac{\pi}{2}$ の場合の図で, $\mathrm{OL} = \mathrm{OI} - \mathrm{QJ}$ と見ているが,

$\dfrac{\pi}{2} < \alpha + \beta < \pi$ の場合は図33を見よ．この場合は $\mathrm{OL} = \mathrm{OI} - \mathrm{QJ}$ ではないが，$x = \mathrm{OI} - \mathrm{QJ}$ は成り立つ．

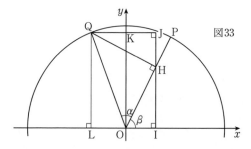

図33

　さて，残念なことに，この角 α, β はまだ一般角ではない．後は，この角を一般角に広げる作業が残っている．

（ウ）　ある α, β に対して ①，② が成り立つとき

$$\cos\left(\dfrac{\pi}{2} + \alpha + \beta\right) = \cos\left(\dfrac{\pi}{2} + \alpha\right)\cos\beta - \sin\left(\dfrac{\pi}{2} + \alpha\right)\sin\beta \quad \cdots\cdots ③$$

$$\sin\left(\dfrac{\pi}{2} + \alpha + \beta\right) = \sin\left(\dfrac{\pi}{2} + \alpha\right)\cos\beta + \cos\left(\dfrac{\pi}{2} + \alpha\right)\sin\beta \quad \cdots\cdots ④$$

が成り立つことを示す．2ページ前の別解と同様に

$$\cos\left(\dfrac{\pi}{2} + \theta\right) = -\sin\theta, \ \sin\left(\dfrac{\pi}{2} + \theta\right) = \cos\theta \quad \cdots\cdots\cdots\cdots\cdots\cdots ⑤$$

であるから，これを用いて ③，④ を書き替えると

$$-\sin(\alpha + \beta) = -\sin\alpha\cos\beta - \cos\alpha\sin\beta$$

$$\cos(\alpha + \beta) = \cos\alpha\cos\beta - \sin\alpha\sin\beta$$

となり，①，② より，これらは成り立つ．

　$\dfrac{\pi}{2} + \alpha$ を新たな α とすれば，（イ）の場合と合わせて $0 \leqq \alpha < \pi$ の場合が証明されたことになる．$\dfrac{\pi}{2}$ を加えるという操作を繰り返し用いることにより，①，② の α を任意の0以上の実数にできる．同様に

$$\cos\left(\alpha + \dfrac{\pi}{2} + \beta\right) = \cos\alpha\cos\left(\dfrac{\pi}{2} + \beta\right) - \sin\alpha\sin\left(\dfrac{\pi}{2} + \beta\right)$$

$$\sin\left(\alpha + \dfrac{\pi}{2} + \beta\right) = \sin\alpha\cos\left(\dfrac{\pi}{2} + \beta\right) + \cos\alpha\sin\left(\dfrac{\pi}{2} + \beta\right)$$

も示せる．よって ①，② の β を0以上の任意の実数にできる．これで α, β を0以上の任意の値にすることができた．

　さらに，ある α, β に対して ①，② が成り立つとき

$$\cos(\alpha - \pi + \beta) = \cos(\alpha - \pi)\cos\beta - \sin(\alpha - \pi)\sin\beta \quad \cdots\cdots\cdots ⑥$$

$$\sin(\alpha - \pi + \beta) = \sin(\alpha - \pi)\cos\beta + \cos(\alpha - \pi)\sin\beta \quad \cdots\cdots\cdots ⑦$$

が成り立つことを示す．$P(\theta - \pi)$ と $P(\theta)$ は原点に関して対称であるから

$$\cos(\theta - \pi) = -\cos\theta, \quad \sin(\theta - \pi) = -\sin\theta$$

である．これを用いて書き直すと，⑥，⑦が①，②に -1 を掛けた式になるから，成り立つ．これを繰り返すと，①の α が任意の実数で成り立つ．同様に β が任意の実数で成り立つ．以上で証明された．

注意 【蛇足1】

　以上，3つの証明を載せた．どれが好みであろうか？私は，最後の別解，ベクトル，距離を考えるの順である．

　想像であるが，おそらく，昔の人達は，直角三角形の上に直角三角形を重ねて，加法定理を発見したに違いない．もともと負の数が広く認められるのは1700年代も終わり頃であり，角が実用的な範囲を越えた場合など，あまり興味を持たれなかっただろう．距離を考える不思議な解法に比べれば，圧倒的に自然である．コサインと，サインが，同時に出てきて美しい．だから，学ぶべきは，最後の解法ではないだろうか？点と直線の距離の公式では，教科書は，$ab \neq 0$ のときだけ証明し，欄外に「$a = 0$ や $b = 0$ でも成り立つことが知られている」と書いている．加法定理の証明でも，教科書によっては，最後の別解の証明を掲載し，「一般角でも成り立つことが知られている」と書いている．教科書に書いてあるから，この方式の答案で，東大も満点をくれるに違いない．勿論，嫌みである．

【蛇足2】

　確認のために，久しぶりに，大きな書店に行って線形代数の教科書を見た．線形代数には，ベクトルの話が出てくる．何十人（いや，何百人かもしれない）という人が書いた線形代数の教科書がある．私が持っている線形代数の本は，一冊も，書棚にはなかった．開いて見た範囲では，「点をイメージするか，矢をイメージするか」について注意している本は皆無であった．安田少年は，高校のとき，一週間粘って，「ベクトルの世界には点を見るか，矢線を見るかの違いがある」ことを自分で理解した．もし，粘りがなければ，あのまま「ベクトルよくわからんわ」と，落ちこぼれていただろう．安田少年は，過去の日本人で，一番，理解力がない生徒であるらしい．そして，E. オマールや W.W. ソーヤーが，その点を書いているのは，アメリカには安田少年レベルの初心者が多く，その人達が，どこで詰まるのかを理解している大人がいるということなのだろうか．

31. 空間内に平面 α がある．一辺の長さ 1 の正四面体 V の α 上への正射影の面積を S とし，V がいろいろと位置を変えるときの S の最大値と最小値を求めよ．ただし，空間の点 P を通って α に垂直な直線が α と交わる点を P の α 上への正射影といい，空間図形 V の各点の α 上への正射影全体のつくる α 上の図形を V の α への正射影という．　　　(88　東大・理科)

　本問には歴史がある．少し長くなるが，お付き合い願いたい．始まりは，受験雑誌「大学への数学」(以下，大数) 1976 年 4 月号の学力コンテストの問題である．当時の編集長・山本矩一郎先生が次の問題を出題された．学コンの問題がないと言っている私に「Z 会に売るつもりだったけれど」と出してくれた．Z 会でなく，大数に公開されたことで，その後の流行につながる．当時，板垣正亮先生を仲介に Z 会にも出題されていた．次の問題を「元祖」と呼ぶ．

（1）　4 面体を平面 α 上に正射影するとき，どのような図形がえられるか．簡単に説明せよ．

（2）　1 辺の長さが 1 である正 4 面体を平面 α 上に正射影するとき，えられる図形の面積の最大値を求めよ．

▶解答◀　（1）　答えは**三角形または四角形**

（2）　正射影して得られた図形を T，その面積を S とする．

（ア）　T が三角形のとき．S の最大値は 1 つの面がそのままドンッと射影されたときで，S の最大値は $\dfrac{\sqrt{3}}{4}$ である．

（イ）　T が四角形のとき．T の対角線の長さを l, m とし，対角線の交角を θ とすると，$S = \dfrac{1}{2} lm \sin\theta$ であり $l \leq 1, m \leq 1, \sin\theta \leq 1$ であるから S の最大値は $\dfrac{1}{2}$ となる．

　$\dfrac{\sqrt{3}}{4} < \dfrac{1}{2}$ であるから，求める最大値は $\dfrac{1}{2}$ である．

　なお，最大値は，四面体の共有点をもたない 2 辺の中点を結ぶ線分が α に垂直のときに起こる．

注意 1°【四角形の面積の公式】

$\frac{1}{2}lm\sin\theta$ の証明は，下左図で

$$\triangle\text{ABD} + \triangle\text{CDB} = \frac{1}{2}m\cdot l_1\sin\theta + \frac{1}{2}m\cdot l_2\sin\theta$$

$$= \frac{1}{2}(l_1 + l_2)m\sin\theta = \frac{1}{2}lm\sin\theta$$

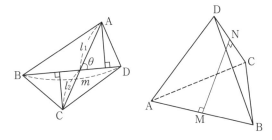

2°【元祖で最大値を与えるとき】

正四面体 ABCD で，AB の中点を M，CD の中点を N とすると MN，AB，CD は互いに垂直である．証明は後の正四面体の基本で行う．最大値を与えるのは，MN が α に垂直なときである．

学コンの応募者で，木沢範彦君（当時は東海高校 3 年）という人がいた．今は南範彦名古屋工業大教授である．木沢君は，答案用紙を 3 段に区切り，解答は 1 段の半分以下で終わらせ，その後，いろいろな研究をするのが常であった．このときにも，次のような研究を書いてきた．

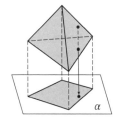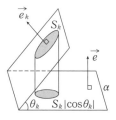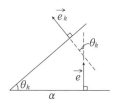

凸 n 面体 F を平面 α に正射影してできる図形 T を考える．T の面積を S とする．F の各面の面積を S_k $(1 \leqq k \leqq n)$，法線ベクトル（面に垂直なベクトル）を $\vec{e_k}$，α の法線ベクトルを $\vec{e}$，$\vec{e_k}$ と $\vec{e}$ のなす角を θ_k とする．T の内部の点は，F の表面の 2 個の点の正射影であるから，S は各面の正射影の面積を加えて 2 で割ると求められる．$S = \frac{1}{2}\sum_{k=1}^{n} S_k|\cos\theta_k|$ である．

そこで，この意図に沿って，座標計算をする問題を作り，翌年，学力コンテストに出題した．木沢君は既に京大理学部の学生であった．

A(1, 1, 3)，B(2, 1, 0)，C(−1, 2, 1)，原点 O で作る四面体を平面 $\pi : x - y + z = 10$ に正射影してできる図形の面積を求めよ．

この問題の解答は省略する．答えの結果だけを示す．$2\sqrt{3}$ である．

木沢君のおかげで，「図形的に考える」「座標計算する」という「解法の選択肢」を提示することができた．図形的に考えると，どこに着目するかは，人によって異なり，試験時間の中では安定性がない．それに対して，座標計算は安定して追求できる．平面の方程式の基本を述べる．

【平面の方程式の基本】

平面 π 上の点 $P_0(x_0, y_0, z_0)$ を通って，ベクトル $\vec{v} = (a, b, c)$ に垂直な平面 π 上の任意の点を $P(x, y, z)$ とすると $\overrightarrow{P_0P} = (x - x_0, y - y_0, z - z_0)$ が $\vec{v} = (a, b, c)$ に垂直であるから，内積をとって

$$a(x - x_0) + b(y - y_0) + c(z - z_0) = 0$$

となる．$-ax_0 - by_0 - cz_0 = d$ とおくと $ax + by + cz + d = 0$ となる．これが平面の方程式の一般形である．また，$\vec{v} = (a, b, c)$ は π の法線ベクトルである．

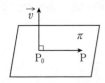 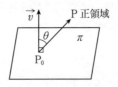

さらに，π を境界として，空間は 2 つの領域に分かれる．π に関して $\vec{v}$ と同じ側にある点 P について，$\overrightarrow{P_0P}$ と $\vec{v}$ のなす角を θ とすると，θ は 0 または鋭角である．よって

$$\overrightarrow{P_0P} \cdot \vec{v} = |\overrightarrow{P_0P}||\vec{v}|\cos\theta > 0$$

$$a(x - x_0) + b(y - y_0) + c(z - z_0) > 0$$

であり，$ax + by + cz + d > 0$ となる．$\pi : ax + by + cz + d = 0$ に対して，$ax + by + cz + d > 0$ を満たす側を π の正領域という．境界に対してどちら側かという意味で，「π の正領域」や「π に関して正領域」という．逆の側を負領域という．

前の方にケプラー四面体のことを書いているから，それを理解した上で以下を読んでほしい．

1辺の長さが1の立方体を正射影する問題が，各予備校の模擬試験，大数で，独立に出題された．入試でも，次の名古屋大の問題など，類題が花盛りであった．

---

a, b, c を正の数とする．xyz 座標空間内で点 $(0, 0, 0)$，$(a, 0, 0)$，$(0, b, 0)$，$(0, 0, c)$，$(a, b, 0)$，$(a, 0, c)$，$(0, b, c)$，(a, b, c) を頂点とする直方体を A とする．A の点 P から平面 $x + y + z = 0$ へ垂線をひき，その平面との交点を Q とする．P が A を動くときの Q の動く範囲 B の面積を求めよ．

(87　名古屋大・理系)

▶解答◀　図のように点に名前をつける．面 ABED の面積は bc で，この法線ベクトルは $\vec{u} = (1, 0, 0)$ である．$\vec{v} = (1, 1, 1)$ と $\vec{u}$ のなす角を θ とすると

$$\cos\theta = \frac{\vec{u} \cdot \vec{v}}{|\vec{u}||\vec{v}|} = \frac{1}{\sqrt{3}}$$

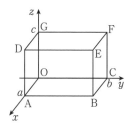

面 ABED を正射影した図形の面積は $\dfrac{bc}{\sqrt{3}}$ である．他の5面の正射影を求めてすべて加えて2で割る，あるいは，3面 ABED，BCFE，DEFG の正射影した図形の面積をそれぞれ加えてもよい．答えは $\dfrac{1}{\sqrt{3}}(ab + bc + ca)$ である．なお，この問題は三角形 DBF の正射影だけを考えて2倍してもよい．

以下は**東大の問題の解答**である．最初は座標で計算する．

▶解答◀ xyz 座標空間で，一辺の長さが $2a$ の立方体（図1を見よ）

$$-a \leqq x \leqq a, \quad -a \leqq y \leqq a, \quad -a \leqq z \leqq a$$

の各面の対角に配置された4頂点

$$P_1(-a, a, a), P_2(a, -a, a), P_3(a, a, -a), P_4(-a, -a, -a)$$

をとり，1辺の長さが $2\sqrt{2}a$ の正四面体 $P_1P_2P_3P_4$ を設定する．ここで $2a\sqrt{2}=1$ とする．

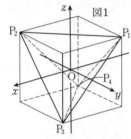

図1

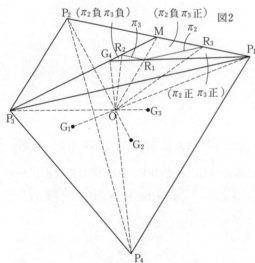

図2

図2を見よ．$\triangle P_2P_3P_4$ の重心が G_1，$\triangle P_1P_3P_4$ の重心が G_2，$\triangle P_1P_2P_4$ の重心が G_3，$\triangle P_1P_2P_3$ の重心が G_4 である．O を通って OG_k に垂直な平面を π_k とする．$G_1\left(\dfrac{a}{3}, -\dfrac{a}{3}, -\dfrac{a}{3}\right)$, $G_2\left(-\dfrac{a}{3}, \dfrac{a}{3}, -\dfrac{a}{3}\right)$, $G_3\left(-\dfrac{a}{3}, -\dfrac{a}{3}, \dfrac{a}{3}\right)$, $G_4\left(\dfrac{a}{3}, \dfrac{a}{3}, \dfrac{a}{3}\right)$ である．$-3\overrightarrow{OG_k}=\overrightarrow{OP_k}$ であるから，O は P_kG_k を $3:1$ に内分

する．$\overrightarrow{OG_1}$ は平面 $P_2P_3P_4$ の法線ベクトルである．$\overrightarrow{OG_2}$ は平面 $P_1P_3P_4$ の，$\overrightarrow{OG_3}$ は平面 $P_1P_2P_4$ の，$\overrightarrow{OG_4}$ は平面 $P_1P_2P_3$ の法線ベクトルである（この理由は後の基本事項を参照せよ）．$\overrightarrow{OG_k}$ 方向の単位ベクトルを $\vec{e_k}$，α の長さ 1 の法線ベクトルを $\vec{e} = (x, y, z)$，$\vec{e_k}$ と $\vec{e}$ のなす角を θ_k とする．

$$\vec{e_1} = \left(\frac{1}{\sqrt{3}}, -\frac{1}{\sqrt{3}}, -\frac{1}{\sqrt{3}} \right), \vec{e_2} = \left(-\frac{1}{\sqrt{3}}, \frac{1}{\sqrt{3}}, -\frac{1}{\sqrt{3}} \right),$$

$$\vec{e_3} = \left(-\frac{1}{\sqrt{3}}, -\frac{1}{\sqrt{3}}, \frac{1}{\sqrt{3}} \right), \vec{e_4} = \left(\frac{1}{\sqrt{3}}, \frac{1}{\sqrt{3}}, \frac{1}{\sqrt{3}} \right)$$

である．1 辺が 1 の正三角形の面積 S_0 は $S_0 = \frac{\sqrt{3}}{4}$ である．

$$S = \frac{1}{2} \sum_{k=1}^{4} S_0 |\cos\theta_k| = \frac{1}{2} \sum_{k=1}^{4} S_0 |\vec{e_k} \cdot \vec{e}|$$

$$= \frac{1}{8} (|x - y - z| + |-x + y - z| + |-x - y + z| + |x + y + z|)$$

原点 O はこの立方体の外接球の中心であり，正四面体 $P_1P_2P_3P_4$ の外接球の中心である．O を中心，半径 1 の球面を K とする．$\overrightarrow{OE} = \vec{e}$ とすると E は K 上にある．$OP_k = \sqrt{3}a = \frac{\sqrt{3}}{2\sqrt{2}} < 1$ であるから，P_k は K の内部にある．線分 OE は正四面体の表面と交わる．その交点を F とする．

P_1P_2 の中点を $M(0, 0, a)$ とする．F が三角形 $\triangle G_4P_1M$ の周または内部にあるとしても一般性を失わない．図 2 を見て想像力を逞しくせよ．$\triangle G_4P_1M$ は π_1 の負領域，π_4 の正領域にある．

$$8S = -(x - y - z) + |-x + y - z| + |-x - y + z| + (x + y + z)$$

$$8S = 2y + 2z + |-x + y - z| + |-x - y + z|$$

である．

図 3 では平面 $P_1P_2G_3$ が紙面に垂直になっているとせよ．平面 π_3 と線分 G_4P_1，G_4M の交点をそれぞれ R_1，R_2 とする．R_2 の真下に O がある．煩雑になるから書いていない．M と G_3 が重なって見える．G_4 は $\triangle P_1P_2P_3$ の重心であるから P_3M を 1 とすれば，G_4M は $\frac{1}{3}$ である．平面 π_3 は平面 $P_1P_2G_3$ と平行であり，P_3G_3 を $3 : 1$ に内分する位置で切断するから R_2M は $\frac{1}{4}$ に相当する．

$$G_4R_2 : R_2M = \left(\frac{1}{3} - \frac{1}{4} \right) : \frac{1}{4} = 1 : 3$$

$$\overrightarrow{OR_2} = \frac{3}{4} \overrightarrow{OG_4} + \frac{1}{4} \overrightarrow{OM} = \frac{a}{4}(1, 1, 2)$$

$$\overrightarrow{\mathrm{OR_1}} = \frac{3}{4}\overrightarrow{\mathrm{OG_4}} + \frac{1}{4}\overrightarrow{\mathrm{OP_1}} = \frac{a}{2}(0,\,1,\,1)$$

である．平面 π_2 は平面 $\mathrm{P_1P_3P_4}$ と平行で $\mathrm{P_1P_2}$ と π_2 の交点を $\mathrm{R_3}$ とする．$\mathrm{R_3}$ は $\mathrm{P_1P_2}$ を $1:3$ に内分する．

$$\overrightarrow{\mathrm{OR_3}} = \frac{3}{4}\overrightarrow{\mathrm{OP_1}} + \frac{1}{4}\overrightarrow{\mathrm{OP_2}} = \frac{a}{2}(-1,\,1,\,2)$$

$\mathrm{R_1}$ は π_2 と π_3 を通る．

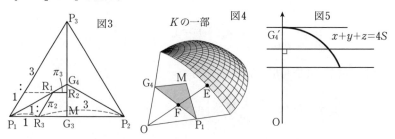

図3　　　K の一部　　図4　　　図5

（ア）　F が三角形 $\triangle \mathrm{G_4R_1R_2}$ 内（周と内部）にあるとき．図2に戻れ．$\triangle \mathrm{G_4R_1R_2}$ の内部は π_2, π_3 の負領域にある．π_2 に関して $\mathrm{P_2}$ と同じ側，π_3 に関して $\mathrm{P_3}$ と同じ側にある．これを図に（π_2 負 π_3 負）と書いた．他も同様に読め．

$$8S = 2y + 2z - (-x + y - z) - (-x - y + z)$$
$$4S = x + y + z \quad \cdots\cdots\cdots\cdots\cdots\cdots\cdots\cdots\cdots\cdots\cdots\cdots ①$$

この平面は $\overrightarrow{\mathrm{OG_4}}$ を法線とする平面である．

F が三角形 $\triangle \mathrm{G_4R_1R_2}$ 内にあるとき，E の存在範囲は，球面 K を3平面で切った領域になるから，図4のような茶碗が割れたときの欠片のようになる．図4はかなりデフォルメして描いてある．後は，数学 II の領域と最大・最小問題のように，平面 $x + y + z = 4S$ をずらし，茶碗の欠片と共有点をもつ状態で，最大になるときと最小になるときを考える．

$\overrightarrow{\mathrm{OG_4}}$ 方向の $\vec{e}$ を $\overrightarrow{\mathrm{OG_4}'}$ で表す．他も同様にダッシュ付きで表す．

$\overrightarrow{\mathrm{OG_4}'} = \dfrac{1}{\sqrt{3}}(1,\,1,\,1)$ の各成分を ① の x, y, z に代入すると $S = \dfrac{\sqrt{3}}{4}$ である．

これがこの場合の S の最大値である．最小値に関しては後にまとめて書く．ひとまず最大値の考察を続ける．

（イ）　F が四角形 $\mathrm{R_2R_1R_3M}$ 内（周と内部）にあるとき．図2の π_2 負 π_3 正に注意せよ．

$$8S = 2y + 2z - (-x + y - z) + (-x - y + z)$$
$$2S = z$$

この平面は $\overrightarrow{\mathrm{OM}}$ を法線とする平面である．S は $\overrightarrow{\mathrm{OM'}} = (0, 0, 1)$ で最大値 $\dfrac{1}{2}$ をとる．

（ウ）F が三角形 $\mathrm{R_1P_1R_3}$ 内（周と内部）にあるとき，図 2 の π_2 正 π_3 正に注意せよ．

$$8S = 2y + 2z + (-x + y - z) + (-x - y + z)$$

$$4S = -x + y + z$$

この平面は $\overrightarrow{\mathrm{OP_1}}$ を法線とする平面で，$\overrightarrow{\mathrm{OP_1'}} = \dfrac{1}{\sqrt{3}}(-1, 1, 1)$ のとき $S = \dfrac{\sqrt{3}}{4}$ である．これがこの場合の S の最大値である．

以上の 3 通りの各場合について求めた各最大値 $\dfrac{\sqrt{3}}{4}, \dfrac{1}{2}, \dfrac{\sqrt{3}}{4}$ で，$\dfrac{1}{2} > \dfrac{\sqrt{3}}{4}$ であるから，求める最大値は $\dfrac{1}{2}$ である．

図 5 を参照せよ．最小値は $\mathrm{R_1', R_2', R_3'}$ のいずれかでとるが，$\mathrm{R_1, R_2, R_3}$ は四角形 $\mathrm{R_2R_1R_3M}$ の周にあるから，（イ）の場合で考える．

$\overrightarrow{\mathrm{OR_1'}} = \dfrac{1}{\sqrt{2}}(0, 1, 1)$，$\overrightarrow{\mathrm{OR_2'}} = \dfrac{1}{\sqrt{6}}(1, 1, 2)$，$\overrightarrow{\mathrm{OR_3'}} = \dfrac{1}{\sqrt{6}}(-1, 1, 2)$ で，各場合の $S = \dfrac{z}{2}$ の値は $\dfrac{1}{2\sqrt{2}}, \dfrac{1}{\sqrt{6}}, \dfrac{1}{\sqrt{6}}$ であり，$\dfrac{1}{2\sqrt{2}} < \dfrac{1}{\sqrt{6}}$ であるから，最小値は $\dfrac{1}{2\sqrt{2}}$ である．

以上より，求める最大値は $\dfrac{1}{2}$，最小値は $\dfrac{\sqrt{2}}{4}$ である．

注意 3°【座標計算】

少し補足する．図 3 では平面 $\mathrm{P_1P_2G_3}$，π_3 が紙面に垂直になっているから，三角形 $\mathrm{P_1P_2P_3}$ を少し斜めにして見ている．従って，正三角形に描いてはいない．$\mathrm{R_2}$ の真下に O がある．π_2 は紙面に垂直になっているわけではない．しかし，平面 $\mathrm{P_1P_2P_3}$ と π_2 との交線については，$\mathrm{R_1R_3}$ は $\mathrm{P_1P_3}$ と平行で $1:3$ の比が出てくる．

計算を軽減するために図形的な考察をしたが，座標計算してもよい．例えば $\mathrm{R_1}$ の場合は

$$\overrightarrow{\mathrm{OR_1}} = t\overrightarrow{\mathrm{OG_4}} + (1-t)\overrightarrow{\mathrm{OP_1}}$$

$$= \dfrac{at}{3}(1, 1, 1) + a(1-t)(-1, 1, 1)$$

とおけて，R_1 は $\pi_2 : -x + y - z = 0$ の上にあるから，代入すると

$$\frac{at}{3}(-1 + 1 - 1) + a(1 - t)(1 + 1 - 1) = 0$$

$$-\frac{t}{3} + (1 - t) = 0$$

よって $t = \frac{3}{4}$ となり

$$\overrightarrow{OR_1} = \frac{a}{4}\{(1, 1, 1) + (-1, 1, 1)\} = \frac{a}{2}(0, 1, 1)$$

となる．R_2, R_3 についても同様である．実際には，私は，最初に，このように座標計算して求め，図形的考察が正しいことを確認した後，上の原稿を書いている．全部書くと長いように見えるが，各部分での最大が G_4, P_1, M の各頂点で起こることは，元祖を考えれば明らかだから，R_1, R_2, R_3 の座標3つの計算くらい大したことではない．

4° 【代入して確認する】

$-x - y + z$ に G_4, P_1, M の座標を代入すると，順に $-\frac{a}{3}$, a, a となり，G_4 は平面 $\pi_3 : -x - y + z = 0$ の負領域にあり，P_1, M は π_3 の正領域にある．他も同様に確認できる．

5° 【内積と考える】

$$4S = x + y + z$$

において，$\overrightarrow{OG_4'} = \frac{1}{\sqrt{3}}(1, 1, 1)$，$E(x, y, z)$ として，内積

$$4S = \sqrt{3}\,\overrightarrow{OG_4'} \cdot \overrightarrow{OE}$$

と見ることができる．

$$4S = \sqrt{3}\,|\overrightarrow{OG_4'}|\,|\overrightarrow{OE}|\cos(\angle G_4'OE)$$

$$4S = \sqrt{3}\,\cos(\angle G_4'OE)$$

となる．これが最大になるのは $E = G_4'$ のときで，最小になるのは，角が一番開いたとき，つまり，茶碗の欠片の端のどちらかである．

【S 氏の解法のこと】

1988 年の新学期になってすぐのことである．東大のある1年生のクラスの数学の授業中，H 教授が学生に対して，入試問題の話をした．敬語を省略する．最前列の学生（I 君）に，どのような答案を書いたかと聞いた．I 君は「最大値は元祖の解答のようにして求めた」ことと，最小値は，次のように考え，いきなり答えを出したが，これが最小であることを論証することはできなかったと言った．

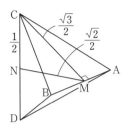

1 辺の長さが 1 の正四面体 ABCD で，AB，CD の中点を M，N とする．
$MN = \dfrac{\sqrt{2}}{2}$ である．CD が α に垂直なとき，正射影してできる図形は三角形
ABN と同じ形になり，求める最小値は $\dfrac{1}{2} \cdot AB \cdot NM = \dfrac{\sqrt{2}}{4}$ であると予想される．

　H 教授は，それだけ書いてあればかなりの点数がもらえると答えた．I 君のような戦略が，費用対効果を最大にする，試験として最高の方針であろう．H 教授は大学側が用意していた模範解答について触れることはなかった．

　その年の新入生に S 君という学生がいた．彼は入試の本番で，四面体の体積を等積変形して解こうとした．ただし，彼は入試の時間内では完全解を書くことができなかった．入試が終わった後，自分のアイデアをいろいろな先生に相談し，なんとか完全解にこぎつけた．それが 1989 年の大数 9 月号 p.57 に小島寛之氏（現在帝京大学教授）の原稿として掲載された．

　S 君のアイデアは，四面体が α に垂直な線分で出来ているとして，その端を α 上に落として等積変形して，できる立体が，四面体または四角錐になることを利用する．こうした斬新なアイデアには敬意をはらいたい．素晴らしいと思う．

　S 君の解法を，何度か授業でやってみたのであるが，生徒の反応はイマイチであった．普段，等積変形をしないから，ピンとこないらしい．

　本書では S 方式の解答を詳細には述べない．2013 年の名古屋市立大に，S 君のアイデアに沿った問題が出題された．ただし，大きく違うのは，立体そのものを変形するわけではなく「そのままの状態で立体の体積を式にする」ことにある．体積を経由するという発想は同じであるが，変形しないだけに読みやすい．

原点を O とする xyz 空間内に 1 辺の長さが 1 の正四面体 OPQR がある. 点 P, Q, R を通り z 軸に平行な 3 直線と xy 平面との交点を P′, Q′, R′ とするとき, 次の問いに答えよ.

（1） △PQR, △P′Q′R′ の面積をそれぞれ S, S_1 とする. P, Q, R の 3 点を通る平面と xy 平面のなす角を θ とするとき, $S_1 = S|\cos\theta|$ を示せ.

（2） O が △P′Q′R′ の周上を含む内部にあるとき, z 軸と △PQR の交点を A とする. このとき正四面体 OPQR の体積 V は $V = \dfrac{1}{3}\mathrm{OA}\cdot S_1$ となることを示し, S_1 の最小値を求めよ.

（3） O が △P′Q′R′ の外部にあり, 線分 OP′ と線分 Q′R′ が交点 B をもつとき, 点 B を通り z 軸に平行な直線と, 直線 OP および直線 QR との交点をそれぞれ C, D とする. このとき四角形 OQ′P′R′ の面積を S_2 とすると $V = \dfrac{1}{3}\mathrm{CD}\cdot S_2$ となることを示し, S_2 の最大値を求めよ.

（13　名古屋市大・医）

名市大の問題と東大の問題の関連はわからない. 大数で S 解法を見て, 立体を変形をしないように改良したのか, これがもともとの出題者の解法なのか, 判断がつかない.

▶解答◀　（1） 2 平面が平行なときには $\theta = 0$ で, $S_1 = S|\cos\theta|$ は成り立つから, 2 平面が交わるときを考える. △PQR の乗っている平面を π とし, 2 平面の交線を L とする. 平面 π 上の L に平行な辺をもつ 1 辺が 1 の正方形の正射影で, L に平行な辺の長さは 1 のまま, L に垂直な辺の正射影の長さは $\cos\theta$ になるから $S_1 = S|\cos\theta|$ である.

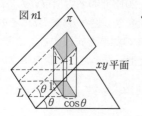

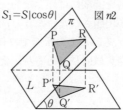

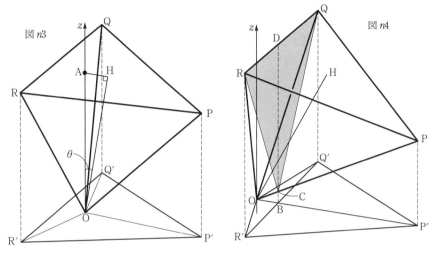

図 $n3$

図 $n4$

（2）　図 $n3$ を見よ．O から平面 PQR に下ろした垂線の足を H とする．直線 OH は平面 PQR の法線であり，直線 OA（z 軸）は平面 P′Q′R′ の法線である．2 平面のなす角が θ だから $\angle$AOH は θ またはその補角に等しい．

$$\text{OA}|\cos\theta| = \text{OH}$$

である．

$$V = \frac{1}{3}S \cdot \text{OH} = \frac{1}{3}S \cdot \text{OA}|\cos\theta| = \frac{1}{3}\text{OA} \cdot S_1$$

である．S_1 の最小値を求めるために OA の最大値を求める．それは O と $\triangle$PQR の周と内部の点との距離の最大値であるから，それは一辺の長さ 1 に等しい．

正四面体の高さは $\sqrt{\dfrac{2}{3}}$ であるから

$$V = \frac{1}{3} \cdot \frac{\sqrt{3}}{4} \cdot 1^2 \cdot \sqrt{\frac{2}{3}} = \frac{\sqrt{2}}{12}$$

よって S_1 の最小値は $\dfrac{\sqrt{2}}{4}$ である．

（3）　図 $n4$ を見よ．

平面 CQR で正四面体 OPQR を 2 つに分割する．四面体 OPQR の体積を [OPQR] と表すことにする．他も同様に表す．[OPQR] ＝ [QRCO] ＋ [QRCP] であり，（2）と同様に [QRCO] ＝ $\dfrac{1}{3}$CD$\cdot\triangle$Q′R′O，[QRCP] ＝ $\dfrac{1}{3}$CD$\cdot\triangle$Q′R′P′ である．これは（2）の O，A が C，D になったと考えればよい．

$$V = \frac{1}{3}\text{CD} \cdot \triangle\text{Q}'\text{R}'\text{O} + \frac{1}{3}\text{CD} \cdot \triangle\text{Q}'\text{R}'\text{P}'$$

$$= \frac{1}{3}\mathrm{CD}(\triangle \mathrm{Q'R'O} + \triangle \mathrm{Q'R'P'}) = \frac{1}{3}\mathrm{CD} \cdot S_2$$

S_2 の最大値を求めるためには CD の最小値を求めればよく，そのためには辺 OP 上の動点 C と辺 QR 上の動点 D の距離の最小を考える．それは，C，D が各辺の中点のときに最小値 $\frac{\sqrt{2}}{2}$ を取ることが知られている．S_2 の最大値は $\frac{1}{2}$ である．

【東大の問題の答えに応用する】

名古屋市大のアイデアをそのまま使う．以下の S は東大の問題の S である．

（ア）V の正射影が三角形のとき．これは名市大の問題の（2）の状態である．

$$\sqrt{\frac{2}{3}} \le \mathrm{OA} \le 1, \ S = \frac{3V}{\mathrm{OA}} \ \text{より OA を消去して}$$

$$\sqrt{\frac{2}{3}} \le \frac{3V}{S} \le 1$$

$V = \frac{\sqrt{2}}{12}$ であるから

$$\sqrt{\frac{2}{3}} \le \frac{\frac{\sqrt{2}}{4}}{S} \le 1$$

$$\frac{\sqrt{2}}{4} \le S \le \frac{\sqrt{3}}{4}$$

（イ）V の正射影が四角形のとき．ただし，O，P，Q，R のうちの1点の正射影が，他の3点の正射影で作る図形の周上にある場合も四角形であるということにする．名市大の問題の（3）の状態である．

$$S = \frac{3V}{\mathrm{CD}}, \ \frac{\sqrt{2}}{2} \le \mathrm{CD} \le 1 \ \text{より CD を消去して}$$

$$\frac{\sqrt{2}}{2} \le \frac{3V}{S} \le 1$$

$V = \frac{\sqrt{2}}{12}$ であるから

$$\frac{\sqrt{2}}{2} \le \frac{\frac{\sqrt{2}}{4}}{S} \le 1$$

$$\frac{\sqrt{2}}{4} \le S \le \frac{1}{2}$$

$\frac{\sqrt{3}}{4} < \frac{1}{2}$ であるから，S の最小値は $\frac{\sqrt{2}}{4}$，最大値は $\frac{1}{2}$ である．

● 正四面体の基本超特急 ●

一辺の長さが a の正四面体 ABCD において，D から平面 ABC に下ろした垂線の足を H，四面体 ABCD の外接球の中心を O，半径を R とする．AB の中点を M，CD の中点を N とする．次の証明をせよ．

（1） H は三角形 ABC の重心であることを示せ．

（2） D，O，H は一直線上にあることを示せ．

（3） $DH = \sqrt{\dfrac{2}{3}}\,a$ であることを示せ．

（4） O は DH を $3:1$ に内分することを示せ．

（5） O は四面体 ABCD の内接球の中心であることを示せ．

（6） $MN = \dfrac{a}{\sqrt{2}}$ であり，AB，CD，MN は互いに垂直であることを示せ．

（7） O は MN の中点であることを示せ．

▶解答◀ （1） $DH = h$ とおくと，三平方の定理より

$$HA = \sqrt{DA^2 - DH^2} = \sqrt{a^2 - h^2}$$

同様に HB，HC も $\sqrt{a^2 - h^2}$ で HA = HB = HC だから，H は △ABC の外心である．正三角形では外心は重心と一致するから，H は △ABC の重心である．

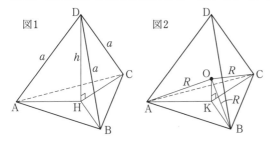

（2） O から平面 ABC に下ろした垂線の足を K とする．OA = OB = OC = R であるから，（1）と同様に，K は △ABC の外心である．ゆえに K は H と一致し，D，O は H を通って平面 ABC に垂直な直線上にあるから，D，O，H は一直線上にある．

（3） 三角形 MBC は 60 度定規であり

$$CH = \frac{2}{3} \cdot \frac{\sqrt{3}}{2}a = \frac{1}{\sqrt{3}}a$$

正四面体の高さは

$$\mathrm{DH} = \sqrt{\mathrm{DC}^2 - \mathrm{CH}^2} = \sqrt{\frac{2}{3}}\,a$$

図3

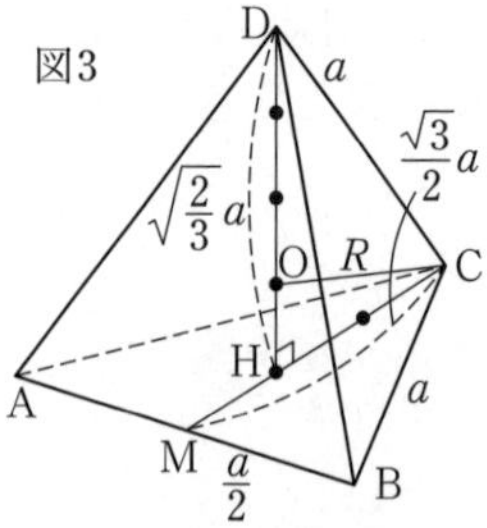

図4

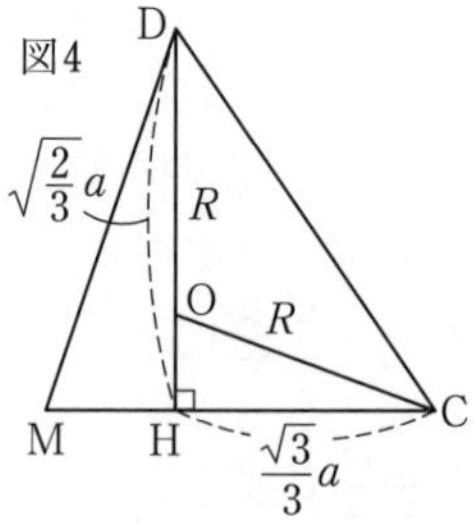

（4） $\mathrm{CH} = \dfrac{1}{\sqrt{3}}\,a$

$$\mathrm{OH} = \left| \sqrt{\frac{2}{3}}\,a - R \right|$$

三角形 OHC で三平方の定理を用いて

$$\left(\sqrt{\frac{2}{3}}\,a - R \right)^2 + \frac{1}{3}a^2 = R^2$$

$$a^2 - 2a\sqrt{\frac{2}{3}}\,R = 0$$

$$R = \frac{\sqrt{3}}{2\sqrt{2}}\,a = \frac{\sqrt{6}}{4}\,a = \frac{3}{4}\sqrt{\frac{2}{3}}\,a$$

O は DH を 3：1 に内分する．

（5） O と平面 ABC の距離は $\mathrm{OH} = \dfrac{1}{4}\sqrt{\dfrac{2}{3}}\,a$ である．同様に，外接球の中心 O と他の面との距離も $\dfrac{1}{4}\sqrt{\dfrac{2}{3}}\,a$ であるから，O は内接球の中心である．

（6） 三角形 MBC と三角形 MBD は 60 度定規であり $\mathrm{MC} = \mathrm{MD} = \dfrac{\sqrt{3}}{2}\,a$ である．$\mathrm{NC} = \mathrm{ND} = \dfrac{a}{2}$ である．三角形 MNC と MND は合同で，$\angle\mathrm{MNC} = 90°$ である．MN と CD は垂直である．

$$\mathrm{MN} = \sqrt{\mathrm{MD}^2 - \mathrm{DN}^2} = \sqrt{\frac{3}{4} - \frac{1}{4}}\,a = \frac{a}{\sqrt{2}}$$

　同様に MN は AB と垂直である．また，$\angle\mathrm{CMA} = 90°$，$\angle\mathrm{DMA} = 90°$ であり，平面 CDM と AB は垂直である．よって AB は平面 CDM 上のすべての線分と垂直で，AB は CD と垂直である．

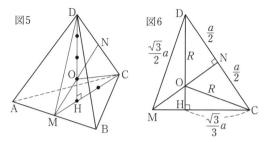

図5　図6

（**7**）　MC＝MD，OC＝OD により，M，O はともに CD の垂直二等分線上にあるから，M，N，O は一直線上にある．

$$ON = \sqrt{R^2 - CN^2} = \sqrt{\frac{6}{16} - \frac{1}{4}}\, a = \frac{\sqrt{2}}{4} a = \frac{1}{2}MN$$

よって O は MN の中点である．

32. xy 平面上の，原点 O とは異なる 2 点 A(a_1, a_2)，B(b_1, b_2) に対して
OA $= a$, OB $= b$, $\angle$AOB $= \theta$ とおく．2 点 A，B の座標 a_1, a_2, b_1, b_2 が
有理数であるとき，次の 3 条件は互いに同値であることを証明せよ．
（ⅰ） ab は有理数である．
（ⅱ） $\cos\theta$ は有理数である．
（ⅲ） $\sin\theta$ は有理数である．

(77　東大・理科)

考え方　筆者は小さな出版社を経営しており，入試問題の解答を書くスタッフ
がいる．彼等（東大生，高校教員，予備校講師）にこのタイプの問題の解答を書
いてもらうと，例外なく「（ⅰ）より」と書き始める．私が小言をいう．「（ⅰ）よ
りとは何？」「（ⅰ）が成り立つと決まっているの？」

「$p \implies q$」の意味を間違えている大人が多い．
「p が成り立ち，かつ，そのとき q が成り立つ」
だと思っている人が多い．生徒に聞いても，そのように教わったという人が大多
数である．

$p \implies q$ を英語で書くと if p then q である．「もし」である．これを省略し
て読んでいる人達は間違っている．p になると言っているわけではない．

p になるか，ならないか，わからないが，もし，p になるならば，そのとき，q
になるのである．論理のとき，いつも書く例文がある．50 年前，私が東大を受験
すると伝えたとき，兄は言った．
「もし，亨（私のこと）が東大に合格したならば，逆立ちして，村を一周してや
らあ」
兄は私が東大に合格すると知っていたわけではないし，それを信じていたわけで
はない．兄は私以上に性格が歪んでいるから，むしろ，亨なんか，落ちてしまえ
と思っていただろう．

ab が有理数になるか，ならないか，わからないが，もし ab が有理数になるな
らば，そのとき，$\cos\theta$ が有理数になることを示すのが（ⅰ）$\implies$（ⅱ）である．

$p \implies q$ が成り立ち，かつ，$p \impliedby q$ が成り立つとき $p \iff q$ と書き，p と
q は同値であるという．そして，$p \iff q$ を証明したとき，p になったわけでは
ないし，q になったわけでもない．p になったわけでもないのに「p より」と書
いてはいけない．

なお，問題文には，A，B は原点とは異なるとは書いてあるが，O，A，B が
三角形をなすとは書いてない．しかし，面積の公式を使うから，下記では三角

形 OAB と書く．そう書いたからと言って，本当に三角形ができているというつもりではない．O，A，B が一直線上にあるときにも，潰れた三角形をなすとする．数学は，お互いのために，うまく読んでいくものである．気になるようなら「O，A，B が一直線上にあるときにも，潰れた三角形をなすとする」と，解答に書いておけばよい．普通は，採点者が「そういうつもりなんだろうな」と，うまく読んでくれるものである．

「いや，潰れた三角形」は詭弁だと，言葉に五月蠅い人がいるだろう．それを言い出したら，問題文の「2 点」は「異なる 2 点」と解釈するのだろうか？一致してもよいと解釈する方が多数派である．議論に影響しないことは，曖昧にしておくのである．言葉に五月蠅いと自分の首を絞める．

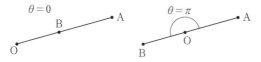

▶解答◀ $\cos\theta = \dfrac{\overrightarrow{OA}\cdot\overrightarrow{OB}}{|\overrightarrow{OA}||\overrightarrow{OB}|}$ であるから

$$\cos\theta = \frac{a_1b_1 + a_2b_2}{ab} \quad\cdots\cdots\cdots\cdots\cdots\cdots\cdots\cdots\cdots①$$

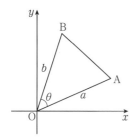

（ⅰ）$\Rightarrow$（ⅱ）について：$a_1b_1 + a_2b_2$ は有理数であるから，ab が有理数ならば，①より $\cos\theta$ は有理数である．

（ⅱ）$\Rightarrow$（ⅰ）について：$\cos\theta$ が有理数ならば，

（ア）$\cos\theta \neq 0$ のとき．$ab = \dfrac{a_1b_1 + a_2b_2}{\cos\theta}$ は有理数である．

（イ）$\cos\theta = 0$ のとき．$a_1b_1 + a_2b_2 = 0$ である．A は原点ではないから，a_1, a_2 の少なくとも一方は 0 でない．$a_1 \neq 0$ のとき，$b_1 = -\dfrac{a_2b_2}{a_1}$

$$b^2 = b_1{}^2 + b_2{}^2 = \frac{a_2{}^2 b_2{}^2}{a_1{}^2} + b_2{}^2 = \frac{a_1{}^2 + a_2{}^2}{a_1{}^2} b_2{}^2$$

$$b = \pm \frac{b_2}{a_1}\sqrt{a_1{}^2 + a_2{}^2}$$

$a = \sqrt{a_1{}^2 + a_2{}^2}$ であるから，$ab = \pm \dfrac{b_2}{a_1}(a_1{}^2 + a_2{}^2)$ は有理数である．$a_2 \neq 0$ のときには，上の $b_1 = -\dfrac{a_2 b_2}{a_1}$ が $b_2 = -\dfrac{a_1 b_1}{a_2}$ になるだけで，同様である．

以上より（ i ）$\Longleftrightarrow$（ ii ）である．

（ i ）$\Longleftrightarrow$（iii）について：三角形 OAB の面積は $\dfrac{1}{2}|a_1 b_2 - a_2 b_1|$，$\dfrac{1}{2}ab\sin\theta$ と表されるから

$$\sin\theta = \frac{|a_1 b_2 - a_2 b_1|}{ab}$$

である．この後「ab は有理数である $\Longleftrightarrow$ $\sin\theta$ は有理数である」は，上で示した「ab は有理数である $\Longleftrightarrow$ $\cos\theta$ は有理数である」と同様である．$a_1 b_1 + a_2 b_2 = 0$ の部分が $a_1 b_2 - a_2 b_1 = 0$ になるだけである．

以上で証明された．

注意（イ） $\cos\theta = 0$ のとき

解答では $a_1 b_1 + a_2 b_2 = 0$ を用いて 1 文字消去をしたが，最初，私はベクトルで考察した．次のようになる．

このとき，ベクトル (a_1, a_2) が (b_1, b_2) と垂直で，一方，$(-a_2, a_1)$ が (a_1, a_2) と垂直であるから，(b_1, b_2) と $(-a_2, a_1)$ は平行であり

$$(b_1, b_2) = k(-a_2, a_1) \quad \cdots\cdots\cdots\cdots\cdots\cdots②$$

と書ける．k は実数であるが

$$b_1 = -ka_2, \quad b_2 = ka_1$$

である．

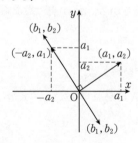

a_1, a_2 の少なくとも一方は 0 でないから，

$a_2 \neq 0$ ならば $k = -\dfrac{b_1}{a_2}$，$a_1 \neq 0$ ならば $k = \dfrac{b_2}{a_1}$

となり，k は有理数である．② より

$$b = \sqrt{{b_1}^2 + {b_2}^2} = |k|\sqrt{{a_1}^2 + {a_2}^2}$$

これと $a = \sqrt{{a_1}^2 + {a_2}^2}$ を掛けて

$$ab = |k|({a_1}^2 + {a_2}^2)$$

は有理数である．

♦別解♦ 解答と同様に

$$\cos\theta = \frac{a_1 b_1 + a_2 b_2}{ab} \quad\cdots\cdots\cdots\cdots\cdots\cdots\cdots\cdots\cdots\cdots\cdots\cdots\cdots\cdots\text{①}$$

$$\sin\theta = \frac{|a_1 b_2 - a_2 b_1|}{ab} \quad\cdots\cdots\cdots\cdots\cdots\cdots\cdots\cdots\cdots\cdots\cdots\cdots\text{②}$$

となる．$0 \leq \theta \leq \pi$ である．

（ⅰ）$\Longrightarrow$（ⅱ）について：$a_1 b_1 + a_2 b_2$ は有理数であるから，ab が有理数ならば，① より $\cos\theta$ は有理数である．

（ⅱ）$\Longrightarrow$（ⅰ）について：$\cos\theta$ が有理数ならば，

（ア）$\cos\theta \neq 0$ のとき $ab = \dfrac{a_1 b_1 + a_2 b_2}{\cos\theta}$ は有理数である．

（イ）$\cos\theta = 0$ のとき．$\theta = \dfrac{\pi}{2}$ であるから，$\sin\theta = 1$ である．② より $ab = |a_1 b_2 - a_2 b_1|$ は有理数である．

（ⅰ）$\Longrightarrow$（ⅲ）について：$a_1 b_2 - a_2 b_1$ は有理数であるから，ab が有理数ならば，② より $\sin\theta$ は有理数である．

（ⅲ）$\Longrightarrow$（ⅰ）について：$\sin\theta$ が有理数ならば，

（ア）$\sin\theta \neq 0$ のとき $ab = \dfrac{|a_1 b_2 - a_2 b_1|}{\sin\theta}$ は有理数である．

（イ）$\sin\theta = 0$ のとき．$\theta = 0$ または $\theta = \pi$ であるから $\cos\theta = \pm 1$ である．① より $ab = \pm(a_1 b_1 + a_2 b_2)$ は有理数である．

以上で証明された．

注意 上の別解は，コサインとサインを組み合わせている．昔の有名な数学者で高木貞治という人がいて「微分（自分）のことは微分でしろ」と言ったという．ある微分の定理の証明を，それまでは積分と組み合わせていたのだが，微分だけを用いて証明した際のダジャレと言われている．高木先生なら「コストコ（コスのこと）のことはコストコでしろ」と言われるだろうか？

40 年前の私は，$\cos\theta$ と $\sin\theta$ を組み合わせるにしても，もっと微妙な組合わせの仕方にしていた．

♦別解♦ 解答と同様に

$$\cos\theta = \frac{a_1 b_1 + a_2 b_2}{ab} \quad \cdots\cdots\cdots\cdots\cdots\cdots\cdots\cdots\cdots\cdots\cdots① $$

$$\sin\theta = \frac{|a_1 b_2 - a_2 b_1|}{ab} \quad \cdots\cdots\cdots\cdots\cdots\cdots\cdots\cdots\cdots② $$

となる.

(a) $\theta \neq 0, \theta \neq \dfrac{\pi}{2}, \theta \neq \pi$ のとき. $\cos\theta \neq 0, \sin\theta \neq 0$ であるから, ①, ②より

「$\cos\theta$ が有理数」 $\Longleftrightarrow$ 「ab が有理数」

「$\sin\theta$ が有理数」 $\Longleftrightarrow$ 「ab が有理数」

である.

(b) $\theta = 0$ のとき.

$\cos\theta = 1, \sin\theta = 0$ で, ① より $ab = a_1 b_1 + a_2 b_2$ は有理数である.

(c) $\theta = \pi$ のとき.

$\cos\theta = -1, \sin\theta = 0$ で, ① より $ab = -(a_1 b_1 + a_2 b_2)$ は有理数である.

(d) $\theta = \dfrac{\pi}{2}$ のとき.

$\cos\theta = 0, \sin\theta = 1$ で, ② より $ab = |a_1 b_2 - a_2 b_1|$ は有理数である.

　以上で証明された.

というのであるが, (b), (c), (d) の $\cos\theta, \sin\theta, ab$ のすべてが有理数になってしまって, それで, 同値性が証明されているというのは, 気持ち悪かった.

33. 図のように底面の半径 1，上面の半径 $1-x$，高さ $4x$ の直円すい台 A と，底面の半径 $1-\dfrac{x}{2}$，上面の半径 $\dfrac{1}{2}$，高さ $1-x$ の直円すい台 B がある．ただし，$0 \leqq x \leqq 1$ である．A と B の体積の和を $V(x)$ とするとき，$V(x)$ の最大値を求めよ．

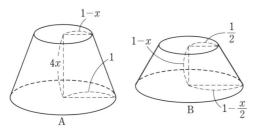

（00　東大・文科）

考え方　上面の半径が a，下面の半径が b，高さが h の円錐台 ($a<b$) の体積は $\dfrac{\pi}{3}h(a^2+ab+b^2)$ であるという公式がある．これを知っていれば簡単である．

　知らないなら導く．その場合，延長して円錐にするのが普通である．なお，$x=0$ や $x=1$ のときには円錐台が潰れる．それでも円錐台であると言っていることには注意を払いたい．これは，最後に補足する．

▶解答◀　$0<x<1$ のとき，各直円錐台を高さ y, z だけ延長して円錐になるとする．

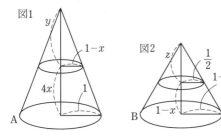

図 1 の三角形の相似比に着目して

$$\frac{1-x}{y} = \frac{1}{y+4x} \qquad \therefore \quad (y+4x)(1-x) = y$$

$$4x(1-x) - xy = 0$$

$x \neq 0$ より $y = 4(1 - x)$ となる. また, 図 2 から,

$$\frac{\frac{1}{2}}{z} = \frac{1 - \frac{x}{2}}{z + 1 - x} \qquad \therefore \quad \frac{1}{2}(z + 1 - x) = z\left(1 - \frac{x}{2}\right)$$

$$(1 - x) = z(1 - x)$$

$x \neq 1$ より $z = 1$

　各体積を V_A, V_B とすると

$$V_A = \frac{\pi}{3} \cdot 1^2 \cdot (4x + y) - \frac{\pi}{3}(1 - x)^2 \cdot y$$

$$= \frac{\pi}{3} \cdot 1^2 \cdot 4 - \frac{4\pi}{3}(1 - x)^3 = \frac{4\pi}{3}\{1 - (1 - x)^3\}$$

$$V_B = \frac{\pi}{3}\left(1 - \frac{x}{2}\right)^2(1 - x + z) - \frac{\pi}{3}\left(\frac{1}{2}\right)^2 z$$

$$= \frac{\pi}{3 \cdot 4}(2 - x)^3 - \frac{\pi}{3 \cdot 4} = \frac{\pi}{12}\{(2 - x)^3 - 1\}$$

$$V(x) = V_A + V_B$$

$$= \frac{4\pi}{3}\{1 - (1 - x)^3\} + \frac{\pi}{12}\{(2 - x)^3 - 1\} \quad \cdots\cdots\cdots\cdots\cdots\cdots\cdots\cdots① $$

① は $x = 0, 1$ でも成り立つ.

$$V'(x) = \frac{4\pi}{3} \cdot 3(1 - x)^2 + \frac{\pi}{12}(-3)(2 - x)^2$$

$$= 4\pi(1 - x)^2 - \frac{\pi}{4}(2 - x)^2$$

$$= \frac{\pi}{4}\{(4 - 4x)^2 - (2 - x)^2\}$$

$$= \frac{\pi}{4}(6 - 5x)(2 - 3x)$$

x	0	$\cdots$	$\frac{2}{3}$	$\cdots$	1
$V'(x)$		$+$	0	$-$	
$V(x)$		↗		↘	

$V(x)$ は上のように増減する. $x = \frac{2}{3}$ を ① に代入すると

$$V\left(\frac{2}{3}\right) = \frac{4\pi}{3}\left(1 - \frac{1}{27}\right) + \frac{\pi}{12}\left(\frac{64}{27} - 1\right)$$

$$= \frac{4\pi}{3} \cdot \frac{26}{27} + \frac{\pi}{12} \cdot \frac{37}{27} = \frac{16 \cdot 26 + 37}{12 \cdot 27}\pi = \frac{453}{12 \cdot 27}\pi = \frac{151}{12 \cdot 9}\pi$$

$x = \frac{2}{3}$ で最大値 $\dfrac{151}{108}\pi$ をとる.

注意 **1°【固まりのままの微分】**

解答では固まりのままで微分をした。展開してから微分すると計算ミスの危険性が増すからである。実際、生徒に解かせると、ここらあたりから計算ミスがぐっと多くなる。なお、固まりのままの微分は

$$\{(ax+b)^n\}' = na(ax+b)^{n-1}$$

である。

展開すると

$$V_A = \frac{4\pi}{3}(3x - 3x^2 + x^3)$$

$$V_B = \frac{\pi}{12}(7 - 12x + 6x^2 - x^3)$$

$$V(x) = \frac{\pi}{12}(15x^3 - 42x^2 + 36x + 7)$$

となる。

$$V'(x) = \frac{\pi}{4}(15x^2 - 28x + 12)$$

係数が大きいから因数分解が見えなければ、解の公式で $15x^2 - 28x + 12 = 0$ を解く。

$$x = \frac{14 \pm \sqrt{14^2 - 15 \cdot 12}}{15} = \frac{14 \pm \sqrt{16}}{15} = \frac{14 \pm 4}{15} = \frac{6}{5}, \ \frac{2}{3}$$

これで $5x - 6$ と $3x - 2$ という因数があるとわかる。

2°【比の計算と円錐台の公式】

y, z の計算は図3, 4で

$$\frac{DE}{CD} = 4, \quad GF = 4EF = 4(1 - x)$$

$$\frac{IJ}{HI} = 2, \quad LK = 2JK = 1$$

とすると少し早い。

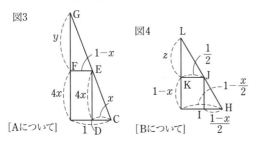

図3　[Aについて]　図4　[Bについて]

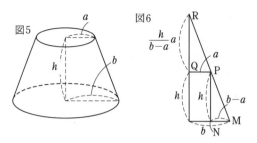

図6から，図5の**円錐台の体積**は

$$\frac{\pi}{3} \cdot b^2 \cdot \left(\frac{h}{b-a}a + h\right) - \frac{\pi}{3}a^2 \cdot \frac{h}{b-a}a = \frac{\pi}{3} \cdot \frac{b^3 - a^3}{b-a}h$$
$$= \frac{\pi}{3}(b^2 + ab + a^2)h$$

となり，これを利用すると計算が楽になる．もちろん，これを公式として使うことになんの問題もない．

3° 【見込みでいい加減なことを書く人達】

台形の面積の公式は

$$\frac{1}{2} \times (\text{上底} + \text{下底}) \times \text{高さ}$$

である．この類推で円錐台の体積は

$$\frac{1}{2} \times (\text{上の円の面積} + \text{下の円の面積}) \times \text{高さ}$$

だろうとやった生徒もいる．これ何？というと「成り立つかと思って」という．見込みで，証明もせずに書いて，そのまま計算を続けるのは時間の無駄である．

4° 【大学的姿勢について】

$x = 0$ や $x = 1$ の場合には立体が潰れるが，それであっても「直円錐台」だと言う出題者の姿勢を，私は大変好ましく感じる．不都合が起こらない程度に拡張するものである．ただし「そのときにも潰れた円錐台と考える」と一言あると，親切である．

高校数学が言葉に五月蠅すぎるのである．他の例を挙げる．

一般に A, B を定数とするとき，$x \geqq 0$ を満たすすべての x に対して，x の1次不等式 $Ax + B > 0$ が成り立つ条件は $A \geqq \boxed{}$ かつ $B > \boxed{}$ である．

(03　センター試験)

空欄には 0，0 が入る．「$A = 0$ のとき $Ax + B$ は1次式にならず，1次不等式

ということに合わない」と強硬にクレームをつけた人がいる．大学の先生が次数のことをいうとき，真の次数の話をしているか，見かけの次数の話をしているかは，話の流れの中で判断する．この場合，特に A で割る必要も起こらないから，見かけの次数のつもりである．ただし「$Ax + B$ の次数は何か」と問われたら，「$A \neq 0$ のときは1次，$A = 0$ のときは0次」と，モードが変わる．というか，意味なく次数を聞くということも，やめるべきである．

大学教員が，2次関数 $ax^2 + bx + c$ と書いたとき，その後，平方完成する必要が起これば，$a \neq 0$ のつもりであるが，平方完成が起こらないなら，$a = 0$ でもいいというつもりかもしれないのである．というか「2次関数とあったら $a \neq 0$ だ．覚えておけ」とか「最大値を求めよとあったら，それを与える x の値を書くものだ」とか，「不等式を証明する問題では，必ず等号成立条件を書くものだ」という，自分達だけの決まりを作るのをやめたらどうだろう．世界にはそんな決まりはない．「$a \neq 0$ とする．2次関数 $ax^2 + bx + c$ について次の問いに答えよ」と，その都度書けばよいではないか？問題文は親切な方がよい．

四面体 OABC において，次が満たされているとする．
$$\overrightarrow{OA} \cdot \overrightarrow{OB} = \overrightarrow{OB} \cdot \overrightarrow{OC} = \overrightarrow{OC} \cdot \overrightarrow{OA}$$
点 A，B，C を通る平面を α とする．点 O を通り平面 α と直交する直線と，平面 α の交点を H とする．
（1）　$\overrightarrow{OA}$ と $\overrightarrow{BC}$ は垂直であることを示せ．
（2）　H は $\triangle$ABC の垂心であること，すなわち
$\overrightarrow{AH} \perp \overrightarrow{BC}$, $\overrightarrow{BH} \perp \overrightarrow{CA}$, $\overrightarrow{CH} \perp \overrightarrow{AB}$
を示せ．

（12　筑波大／（3）を省略）

三角形 ABC が直角の頂点が A の直角三角形のとき，垂心 H は A に一致する．この場合，ベクトル $\overrightarrow{AH}$ は $\vec{0}$ で，高校の教科書では，$\vec{0}$ の方向はないということになっているから，問題文の「垂直」という記述には合わなくなる．

大学では，$\vec{x} \cdot \vec{y} = 0$ のとき $\vec{x}$, $\vec{y}$ は垂直であると定義する．この場合，$\vec{x} = \vec{0}$ や $\vec{y} = \vec{0}$ でも，$\vec{x}$, $\vec{y}$ は垂直である．不審に思う人は大学の本を見てほしい．古くて申し訳ないが，線型代数入門（斎藤正彦，東京大学出版会，p.120）に「内積が0のときに直交するという」とある．ここでは $\vec{0}$ を除外していない．これはお互いがお互いの事情を知らないことに原因がある．教科書を書いている人はおそらく高校教員で，大学のときにボーッと授業を受けていたか (x_x)☆\(^^;)ポカ

忘れてしまっているのだろう．大学教員は，高校の教科書の詳細など知らないし，仮に知っていても，そうした（彼等の定義によれば）間違ったものに合わせるつもりもないのである．

　ともかく，$\vec{0}$ の方向は，流れの中で判断し，垂直を扱うときには，$\vec{0}$ はすべてのベクトルに垂直，平行を扱うときには $\vec{0}$ はすべてのベクトルに平行とする．ただし，「角を求めよ」というときには，$\vec{0}$ が出てこないようにしておくのは，出題者の仕事であり，解答者の仕事ではない．「角を求めよ」というときには，出題者は $\vec{0}$ が出てこないようにし，解答者は，そうなっているという信頼のもとに角を求めるのである．それでなんの問題も起こらない．そもそもが「ベクトルには方向と大きさがある．しかし，$\vec{0}$ には方向がない」という始め方に問題があるのだが，これについては 27 番の注を見よ．

　次の問いに答えよ．
（1）　任意の実数 x, y に対して，つぎの不等式を証明せよ．

$$|x+y| \leqq |x| + |y|$$

（2）　三角形 OPQ に対して，辺 OP 上に点 R，辺 OQ 上に点 S をとる．このとき，つぎの不等式を証明せよ．

$$PQ + RS \leqq PS + QR$$

（3）　平面上の任意の 4 点 A，B，C，D について，つぎの不等式を証明せよ．

$$AB + CD \leqq AC + BD + AD + BC$$

（4）　（3）の不等式で等号が成り立つのはどのような場合か述べよ．

（16　順天堂大）

　（4）の答えは **A と C が一致し，B と D が一致するか，A と D が一致し，B と C が一致するとき**である．「4 点とあるから，異なる 4 点だろう．これでは 2 点になるじゃないか」というのは，子供の言い分である．ここでも流れの中で判断する．出題者が「異なる 4 点」のつもりなのか「見かけの 4 点」のつもりなのかは，解いてみないとわからない．今は見かけの 4 点，つまり，5 点以上ではないというつもりなのである．

　数学は，融通を利かせて判断するものである．

34. x の整式

$$f_n(x) = 1 + \frac{x}{1!} + \frac{x^2}{2!} + \cdots\cdots + \frac{x^n}{n!}$$

$(n = 1, 2, 3, \cdots\cdots)$ について，$f_n{}'(x) = f_{n-1}(x)\ (n = 2, 3, \cdots\cdots)$ が成り立つことを証明せよ．

方程式 $f_n(x) = 0$ は，n が奇数ならばただ 1 つの実数解をもち，n が偶数ならば実数解をもたないことを数学的帰納法を用いて証明せよ．

（71 東大・共通）

考え方 　何を帰納法で証明するのかが問題である．「n が偶数ならば実数解をもたない」は，「n が偶数ならば $f_n(x) > 0$」の方がよい．最高次の係数が正だから，解をもたないということは，常に正になるからである．

問題文をそのまま受け取れば，

任意の自然数 k に対して

（＊）　$f_{2k-1}(x) = 0$ はただ 1 つの実数解をもつ

　　　　$f_{2k}(x) > 0$

が成り立つことを証明することになる．奇数の方だけを帰納法にすることもできる．それは別解とする．数学 III ならば，帰納法が不要な解法もよく知られている．指示には反するが，それは注で述べる．

なお，本問を解いてもらうと，あまり解けない．偶奇をセットにした帰納法の経験が少ないせいだろう．

▶解答◀　$f_n{}'(x) = \dfrac{1}{1!} + \dfrac{2x}{2!} + \cdots\cdots + \dfrac{nx^{n-1}}{n!}$

$$= 1 + x + \cdots\cdots + \frac{x^{n-1}}{(n-1)!} = f_{n-1}(x)$$

数学的帰納法により

（＊）　$f_{2k-1}(x) = 0$ はただ 1 つの実数解をもつ

　　　　$f_{2k}(x) > 0$

を証明する．

$f_1(x) = 1 + x = 0$ はただ 1 つの実数解をもつ．さらに

$$f_2(x) = 1 + \frac{x}{1!} + \frac{x^2}{2!} = \frac{1}{2}(x+1)^2 + \frac{1}{2} > 0$$

であるから，（＊）は $k = 1$ のとき成り立つ．（＊）が $k = m$ で成り立つとする．

$f_{2m}(x) > 0$ である.

$$f_{2m+1}(x) = 1 + \frac{x}{1!} + \frac{x^2}{2!} + \cdots\cdots + \frac{x^{2m+1}}{(2m+1)!}$$

$$f_{2m+1}{}'(x) = 1 + \frac{x}{1!} + \cdots\cdots + \frac{x^{2m}}{(2m)!} = f_{2m}(x) > 0$$

$f_{2m+1}(x)$ は増加関数である. 最高次の係数が正の奇数次の多項式であるから, 以下複号同順で,

$$\lim_{x \to \pm\infty} f_{2m+1}(x) = \pm\infty$$

である. 本問は文理共通で, 文系で, 極限を書くのは不適当である. 多項式については $x \to \pm\infty$ で関数値が $+\infty$ または $-\infty$ に飛ぶのは当たり前だから, $\lim_{x \to \pm\infty} f_{2m+1}(x) = \pm\infty$ は述べる必要はないだろうが, 一応書いておいた.

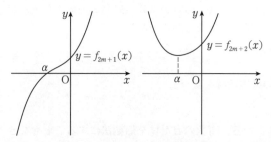

$f_{2m+1}(x) = 0$ はただ 1 つの実数解をもち, その解を α とすると $f_{2m+1}(\alpha) = 0$ であるから

$$1 + \frac{\alpha}{1!} + \frac{\alpha^2}{2!} + \cdots\cdots + \frac{\alpha^{2m+1}}{(2m+1)!} = 0 \quad \cdots\cdots\cdots\cdots\cdots\cdots\cdots①$$

である. また $x < \alpha$ で $f_{2m+1}(x) < 0$, $x > \alpha$ で $f_{2m+1}(x) > 0$ であるから

$$f_{2m+2}{}'(x) = f_{2m+1}(x)$$

において,

$x < \alpha$ では $f_{2m+2}{}'(x) = f_{2m+1}(x) < 0$,

$x > \alpha$ では $f_{2m+2}{}'(x) = f_{2m+1}(x) > 0$

であるから, $f_{2m+2}(x)$ は $x = \alpha$ で極小かつ最小になる.

x	$\cdots$	α	$\cdots$
$f_{2m+2}{}'(x)$	$-$	0	$+$
$f_{2m+2}(x)$	$\searrow$		$\nearrow$

となり, ① を用いると

$$f_{2m+2}(\alpha) = 1 + \frac{\alpha}{1!} + \cdots\cdots + \frac{\alpha^{2m+1}}{(2m+1)!} + \frac{\alpha^{2m+2}}{(2m+2)!}$$

$$= \frac{\alpha^{2m+2}}{(2m+2)!}$$

となる.

①より $\alpha \neq 0$ だから, $f_{2m+2}(\alpha) = \dfrac{\alpha^{2m+2}}{(2m+2)!} > 0$ である.

よって, $f_{2m+2}(x) > 0$ であるから, $k = m+1$ でも成り立つ. 数学的帰納法により証明された.

♦別解♦ 帰納法の部分だけの別解である. 出てくる式は上とほとんど同じであるから, 少しだけ飛ばし気味に書く.

任意の自然数 k に対して

$f_{2k-1}(x) = 0$ はただ 1 つの実数解をもつ

ことを証明する. 偶数の方は, それを示すプロセスの中で証明する.

$f_1(x) = 1 + x = 0$ はただ 1 つの実数解をもつから $k = 1$ のとき成り立つ. $k = m$ で成り立つとする. $f_{2m-1}(x) = 0$ の解を α とする. $f_{2m-1}(x)$ は奇数次の多項式で最高次の係数は正であるから, $x < \alpha$ では $f_{2m-1}(x) < 0$, $x > \alpha$ では $f_{2m-1}(x) > 0$ である.

$$f_{2m}{}'(x) = f_{2m-1}(x)$$

であるから, $f_{2m}(x)$ は $x = \alpha$ で極小かつ最小になり, 解答と同様に $\alpha \neq 0$ で

$$f_{2m}(\alpha) = \frac{\alpha^{2m}}{(2m)!} > 0$$

であるから, $f_{2m}(x) > 0$ である.

$f_{2m+1}{}'(x) = f_{2m}(x) > 0$ であるから, $f_{2m+1}(x)$ は増加関数である.

$f_{2m+1}(x) = 0$ はただ 1 つの実数解をもつ. $k = m+1$ でも成り立つから, 数学的帰納法により証明された. また, そのプロセスから $f_{2m}(x) > 0$ が常に成り立つ.

注意 【帰納法不要】

次のような帰納法が不要の解法がよく知られている.

♦別解♦ まず, $x > 0$ では $f_n(x) > 0$ だから, 後は $x \leqq 0$ について考えればよい.

$$g_n(x) = e^{-x} f_n(x) = e^{-x} \left(1 + \frac{x}{1!} + \frac{x^2}{2!} + \cdots\cdots + \frac{x^n}{n!} \right)$$

とおく.

$$g_n{}'(x) = -e^{-x} f_n(x) + e^{-x} f_n{}'(x)$$

$$= -e^{-x}\left(1 + \frac{x}{1!} + \frac{x^2}{2!} + \cdots\cdots + \frac{x^n}{n!}\right)$$

$$+ e^{-x}\left(1 + \frac{x}{1!} + \frac{x^2}{2!} + \cdots\cdots + \frac{x^{n-1}}{(n-1)!}\right)$$

$$g_n{}'(x) = -e^{-x}\frac{x^n}{n!}$$

(ア)　n が偶数のとき，$g_n(x) > 0$ であることを示す．

　$x \leqq 0$ では，$g_n{}'(x) = -e^{-x}\dfrac{x^n}{n!} \leqq 0$ であるから，$g_n(x)$ は減少関数で，$g_n(0) = 1 > 0$ だから，任意の実数 x に対して，$g_n(x) > 0$ である．n が偶数のとき，$f_n(x) = e^x g_n(x) > 0$ である．

(イ)　n が奇数のとき．$g_n{}'(x) = -e^{-x}\dfrac{x^n}{n!}$ は $x \leqq 0$ で

$$g_n{}'(x) = -e^{-x}\frac{x^n}{n!} \geqq 0$$

　$g_n(x)$ は増加関数で，$g_n(0) = 1 > 0$ である．

　n が奇数のとき，$f_n(x)$ は奇数次で最高次の係数が正であるから $x \to -\infty$ では $f_n(x) \to -\infty$ である．$g_n(x) = e^{-x}f_n(x)$ は $x \to -\infty$ では $g_n(x) \to -\infty$ である．よって，n が奇数のとき，$g_n(x) = 0$ はただ 1 つの実数解をもつ．

　$f_n(x) = e^x g_n(x) = 0$ はただ 1 つの実数解をもつ．

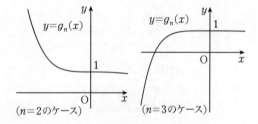

(n=2のケース)　　(n=3のケース)

35. C を $y = x^3 - x$, $-1 \leqq x \leqq 1$ で与えられる xy 平面上の図形とする.
次の条件をみたす xy 平面上の点 P 全体の集合を図示せよ.「C を平行移動
した図形で, 点 P を通り, かつもとの図形 C との共有点がただ1点である
ようなものが, ちょうど3個存在する」

(88 東大・理科)

考え方 まず, 図 a を見よ.

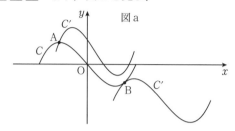

C を平行移動した曲線を C' とする. 点 A のように, C と C' が交差して1交
点をもつのか, 点 B のように接して, 1共有点 (接点) をもつのかと迷うだろう
か?「交差して」では, かなり無理な図になっていて, こういうことは, 実は起
こらない. B のように接する場合である. まず, これをどのように示すのかが,
第一の難関である.

C を (a, b) だけ平行移動した曲線を C' とする. $C' : y = f(x - a) + b$ とな
る. C と C' の式を連立させれば, 3次の項が消えて, 2次方程式となることは容
易に示せる (解答の式に出てくる). だから, 共有点は, 2個または1個または0
個ある.

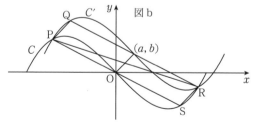

この後, 解答ではずっと式で押したが, 範囲の問題があるから, 結構面倒であ
る. 図形的にやってみよう, 図 b を見よ.

C と C' が点 P$(t, f(t))$ で交わるとすると, P は C' 上にあるから

$$f(t) = f(t - a) + b \quad \cdots\cdots\cdots\cdots\cdots\cdots\cdots\cdots\cdots\cdots ⒜$$

が成り立つ．Pを(a, b)だけ平行移動した点$Q(t+a, f(t)+b)$がC'上にある．また，C上に原点があるから，これを(a, b)だけ平行移動した点(a, b)はC'上にあり，Cは原点に関して点対称であるから，C'は(a, b)に関して点対称である．$Q(t+a, f(t)+b)$の点(a, b)に関して対称な点$R(a-t, b-f(t))$はC'上にある．そして，Ⓐは，RがC上にあることを示している．試しに，Rの座標をCの式に代入してみると

$$b - f(t) = f(a-t) \quad\cdots\cdots\cdots\cdots\cdots\cdots\cdots\cdots\cdots\cdots\cdots\cdots\text{Ⓑ}$$

となり，$f(x)$は奇関数であるから$f(a-t) = -f(t-a)$であり，Ⓑは

$$b - f(t) = -f(t-a)$$

となる．Ⓐより，これは成り立つ．ゆえに，PとRはC, C'の共有点である．Pの原点に関する対称点$S(-t, -f(t))$を(a, b)だけ平行移動した点が$R(a-t, b-f(t))$である．Pが定義域内にあり，Q, S, Rも定義域内にある．式だけで押すと範囲の考察が結構面倒であるが，図で押せば，定義域内にあることは明らかである．

　P, Rが異なれば，共有点は2個あるから，共有点が1個であるためにはPとRが一致することが必要である．

　$t = a-t, f(t) = b-f(t)$となり，$t = \dfrac{a}{2}, b = 2f\left(\dfrac{a}{2}\right)$となる．このとき，$C$と$C'$を連立させた式に戻せば，重解をもつことが容易にわかる．このtが$-1 \leqq t \leqq 1$にある条件も考える．また$a = 0$だと$b = 2f\left(\dfrac{0}{2}\right) = 0$で，$C, C'$が一致して不適だから$a \neq 0$にして

$$0 < \left|\dfrac{a}{2}\right| \leqq 1, \quad b = 2f\left(\dfrac{a}{2}\right)$$

となる．

　まだ，難関がある．点Pを(p, q)とする．

　$b = 2f\left(\dfrac{a}{2}\right)$を用いて$b$を消去すれば，$C'$が$x, y, a$で表される．これが点Pを通るとき，$p, q, a$の満たす等式が得られる．Pを通る曲線が3本あるとは，それを満たすaが3つあるということである．aが決まると曲線が決まり，aが異なれば，曲線の区間$-1+a \leqq x \leqq 1+a$が異なるから曲線は異なる．したがって，aの個数が曲線の本数に等しい．

　「曲線$y = f(x)$の接線で点(p, q)を通るものが3本あるとき，(p, q)の存在範囲を求めよ」という定番の問題がある．本問は，この曲線バージョンである．

▶解答◀ $C: y = x^3 - x, \ -1 \leqq x \leqq 1$ ⋯⋯⋯⋯⋯⋯⋯⋯⋯①

を x 軸方向に a, y 軸方向に b だけ平行移動した曲線は

$$y = (x-a)^3 - (x-a) + b, \ a-1 \leqq x \leqq a+1$$ ⋯⋯⋯⋯⋯⋯②

これと C を連立させ

$$(x-a)^3 - (x-a) + b = x^3 - x$$
$$-3ax^2 + 3a^2 x - a^3 + a + b = 0$$
$$3ax^2 - 3a^2 x + a^3 - a - b = 0$$ ⋯⋯⋯⋯⋯⋯⋯⋯⋯③

これが $-1 \leqq x \leqq 1$ かつ $a-1 \leqq x \leqq a+1$ を満たす解をただ一つもつ条件を求める.

$a = 0$ のとき $b = 0$ となり，このとき，C と C' が一致し，不適である.

$b \neq 0$ であれば③が成立せず，C と C' が共有点をもたず，不適である.

よって，$a \neq 0$ である.

ここで，$g(x) = 3ax^2 - 3a^2 x + a^3 - a - b$ とおく.

$y = g(x)$ の軸が $x = \dfrac{a}{2}$ であり，これに関してグラフが対称であることに注意する．③の解は，2個，または1個，または0個あるが，範囲のことがあるから即断はできない．$x = \dfrac{a}{2} + u$ が③の等式を満たし，かつ，$-1 \leqq x \leqq 1$，$a-1 \leqq x \leqq a+1$ を満たすとすると，範囲について

$$-1 \leqq \dfrac{a}{2} + u \leqq 1, \ a-1 \leqq \dfrac{a}{2} + u \leqq a+1$$
$$-\dfrac{a}{2} - 1 \leqq u \leqq -\dfrac{a}{2} + 1, \ \dfrac{a}{2} - 1 \leqq u \leqq \dfrac{a}{2} + 1$$

これを同時に満たす場合

$$\left| \dfrac{a}{2} \right| - 1 \leqq u \leqq -\left| \dfrac{a}{2} \right| + 1$$ ⋯⋯⋯⋯⋯⋯⋯⋯④
$$|u| \leqq 1 - \left| \dfrac{a}{2} \right|$$

となり，$x = \dfrac{a}{2} + u$ が①，②の交点の x 座標ならば，$x = \dfrac{a}{2} - u$ も①，②の交点の x 座標である．よって，共有点が1つであるための必要十分条件は，$x = \dfrac{a}{2}$ が③の唯一の解であること，すなわち，③が重解をもち，かつ，④が $u = 0$ で成り立つことである.

$$a \neq 0, \ D = 9a^4 - 12a(a^3 - a - b) = 0$$
$$\left| \dfrac{a}{2} \right| - 1 \leqq 0 \leqq -\left| \dfrac{a}{2} \right| + 1$$

したがって，$-2 \leqq a \leqq 2$, $a \neq 0$, $b = \dfrac{1}{4}a^3 - a$ となる．これを②に代入し

$$y = (x-a)^3 - (x-a) + \dfrac{1}{4}a^3 - a, \quad a-1 \leqq x \leqq a+1 \quad \cdots\cdots\cdots\cdots⑤$$

となる．$\mathrm{P}(p, q)$ とするとき，P を通るような⑤が3つあるのは

$$(p-a)^3 - (p-a) + \dfrac{1}{4}a^3 - a - q = 0,$$

$$p-1 \leqq a \leqq p+1, \quad -2 \leqq a \leqq 2, \quad a \neq 0 \quad \cdots\cdots\cdots\cdots\cdots\cdots⑥$$

を満たす a が3つあることである．

ここで，$h(a) = (p-a)^3 - (p-a) + \dfrac{1}{4}a^3 - a - q$ とおく．

$$h'(a) = -3(p-a)^2 + \dfrac{3}{4}a^2 = 3\left(\dfrac{3}{2}a - p\right)\left(p - \dfrac{a}{2}\right)$$

$h(a)$ の a^3 の係数は負である．題意が成り立つ条件は，$h(a)$ が正の極大値，負の極小値をもち，それを与える a が⑥を満たし，かつ，グラフの左端が a 軸より上，右端が a 軸より下（いずれも a 軸上にあるときを含む）にあることである．

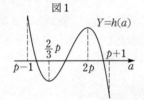

図1

$a = \dfrac{2}{3}p$, $a = 2p$ が⑥の不等式を満たさねばならないから代入し

$$p-1 \leqq \dfrac{2}{3}p \leqq p+1, \quad -2 \leqq \dfrac{2}{3}p \leqq 2, \quad \dfrac{2}{3}p \neq 0$$

$$p-1 \leqq 2p \leqq p+1, \quad -2 \leqq 2p \leqq 2, \quad 2p \neq 0$$

これらを整理して，$-1 \leqq p \leqq 1$, $p \neq 0$ となる．このとき⑥は

$$p-1 \leqq a \leqq p+1, \quad a \neq 0$$

であるから，求める条件は

$$h\left(\dfrac{2}{3}p\right)h(2p) = \left(\dfrac{p^3}{9} - p - q\right)(p^3 - p - q) < 0$$

かつ，$h(0) = p^3 - p - q \neq 0$

かつ，$h(p-1) = \dfrac{1}{4}(p-1)^3 - (p-1) - q \geqq 0$

かつ，$h(p+1) = \dfrac{1}{4}(p+1)^3 - (p+1) - q \leqq 0$

p を x に，q を y に直し，まとめると

$$\left(\frac{x^3}{9} - x - y\right)(x^3 - x - y) < 0,$$

$$y \leqq \frac{1}{4}(x-1)^3 - (x-1),$$

$$y \geqq \frac{1}{4}(x+1)^3 - (x+1), \ -1 \leqq x \leqq 1, \ x \neq 0$$

図示すると，図 2 の網目部分である．境界は実線を含み，破線と白丸を除く．

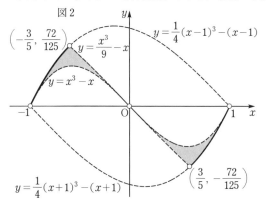

図 2

$$\left(-\frac{3}{5}, \frac{72}{125}\right)$$

$$y = \frac{x^3}{9} - x$$

$$y = \frac{1}{4}(x-1)^3 - (x-1)$$

$$y = x^3 - x$$

$$y = \frac{1}{4}(x+1)^3 - (x+1)$$

$$\left(\frac{3}{5}, -\frac{72}{125}\right)$$

注意 1° 【実例】

次の図は点 E$(0.7, -0.4)$ を通る曲線が 3 本ある場合である．ただし C_a は

$$C_a : y = (x-a)^3 - (x-a) + \frac{1}{4}a^3 - a, \ a-1 \leqq x \leqq a+1$$

とする．0.03 などの値はその下の位を四捨五入した近似値である．

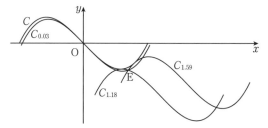

C

$C_{0.03}$

$C_{1.59}$

$C_{1.18}$

E

2° 【平行移動】東大は一時期，曲線の移動が大好きで，何度も出題した．最近はあまり出ていない．曲線 $y = f(x)$ 上の動く点 $(t, f(t))$ を考える．この t は前に出てくる t とは無関係とせよ．$(t, f(t))$ を (a, b) だけ平行移動した点は $(a+t, b+f(t))$ で，$x = a+t, y = b+f(t)$ とおいて t を消去すると $y = f(x-a) + b$ となる．

36. 空間内の点 O に対して，4 点 A，B，C，D を OA = 1，
OB = OC = OD = 4 をみたすようにとるとき，四面体 ABCD の体積の最
大値を求めよ． (88　東大・理科)

考え方 [**ダメな答案の例**]　いきなり，三角形 BCD が正三角形のときを調べ
ればよいと始める．

[**ダメな答案の例**]　いきなり，AB = AC = AD のときを調べればよいと始める．

　解答の図で A，O，H の順で一直線上にあるときの方がよいこと，D，H，M
の順で一直線上にあるときの方がよいことを論証するのである．

　なお，三角形 BCD が正三角形でないとき「1 点を弧の中点にもっていって面積
を大きくする」をいくら繰り返しても正三角形にはならない．最後に述べるフェ
イエルの方法を見よ．

▶解答◀　O，A から平面 BCD におろした垂線の足を，それぞれ H，K とす
る．OH = x とおく．

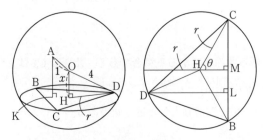

$$AK \leqq OH + OA = x + 1$$

なお，等号は A，O，H の順で一直線上のときに成り立つ．
また，BH = $\sqrt{OB^2 - OH^2} = \sqrt{16 - x^2}$ であり，同様に

$$CH = \sqrt{16 - x^2}, \quad DH = \sqrt{16 - x^2}$$

であるから，H は △BCD の外心である．

$r = \sqrt{16 - x^2}$，$\angle BHC = 2\theta$，$0 < \theta \leqq \dfrac{\pi}{2}$ とおく．BC の中点を M，D から直
線 BC におろした垂線の足を L として

$$DL \leqq DH + HM = r + r\cos\theta$$

$$\triangle BCD = \frac{1}{2} DL \cdot BC \leqq \frac{1}{2}(r + r\cos\theta) \cdot 2r\sin\theta$$

$$= r^2(1 + \cos\theta)\sin\theta = (16 - x^2)(1 + \cos\theta)\sin\theta$$

なお，等号は D，H，M の順で一直線上のときに成り立つ．

四面体 ABCD の体積を V として

$$V = \frac{1}{3}\triangle \text{BCD} \cdot \text{AK} \leqq \frac{1}{3}(x+1)(16 - x^2)(1 + \cos\theta)\sin\theta$$

ここで

$$f(x) = (x+1)(16 - x^2), \quad g(\theta) = (1 + \cos\theta)\sin\theta$$

とおく．

$0 \leqq x < 4, \ 0 < \theta \leqq \dfrac{\pi}{2}$ である．

$$f'(x) = 16 - x^2 - 2x(x+1)$$

$$= -3x^2 - 2x + 16 = (2 - x)(8 + 3x)$$

x	0	$\cdots$	2	$\cdots$	4
$f'(x)$		$+$	0	$-$	
$f(x)$		$\nearrow$		$\searrow$	

$$g'(\theta) = -\sin^2\theta + (1 + \cos\theta)\cos\theta$$

$$= -(1 - \cos^2\theta) + (1 + \cos\theta)\cos\theta$$

$$= (1 + \cos\theta)(2\cos\theta - 1)$$

θ	0	$\cdots$	$\dfrac{\pi}{3}$	$\cdots$	$\dfrac{\pi}{2}$
$g'(\theta)$		$+$	0	$-$	
$g(\theta)$		$\nearrow$		$\searrow$	

求める最大値は

$$\frac{1}{3}f(2)g\left(\frac{\pi}{3}\right) = \frac{1}{3} \cdot 3 \cdot 12 \cdot \frac{3}{2} \cdot \frac{\sqrt{3}}{2} = \mathbf{9\sqrt{3}}$$

注意 🉐 1° 【類題】2019 年の京大で，底面が正方形で，球に内接する四角錐の体積の最大値を求める問題がある．

半径 1 の球面上の 5 点 A，B_1，B_2，B_3，B_4 は，正方形 $B_1 B_2 B_3 B_4$ を底面とする四角錐をなしている．この 5 点が球面上を動くとき，四角錐 $AB_1 B_2 B_3 B_4$ の体積の最大値を求めよ．

(19　京大・共通)

考え方 いきなり「4本の足 AB_1, AB_2, AB_3, AB_4 の長さが等しいときである」と始めてはいけない。それでいいなら，最初から，そう書いてあるだろう。そうなっていることを論証する。力の入れ所を間違えてはいけない。

▶解答◀ 正方形 $B_1B_2B_3B_4$ が乗っている平面を π，球の中心を O とし，O，A から π に下ろした垂線の足を H，K とする。$OH = x$，π と球面の交線の円の半径を r，正方形 $B_1B_2B_3B_4$ の面積を S，題意の四角錐の体積を V とする。三平方の定理により $r^2 + x^2 = 1$ である。

$$AK \leqq AO + OH = 1 + x$$

等号は A，O，H がこの順に一直線上にあるときに成り立ち，そのとき H，K は一致する。

$$S = \frac{1}{2}(2r)^2 = 2r^2 = 2(1 - x^2)$$

$$V = \frac{1}{3}S \cdot AK \leqq \frac{1}{3} \cdot 2(1 - x^2)(1 + x)$$

$$f(x) = \frac{2}{3}(1 + x)^2(1 - x)$$

とおく。なお $0 \leqq x < 1$ である。

$$f'(x) = \frac{2}{3}\{2(1 + x)(1 - x) - (1 + x)^2\}$$

$$= \frac{2}{3}(1 + x)(1 - 3x)$$

x	0	$\cdots$	$\dfrac{1}{3}$	$\cdots$	1
$f'(x)$		$+$	0	$-$	
$f(x)$		↗		↘	

V の最大値は

$$f\left(\frac{1}{3}\right) = \frac{2}{3} \cdot \left(\frac{4}{3}\right)^2 \cdot \frac{2}{3} = \mathbf{\frac{64}{81}}$$

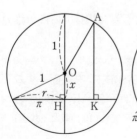
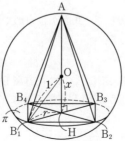

x を固定して A と平面 π の距離 AK を最大にする．A を通って π に平行な平面，球に接し π と平行な平面（接点は π に関して A と同じ側にある方）を考えれば，四角錐の高さの最大値は $1+x$ である．

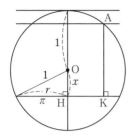

注意 2° 【フェイエルの方法】次の問題を考える．

> 円に内接する三角形で面積が最大のものは正三角形である．

これに対して次のような証明（？）がある．

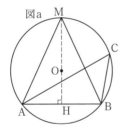

図a

[**証明？**] $\triangle$ABC が正三角形でないとき，CA $\neq$ CB とすると，AB の垂直二等分線と $\overset{\frown}{\text{AB}}$（C の乗っている方の弧）の交点を M として，面積について $\triangle$MAB $>$ $\triangle$ABC である．だから正三角形の方が面積が大きい．

[**ダメな理由**] この方法には欠陥がある．弧の中点にもっていくということを繰り返しても，正三角形に近づきはするけれども，**いつまでたっても正三角形にはならない** ということである．

　これに対して，次のように粘る生徒がいる．

[**解？**] 円に内接する三角形で面積が最大のものはあるはずで，それが正三角形でないとすると上の考察から矛盾する．だから正三角形である．

　残念なことに，これは解答とは認められない．

[理由] 高校数学では存在定理を認めない。関数の最大・最小も，存在を認めて行うのでなく，増減を調べて，「増加から減少になるから最大」というような思考をすることになっている。

そこで，問題である．上の定理を幾何的に証明することはできないのだろうか？これができるのである．

> 円 S に内接する $\triangle ABC$ が正三角形でないとき，それよりも面積が大きな三角形を工夫して作り，$\triangle ABC$ よりも，円 S に内接する正三角形の方が面積が大きいことを証明せよ。

Fejer（フェイエル）という数学者が，こんな方法を考えている。

[**Fejer の証明**] $\triangle ABC$ が正三角形でないとき，内角が $60°$ になるものは 1 つだけはあってもよいが，2 つはないので，$60°$ より大きな内角と小さな内角がある．$A < 60° < B$ とする．AB の垂直二等分線に関して C と対称な点を C′ とする。

$$\angle C'AB = B > 60° > A$$

であるから，$\overset{\frown}{CC'}$（A，B がその上にのっていない方の弧）の間に D をとって $\angle DAB = 60°$ にできる．D は $\overset{\frown}{CC'}$ の上にあるから $\triangle DAB > \triangle ABC$ である。

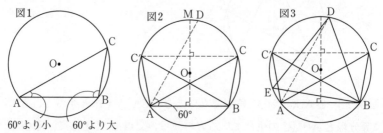

図1　60°より小　60°より大　図2　図3

M ＝ D ならば $\triangle DAB$ は正三角形である。

M ≠ D ならば $\triangle DAB$ は正三角形ではないから，AD と AB は等しくない（等しいなら二等辺三角形で頂角 $\angle DAB = 60°$ だから正三角形になる）．$\overset{\frown}{BD}$（A の乗っている方）の中点を E とすると

$$\triangle DEB > \triangle DAB > \triangle ABC$$

であり

$$\angle DEB = \angle DAB = 60°, \quad EB = ED$$

であるから，△EBD は正三角形である．

　「フーリエ解析大全-上（T.W. ケルナー著，高橋陽一郎訳，朝倉書店）」p.4
によれば，Fejer は 17 歳の頃，数学ができなくて数学の補講を受けていた．し
かし，なんと，19 歳のときにはフーリエ級数に関する重要な定理を証明する．
人の能力はわからないという一例である．Fejer の高校の先生が見る目がない
のか，Fejer が変人だったのか？

37. a, b, c を実数とし，$a \neq 0$ とする．

2 次関数 $f(x) = ax^2 + bx + c$ が次の条件（A），（B）を満たすとする．

（A） $f(-1) = -1$, $f(1) = 1$, $f'(1) \leqq 6$

（B） $-1 \leqq x \leqq 1$ を満たすすべての x に対し，$f(x) \leqq 3x^2 - 1$

このとき，積分 $I = \displaystyle\int_{-1}^{1} (f'(x))^2 dx$ の値のとりうる範囲を求めよ．

(03　東大・文科)

考え方 まず，問題文で

$$I = \int_{-1}^{1} (f'(x))^2 dx$$

になっていて，

$$I = \int_{-1}^{1} \{f'(x)\}^2 dx$$

になっていないことに注意せよ．他のページにも書いてあり，二重になる．[{( )}]の順に入れ子にするということは国際的には少数派であり，現在，大学の数学の世界では，(( ))のように括弧を使うのが多数派である．{ }は集合で，[ ]は整数部分を表すという特殊用途もあり，括弧の入れ子では使わない．それが分かっていて，なおかつ，どうしても{( )}を使いたいというのなら，まあ，それは自由である．

（B）の条件は，今は場合分けが起こらないように，出題者が配慮してくれているが，一般には面倒である．

$f(x) \leqq 3x^2 - 1$ と，関数が両辺に分かれて書かれた場合には，このままそれぞれの関数のグラフを描いて考える人が多く，ケアレスミスにつながりやすい．$f(x) \leqq 3x^2 - 1$ には a と x が入っているが，このような変数 x と文字定数 a の入った不等式には「文字定数は分離せよ」が，1 つの定石である．まず，a の掛かる項と，それ以外にまとめ

$$a(x^2 - 1) \leqq 3x^2 - x - 1$$

にし，この後，本当に a を分離すると数学 III の分数関数が出てくるから，$Y = a(x^2 - 1)$ と $Y = 3x^2 - x - 1$ のグラフを考えるとよい．

▶解答◀　$f(x) = ax^2 + bx + c$,　$f'(x) = 2ax + b$

であり，(A) より

$a - b + c = -1$ ………………………………………………………①

$a + b + c = 1$ …………………………………………………………②

$2a + b \leqq 6$ …………………………………………………………③

②−① より

$2b = 2$　　∴　$b = 1$

これを ① に代入し

$c = -a$

③ と $b = 1$ から

$a \leqq \dfrac{5}{2}$ …………………………………………………………④

となる．よって

$f(x) = ax^2 + x - a$

となる．(B) より，$-1 \leqq x \leqq 1$ で

$ax^2 + x - a \leqq 3x^2 - 1$

$a(x^2 - 1) \leqq 3x^2 - x - 1$

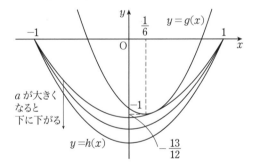

ここで

$g(x) = 3x^2 - x - 1$,　$h(x) = a(x^2 - 1)$

とおく．

$g(1) = 1 > 0,\ g(-1) = 3 > 0,\ g(x) = 3\left(x - \dfrac{1}{6}\right)^2 - \dfrac{13}{12}$

であり，曲線 $y = g(x)$ は図のようになっている．$g(x) = 0$ は $-1 < x < 1$ に 2 解がある．2 曲線 $y = g(x),\ y = h(x)$ が $-1 < x < 1$ で接するときを考える．

そのとき

$$(3-a)x^2 - x - 1 + a = 0 \quad \cdots\cdots\cdots\cdots\cdots⑤$$

が $-1 < x < 1$ で重解をもつ．判別式を D とすると

$$D = 1 - 4(3-a)(-1+a) = 4a^2 - 16a + 13 = 0$$

である．

$$a = \frac{4 \pm \sqrt{3}}{2}$$

このとき⑤の重解 x は（以下複号同順）

$$x = \frac{1 \pm \sqrt{D}}{2(3-a)} = \frac{1}{6 - 2a}$$

$$= \frac{1}{6 - 4 \mp \sqrt{3}} = \frac{1}{2 \mp \sqrt{3}} = 2 \pm \sqrt{3}$$

これが $-1 < x < 1$ にあるのは $a = \dfrac{4 - \sqrt{3}}{2}$ のときである．

　これよりも a が小さくなると，$-1 < x < 1$ における $y = h(x)$ のグラフは $y = g(x)$ のグラフと交わって不適である．これよりも大きくなると $y = h(x)$ のグラフは $y = g(x)$ のグラフよりも下方に行き，適する．④と合わせて，a の範囲は

$$\frac{4 - \sqrt{3}}{2} \leqq a \leqq \frac{5}{2} \quad \cdots\cdots\cdots\cdots\cdots⑥$$

である．

$$I = \int_{-1}^{1} (2ax+1)^2 dx = \int_{-1}^{1} (4a^2x^2 + 4ax + 1)dx$$

ここで，偶関数・奇関数の性質を使うと

$$I = 2\int_{0}^{1} (4a^2x^2 + 1)dx = 2\left(\frac{4}{3}a^2 + 1 \right) = \frac{8}{3}a^2 + 2$$

⑥より

$$\frac{19 - 8\sqrt{3}}{4} \leqq a^2 \leqq \frac{25}{4}$$

$$\frac{8}{3} \cdot \frac{19 - 8\sqrt{3}}{4} + 2 \leqq \frac{8}{3}a^2 + 2 \leqq \frac{8}{3} \cdot \frac{25}{4} + 2$$

$$\frac{44 - 16\sqrt{3}}{3} \leqq I \leqq \frac{56}{3}$$

注意 1° 【偶関数・奇関数】

$f(x)$ が偶関数のとき

$$\int_{-a}^{a} f(x)dx = 2\int_{0}^{a} f(x)dx$$

$f(x)$ が奇関数のとき

$$\int_{-a}^{a} f(x)dx = 0$$

である.

偶関数とは $f(-x) = f(x)$ を満たすもので,$f(x)$ が偶関数のとき曲線 $y = f(x)$ は y 軸に関して対称である.

奇関数とは $f(-x) = -f(x)$ を満たすもので,$f(x)$ が奇関数のとき曲線 $y = f(x)$ は原点に関して対称である.

数学 II の場合は多項式しか出てこないから

定数,$x^2, x^4, \cdots\cdots$ は偶関数であり,$x, x^3, x^5, \cdots\cdots$ は奇関数である.

2° 【軸などについて】

以下の $g(x), h(x)$ は解答で用いたものとは別物である.

$f(x) \leqq h(x)$ の形のものがあったら,$g(x) = h(x) - f(x)$ とおいて,$g(x)$ のグラフの状態を調べるのが基本である.このとき

判別式,軸の位置,区間の端

に着目する.

$g(x) = ax^2 + bx + c$ が $-1 \leqq x \leqq 1$ で常に $g(x) \geqq 0$ になる条件を求めるとき

$a > 0$ でかつ 軸:$-1 \leqq -\dfrac{b}{2a} \leqq 1$……Ⓐ の場合 (下図(a)の状態)

判別式 $D = b^2 - 4ac \leqq 0$

Ⓐ 以外の場合は $g(-1) \geqq 0$,$g(1) \geqq 0$ である.

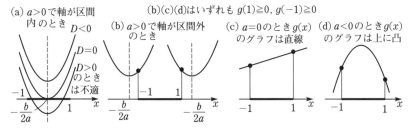

(a) $a>0$ で軸が区間内のとき

(b)(c)(d)はいずれも $g(1)\geqq0$, $g(-1)\geqq0$

(b) $a>0$ で軸が区間外のとき

(c) $a=0$ のとき $g(x)$ のグラフは直線

(d) $a<0$ のとき $g(x)$ のグラフは上に凸

判別式でなく,平方完成して頂点の y 座標を考えてもよいが,分数不等式になることが多いために,分母の処理でケアレスミスをすることがある.分数不

等式を避けるために判別式を使う.

今は (A) の条件のおかげで軸が区間内にあり，楽である.

♦別解♦ ④ の $a \leq \dfrac{5}{2}$ までは，解答と同じである.

$$f(x) = ax^2 + x - a$$

となる. (B) より，$-1 \leq x \leq 1$ で常に

$$ax^2 + x - a \leq 3x^2 - 1$$
$$(3-a)x^2 - x - 1 + a \geq 0$$

となる. $g(x) = (3-a)x^2 - x - 1 + a$ とおく.

$-1 \leq x \leq 1$ を満たすすべての x に対し，$g(x) \geq 0$ になる条件を求める. ④
により $g(x)$ の2次の係数 $3 - a > 0$ である. また $g(x)$ の軸は $x = \dfrac{1}{2(3-a)}$ で
ある. 一般には，軸が区間 $-1 \leq x \leq 1$ にあるときと，区間外にあるときを場合
分けして調べるが，まず，区間内にあるかどうかを調べる.

$$-1 \leq \frac{1}{2(3-a)} \leq 1 \quad \cdots\cdots\cdots\cdots\cdots\cdots\cdots⑦$$

を解く. $3 - a > 0$ だから ⑦ の左の不等式 $-1 \leq \dfrac{1}{2(3-a)}$ は成り立つから，右
の不等式 $\dfrac{1}{2(3-a)} \leq 1$ に $3 - a \, (> 0)$ をかけて

$$\frac{1}{2} \leq 3 - a \qquad \therefore \quad a \leq \frac{5}{2}$$

となる. ④ によりこれは成り立つから，軸は区間 $-1 \leq x \leq 1$ にある.

よって $-1 \leq x \leq 1$ を満たすすべての x に対し，$g(x) \geq 0$ になる条件は
$g(x) = 0$ の判別式 D について

$$D = 1 - 4(3-a)(-1+a) = 4a^2 - 16a + 13 \leq 0$$

である. ④ とから

$$\frac{4 - \sqrt{3}}{2} \leq a \leq \frac{5}{2}$$

3−a>0で軸が区間内のとき

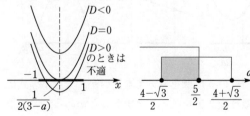

これ以後は解答と同じである.

注意 3° 【平方完成の代わりに微分する】

このような問題で，軸の位置だけが必要で，頂点の y 座標が不要な場合には $g'(x) = 2(3-a)x - 1 = 0$ を解いて，軸：$x = \dfrac{1}{2(3-a)}$ を求めることができる.

文字定数を含む関数を分離すると考えやすい類題を挙げる．ただし，出題範囲の問題で，分数関数は避けている.

---

a は 1 以外の正の実数，b は実数とする．実数 x についての方程式

$$a^{2x} + 2a^x b + b + 6 = 0 \quad\cdots\cdots\cdots\cdots\cdots\cdots\cdots\cdots ①$$

について，以下の問いに答えよ.

（1） $a = 2, b = -\dfrac{22}{9}$ のとき，方程式 ① の解を求めよ.

（2） $a = 2$ のとき，方程式 ① が異なる 2 つの正の解をもつような b の値の範囲を求めよ.

（3） 方程式 ① が異なる 2 つの正の解をもつための必要十分条件を a, b で表せ.

（20　東北大・医-看護-AO）

▶解答◀ $X = a^x$ とおく．① は

$$X^2 + 2bX + b + 6 = 0 \quad\cdots\cdots\cdots\cdots\cdots\cdots\cdots\cdots ②$$

となる.

（1） $b = -\dfrac{22}{9}$ のとき，② は

$$X^2 - \frac{44}{9}X + \frac{32}{9} = 0 \quad\cdots\cdots\cdots\cdots\cdots\cdots\cdots\cdots ③$$

両辺を 16 で割って 9 を掛けると

$$9\left(\frac{X}{4}\right)^2 - 11\left(\frac{X}{4}\right) + 2 = 0$$

$$\left(\frac{X}{4} - 1\right)\left(9 \cdot \frac{X}{4} - 2\right) = 0$$

$$X = 4, \frac{8}{9}$$

$$2^x = 4, \frac{8}{9}$$

$$x = 2, \log_2 \frac{8}{9}$$

（2） $a > 1$ のとき，$x > 0$ になるのは $X > 1$ のときである．このとき ② は
$$X^2 + 6 = -b(2X + 1) \quad \cdots\cdots\cdots\cdots\cdots\cdots\cdots\cdots\cdots\cdots ④$$
となるから，$Y = X^2 + 6$ と $Y = -b(2X + 1)$ が $X > 1$ で 2 交点をもつ条件を考える．この場合，④ の両辺の符号から $b < 0$ である．② の判別式を D として，
$$\frac{D}{4} = b^2 - b - 6 = (b + 2)(b - 3)$$
となり，$D = 0$ のとき $b = -2$ である．② で $X = 1$ とおくと $3b + 7 = 0$ となるから $b = -\dfrac{7}{3}$ となる．$X > 1$ で異なる 2 交点をもつ条件は $-\dfrac{7}{3} < \boldsymbol{b} < \boldsymbol{-2}$

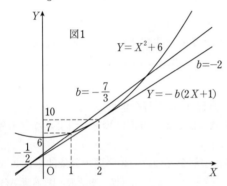

（3） $0 < a < 1,\ x > 0$ のとき $X = a^x$ について，
$0 < X < 1$ である．このとき $Y = X^2 + 6$ と
$Y = -b(2X + 1)$ が $0 < X < 1$ で 2 交点をもつことはない．よって，$0 < a < 1$ のときは不適で $a > 1$ のときである．$Y = X^2 + 6$ と $Y = -b(2X + 1)$ が $X > 1$ で 2 交点をもつ条件は（2）で求めた．求める条件は
$$\boldsymbol{a > 1} \text{ かつ } -\frac{7}{3} < \boldsymbol{b} < \boldsymbol{-2}$$

◆別解◆（2） $f(X) = X^2 + 2bX + b + 6$ とおく．$a > 1,\ x > 0$ のとき $X > 1$ となる．$f(X) = 0$ が
$X > 1$ に異なる 2 解をもつ条件は（図 2 参照）
$$\frac{D}{4} > 0, \text{ 軸}:-b > 1, \ f(1) = 3b + 7 > 0$$
である．$-b > 1$ より $b - 3 < 0$ であるから
$$\frac{D}{4} = (b + 2)(b - 3) > 0$$
と合わせて $b + 2 < 0$ となる．$3b + 7 > 0$ と合わせて $-\dfrac{7}{3} < \boldsymbol{b} < \boldsymbol{-2}$ となる．

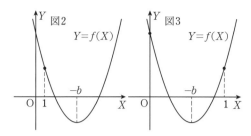

（3） $0 < a < 1$, $x > 0$ のとき $0 < X < 1$ となる.

$f(X) = 0$ が $0 < X < 1$ に異なる 2 解をもつ条件は（図 3 参照）

$$\frac{D}{4} > 0, \quad 軸：0 < -b < 1, \quad f(1) = 3b + 7 > 0,$$

$$f(0) = b + 6 > 0$$

である. ところが, $-1 < b < 0$ より $0 < b + 2$, $b - 3 < 0$ であるから

$$\frac{D}{4} = (b + 2)(b - 3) < 0$$

となり, 不適である.

（2）の結果と合わせて $\boldsymbol{a > 1}$ かつ $-\dfrac{7}{3} < \boldsymbol{b} < -\boldsymbol{2}$

38. たがいに外接する定円 C, C' が共通接線 l の同じ側にあるとする. 図
のように
   C, C', l に接する円を C_1,
   C, C_1, l に接する円を C_2,
   ....
   C, C_{n-1}, l に接する円を C_n,
   ....

とする. このとき円 C_n の半径を r_n として, 極限値 $\lim_{n\to\infty} n^2 r_n$ を円 C の半径
R と円 C' の半径 R' を用いて表せ.

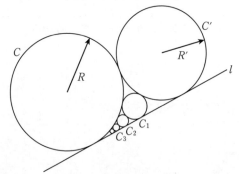

(72 東大・理科)

考え方 この系統は 2 系統の問題がある. 円列が一方の方向にだけ入っていく
系統と, 左, 右, 左, 右, …… と方向を変える系統 (98 年東大) である. いずれ
の系統も類題が多い.

▶解答◀ 図 1 で

$$ST = AH = \sqrt{AB^2 - BH^2} = \sqrt{(R+r)^2 - (R-r)^2} = 2\sqrt{Rr}$$

これを 2 円の中心の水平距離とよぶことにする.

   (C と C_{n-1} の中心の水平距離)

   $=$ (C と C_n の中心の水平距離) $+$ (C_n と C_{n-1} の中心の水平距離)

であるから (図 2)

$$2\sqrt{R \cdot r_{n-1}} = 2\sqrt{R \cdot r_n} + 2\sqrt{r_n \cdot r_{n-1}}$$

となる．式の両辺を $2\sqrt{Rr_n \cdot r_{n-1}}$ で割ると

$$\frac{1}{\sqrt{r_n}} = \frac{1}{\sqrt{r_{n-1}}} + \frac{1}{\sqrt{R}}$$

となり，数列 $\left\{\dfrac{1}{\sqrt{r_n}}\right\}$ は公差 $\dfrac{1}{\sqrt{R}}$ の等差数列で，$r_0 = R'$ とすれば

$$\frac{1}{\sqrt{r_n}} = \frac{1}{\sqrt{r_0}} + n \cdot \frac{1}{\sqrt{R}}$$

となる．

$$\frac{1}{\sqrt{r_n}} = \frac{\sqrt{R} + n\sqrt{R'}}{\sqrt{R'}\sqrt{R}} \qquad \therefore \quad r_n = \frac{RR'}{(\sqrt{R} + n\sqrt{R'})^2}$$

$$n^2 r_n = \frac{RR'}{\left(\frac{1}{n}\sqrt{R} + \sqrt{R'}\right)^2}$$

$$\lim_{n \to \infty} n^2 r_n = \frac{RR'}{(\sqrt{R'})^2} = \boldsymbol{R}$$

図1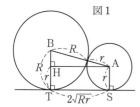

図2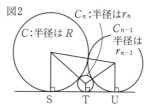

C_n：半径はr_n

C：半径は R

C_{n-1}
半径は
r_{n-1}

　円列の並び方が異なる問題（98 年東大）は別の面倒なことが入ってくるから，2014 年名古屋大第三問を紹介しよう．

---

　xy 平面の $y \geqq 0$ の部分にあり，x 軸に接する円の列 C_1，C_2，C_3，$\cdots$ を次のように定める．

- C_1 と C_2 は半径 1 の円で，互いに外接する．
- 正の整数 n に対し，C_{n+2} は C_n と C_{n+1} に外接し，C_n と C_{n+1} の弧および x 軸で囲まれる部分にある．

円 C_n の半径を r_n とする．

（1） 等式 $\dfrac{1}{\sqrt{r_{n+2}}} = \dfrac{1}{\sqrt{r_n}} + \dfrac{1}{\sqrt{r_{n+1}}}$ を示せ．

（2） すべての正の整数 n に対して $\dfrac{1}{\sqrt{r_n}} = s\alpha^n + t\beta^n$ が成り立つように，n によらない定数 α，β，s，t の値を一組与えよ．

（3） $n \to \infty$ のとき数列 $\left\{\dfrac{r_n}{k^n}\right\}$ が正の値に収束するように実数 k の値を定め，そのときの極限値を求めよ． 　　　　　　　　　　（14　名古屋大・理系）

▶**解答**◀ （1） C_n, C_{n+1} の中心を A，B，C_n, C_{n+1}, C_{n+2} と x 軸との接点を，P，Q，R とし，B から直線 AP に下ろした垂線の足を H とする．

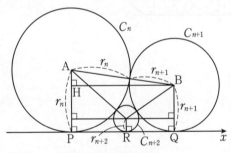

$$\mathrm{PQ} = \mathrm{BH} = \sqrt{\mathrm{AB}^2 - \mathrm{AH}^2}$$
$$= \sqrt{(r_n + r_{n+1})^2 - (r_n - r_{n+1})^2} = \sqrt{4 r_n r_{n+1}}$$

よって

$$\mathrm{PQ} = 2\sqrt{r_n r_{n+1}}$$

となり，同様にして

$$PR = 2\sqrt{r_n r_{n+2}}, \quad RQ = 2\sqrt{r_{n+1} r_{n+2}}$$

である．$PQ = PR + RQ$ より

$$2\sqrt{r_n r_{n+1}} = 2\sqrt{r_n r_{n+2}} + 2\sqrt{r_{n+1} r_{n+2}}$$

両辺を $2\sqrt{r_n r_{n+1} r_{n+2}}$ で割ると

$$\frac{1}{\sqrt{r_{n+2}}} = \frac{1}{\sqrt{r_{n+1}}} + \frac{1}{\sqrt{r_n}}$$

（2）$a_n = \dfrac{1}{\sqrt{r_n}}$ とおくと，$a_1 = a_2 = 1$ で

$$a_{n+2} = a_{n+1} + a_n$$

$x^2 = x + 1$ を解くと，$x = \dfrac{1 \pm \sqrt{5}}{2}$ となるから

$$\alpha = \frac{1 + \sqrt{5}}{2}, \quad \beta = \frac{1 - \sqrt{5}}{2}$$

とおくと

$$a_{n+2} - \alpha a_{n+1} = \beta(a_{n+1} - \alpha a_n) \quad \cdots\cdots\cdots\cdots\cdots\cdots\cdots ①$$
$$a_{n+2} - \beta a_{n+1} = \alpha(a_{n+1} - \beta a_n) \quad \cdots\cdots\cdots\cdots\cdots\cdots\cdots ②$$

① より，$\{a_{n+1} - \alpha a_n\}$ は公比 β の等比数列で

$$a_{n+1} - \alpha a_n = (a_2 - \alpha a_1)\beta^{n-1} = (1 - \alpha)\beta^{n-1} = \beta \cdot \beta^{n-1} = \beta^n$$

なお，$\alpha + \beta = 1$ より $1 - \alpha = \beta$ であることを用いた．② より，$\{a_{n+1} - \beta a_n\}$ は公比 α の等比数列で

$$a_{n+1} - \beta a_n = (a_2 - \beta a_1)\alpha^{n-1} = (1 - \beta)\alpha^{n-1} = \alpha \cdot \alpha^{n-1} = \alpha^n$$

辺ごとに引いて

$$(\alpha - \beta)a_n = \alpha^n - \beta^n$$
$$a_n = \frac{\alpha^n - \beta^n}{\alpha - \beta} = \frac{1}{\sqrt{5}}(\alpha^n - \beta^n)$$

よって，α, β, s, t の 1 組は

$$(\boldsymbol{\alpha}, \boldsymbol{\beta}, \boldsymbol{s}, \boldsymbol{t}) = \left(\frac{1 + \sqrt{5}}{2}, \frac{1 - \sqrt{5}}{2}, \frac{1}{\sqrt{5}}, -\frac{1}{\sqrt{5}} \right)$$

（3）$r_n = \dfrac{1}{a_n{}^2} = \dfrac{5}{(\alpha^n - \beta^n)^2}$ より

$$\frac{r_n}{k^n} = \frac{5}{k^n(\alpha^n - \beta^n)^2} = \frac{5}{(k\alpha^2)^n \left\{ 1 - \left(\dfrac{\beta}{\alpha} \right)^n \right\}^2}$$

$\left| \dfrac{\beta}{\alpha} \right| < 1$ より，$\displaystyle \lim_{n \to \infty} \left(\dfrac{\beta}{\alpha} \right)^n = 0$ だから，$\left\{ \dfrac{r_n}{k^n} \right\}$ が正の値に収束する条件は，$\displaystyle \lim_{n \to \infty} (k\alpha^2)^n$ が正の値に収束することで

$$ka^2 = 1$$

$$k = \frac{1}{\alpha^2} = \left(\frac{2}{1+\sqrt{5}} \right)^2 = \frac{3 - \sqrt{5}}{2}$$

このとき，極限値は 5 である．

《ベクトルのままの微分》

39. xy 平面上の曲線 $y = \sin x$ に沿って，図のように左から右へ進む動点 P がある．P の速さが一定 V $(V > 0)$ であるとき，P の加速度ベクトル $\vec{\alpha}$ の大きさの最大値を求めよ．ただし，P の速さとは P の速度ベクトル $\vec{v} = (v_1, v_2)$ の大きさであり，また t を時間として，$\vec{\alpha} = \left(\dfrac{dv_1}{dt}, \dfrac{dv_2}{dt} \right)$ である．

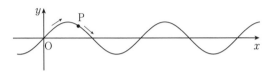

(82 東大・理科)

考え方 x は時間 t の微分可能な関数，$f(x), g(x), h(x)$ も x の微分可能な関数とする．ベクトルを縦にする．$\begin{pmatrix} f(x)g(x) \\ f(x)h(x) \end{pmatrix}$ の各成分を x で微分すると

$$\begin{pmatrix} f'(x)g(x) + f(x)g'(x) \\ f'(x)h(x) + f(x)h'(x) \end{pmatrix}$$

となり，これは

$$f'(x)\begin{pmatrix} g(x) \\ h(x) \end{pmatrix} + f(x)\begin{pmatrix} g'(x) \\ h'(x) \end{pmatrix}$$

と書くことができる．$\begin{pmatrix} g(x) \\ h(x) \end{pmatrix} = P(x)$ とおく．$P(x)$ は点の座標であり，ベクトルでもある．点も関数と見て $f(x)P(x)$ を微分したら

$$\frac{d}{dx}f(x)P(x) = \left\{ \frac{d}{dx}f(x) \right\}P(x) + f(x)\left\{ \frac{d}{dx}P(x) \right\}$$

になるということである．

さらに，

$$\frac{d}{dt}P(x) = \frac{dx}{dt} \cdot \frac{d}{dx}P(x) = \frac{dx}{dt}\begin{pmatrix} g'(x) \\ h'(x) \end{pmatrix}$$

になる．$P(x)$ を時間微分すると，まず，x で各成分を微分し，外に $x' = \dfrac{dx}{dt}$ が出てくると読む．この立場で，効率よく微分していこう．ベクトル解析という，ベクトルのまま微分積分をする学問がある．その入り口のような計算である．東大は，どのような模範解答を用意していたのだろう？

本問は，最初に 1982 年の東大に出題され，その後，あちこちに出題された．最近ではいささか，静かになっているが，直近では 2014 年の中央大にある．

▶解答◀ $s = \sin x$, $c = \cos x$ とおく. $\dfrac{dx}{dt} = x'$ で表す. $\begin{pmatrix} x \\ \sin x \end{pmatrix}$ を t で微分して

$$\vec{v} = x' \begin{pmatrix} 1 \\ c \end{pmatrix} \quad \cdots\cdots\cdots\cdots\cdots\cdots\cdots\cdots\cdots\cdots\cdots\cdots\cdots\cdots\cdots ①$$

$|\vec{v}| = V$, $x' > 0$ より

$$x'\sqrt{1 + c^2} = V$$

$$x' = (1 + c^2)^{-\frac{1}{2}} V \quad \cdots\cdots\cdots\cdots\cdots\cdots\cdots\cdots\cdots\cdots\cdots\cdots ②$$

② を ① に代入し

$$\vec{v} = V(1 + c^2)^{-\frac{1}{2}} \begin{pmatrix} 1 \\ c \end{pmatrix} \quad \cdots\cdots\cdots\cdots\cdots\cdots\cdots\cdots\cdots\cdots ③$$

となる. ③ をさらに t で微分して

$$\vec{\alpha} = V x' \left\{ -\frac{1}{2}(1 + c^2)^{-\frac{3}{2}}(-2cs) \begin{pmatrix} 1 \\ c \end{pmatrix} + (1 + c^2)^{-\frac{1}{2}} \begin{pmatrix} 0 \\ -s \end{pmatrix} \right\} \quad \cdots\cdots ④$$

$$= V x' (1 + c^2)^{-\frac{3}{2}} \begin{pmatrix} cs \\ c^2 s + (1 + c^2)(-s) \end{pmatrix}$$

ここに, 再び ② を代入し

$$\vec{\alpha} = V \cdot (1 + c^2)^{-\frac{1}{2}} V \cdot (1 + c^2)^{-\frac{3}{2}} \begin{pmatrix} cs \\ -s \end{pmatrix}$$

$$= V^2 (1 + c^2)^{-2} s \begin{pmatrix} c \\ -1 \end{pmatrix}$$

$$|\vec{\alpha}| = V^2 (1 + c^2)^{-2} |s| \sqrt{1 + c^2} = V^2 (1 + c^2)^{-\frac{3}{2}} |s|$$

$$= \frac{V^2 |\sin x|}{\sqrt{(1 + \cos^2 x)^3}} \leqq \frac{V^2}{\sqrt{(1 + \cos^2 x)^3}} \leqq V^2$$

2つの不等号について, 最初の等号は $|\sin x| = 1$, 2つ目の等号は $\cos x = 0$ のときに成り立つ. すなわち, $|\vec{\alpha}|$ は $x = \dfrac{\pi}{2} + n\pi$ (n は整数) のとき最大値 V^2 をとる.

注意 **1°【計算の効率化】**

　多くの人は, 上の解答を見て, その短さに驚くのではないだろうか？短い理由は, 第一には, $c = \cos x$, $s = \sin x$ という略記により, 見かけ上, 短くしているという, イカサマがある. 第二には, x 成分と y 成分をバラバラに微分すると長さが2倍になるが, 同時に書けば半分ですむということにある. さら

に，第三には，徹底して「x で微分する．外に $x' = \dfrac{dx}{dt}$ が出る」を繰り返している」ことがある．

たとえば，③ を t で微分するとき，まず $(1+c^2)^{-\frac{1}{2}}\begin{pmatrix} 1 \\ c \end{pmatrix}$ を x で微分する．その結果が ④ の波括弧 { } 内である．そして，その外（左側）に x' を出している．

2° 【普通にやれよと思う人へ】

私が上のような解答を書くと，眉をひそめる大人が多い．私は，小学校の頃から，自分だけの工夫をしていた．多くは「自分の宝箱」と呼ぶ「人に見せない解法」を集めた箱に封印していた．小学校教諭は「教えた通りに書け．教えていないことはするな」という人ばかりだった．私は表向き，良い子を装っていたから，いらぬ軋轢を避けるためである．

しかし，大学入試ともなると，とても試験の最中には終わらない，あるいは，計算ミスをする問題がある．そうなったときには，箱をあけて，私は，アクセルを踏み込むのである．

「普通にやれよ」と思う人は，次の問題を，まず，普通に書いてほしい．そして，もし，大人の方なら「高校時代の自分ならできただろうか？」と考えてほしい．大学入試では，ブレーキを掛けていると，失敗することが多い．普段からアクセル全開でよいと思っている．

定数 $a > 0$ に対して，次の媒介変数表示された座標平面上の曲線を C とする：
$$x = a(\theta - \sin\theta), \quad y = a(1 - \cos\theta) \quad (0 \leq \theta \leq 2\pi)$$

（1） 曲線 C の長さを a を用いて表せ．

C 上の点 $A(a(\theta - \sin\theta),\ a(1 - \cos\theta))$ において，$0 < \theta < 2\pi$ では法線上に点 B を線分 AB の長さが 1 で，B の y 座標が A の y 座標より大きくなるようにとり，A の座標が $(0, 0)$，$(2\pi a, 0)$ のときの B はそれぞれ $(-1, 0)$，$(2\pi a + 1, 0)$ とする．

（2） 点 B の座標を a と θ を用いて表せ．

（3） 点 A が曲線 C 上を $\theta = 0$ から $\theta = 2\pi$ まで動いたときの点 B の軌跡を C_1 とするとき，曲線 C_1 の長さを a を用いて表せ． （19 札幌医大）

▶**解答**◀ （1） 後に接線の方向ベクトルが必要になるから，最初からベクト

ル的に解いていく．$\overrightarrow{\mathrm{OA}} = a(\theta - \sin\theta,\, 1 - \cos\theta)$ を θ で微分する．接線の方向ベクトル（θ を時間だと思えば速度ベクトル）$\vec{v}$ は

$$\vec{v} = \left(\frac{dx}{d\theta},\, \frac{dy}{d\theta} \right) = a(1 - \cos\theta,\, \sin\theta)$$

$$= a\left(2\sin^2\frac{\theta}{2},\, 2\sin\frac{\theta}{2}\cos\frac{\theta}{2} \right)$$

$$= 2a\sin\frac{\theta}{2}\left(\sin\frac{\theta}{2},\, \cos\frac{\theta}{2} \right)$$

$a > 0,\, 0 \leqq \dfrac{\theta}{2} \leqq \pi$ に注意して

$$|\vec{v}| = 2a\sin\frac{\theta}{2}$$

C の長さは，

$$\int_0^{2\pi} \sqrt{\left(\frac{dx}{d\theta} \right)^2 + \left(\frac{dy}{d\theta} \right)^2}\, d\theta$$

$$= \int_0^{2\pi} |\vec{v}|\, d\theta = 2a\int_0^{2\pi} \sin\frac{\theta}{2}\, d\theta$$

$$= 2a\left[-2\cos\frac{\theta}{2} \right]_0^{2\pi} = 2a(2 + 2) = \boldsymbol{8a}$$

（2）$0 < \theta < 2\pi$ のとき，$\overrightarrow{\mathrm{AB}}$ は $\vec{v}$ に垂直で上向き，長さが1であるから

$$\overrightarrow{\mathrm{AB}} = \left(-\cos\frac{\theta}{2},\, \sin\frac{\theta}{2} \right)$$

$$\overrightarrow{\mathrm{OB}} = \overrightarrow{\mathrm{OA}} + \overrightarrow{\mathrm{AB}}$$

$$= \left(a(\theta - \sin\theta) - \cos\frac{\theta}{2},\, a(1 - \cos\theta) + \sin\frac{\theta}{2} \right)$$

B の座標は

$$\left(\boldsymbol{a(\theta - \sin\theta) - \cos\frac{\theta}{2},\ a(1 - \cos\theta) + \sin\frac{\theta}{2}} \right)$$

である．問題文の，端の $\theta = 0, 2\pi$ についての但し書きによりこのときも含めて，成り立つ．

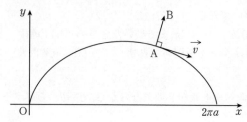

（3）　$\overrightarrow{\mathrm{OB}} = \overrightarrow{\mathrm{OA}} + \left(-\cos\dfrac{\theta}{2}, \sin\dfrac{\theta}{2} \right)$ を θ で微分したベクトルを $\vec{u}$ とする.

$\overrightarrow{\mathrm{OA}}$ の微分は $\vec{v}$ である.

$$\vec{u} = \vec{v} + \frac{1}{2}\left(\sin\frac{\theta}{2}, \cos\frac{\theta}{2} \right)$$

$$= \left(2a\sin\frac{\theta}{2} + \frac{1}{2} \right)\left(\sin\frac{\theta}{2}, \cos\frac{\theta}{2} \right)$$

$$|\vec{u}| = 2a\sin\frac{\theta}{2} + \frac{1}{2}$$

C_1 の長さは

$$\int_0^{2\pi} |\vec{u}|\, d\theta = \left[-4a\cos\frac{\theta}{2} + \frac{1}{2}\theta \right]_0^{2\pi} = 8a + \pi$$

40. C を放物線 $y = \dfrac{3}{2}x^2 - \dfrac{1}{3}$ とする. C 上の点 $Q\left(t, \dfrac{3}{2}t^2 - \dfrac{1}{3}\right)$ を通り, Q における C の接線と垂直な直線を, Q における C の法線という.

（1） xy 平面上の点 $P(x, y)$ で P を通る C の法線が 1 本だけ引けるようなものの存在範囲を求め, xy 平面上に図示せよ.

（2） （1）で求めた範囲と放物線の内部（不等式 $y > \dfrac{3}{2}x^2 - \dfrac{1}{3}$ の定める範囲）の共通部分の面積を求めよ. (78 東大・理科)

考え方 本問は, ときどき類題が出て, 2019 年には首都大東京にある. 幾つか注意を述べる.

法線について：現在は検定教科書にも法線が掲載されているが, 出題当時はなかったため, いちいち法線の定義を書かなければならなかった. そのため, 問題文に「点 Q を通り, Q における C の接線と垂直な直線を, Q における C の法線という」と説明がある.

面積を求める図形の周について：今は面積を求める図形は周が含まれない.「周がなくても面積は同じなんですか？」と質問される. 面積の定義は, 高校では習わない. 面積はあるものと考える. 面積の厳密な定義は難しい. 大学の定義に従うと, 周がなくても面積は変わらない. 生徒の困惑を予想できるなら「領域に周をくっつけた図形の面積」と書くべきであった.

法線の方程式について：曲線 $y = f(x)$ の $(t, f(t))$ における接線は

$$l : y = f'(t)(x - t) + f(t)$$

である. $(t, f(t))$ における法線を m とする. $f'(t) = 0$ のとき

$$m : x = t$$

であり, $f'(t) \neq 0$ のとき

$$m : y = -\frac{1}{f'(t)}(x - t) + f(t)$$

であるが, 分母をはらい

$$m : \{y - f(t)\}f'(t) = -(x - t)$$

とすれば場合分け不要である. これが点 $P(a, b)$ を通るとき

$$\{b - f(t)\}f'(t) = -(a - t) \cdots\cdots\cdots Ⓐ$$

である.「t が異なれば法線が異なる」ということを認めれば, t の個数が法線の本数に一致する. 本問の場合, $f'(t) = 3t$ であるから, t が異なれば接線の傾きが異なり, 当然法線も異なる.

文字定数は分離せよ：3次方程式に関しては「確定したよくある解法」があるのだが，それは後に別解として書く．それだと，ルートの計算が結構鬱陶しい．私はよく計算を間違える．それを防止するために，できる限り置き換えをして，ルートが出ないようにして，ミスを減らす書き方をしている．これは高校生の頃からの私のやり方である．Ⓐ を

$$a = t - \{b - f(t)\}f'(t)$$

として「文字定数は分離」を用いる．解答では a, b でなく，問題文通りに x, y で書く．

▶解答◀ （1） $f(x) = \dfrac{3}{2}x^2 - \dfrac{1}{3}$ とおく．

$$f'(x) = 3x$$

Q における C の法線は

$$\{y - f(t)\}f'(t) = -(x - t)$$

$$\left(y - \frac{3}{2}t^2 + \frac{1}{3}\right) \cdot 3t = -x + t$$

$$x = \frac{9}{2}t^3 - 3yt \quad \cdots\cdots\cdots\cdots\cdots\cdots\cdots\cdots\cdots\cdots\cdots\cdots\cdots\cdots\text{①}$$

ここで $g(t) = \dfrac{9}{2}t^3 - 3yt$ とおく．①を満たす実数 t がただ一つ存在する条件を求める．

$$g'(t) = \frac{27}{2}t^2 - 3y$$

（ア） $y \leqq 0$ のとき．$g'(t) \geqq 0$ であるから $g(t)$ は増加関数であり，tY 平面の曲線 $Y = g(t)$ は直線 $Y = x$ とただ 1 つの交点をもち，適する．

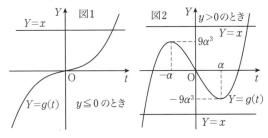

（イ） $y > 0$ のとき．$\dfrac{27}{2}t^2 - 3y = 0$ の正の解を α とする．$y = \dfrac{9\alpha^2}{2}$ が成り立ち，$\alpha = \dfrac{\sqrt{2y}}{3}$ である．

$$g(t) = \frac{9}{2}t^3 - \frac{27\alpha^2}{2}t$$

$$g(\alpha) = \frac{9}{2}\alpha^3 - \frac{27\alpha^3}{2} = -9\alpha^3, \quad g(-\alpha) = 9\alpha^3$$

曲線 $Y = g(t)$ が直線 $Y = x$ とただ 1 つの交点をもつ条件は（図 2 参照）

$$x > 9\alpha^3 \ \text{または} \ x < -9\alpha^3$$

である．以上より，求める範囲は

$$\boldsymbol{y \leqq 0 \ \text{または} \ x > \frac{1}{3}(2y)^{\frac{3}{2}} \ \text{または} \ x < -\frac{1}{3}(2y)^{\frac{3}{2}}}$$

である．図示すると，図 3 の網目部分となる．境界は原点のみ含む．図 3 で
$C_1 : x = \frac{1}{3}(2y)^{\frac{3}{2}}$, $C_2 : x = -\frac{1}{3}(2y)^{\frac{3}{2}}$ である．

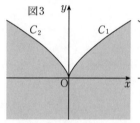
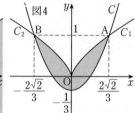

（2） $x = \frac{1}{3}(2y)^{\frac{3}{2}}$ と $y = \frac{3}{2}x^2 - \frac{1}{3}$ を連立させると

$$y = \frac{1}{6}(2y)^3 - \frac{1}{3}$$

$$3y = 4y^3 - 1$$

$$4y^3 - 3y - 1 = 0$$

$$(y - 1)(4y^2 + 4y + 1) = 0$$

$y > 0$ であるから $y = 1$ である．求める面積を S とする．図 4 の線分 AB と C で
囲まれた部分（6 分の 1 公式を用いる）から，$x = \frac{2\sqrt{2}}{3}y^{\frac{3}{2}}$ と y 軸の間の部分の
面積 2 つ分を引くと考え，

$$S = \frac{\frac{3}{2}}{6}\left(\frac{2\sqrt{2}}{3} \cdot 2\right)^3 - 2\int_0^1 \frac{2\sqrt{2}}{3}y^{\frac{3}{2}}\, dy$$

$$= \frac{16 \cdot 2\sqrt{2}}{3^3} - 2\left[\frac{2\sqrt{2}}{3} \cdot \frac{2}{5}y^{\frac{5}{2}}\right]_0^1$$

$$= \frac{4 \cdot 8\sqrt{2}}{3^3} - \frac{8\sqrt{2}}{3 \cdot 5} = \frac{(20 - 9) \cdot 8\sqrt{2}}{27 \cdot 5} = \boldsymbol{\frac{88\sqrt{2}}{135}}$$

有理数 a に対して x^a の定義域は，現在の高校生向けの教科書は無論，大学の教科書でも，解説しているものは，おそらくない．筆者の知る限り，拙著「数学 III の微分積分の検定外教科書（ホクソム）」のみである．検定教科書では，$x > 0$ なら定義できると，最初から逃げ腰である．$x < 0$ のときには，どのようなときに定義できるか，記述がない．「$x < 0$ のときには定義できない」と誤読する大人も多い．本問のようなときに，おそらく，多くの人が困惑するに違いない．

全部知りたいなら「数学 III の微分積分の検定外教科書（ホクソム）」を読んでほしい．ここでは当面必要なことだけ解説する．

a は実数とする．n が 3 以上の奇数のとき $x^n = a$ を満たす実数はただ 1 つ存在する．それを $\sqrt[n]{a}$ と定義する．次に $b > 0$ とする．n が 2 以上の偶数のとき $x^n = b$ を満たす実数 x は 2 つあり，0 以上の値を $\sqrt[n]{b}$ と定義し，$x^n = b$ を満たす実数 x は $x = \pm\sqrt[n]{b}$ となる．自然数 n に対して $\sqrt[n]{0} = 0$ と定義する．$\sqrt[2]{a}$ では 2 を省略する．

互いに素な自然数 m, n に対して $x^{\frac{m}{n}} = \sqrt[n]{x^m}$ と定義する．

上の解答では $y^{\frac{3}{2}}$ が出てくる．$y^{\frac{3}{2}} = \sqrt[2]{y^3}$ である．2 乗根は省略して $y^{\frac{3}{2}} = \sqrt{y^3}$ となり，普通のルートの中に y^3 があるから $y \geqq 0$ で定義される．

解答では，（1）の最後の答えで「$x > \dfrac{1}{3}(2y)^{\frac{3}{2}}$ または $x < -\dfrac{1}{3}(2y)^{\frac{3}{2}}$」と書いた．これが出てくるときの場合分けでは $y > 0$ としたが，この定義域は $y \geqq 0$ である．$y = 0$ のときが余計に入ってくるのではないのか？と思うかもしれない．その前に「$y \leqq 0$ または」とあるから，$y = 0$ の場合は $x = 0$ であっても適する．答えは簡潔な方がよいと，上記の形にしたが，排反に分けたいなら答えを

$y \leqq 0$

または「$y > 0$ かつ $x > \dfrac{1}{3}(2y)^{\frac{3}{2}}$」

または「$y > 0$ かつ $x < -\dfrac{1}{3}(2y)^{\frac{3}{2}}$」

とする方がよいかもしれない．

次の別解では $x^{\frac{2}{3}}$ が出てくる．$x^{\frac{2}{3}} = \sqrt[3]{x^2}$ であるからこの定義域は実数全体である．$x^2 \geqq 0$ だし，3 乗根だから，たとえ根号内が負であっても，定義できるからである．$x^2 \geqq 0$ だから $\sqrt[3]{x^2}$ は偶関数である．

2° 【グラフは常識】

図aを見よ．曲線 $y = x^a$ $(x \geqq 0)$ で，$0 < a < 1,\ a = 1,\ a > 1$ に応じて，上に凸，直線，下に凸と変わっていく．たとえば $a = \dfrac{1}{2}$ のときは $y = \sqrt{x}$ で，このグラフは，微分しないで描くのが普通である．微分して描いたら「お前はルートのグラフも知らないのか？」と言われるだろう．$y = \dfrac{1}{3}(2x)^{\frac{3}{2}}$ の図示も同じである．定数項を無視すると $y = x^{\frac{3}{2}}$ となり，指数は $a > 1$ のタイプだから，$y = x^2$ の仲間として描く．$x = y^{\frac{3}{2}}$ は横向きの曲線で，指数が1より大きいから $x = y^2$（横向き放物線）の仲間として描く．

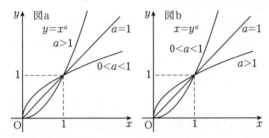

♦別解♦ 図や式番号は1から振り直す．$g(t)$ も解答とは別物である．

（1）$\left(y - \dfrac{3}{2}t^2 + \dfrac{1}{3} \right) \cdot 3t = -x + t$ の後

$$9t^3 - 6yt - 2x = 0 \quad \cdots\cdots\cdots\cdots\cdots\cdots\cdots\cdots\cdots① $$

t の方程式 ① が，ただ1つの実数解をもつ条件を求める．

$g(t) = 9t^3 - 6yt - 2x$ とおく．

$$g'(t) = 27t^2 - 6y = 3(9t^2 - 2y)$$

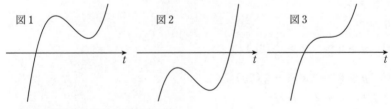

① がただ1つの実数解をもつのは

（ア）$g(t)$ が同符号の極値をもつとき（図1，図2）

（イ）$g(t)$ が極値をもたない（図3）

のいずれかの場合である．

（ア）のとき，$2y > 0$，つまり，$y > 0$ であり

$$g\left(\frac{\sqrt{2y}}{3}\right)g\left(-\frac{\sqrt{2y}}{3}\right) > 0$$

$$\left(\frac{2y\sqrt{2y}}{3} - 2y\sqrt{2y} - 2x\right)\left(-\frac{2y\sqrt{2y}}{3} + 2y\sqrt{2y} - 2x\right) > 0$$

$$\left(-\frac{4y\sqrt{2y}}{3} - 2x\right)\left(\frac{4y\sqrt{2y}}{3} - 2x\right) > 0$$

$$\left(2y\sqrt{2y} + 3x\right)\left(2y\sqrt{2y} - 3x\right) < 0$$

$$(2y)^3 - (3x)^2 < 0$$

$$(2y)^3 < (3x)^2$$

両辺の 3 乗根をとって

$$2y < (3x)^{\frac{2}{3}}$$

曲線 $y = \dfrac{1}{2}(3x)^{\frac{2}{3}}$ には馴染みがないから戸惑うかもしれない．

$$y = \frac{1}{2}\sqrt[3]{(3x)^2}$$

となり，これは偶関数であるから y 軸に関して左右対称である．グラフの形状に関しては注意 2° で述べたように，$x \geqq 0$ では $y = \sqrt{x}$ と似た形である．

（イ）のとき，$y \leqq 0$ である．

以上をまとめて，求める領域は

$$\boldsymbol{y < \frac{1}{2}(3x)^{\frac{2}{3}}}$$

である．図 4 の網目部分となる．境界は原点のみ含む．

ただし $D : y = \dfrac{1}{2}\sqrt[3]{(3x)^2}$ である．

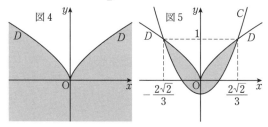

（2）C と D の交点を求める計算は解答と同じである．求める面積を S とすると，S は図 5 の網目部分の面積である．y 軸対称であるから，$x \geqq 0$ の部分の面

積を2倍する．以下の計算は，一番生徒がやりそうなものを示す．安田なら，次のようにすると計算ミスをするから，やらない．私のやり方は下の注を見よ．

$$S = 2\int_0^{\frac{2\sqrt{2}}{3}} \left\{ \frac{\sqrt[3]{9}}{2} x^{\frac{2}{3}} - \left(\frac{3}{2} x^2 - \frac{1}{3} \right) \right\} dx$$

$$= 2\left[\frac{\sqrt[3]{9}}{2} \cdot \frac{3}{5} x^{\frac{5}{3}} - \frac{1}{2} x^3 + \frac{1}{3} x \right]_0^{\frac{2\sqrt{2}}{3}}$$

$$= 2\left\{ \frac{\sqrt[3]{9}}{2} \cdot \frac{3}{5} \cdot \frac{2\sqrt{2}}{3} \left(\frac{2\sqrt{2}}{3} \right)^{\frac{2}{3}} - \frac{1}{2} \left(\frac{2\sqrt{2}}{3} \right)^3 + \frac{1}{3} \cdot \frac{2\sqrt{2}}{3} \right\}$$

$$= 2\left(\frac{2\sqrt{2}}{5} - \frac{8\sqrt{2}}{27} + \frac{2\sqrt{2}}{9} \right) = 4\left(\frac{\sqrt{2}}{5} - \frac{4\sqrt{2}}{27} + \frac{\sqrt{2}}{9} \right)$$

$$= 4 \cdot \frac{27\sqrt{2} - 20\sqrt{2} + 15\sqrt{2}}{5 \cdot 27} = \frac{88\sqrt{2}}{135}$$

注意 3° 【根号外に出すか，出さないか】

$\alpha = \frac{2\sqrt{2}}{3}$ とおく．最初の解答の α とは別物である．

$x = \alpha$ のとき $y = \frac{1}{2}(3\alpha)^{\frac{2}{3}} = 1$ になることを思い出せ．もともと，$y = 1$ を解として求めたのである．$(3\alpha)^{\frac{2}{3}} = 2$ である．であるから，この場合は，3 を3乗根の外に出さない方がよい．$x = \frac{1}{3}(2y)^{\frac{3}{2}}$ では $x = \frac{2\sqrt{2}}{3} y^{\frac{3}{2}}$ と，$2\sqrt{2}$ を外に出した．これは $y = 1$ を代入したときに，その方が簡単だからである．しかし，今は $\frac{\sqrt[3]{9}}{2} x^{\frac{2}{3}}$ にしない方がよい．

$$S = \int_0^\alpha \left\{ (3x)^{\frac{2}{3}} - 3x^2 + \frac{2}{3} \right\} dx = \left[\frac{1}{5}(3x)^{\frac{5}{3}} - x^3 + \frac{2}{3} x \right]_0^\alpha$$

$$= \frac{1}{5}(3\alpha)^{\frac{5}{3}} - \alpha^3 + \frac{2}{3} \alpha$$

$(3\alpha)^{\frac{2}{3}} = 2$ のルートをとって $(3\alpha)^{\frac{1}{3}} = \sqrt{2}$ となり，この5乗をすると $(3\alpha)^{\frac{5}{3}} = 4\sqrt{2}$ となる．$S = \frac{4\sqrt{2}}{5} - \frac{8 \cdot 2\sqrt{2}}{27} + \frac{4\sqrt{2}}{9}$ となる．後は同じである．このやり方だと，一切，3乗根が登場しない．

たかが計算，されど計算である．

面積を求める領域の境界が入っていない例は，ときどきあることをご存じだろうか？そして，そのとき，生徒が戸惑うことをご存じだろうか？

《微妙な問題を含む問題》

直線 $y = px + q$ が，$y = x^2 - x$ のグラフとは交わるが，$y = |x| + |x-1| + 1$ のグラフとは交わらないような (p, q) の範囲を図示し，その面積を求めよ．

(15　京大・文系)

考え方　学校教育では接点と交点は別物，「接点と交点を合わせて共有点という」と習う．しかし，これは完全な方言である．本当の数学の世界では，接点と交点を区別することはしない．接点は intersection，交点も intersection である．共有点に相当する単語は，直訳するなら common point であるが，そのような数学用語は，ない．本問における交点は，学校教育がいうところの共有点と解釈しないと，微妙にやりにくくなる．注を見よ．

また，上の境界が点線になるが，フチがなくても，面積には影響がない．「フチが金網だと面積が漏れませんか？」と気になるかもしれない．

▶解答◀　$y = px + q$ と $y = x^2 - x$ を連立させて

$$px + q = x^2 - x \qquad \therefore \quad x^2 - (p+1)x - q = 0$$

判別式を D として

$$D = (p+1)^2 + 4q \geqq 0$$

$$q \geqq -\frac{1}{4}(p+1)^2$$

$g(x) = |x| + |x-1| + 1$ とおく．

$x \leqq 0$ のとき

$$g(x) = -x - (x-1) + 1 = -2x + 2$$

$0 \leqq x \leqq 1$ のとき

$$g(x) = x - (x-1) + 1 = 2$$

$1 \leqq x$ のとき

$$g(x) = x + x - 1 + 1 = 2x$$

$h(x) = px + q$ とおく．$y = h(x)$ のグラフが $y = g(x)$ のグラフと共有点をもたない条件を求める．それは $y = h(x)$ のグラフがつねに $y = g(x)$ の下方にあること，すなわち，任意の実数 x に対して

$$h(x) < g(x)$$

となることである．まず，$h(0) < g(0)$, $h(1) < g(1)$, すなわち

$$q < 2, \quad p + q < 2$$

が必要である．次に，$p > 2$ のときは十分大きな x に対して $h(x) > g(x)$ となり不適であり，$p < -2$ のときは $x < 0$ で $|x|$ が十分大きな x に対して $h(x) > g(x)$ となり不適である．また，$-2 \leqq p \leqq 2$ のときには適す．図1を参照せよ．

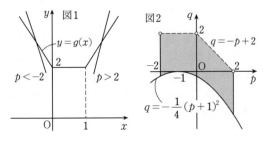

以上より，p, q の満たす必要十分条件は

$$-2 \leqq p \leqq 2, \; q < 2, \; q < 2 - p, \; q \geqq -\frac{1}{4}(p+1)^2$$

である．点 (p, q) の存在範囲を図示すると図2となる．境界は，実線を含み，破線と白丸は含まない．この領域の面積は，

$$2 \cdot 2 + \frac{1}{2} \cdot 2 \cdot 2 + \int_{-2}^{2} \frac{1}{4}(p+1)^2 \, dp$$

$$= 6 + \left[\frac{1}{12}(p+1)^3 \right]_{-2}^{2}$$

$$= 6 + \frac{1}{12}(3^3 + 1) = 6 + \frac{28}{12} = 6 + \frac{7}{3} = \frac{25}{3}$$

注意 「交点はクロスしたもので，下図は交点ではないから OK」と解釈すると「$q = 0, -2 < p < 0$」「$p + q = 2, 0 < p < 2$」が適することになり（？）微妙である．

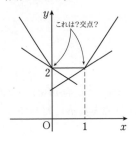

《部分積分とガウス・グリーンの定理1》

41. 次の定積分を求めよ.

$$\int_0^1 \left(x^2 + \frac{x}{\sqrt{1+x^2}} \right)\left(1 + \frac{x}{(1+x^2)\sqrt{1+x^2}} \right) dx$$

(19 東大・理科)

考え方 最初に,少しご注意申し上げます.本稿の内容に関しては,教員の方によっては,非常に腹立たしく思われる方もおられることと思います.不愉快ならば,読み飛ばすか,ゴミ箱に投げ入れてください.もちろん,書籍の代金はお返ししません.それなら,反感を持たれないように,筆を控えればよいという意見もあるでしょう.しかし,それでは私の原稿ではなくなります.歯に衣を着せずに率直に書く姿勢をよしとしてくださる読者もいるのです.

私は入試問題を丹念に見る.特に括弧に注目する.最近の大学入試問題は ( ) しか使わないところが多い.学校では [{( )}] の順で入れ子にして,外から「大括弧,中括弧,小括弧」と読むと教わる.しかし,それは世界標準ではない.この順で入れ子にするのは世界的には少数派である.{ } には集合で使うという大きな役割があり,[ ] を使うと「ガウス記号か?整数問題か?」と錯覚するから,普通の式の場面では [ ] は使われない.元々,大,中,小という意味はないからやめるようにと JIS で勧告されているが,いまだにやめようとしない高校教員が多い.中には,この順にしないと減点する人もいるらしい.それが正しいなら,東大は減点されることになる.もちろん,東大は,事情を知っていて,敢えて,この表記を見せている.勿論,東大の姿勢なんか無視するという立場なら,それはそれで,ご自由である.

本問は,入学試験的には単なる積分の問題である.展開して,ゴリゴリ積分するのが普通であるが,結構計算が大変である.形が特殊であるから,出題者はこんなことを考えていたのかもしれないという話を書く.解答は解説風になる.

▶解答◀ $I = \int_0^1 \left(x^2 + \frac{x}{\sqrt{1+x^2}} \right)\left(1 + \frac{x}{(1+x^2)\sqrt{1+x^2}} \right) dx$

$$f(x) = x^2 + \frac{x}{\sqrt{1+x^2}}, \ g(x) = x - \frac{1}{\sqrt{1+x^2}}$$

とおく.

「$f(x)$ は積分記号の左の括弧の中の式だけれど,$g(x)$ はなんですか?」

という質問が出るだろう．その理由を書く．

$$g(x) = x - (1 + x^2)^{-\frac{1}{2}}$$

$$g'(x) = 1 + \frac{1}{2}(1 + x^2)^{-\frac{3}{2}}(2x) = 1 + \frac{x}{(1 + x^2)\sqrt{1 + x^2}}$$

であるから

$$I = \int_0^1 f(x)g'(x)\,dx \quad \cdots\cdots\cdots\cdots\cdots\cdots\cdots\cdots\cdots\cdots① $$

という形になっているのである．ここで部分積分を用いる．

$$I = \Big[\, f(x)g(x)\,\Big]_0^1 - \int_0^1 f'(x)g(x)\,dx \quad \cdots\cdots\cdots\cdots\cdots② $$

$f(0) = 0$ および $f(1)g(1) = \left(1 + \dfrac{1}{\sqrt{2}}\right)\left(1 - \dfrac{1}{\sqrt{2}}\right) = 1 - \dfrac{1}{2} = \dfrac{1}{2}$ より，②は

$$I = \frac{1}{2} - \int_0^1 f'(x)g(x)\,dx \quad \cdots\cdots\cdots\cdots\cdots\cdots\cdots③ $$

となる．①＋③を作ると

$$2I = \frac{1}{2} + \int_0^1 \{f(x)g'(x) - f'(x)g(x)\}\,dx$$

ここで

$$f'(x) = 2x + \frac{1 \cdot \sqrt{1 + x^2} - x \cdot \dfrac{x}{\sqrt{1 + x^2}}}{(\sqrt{1 + x^2})^2}$$

$$= 2x + \frac{1}{(\sqrt{1 + x^2})^3}$$

となる．これから，しばらくは，丁寧に展開する．

$$f(x)g'(x) = \left(x^2 + \frac{x}{\sqrt{1 + x^2}}\right)\left(1 + \frac{x}{(1 + x^2)\sqrt{1 + x^2}}\right)$$

$$= x^2 + \frac{x}{\sqrt{1 + x^2}} + \frac{x^3}{(1 + x^2)\sqrt{1 + x^2}} + \frac{x^2}{(1 + x^2)^2} \quad \cdots\cdots\cdots④ $$

$$f'(x)g(x) = \left(2x + \frac{1}{(\sqrt{1 + x^2})^3}\right)\left(x - \frac{1}{\sqrt{1 + x^2}}\right)$$

$$= 2x^2 + \frac{x}{(1 + x^2)\sqrt{1 + x^2}} - \frac{2x}{\sqrt{1 + x^2}} - \frac{1}{(1 + x^2)^2} \quad \cdots\cdots\cdots⑤ $$

④ − ⑤ を作り

$$f(x)g'(x) - f'(x)g(x)$$

$$= -x^2 + \frac{x^3 - x}{(1+x^2)\sqrt{1+x^2}} + \frac{3x}{\sqrt{1+x^2}} + \frac{x^2+1}{(1+x^2)^2}$$

この後，第二項に関して，$x^3 - x = (x^2 - 1)x = \{(x^2+1) - 2\}x$ とする．ここだけが唯一の，技巧的な変形である．また，最後の項 $\dfrac{x^2+1}{(1+x^2)^2}$ は約分する．

$$f(x)g'(x) - f'(x)g(x)$$

$$= -x^2 + \frac{(x^2+1) - 2}{(1+x^2)\sqrt{1+x^2}}x + \frac{3x}{\sqrt{1+x^2}} + \frac{1}{1+x^2}$$

$$= -x^2 + \left(\frac{1}{\sqrt{1+x^2}} - \frac{2}{(1+x^2)\sqrt{1+x^2}} \right)x + \frac{3x}{\sqrt{1+x^2}} + \frac{1}{1+x^2}$$

$$= -x^2 + \frac{4x}{\sqrt{1+x^2}} - \frac{2x}{(1+x^2)\sqrt{1+x^2}} + \frac{1}{1+x^2}$$

$$= -x^2 + 2(1+x^2)'(1+x^2)^{-\frac{1}{2}} - (1+x^2)'(1+x^2)^{-\frac{3}{2}} + \frac{1}{1+x^2}$$

$$2I = \frac{1}{2} + \left[-\frac{x^3}{3} + 4(1+x^2)^{\frac{1}{2}} + 2(1+x^2)^{-\frac{1}{2}} \right]_0^1 + \frac{\pi}{4}$$

$$= \frac{1}{2} - \frac{1}{3} + 4\sqrt{2} - 4 + \sqrt{2} - 2 + \frac{\pi}{4}$$

$$= 5\sqrt{2} - \frac{35}{6} + \frac{\pi}{4}$$

$$I = \boldsymbol{\frac{5\sqrt{2}}{2} - \frac{35}{12} + \frac{\pi}{8}}$$

なお，$\displaystyle\int_0^1 \frac{1}{1+x^2}\, dx$ は $x = \tan\theta \left(0 \le \theta \le \dfrac{\pi}{4} \right)$ と置換すると，$dx = \dfrac{1}{\cos^2\theta}\, d\theta$ であり

$$\int_0^1 \frac{1}{1+x^2}\, dx = \int_0^{\frac{\pi}{4}} \frac{1}{1+\tan^2\theta} \cdot \frac{1}{\cos^2\theta}\, d\theta = \int_0^{\frac{\pi}{4}} d\theta = \frac{\pi}{4}$$

となる．　　　　　　　　　　　　　　　　　　　　　　　　　（解答終わり）

注意 1° 【項が消える】

どこが面白いんだ？普通にやれよと思う人もいるだろう．

$f(x)g'(x) - f'(x)g(x)$ を利用すると，最初の積分にあった ④ の $\dfrac{x^2}{(1+x^2)^2}$ が解消され，少し簡単になったのである．後の普通の解法を参照せよ．

この方法は，$f(x)$, $g(x)$ の形が似ていると，もっと強力になる．強力な例はこの次の問題に出てくる．

2° 【特殊基本関数】

$\alpha \neq -1$ として

$$\int \{f(x)\}^\alpha f'(x)\, dx = \frac{1}{\alpha+1}\{f(x)\}^{\alpha+1} + C$$

である．C は積分定数である．

【面積と見る】

河合塾の分析会で，I を面積と見るということが指摘されていたそうである．

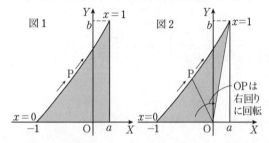

$X = g(x), Y = f(x)\ (0 \leq x \leq 1)$ とパラメータ表示された曲線を考える．$\mathrm{P}(x) = (g(x),\, f(x))$ とおく．$a = 1 - \dfrac{1}{\sqrt{2}}$, $b = 1 + \dfrac{1}{\sqrt{2}}$ とおく．

$$f(x) \geq 0,\ g'(x) = 1 + \frac{x}{(1+x^2)\sqrt{1+x^2}} > 0$$

であるから，x の増加とともに，$\mathrm{P}(x)$ は $\mathrm{P}(0) = (-1,\, 0)$ から $\mathrm{P}(1) = (a,\, b)$ まで右方向に動く．P の描く曲線と x 軸との間にある部分の面積は

$$\int_{-1}^{a} Y\, dX = \int_0^1 Y \frac{dX}{dx}\, dx = \int_0^1 f(x)g'(x)\, dx$$

となるから，I は図1の網目部分の面積を表す．

次の問題で「ガウス・グリーンの定理」というものを説明する．

$f(x)g'(x) - f'(x)g(x) > 0$ のとき，x の増加とともに OP は右回りに回転し，OP の通過する領域の面積を S とすると

$$S = \frac{1}{2}\int_0^1 \{f(x)g'(x) - f'(x)g(x)\}\, dx$$

になる．これは図2の網目部分の面積である．そのことを久保光章（広島女学院高校教諭），吉田信夫（研伸館講師）両先生にご指摘いただき，原稿にすることにした．以上では，$f(x)g'(x) - f'(x)g(x) > 0$ の確認をしていないし，できな

くはないが，すぐには判断できない．部分積分をすると，実質，ガウス・グリーンの定理と同等なことを行うことができるというのが，本稿の意図である．

【普通の解答】

正直に展開して積分するとどうなるかを示そう．式番号は ① から振り直す．

♦別解♦
$$\left(x^2 + \frac{x}{\sqrt{1+x^2}} \right)\left(1 + \frac{x}{(1+x^2)\sqrt{1+x^2}} \right)$$

$$= x^2 + \frac{x}{\sqrt{1+x^2}} + \frac{x^3}{(1+x^2)\sqrt{1+x^2}} + \frac{x^2}{(1+x^2)^2}$$

$$= x^2 + \frac{x}{\sqrt{1+x^2}} + x \cdot \frac{x^2+1-1}{(1+x^2)\sqrt{1+x^2}} + \frac{x^2}{(1+x^2)^2}$$

$$= x^2 + \frac{2x}{\sqrt{1+x^2}} - x(1+x^2)^{-\frac{3}{2}} + \frac{x^2}{(1+x^2)^2}$$

$$= x^2 + 2\left(\sqrt{1+x^2} \right)' \quad \dotfill ①$$

$$\qquad -\frac{1}{2}(1+x^2)'(1+x^2)^{-\frac{3}{2}} \quad \dotfill ②$$

$$\qquad\qquad +\frac{x^2}{(1+x^2)^2} \quad \dotfill ③$$

$0 \leqq x \leqq 1$ における ①，② の定積分を I，③ の定積分を J とする．

$$I = \left[\frac{x^3}{3} + 2\sqrt{1+x^2} + (1+x^2)^{-\frac{1}{2}} \right]_0^1$$

$$= \frac{1}{3} + 2\sqrt{2} - 2 + \frac{1}{\sqrt{2}} - 1$$

$$= \frac{5}{2}\sqrt{2} + \frac{1}{3} - 3$$

J では $x = \tan\theta$ とおく．$dx = \dfrac{d\theta}{\cos^2\theta}$ である．

x	$0 \to 1$
θ	$0 \to \frac{\pi}{4}$

$$J = \int_0^1 \frac{x^2}{(1+x^2)^2}\, dx$$

$$= \int_0^{\frac{\pi}{4}} \frac{\tan^2\theta}{(1+\tan^2\theta)^2} \cdot \frac{1}{\cos^2\theta}\, d\theta$$

$$= \int_0^{\frac{\pi}{4}} \sin^2\theta \, d\theta = \int_0^{\frac{\pi}{4}} \frac{1}{2}(1-\cos 2\theta) \, d\theta$$

$$= \left[\frac{\theta}{2} - \frac{1}{4}\sin 2\theta \right]_0^{\frac{\pi}{4}} = \frac{\pi}{8} - \frac{1}{4}$$

求める値は

$$I + J = \frac{5}{2}\sqrt{2} + \frac{\pi}{8} + \frac{1}{12} - 3$$

$$= \frac{5\sqrt{2}}{2} + \frac{\pi}{8} - \frac{35}{12}$$

注意 最初から一気に $x = \tan\theta$ と置換すると

$$\left(\tan^2\theta + \frac{\tan\theta}{\frac{1}{\cos\theta}} \right)\left(1 + \frac{\tan\theta}{\frac{1}{\cos^3\theta}} \right) \cdot \frac{1}{\cos^2\theta}$$

$$= (\tan^2\theta + \sin\theta)\left(\frac{1}{\cos^2\theta} + \sin\theta \right)$$

$$= \tan^2\theta \cdot \frac{1}{\cos^2\theta} + \frac{\sin\theta}{\cos^2\theta} + \tan^2\theta\sin\theta + \sin^2\theta$$

$$= \tan^2\theta(\tan\theta)' + \frac{\sin\theta}{\cos^2\theta} + \left(\frac{1}{\cos^2\theta} - 1 \right)\cdot\sin\theta + \frac{1}{2}(1-\cos 2\theta)$$

$$= \tan^2\theta(\tan\theta)' - 2(\cos\theta)^{-2}(\cos\theta)' - \sin\theta + \frac{1}{2} - \frac{1}{2}\cos 2\theta$$

求める定積分は

$$\left[\frac{1}{3}\tan^3\theta + 2(\cos\theta)^{-1} + \cos\theta + \frac{\theta}{2} - \frac{1}{4}\sin 2\theta \right]_0^{\frac{\pi}{4}}$$

$$= \frac{1}{3} + 2\sqrt{2} - 2 + \frac{\sqrt{2}}{2} - 1 + \frac{\pi}{8} - \frac{1}{4}$$

$$= \frac{5\sqrt{2}}{2} + \frac{\pi}{8} - \frac{35}{12}$$

42. 半径 10 の円 C がある．半径 3 の円板 D を，円 C に内接させながら，円 C の円周に沿って滑ることなく転がす．円板 D の周上の一点を P とする．点 P が，円 C の円周に接してから再び円 C の円周に接するまでに描く曲線は，円 C を 2 つの部分に分ける．それぞれの面積を求めよ．

(04　東大・理科)

【考え方】　本問は東京出版から出している「東大数学で 1 点でも多く取る方法（以下，東大 1 点と略す）」にも掲載している．「使い回しかよ」という批判があるのは承知している．使い回している部分もあるが，新たに考えたこともある．それを優先しているので，お許し願いたい．ハイポサイクロイド（hypocycloid, 内サイクロイド）と呼ばれる有名な曲線で，かつては頻出したが，現在は激減している．そこでかなり基本的なことから説明をする．

このタイプの問題の多くは「最初接点だった点の動き」を追求する．円 D は，特に断りのないかぎり左回りに転がる．図は D が少しだけ転がった状態を描く．大きく転がった場合には点の対応が見えなくなるからだ．図 a で，円が D_0 の位置から D_1 の位置まで転がったとする．最初の 2 円の接点を P_0 とし，最初に P_0 にあった円 D 上の点が転がった先の点を P，そのときの D の中心を A，2 円の接点を T，C の中心を O とする．転がりの間に OA が回転した角を θ とする．登場する点が多くて，これらをいちいち言葉で説明するのは面倒だから，答案では図に記入して，点の名前は図を見てねという感じで書くのが普通である．

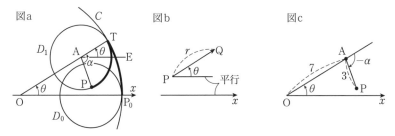

通常，∠TAP と書くと，度数法なら 0° と 180° の間で考えるが，ここでは一般角で考える．∠TAP $= \alpha$ とする．気持ちが悪い人は「$\overrightarrow{\text{AP}}$ から $\overrightarrow{\text{AT}}$ に回る角が α」と書け．左回りのときが正，右回りのときが負の角である．弧 TP と弧 TP_0 の長さが等しい（図 a）ということが「滑ることなく転がる」という条件である．角が符号付きであるから，ここでも符号付きの弧の長さを考えている．弧度法で

は，半径 r，中心角 θ の弧の長さは $r\theta$ で計算する．今は $10\theta = 3\alpha$ となる．

一般に（図 b）ベクトル $\overrightarrow{PQ}$ に対して x 軸の正方向から回る角（偏角，左回りを正，右回りを負）を θ，$\overrightarrow{PQ}$ の長さを r とすると，$\overrightarrow{PQ} = (r\cos\theta, r\sin\theta)$ となる．今は（図 c）$\overrightarrow{OA}$ の偏角は θ，$\overrightarrow{AP}$ の偏角は $\theta - \alpha$ である．$\overrightarrow{AT}$ 方向から $-\alpha$ 回っていることに注意せよ．AE は x 軸と平行とする．

▶**解答**◀ 図 1 で $\overparen{TP_0} = \overparen{TP}$

$$10\theta = 3\alpha \qquad \therefore \quad \alpha = \frac{10}{3}\theta$$

である．また AE は x 軸と平行である．

$$\overrightarrow{OP} = \overrightarrow{OA} + \overrightarrow{AP} = \begin{pmatrix} 7\cos\theta \\ 7\sin\theta \end{pmatrix} + \begin{pmatrix} 3\cos(\theta - \alpha) \\ 3\sin(\theta - \alpha) \end{pmatrix}$$

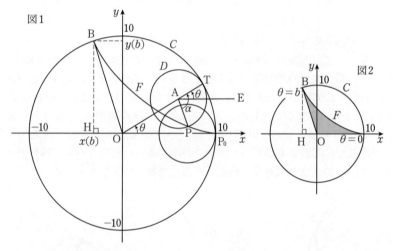

$P(x(\theta), y(\theta))$ とすると，

$$x(\theta) = 7\cos\theta + 3\cos\frac{7}{3}\theta, \quad y(\theta) = 7\sin\theta - 3\sin\frac{7}{3}\theta$$

P が再び円周上にのる条件は $\alpha = 2\pi$ である．

$$\frac{10}{3}\theta = 2\pi \qquad \therefore \quad \theta = \frac{3}{5}\pi$$

以下では和→積，差→積の公式を用いる．

$$x'(\theta) = -7\sin\theta - 7\sin\frac{7}{3}\theta = -14\sin\frac{5}{3}\theta\cos\frac{2}{3}\theta$$

$$y'(\theta) = 7\cos\theta - 7\cos\frac{7}{3}\theta = 14\sin\frac{5}{3}\theta\sin\frac{2}{3}\theta$$

$0 < \theta < \dfrac{3}{5}\pi$ では $0 < \dfrac{5}{3}\theta < \pi$, $0 < \dfrac{2}{3}\theta < \dfrac{2}{5}\pi$ であるから

$$x'(\theta) < 0, \quad y'(\theta) > 0$$

P の軌跡を F とする. F は x 軸より上方にある. P が再び C 上にのるときの点を B とする. P が B から P_0 に戻る動作を考えれば, F は直線 OB より右方にある. 図2の網目部分の面積を S とする. $b = \dfrac{3}{5}\pi$ とおく. また $x(\theta), y(\theta)$ で, 場合によって (θ) を省略する. P が C 上に乗るときには, θ は OP の偏角と一致するから, $\mathrm{B}\left(10\cos\dfrac{3\pi}{5}, 10\sin\dfrac{3\pi}{5}\right)$ となり, $\dfrac{\pi}{2} < \dfrac{3\pi}{5} < \pi$ であるから B の x 座標は負である. 図形 $\mathrm{BHP_0}$ から $\triangle\mathrm{OBH}$ を引くと考える.

$$S = \int_{x(b)}^{x(0)} y\, dx - \frac{1}{2}\{-x(b)\}y(b)$$

$$= \int_b^0 y\frac{dx}{d\theta}\, d\theta + \frac{1}{2}x(b)y(b)$$

この積分区間の上端と下端を入れ換える.

$$S = -\int_0^b y(\theta)x'(\theta)\, d\theta + \frac{1}{2}x(b)y(b) \quad\cdots\cdots\cdots\cdots\cdots①$$

もし, 読者が, 本問を自分で解いていないのであれば, ここで以下を読むことをやめて, 自力で, この積分計算を実行することをお勧めする. 車で富士山の5合目まで行って, それから少しだけ登って, 富士山に登ったつもりになってはいけない. 実際に石ころだらけの山を登れば, 石に躓いて倒れたり, 穴に落ちたり, 上から大きな岩が落ちてきて当たるかもしれない. 正直な計算をしてこそ, 文明の利器の便利さが分かる.

ここで部分積分を用いて

$$S = -\Bigl[\, y(\theta)x(\theta)\, \Bigr]_0^b + \int_0^b y'(\theta)x(\theta)\, d\theta + \frac{1}{2}x(b)y(b)$$

$$= -x(b)y(b) + x(0)y(0) + \int_0^b y'(\theta)x(\theta)\, d\theta + \frac{1}{2}x(b)y(b)$$

$y(0) = 0$ であるから

$$S = -\frac{1}{2}x(b)y(b) + \int_0^b y'(\theta)x(\theta)\, d\theta \quad\cdots\cdots\cdots\cdots\cdots②$$

$(①+②)\div 2$ より

$$S = \frac{1}{2}\int_0^b \{x(\theta)y'(\theta) - x'(\theta)y(\theta)\}\, d\theta \quad\cdots\cdots\cdots\cdots\cdots③$$

となる. ここで,

$$x(\theta)y'(\theta) - x'(\theta)y(\theta)$$

$$= 7\left(7\cos\theta + 3\cos\frac{7}{3}\theta\right)\left(\cos\theta - \cos\frac{7}{3}\theta\right)$$
$$- 7\left(-\sin\theta - \sin\frac{7}{3}\theta\right)\left(7\sin\theta - 3\sin\frac{7}{3}\theta\right)$$

を整理するのであるが，展開で間違えそうである．全体に 7 が掛かっているから，まず，7 で割って，残りの部分について整理する．さらに，

$$\cos\theta = c,\ \sin\theta = s,\ \cos\frac{7}{3}\theta = C,\ \sin\frac{7}{3}\theta = S$$

と略記する．こうした略記ができるためには，書き分けが出来ないといけない．大文字は大きく，字端はしっかりとトメ，ハネをする．小文字は小さく書いて，可能なら，筆記体で書く．大人でも，s, S の書き分けができない人が多い．

なお，面積でも S を用いているが，ここは整理のためだけの記号で，サインの s, S である．面積の S とは無関係である．

$$\frac{1}{7}\{x(\theta)y'(\theta) - x'(\theta)y(\theta)\}$$
$$= (7c + 3C)(c - C) - (-s - S)(7s - 3S)$$
$$= (7c^2 - 4Cc - 3C^2) - (-7s^2 - 4Ss + 3S^2)$$
$$= 7(c^2 + s^2) - 3(C^2 + S^2) - 4(Cc - Ss)$$

$c^2 + s^2 = 1$, $C^2 + S^2 = 1$ であるから，

$$\frac{1}{7}\{x(\theta)y'(\theta) - x'(\theta)y(\theta)\}$$
$$= 4\left\{1 - \left(\cos\frac{7}{3}\theta\cos\theta - \sin\frac{7}{3}\theta\sin\theta\right)\right\}$$

となる．よって

$$x(\theta)y'(\theta) - x'(\theta)y(\theta)$$
$$= 28\left\{1 - \cos\left(\frac{7}{3}\theta + \theta\right)\right\} = 28\left(1 - \cos\frac{10}{3}\theta\right)$$

となる．次の S は面積の S である．

$$S = \frac{1}{2}\int_0^b \{x(\theta)y'(\theta) - x'(\theta)y(\theta)\}\,d\theta$$
$$= 14\left[\theta - \frac{3}{10}\sin\frac{10}{3}\theta\right]_0^{\frac{3}{5}\pi} = \frac{42}{5}\pi$$

円 C 内で，F の上側の面積は

$$\frac{1}{2}\cdot 10^2 \cdot \frac{3}{5}\pi - \frac{42}{5}\pi = \frac{108}{5}\pi$$

である．円 C 内で F の下側の面積は

$$\pi\cdot 10^2 - \frac{108}{5}\pi = \frac{392}{5}\pi$$

求める面積は，$\dfrac{108}{5}\pi$，$\dfrac{392}{5}\pi$ である．

【正直な計算について】

正直な計算をしたらどうなるかを見せよう．記号等は上と同じである．

$B\left(10\cos\dfrac{3}{5}\pi,\ 10\sin\dfrac{3}{5}\pi\right)$ である．

$$S = \int_{x(b)}^{x(0)} y\,dx - \frac{1}{2}\left(-10\cos\frac{3}{5}\pi\right)\cdot 10\sin\frac{3}{5}\pi$$

$$= \int_{b}^{0} y\frac{dx}{d\theta}\,d\theta + 25\sin\frac{6}{5}\pi$$

$$= \int_{b}^{0} y\frac{dx}{d\theta}\,d\theta - 25\sin\frac{\pi}{5}$$

ここで

$$y\frac{dx}{d\theta} = \left(7\sin\theta - 3\sin\frac{7}{3}\theta\right)\left(-7\sin\theta - 7\sin\frac{7}{3}\theta\right)$$

$$= -7\left(7\sin^2\theta - 3\sin^2\frac{7}{3}\theta + 4\sin\frac{7}{3}\theta\sin\theta\right)$$

$$= -7\left\{\frac{7}{2}(1-\cos 2\theta) - \frac{3}{2}\left(1-\cos\frac{14}{3}\theta\right) + 2\left(\cos\frac{4}{3}\theta - \cos\frac{10}{3}\theta\right)\right\}$$

$$= -7\left(2 - \frac{7}{2}\cos 2\theta + \frac{3}{2}\cos\frac{14}{3}\theta + 2\cos\frac{4}{3}\theta - 2\cos\frac{10}{3}\theta\right)$$

$$\int_{b}^{0} y\frac{dx}{d\theta}\,d\theta$$

$$= -7\left[2\theta - \frac{7}{4}\sin 2\theta + \frac{9}{28}\sin\frac{14}{3}\theta + \frac{3}{2}\sin\frac{4}{3}\theta - \frac{3}{5}\sin\frac{10}{3}\theta\right]_{\frac{3}{5}\pi}^{0}$$

$$= 7\left(\frac{6}{5}\pi - \frac{7}{4}\sin\frac{6}{5}\pi + \frac{9}{28}\sin\frac{14}{5}\pi + \frac{3}{2}\sin\frac{4}{5}\pi - \frac{3}{5}\sin 2\pi\right)$$

$$= 7\left\{\frac{6}{5}\pi + \left(\frac{7}{4} + \frac{9}{28} + \frac{3}{2}\right)\sin\frac{\pi}{5}\right\}$$

$$= 7\left(\frac{6}{5}\pi + \frac{13\cdot 7 + 9}{28}\sin\frac{\pi}{5}\right) = \frac{42}{5}\pi + 25\sin\frac{\pi}{5}$$

$$S = \frac{42}{5}\pi + 25\sin\frac{\pi}{5} - 25\sin\frac{\pi}{5} = \frac{42}{5}\pi$$

正直な計算はとても大変である．私の知る限り，この方針の生徒で，完答者はいない．

【ガウス・グリーンの定理について】

　私は変人である．人格的に破壊されている．勉強における変人度なら，大抵の人には負けないが，東京の大学に行って，驚いたことに，東京には別のおかしな人が一杯いた．景気のいいことを言って人を騙す人はとても多い．「前世が見える」「霊が見える」という人も多い．「ほら，今，あなたの肩のあたりにいるわ」と言ったりする．私の経験では，そうした人との交流は避けた方が賢明である．そうでないと，私のように，酷い目にあったりする．霊などいないし，超能力などない．

　この仕事をしていると，ときどき「来年の東大入試でこれが出題される」と確信することがある．霊感ではないから，一緒にしないでほしい．毎年，多くの入試問題を解いていて，話題の流行を感じるのである．

　本書でも，あちこちに書いているが，子供の頃から，私は変な解法をいろいろ工夫しては「私の宝箱」に，しまい込んでいた．「教えた通りに書け」「教科書に載っていないことは使ったらいかん」という大人が多いためである．「自分で考えた解法を書いてはいけないというのは，おかしなことだ」と思っていたが，学校の場合，習った下手な解法に合わせても解けるから，試験では宝箱を開けることはなかった．開け始めたのは，受験雑誌「大学への数学（以下，大数）」の編集部に入ってからである．その頃から，入試問題が，急速に高級になり，難化を始めた．

　以下，知らない用語が出てきても，話の本筋ではないから，読み飛ばしてほしい．昔，行列・1次変換が高校の範囲に入ってきたときに，大数で，ケーリー・ハミルトンの定理を宣伝し「ケハろう」と煽った．直線の像を求めるときに，2点の像を考える解法も私が始めた．E.E.モイーズの「新しい微積分」でバウムクーヘン分割の体積の公式が載っていることを，当時の大数編集長に教えてもらい，大数で積極的に扱い，流行らせようとしたのは44年前であり，今では広く知られている．流行らせようという言い出しっぺは，アルバイト仲間の川邊隆夫氏であるが．

　ガウス・グリーンの定理も，私は，高校生のときに，自分で見つけた．ただし，当時は使うチャンスがなく，初めて使ったのは大学2年の複素関数論の演習の時間である．高校生が発見するくらいだから，昔の偉い人が既に見つけているだろうとは思っていたが，実際に，大学の本にこの定理で見つけたときには，正直ガッカリした．ただし，最初にそれを認識したのは「ヤコービアンの特別な場合」がガウス・グリーンの定理になっていることであり，当時は，次に示す私の証明を掲載している大学の本はなかった．

しかし，長い間，ガウス・グリーンの定理は大数の原稿にしなかった．私の基本は「入試に無用なことは書かない．無闇と大学の範囲のことを書かない」「大学の記号も使わない」，一方で「入試で劇的に役立つことなら，大学の範囲であろうと，自分で見つけたテクニックであろうと，積極的に使う」のである．安田はブレーキが壊れていると思っている人が多いだろうが，本人は，ブレーキを踏んで踏んで，踏みつけてブレーキを壊しているくらいの気持ちである．その結果，暴走しているって？

　2003年早大・理工の問題などを見て，「機は熟した」と感じた．当時，京大名誉教授の一松信先生には，ときどき手紙を書いて，助言をいただいていた．このときも，一松先生に「この定理の名前を確定させたい」と書いた．ヤコービアンの特別な場合，グリーンの定理等，難しい定理の，受験へのバージョンダウンであるため，適切な用語の自信がなかったからである．「ガウス・グリーンの定理」というのは一松先生の命名である．

　2003年大数12月号 p.53 にガウス・グリーンの定理について書いた．そこでは，まさに，ハイポサイクロイドの囲む面積を扱っている．「正直にやると計算量が多いが，ガウス・グリーンの定理なら，粉砕できる」とまで書いている．

　ついでに，同じ年の，大数10月号 p.44 に直交三円柱の話を書いた．耳元で「東大に出る」と警告音が鳴り響いていたのに，2004年の東大に出なかったから，2005年2月号 p.59 に再び書いた．その2ヶ月後の東大に直交三円柱の問題が出題された（本書44番）．ただし，栄光は長くは続かない．最近は霊感もなくなった．おい，霊感なのか？！

【補題・符号付き面積】

3点O，A，Bがこの順で左回りにあるとき正，右回りにあるとき負になるような，三角形OABの符号付き面積を△OABで表す．この意味では△OAB = −△OBA である．A(a, b)，B(c, d)とおくと，

$$\triangle OAB = \frac{1}{2}(ad - bc)$$

である．

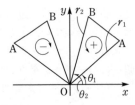

【証明】 A(a, b)，B(c, d)，OA=r_1，OB=r_2，OA，OBの偏角をθ_1, θ_2とする．ただし，$-180° < \theta_2 - \theta_1 < 180°$になるように角を測る．

$$a = r_1\cos\theta_1, b = r_1\sin\theta_1$$
$$c = r_2\cos\theta_2, d = r_2\sin\theta_2$$

である．符号付き面積は

$$\triangle OAB = \frac{1}{2}r_1 \cdot r_2\sin(\theta_2 - \theta_1)$$
$$= \frac{1}{2}r_1 \cdot r_2(\sin\theta_2\cos\theta_1 - \cos\theta_2\sin\theta_1)$$
$$= \frac{1}{2}(r_1\cos\theta_1 \cdot r_2\sin\theta_2 - r_1\sin\theta_1 \cdot r_2\cos\theta_2)$$
$$= \frac{1}{2}(ad - bc)$$

【ガウス・グリーンの定理】

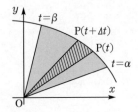

$x = x(t)$, $y = y(t)$ と媒介変数表示された曲線Cがあり，点
P(t) $= (x(t), y(t))$はtの増加とともに原点Oのまわりを左回りに回るとする．

$t = \alpha$ から $t = \beta$ まで OP の掃過する面積 S は

$$S = \int_\alpha^\beta \frac{1}{2}\{x(t)y'(t) - x'(t)y(t)\}dt$$

である．ただし $x(t)$, $y(t)$ は微分可能で，$x'(t)$, $y'(t)$ は連続とする．

【証明】 微小な $\varDelta t$ に対し，$t \sim t + \varDelta t$ の間に掃過する面積を三角形 OP(t)P($t + \varDelta t$) で近似する．この符号付き面積 $\varDelta S$ は

$$\varDelta S = \frac{1}{2}\{x(t)y(t + \varDelta t) - y(t)x(t + \varDelta t)\}$$

である．

$$\varDelta S = \frac{1}{2}\{x(t)(y(t + \varDelta t) - y(t)) - y(t)(x(t + \varDelta t) - x(t))\}$$

$$\frac{\varDelta S}{\varDelta t} = \frac{1}{2}\left\{x(t) \cdot \frac{y(t + \varDelta t) - y(t)}{\varDelta t} - y(t) \cdot \frac{x(t + \varDelta t) - x(t)}{\varDelta t}\right\}$$

$\varDelta t \to 0$ として

$$\frac{dS}{dt} = \frac{1}{2}\{x(t)y'(t) - y(t)x'(t)\}$$

よって証明された．

注意 1°【ほどよい証明】

　　ときどき「$\varDelta t < 0$ のときは触れないのか？」と聞く人がいるが，S が t の微分可能な式であることは当たり前で，微分可能性を示そうとしているのではない．式がどうなるかを示そうとしているのである．だから，これで十分である．また，$\varDelta t < 0$ のときも含めて，不等式で挟んで，より厳密に書くことはできるが，そうした過剰な厳密さは無用にハードルを高くするだけで意味がないから無視している．どうせ，高校の教科書は，間違いや不完全のオンパレードで，合成関数の微分法の証明には致命的な欠陥があるし，区分求積も，不足和，過剰和など持ち出さずに，高校の範囲で証明できるのに，せずに直観的にやっている．適度に厳密でありさえすればよいのである．また，別証明もあるが，興味があれば東大1点を見てほしい．

2°【ガウス・グリーンの定理を用いた場合の答案】

◆別解◆　S の定義などは，解答と同じである．S の具体的な計算をする場合に，部分積分を使うことなく，ガウス・グリーンの定理により

$$S = \int_0^{\frac{3}{5}\pi} \frac{1}{2}\{x(\theta)y'(\theta) - x'(\theta)y(\theta)\}d\theta$$

と書けばよい．

【本稿の意図】

50年前，Z会の案内には土師政雄先生の言葉「数学は，高い立場に立つと，見通しがよくなるから，大学の数学の本を読みなさい」とあった．大学の本を読み，考え，科学の最先端の解説をした本を読むことは楽しくて，私のエンジンになった．一方で，数学関係者は閉鎖的である．大数の学力コンテストで，ロピタルの定理を使ったら減点された．自分達の見つけた変な解法はやるくせに，大学の定理や他者の発見したことには酷い扱いをする．心の狭さを感じた．「大数よお前もか」と残念であった．

「教えた通りに書け」「教科書に載っていないことは使ったらいかん」という姿勢は，土師先生の言葉の対極にある．世間ではアクティブラーニングという言葉がもてはやされている．アクティブであれというのなら，生徒が積極的に勉強して，いろいろ学ぶだろう．「教科書に載っていないことは使ったらいかん」という姿勢は，生徒の意欲を潰す行為ではないのか．アクティブラーニングが，ここから外には出ていけませんという，枠をはめた中での受け身なイベントになっていないことを祈ろう．さらに，検定教科書には，数学 III だけでなくいくつもの不備がある．条件付き確率で，分母と分子が場合の数で，有理数の説明しかしないが，確率が無理数というのは珍しいことではない．たとえば 2019 年兵庫県立大・国際商経の確率には $p = \dfrac{1+\sqrt{6}}{5}$ という場合がある．さらに乗法定理の説明で $P_A(B) \neq 0$ としているが，漸化式を立てるときには $P_A(B) = 0$ になることは珍しいことではない．座標で，直線に関する対称点を求めるときに傾きの積が -1 とするから，$\dfrac{Y-q}{X-p} \cdot m = -1$ のような式を作る．これは $X = p$ のときに使えない．生徒が本当にアクティブになっていたら，「教科書には不備がある」と気づくはずだが，果たして，そうなるだろうか？私が高校時代に，唯一一人，信頼していた数学教諭は，東大の法学部出身の方で，ときどき「ここは間違っておる」と言われた．言語不明瞭，説明が飛び，他の生徒には悪評であったが．

本稿の意図は「部分積分を噛ませば，ガウス・グリーンの定理と同じことができる」と示すことにあった．これは，ガウス・グリーンの定理に対する抵抗をもつ人々の，心の中のハードルを下げるためである．

しかし，いちいち部分積分を噛まして論述するなど，安田少年なら，鬱陶しいと思う．自分の発見した解法を書くことに，なんのためらいがあろう．書籍で読んで，自力で証明が出来ることを使うことに躊躇する必要があろうか．

アクティブになって，ガウス・グリーンの定理をしようぜと，言ってみた．

43. xyz 空間に 5 点 A$(1, 1, 0)$, B$(-1, 1, 0)$, C$(-1, -1, 0)$, D$(1, -1, 0)$, P$(0, 0, 3)$ をとる．四角錐 PABCD の $x^2 + y^2 \geqq 1$ をみたす部分の体積を求めよ．

(98　東大・理科)

考え方　東大の求積問題は名作が多い．まず，図を描いて状況をイメージするだろう．図 1 のように，四角錐と円柱の様子を示した．答案にこれを描く必要はないが，解説のために描いている．受験生は，頭の中で想像すればよい．そして，立体を座標で記述し，それを適当な平面で切る．

▶解答◀　立体全体は図 1 のようになる．ただし，体積を求める部分は図形 EAGF のような部分（全部で 4 個ある）である．解説風に書く．求める体積を V とする．四角錐を真上から見ると図 2 のように見える．

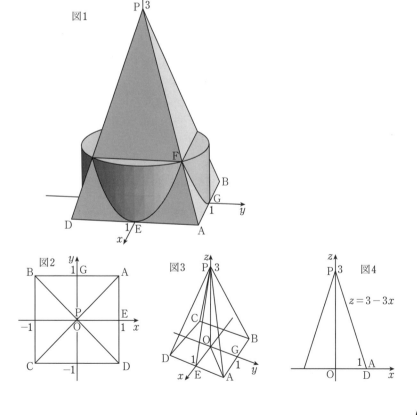

正方形 ABCD があり，ツクッと四角錐が立ち上がっているところを想像せよ．4本の指の先を図2の A，B，C，D のところに置いて，上に上げながら，P のところで1点で会うようにする．

ここに，xy 平面の円 $x^2 + y^2 = 1$ を考え，それをそのまま延長した円柱面 $x^2 + y^2 = 1$ を考えよ．図1の円柱面を思い浮かべよ．繰り返すが，図1は答案では描く必要はない．

次に，図3で，四角錐 P-ABCD を8分割した1つ，四面体 POEA を考えよ．これを座標設定する．真上から見ると図2の三角形 OEA である．図2の xy 平面上で，直線 OA の方程式は $y = x$ であるから，図3の平面 POA も $y = x$ である．図3の立体を y 軸の負方向から見ると図4のように見える．図4を xz 平面だと思えば，直線 AP の方程式は $z = 3 - 3x$ である．よって，図3で，平面 PEA の方程式は $z = 3 - 3x$ である．図3で，四面体 POEA を座標設定すると

$$0 \leqq y \leqq x, \ 0 \leqq x \leqq 1, \ 0 \leqq z \leqq 3 - 3x$$

となる．ここに $x^2 + y^2 \geqq 1$ を加え，平面 $x = t$ で切る．つまり，これらの式で $x = t$ とおく．

$$0 \leqq y \leqq t, \ 0 \leqq t \leqq 1, \ 0 \leqq z \leqq 3 - 3t, \ t^2 + y^2 \geqq 1$$

となる．$0 \leqq y \leqq t, \ t^2 + y^2 \geqq 1$ から $\sqrt{1 - t^2} \leqq y \leqq t$ となる．これと $0 \leqq z \leqq 3 - 3t$ を yz 平面上に図示すると図5のようになる．これは長方形である．この長方形の面積を S とする．

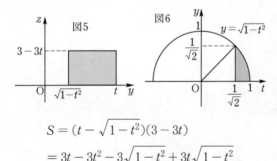

$$S = (t - \sqrt{1 - t^2})(3 - 3t)$$
$$= 3t - 3t^2 - 3\sqrt{1 - t^2} + 3t\sqrt{1 - t^2}$$
$$= 3t - 3t^2 - \frac{3}{2}(1 - t^2)'(1 - t^2)^{\frac{1}{2}} - 3\sqrt{1 - t^2}$$

このようなことが起こるのは $\sqrt{1 - t^2} \leqq t$ のときであり，2乗して $1 - t^2 \leqq t^2$ となり，$1 \leqq 2t^2$

したがって $\dfrac{1}{\sqrt{2}} \leqq t \leqq 1$ のときである. $\sqrt{1-t^2}$ の積分は図6を見よ.

$$\frac{V}{8} = \int_{\frac{1}{\sqrt{2}}}^{1} S\, dt$$

$$= \left[\ \frac{3}{2}t^2 - t^3 - (1-t^2)^{\frac{3}{2}}\ \right]_{\frac{1}{\sqrt{2}}}^{1} - 3\left(\frac{\pi}{8} - \frac{1}{2}\cdot\frac{1}{\sqrt{2}}\cdot\frac{1}{\sqrt{2}}\right)$$

$$= \frac{1}{2} - \frac{3}{4} + \frac{1}{\sqrt{2}} - \frac{3}{8}\pi + \frac{3}{4}$$

$$V = 4 - 3\pi + 4\sqrt{2}$$

【◆別解◆】　別の平面で切る解答を示す．上の解答と同じように，平面 PAD の方程式は $z=3-3x$，平面 PAB の方程式は $z=3-3y$ である．

立体の $x \geqq 0,\ y \geqq 0,\ z \geqq 0$ の部分を座標設定する．$x \geqq 0,\ y \geqq 0,\ z \geqq 0$ は省略する．また，図の番号は 1 から振り直す．

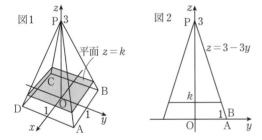

$$z \leqq 3-3x,\ z \leqq 3-3y,\ x^2+y^2 \geqq 1$$

になる．これを平面 $z=k$ で切る．

$$k \leqq 3-3x,\ k \leqq 3-3y,\ x^2+y^2 \geqq 1$$

となる．

$$x \leqq \frac{3-k}{3},\ y \leqq \frac{3-k}{3},\ x^2+y^2 \geqq 1$$

図3を見よ．$x \geqq 0,\ y \geqq 0$ では，一辺が $\dfrac{3-k}{3}$ の正方形の周と内部のうち，円 $x^2+y^2=1$ の外側の部分（図3の三角形的な図形 PQR）となる．OQ の長さは円柱の半径 1 に等しい．図3のように θ をとる．$0 \leqq \theta \leqq \dfrac{\pi}{4}$ である．

OH $=$ OQ$\cos\theta = \cos\theta$ であり，

$$\cos\theta = \frac{3-k}{3}$$

$$k = 3 - 3\cos\theta, \ 0 \leqq \theta \leqq \frac{\pi}{4}$$

より，$0 \leqq k \leqq 3 - \dfrac{3}{\sqrt{2}}$ である．

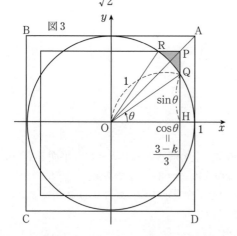

図3

立体を平面 $z = k$ で切った断面積 S は図3の網目部分の面積の4倍である．

$$S = 4\left\{ (\cos\theta)^2 - \frac{1}{2} \cdot 1^2 \cdot \left(\frac{\pi}{4} - \theta \right) \cdot 2 - \cos\theta \cdot \sin\theta \right\}$$
$$= 4\left\{ \cos^2\theta - \left(\frac{\pi}{4} - \theta \right) - \cos\theta\sin\theta \right\}$$

求める体積は

$$V = \int_0^{3 - \frac{3}{\sqrt{2}}} S \, dk = \int_0^{\frac{\pi}{4}} S \frac{dk}{d\theta} \, d\theta = \int_0^{\frac{\pi}{4}} S \cdot 3\sin\theta \, d\theta$$

$$= 12 \int_0^{\frac{\pi}{4}} \left\{ \cos^2\theta\sin\theta - \left(\frac{\pi}{4} - \theta \right)\sin\theta - \cos\theta\sin^2\theta \right\} d\theta$$

$$= 12 \int_0^{\frac{\pi}{4}} \left\{ \cos^2\theta(-\cos\theta)' - \left(\frac{\pi}{4} - \theta \right)(-\cos\theta)' - \sin^2\theta(\sin\theta)' \right\} d\theta$$

$$= 12 \left[-\frac{1}{3}\cos^3\theta + \left(\frac{\pi}{4} - \theta \right)\cos\theta + \sin\theta - \frac{1}{3}\sin^3\theta \right]_0^{\frac{\pi}{4}}$$

$$= 12\left(-\frac{1}{3 \cdot 2\sqrt{2}} + \frac{1}{3} - \frac{\pi}{4} + \frac{1}{\sqrt{2}} - \frac{1}{3 \cdot 2\sqrt{2}} \right)$$

$$= 4 - 3\pi + 4\sqrt{2}$$

次の解法は，こんな切り方もあるという例である．

◆**別解**◆　$x \geqq 0$, $y \geqq 0$, $z \geqq 0$ かつ

$$z \leqq 3-3x,\ z \leqq 3-3y,\ x^2+y^2 \geqq 1$$

までは上の別解と同じである．

これを平面 $y=t$ $(0 \leqq t \leqq 1)$ で切る．

$x^2+t^2 \geqq 1$ より $x \geqq \sqrt{1-t^2}$

立体の $x \geqq 0$, $y \geqq 0$, $z \geqq 0$ の部分を切った断面は

$$z \leqq 3-3x,\ z \leqq 3-3t,\ x \geqq \sqrt{1-t^2}$$

これを xz 平面に図示する．

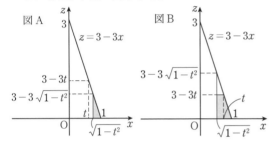

この断面積を S とする．

（ア）$t \leqq \sqrt{1-t^2}$ のとき（図A）

$$t^2 \leqq 1-t^2 \qquad \therefore \quad 0 \leqq t \leqq \frac{1}{\sqrt{2}}$$

$$S = \frac{1}{2}(1-\sqrt{1-t^2})(3-3\sqrt{1-t^2})$$

$$= \frac{3}{2}(2-t^2-2\sqrt{1-t^2})$$

（イ）$\sqrt{1-t^2} \leqq t$ のとき（図B）

$\dfrac{1}{\sqrt{2}} \leqq t \leqq 1$ である．

$$S = \frac{1}{2}(1-\sqrt{1-t^2}+t-\sqrt{1-t^2})(3-3t)$$

$$= \frac{3}{2}\{(1-t^2)-2\sqrt{1-t^2}+2t\sqrt{1-t^2}\}$$

よって

$$\frac{V}{4} = \int_0^1 S\,dt = \int_0^{\frac{1}{\sqrt{2}}} S\,dt + \int_{\frac{1}{\sqrt{2}}}^1 S\,dt$$

$$= \frac{3}{2} \int_0^{\frac{1}{\sqrt{2}}} (2 - t^2 - 2\sqrt{1-t^2})\, dt$$

$$+ \frac{3}{2} \int_{\frac{1}{\sqrt{2}}}^1 \{(1-t^2) - 2\sqrt{1-t^2} + 2t\sqrt{1-t^2}\}\, dt$$

両辺を $\frac{2}{3}$ 倍し

$$\frac{V}{6} = \int_0^{\frac{1}{\sqrt{2}}} (2 - t^2 - 2\sqrt{1-t^2})\, dt$$

$$+ \int_{\frac{1}{\sqrt{2}}}^1 \{(1-t^2) - 2\sqrt{1-t^2} + 2t\sqrt{1-t^2}\}\, dt$$

$$= \frac{1}{\sqrt{2}} + \int_0^1 (1-t^2)\, dt - 2\int_0^1 \sqrt{1-t^2}\, dt + \int_{\frac{1}{\sqrt{2}}}^1 2t\sqrt{1-t^2}\, dt$$

$$= \frac{1}{\sqrt{2}} + \frac{2}{3} - 2 \cdot \frac{\pi \cdot 1^2}{4} + \left[-\frac{2}{3}(1-t^2)^{\frac{3}{2}} \right]_{\frac{1}{\sqrt{2}}}^1$$

$$= \frac{1}{\sqrt{2}} + \frac{2}{3} - \frac{\pi}{2} + \frac{2}{3} \cdot \frac{1}{2\sqrt{2}}$$

$$V = 6\left(\frac{4}{3\sqrt{2}} + \frac{2}{3} - \frac{\pi}{2} \right) = 4\sqrt{2} + 4 - 3\pi$$

44. xyz 空間において，点 $(0, 0, 0)$ を A，点 $(8, 0, 0)$ を B，点 $(6, 2\sqrt{3}, 0)$ を C とする．点 P が △ABC の辺上を 1 周するとき，P を中心とし半径 1 の球が通過する点全体のつくる立体を K とする．

（1） K を平面 $z = 0$ で切った切り口の面積を求めよ．

（2） K の体積を求めよ． (85　東大・理科)

考え方　入試の半年ほど前に行われた駿台の東大実戦模試でほとんど同じ問題が出題され，入試本番で，多くの人が手が震えたと感想を述べていた．その後，多数の類題が出題され（本書執筆時点は 2019 年）2019 年にも，富山大・医学部にあった．今後も続くであろう．通過してできる立体の概形は図のようになる．

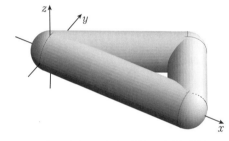

なお，発想自体は中学受験，高校受験ではおなじみのものである．別解の後で高校受験的な問題を示す．

▶解答◀　立体 K の $z = k$ における切断面 D は，図 1 の網目部分のようになる．

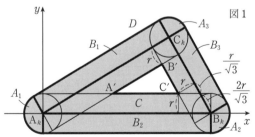

図1

$A_k(0, 0, k)$, $B_k(8, 0, k)$, $C_k(6, 2\sqrt{3}, k)$ とする．

$$A_k C_k = \sqrt{6^2 + (2\sqrt{3})^2} = 4\sqrt{3}$$

$$B_k C_k = \sqrt{(8-6)^2 + (2\sqrt{3})^2} = 4$$

であるから，辺の長さの比が $2 : 1 : \sqrt{3}$ となり，$\triangle \mathrm{A}_k \mathrm{B}_k \mathrm{C}_k$ は 60 度定規の形である．また，$r = \sqrt{1 - k^2}$ である（図2）.

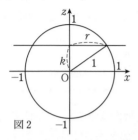

図2

D を，図1のように太線で分割する．

A_1, A_2, A_3 をあわせると，ひとつの円になる．その面積の和は

$$S_A = \pi r^2$$

B_1, B_2, B_3 はそれぞれ長方形である．面積はそれぞれ $4\sqrt{3}r$, $8r$, $4r$ であるから，その面積の和は

$$S_B = (12 + 4\sqrt{3})r$$

C は，$\triangle \mathrm{A}_k \mathrm{B}_k \mathrm{C}_k$ から $\triangle \mathrm{A}'\mathrm{B}'\mathrm{C}'$ を引いたものである．

$$\triangle \mathrm{A}_k \mathrm{B}_k \mathrm{C}_k = \frac{1}{2} \cdot 8 \cdot 2\sqrt{3} = 8\sqrt{3}$$

$\triangle \mathrm{A}_k \mathrm{B}_k \mathrm{C}_k \backsim \triangle \mathrm{A}'\mathrm{B}'\mathrm{C}'$ で，

$$\mathrm{B}'\mathrm{C}' = 4 - \left(r + \frac{r}{\sqrt{3}} + \frac{2r}{\sqrt{3}} \right)$$
$$= 4 - (\sqrt{3} + 1)r$$

であるから

$$\triangle \mathrm{A}'\mathrm{B}'\mathrm{C}' = \left(1 - \frac{\sqrt{3} + 1}{4} r \right)^2 \triangle \mathrm{A}_k \mathrm{B}_k \mathrm{C}_k$$

である．C の面積は

$$S_C = 8\sqrt{3} \left\{ 1 - \left(1 - \frac{\sqrt{3} + 1}{4} r \right)^2 \right\}$$
$$= 8\sqrt{3} \left(\frac{\sqrt{3} + 1}{2} r - \frac{4 + 2\sqrt{3}}{16} r^2 \right)$$
$$= (12 + 4\sqrt{3})r - (3 + 2\sqrt{3})r^2$$

よって，D の面積は

$$S(r) = S_A + S_B + S_C$$
$$= (\pi - 3 - 2\sqrt{3})r^2 + (24 + 8\sqrt{3})r$$

（1）　$k = 0$ のとき，$r = 1$ であるから，求める面積は

$$S(1) = \pi - 3 - 2\sqrt{3} + 24 + 8\sqrt{3} = \boldsymbol{\pi + 21 + 6\sqrt{3}}$$

（2）　$\displaystyle\int_0^1 r^2 \, dk = \int_0^1 (1 - k^2) \, dk = 1 - \left[\dfrac{k^3}{3} \right]_0^1 = \dfrac{2}{3}$

$$\int_0^1 r \, dk = \int_0^1 \sqrt{1 - k^2} \, dk = \dfrac{\pi}{4}$$

であるから，K の体積は

$$\int_{-1}^1 S(r) \, dk = 2 \int_0^1 S(r) \, dk$$
$$= 2(\pi - 3 - 2\sqrt{3}) \int_0^1 r^2 \, dk + 2(24 + 8\sqrt{3}) \int_0^1 r \, dk$$
$$= \dfrac{4}{3}(\pi - 3 - 2\sqrt{3}) + \pi(12 + 4\sqrt{3})$$
$$= \left(\dfrac{40}{3} + 4\sqrt{3} \right)\pi - 4 - \dfrac{8}{3}\sqrt{3}$$

【♦別解♦】　立体 K は図 3 のような形である．これを，図 4 のように分割する．

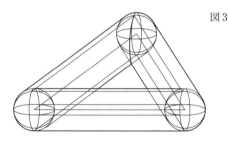

図 3

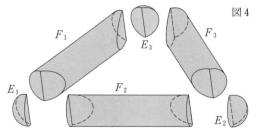

図 4

F_1　　E_3　　F_3

E_1　　F_2　　E_2

図5の立体
$$x^2 + y^2 \leqq 1,\ 0 \leqq z \leqq ay$$

の体積を $V(a)$ とする．図の平面 $x = t$ による断面積は，$y = \sqrt{1 - t^2}$ として $\dfrac{1}{2}y \cdot ay = \dfrac{a}{2}(1 - t^2)$ である．

$$V(a) = 2\int_0^1 \frac{a}{2}(1 - t^2)\,dt = a\left[\,t - \frac{t^3}{3}\,\right]_0^1 = \frac{2}{3}a$$

である．図6より，F_1, F_2, F_3 から切り落とす立体の高さは，$1, \sqrt{3}, 2 + \sqrt{3}$ のものがそれぞれ2つずつであるから，その体積の和は

$$2\left\{V(1) + V(\sqrt{3}) + V(2 + \sqrt{3})\right\}$$
$$= \frac{2}{3} \cdot 2(1 + \sqrt{3} + 2 + \sqrt{3})$$

である．

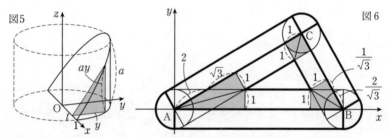

図5　図6

E_1, E_2, E_3 をあわせると，ひとつの球になる．その体積の和は

$$V_E = \frac{4}{3}\pi$$

F_1, F_2, F_3 は，それぞれ円柱から図5のような立体を2つずつ切り落とした形である．その体積の和は，

$$V_F = (8 + 4 + 4\sqrt{3})\pi - \frac{2}{3} \cdot 2(1 + \sqrt{3} + 2 + \sqrt{3})$$
$$= (12 + 4\sqrt{3})\pi - 4 - \frac{8}{3}\sqrt{3}$$

よって，求める体積は

$$V_E + V_F = \left(\frac{40}{3} + 4\sqrt{3}\right)\pi - 4 - \frac{8}{3}\sqrt{3}$$

「中学受験，高校受験レベルの問題」は次のタイプである．

一辺の長さが2である立方体 ABCD-EFGH の内部に半径 r の球 S $(r>0)$ が存在する．球 S は立方体 ABCD-EFGH の少なくとも1つの面と接しながら動く．このとき，立方体 ABCD-EFGH の内部で球 S が通過しえない領域の体積 V は

（1） $0<r<\boxed{}$ のとき

$$V = \boxed{}r^3 + \boxed{}r^2 + \boxed{}$$

（2） $\boxed{} \leq r \leq 1$ のとき

$$V = \boxed{}r^3 + \boxed{}r^2$$

となる．

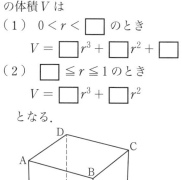

(19　慶應大・総合政策)

高校受験では，長方形内で，円の通過領域の面積を求めるのは定番である．その場合，隅の丸い部分を全部集めると円1個分になる．それと同様である．球の移動する体積バージョンも定番である．隅の丸い部分を集めると球1個分になる．積分が出てこないタイプである．

▶**解答**◀　球が通過しうる領域は，図1のようになる．この立体の体積を V_1 とする．分割したものが図2である．

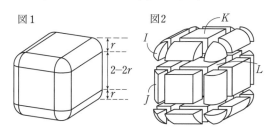

I の形は，球の $\frac{1}{8}$ である．これは，立方体の頂点の位置にあるから，8 個ある．すなわち，あわせると 1 つの球になるから，その体積の合計は

$$V_I = \frac{4}{3}\pi r^3$$

J の形は，円柱の $\frac{1}{4}$ である．これは，立方体の辺の位置にあるから，12 個ある．体積の合計は

$$V_J = \frac{1}{4}\pi r^2 (2-2r) \cdot 12 = -6\pi r^3 + 6\pi r^2$$

K の形は，直方体である．これは，立方体の面の位置にあるから，6 個ある．体積の合計は

$$V_K = r(2-2r)^2 \cdot 6 = 24r^3 - 48r^2 + 24r$$

L の形は，立方体である．ただし，$4r < 2$，すなわち $r < \frac{1}{2}$ のときには，中央に立方体状の空洞ができることに注意せよ（図 3，図 4 を見よ．立方体 ABCD-EFGH を高さ 1 のところで水平に切ったときの断面図である）．体積は $\frac{1}{2} \leqq r \leqq 1$ のとき

$$V_L = (2-2r)^3 = -8r^3 + 24r^2 - 24r + 8$$

$0 < r < \frac{1}{2}$ のとき

$$V_L = (2-2r)^3 - (2-4r)^3$$
$$= -8r^3 + 24r^2 - 24r + 8 - (-64r^3 + 96r^2 - 48r + 8)$$
$$= 56r^3 - 72r^2 + 24r$$

図 3

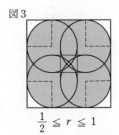

$$\frac{1}{2} \leqq r \leqq 1$$

図 4

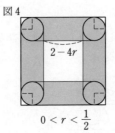

$2-4r$

$$0 < r < \frac{1}{2}$$

（1） $0 < r < \frac{1}{2}$ のとき

$$V_1 = V_I + V_J + V_K + V_L$$
$$= \left(80 - \frac{14}{3}\pi\right)r^3 + (-120 + 6\pi)r^2 + 48r$$

であるから

$$V = 2^3 - V_1$$
$$= \left(-80 + \frac{14}{3}\pi\right)r^3 + (120 - 6\pi)r^2 - 48r + 8$$

（2） $\frac{1}{2} \leqq r \leqq 1$ のとき

$$V_1 = V_I + V_J + V_K + V_L$$
$$= \left(16 - \frac{14}{3}\pi\right)r^3 + (-24 + 6\pi)r^2 + 8$$

であるから

$$V = 2^3 - V_1 = \left(-16 + \frac{14}{3}\pi\right)r^3 + (24 - 6\pi)r^2$$

45. 放物線 $y = \dfrac{3}{4} - x^2$ を y 軸のまわりに回転して得られる曲面 K を,原点を通り回転軸と $45°$ の角をなす平面 H で切る.曲面 K と平面 H で囲まれた立体の体積を求めよ. (83 東大・理科)

考え方 回転放物面を平面で切ってできる立体を最初に出題したのは,受験雑誌「大学への数学」1978 年 9 月号の学力コンテストで,私の出題である.その後,東大に出題され,東京理科大,九州大など,大流行した.もはや歴史的遺産であるが,この問題には立体図形の求積の要素が詰まっている.まず回転放物面の方程式を求める.その次の一手はいろいろである.まず,私が意図した解法から解説する.最初に基本公式,基本的な視点を説明する.

【正射影の面積】交角 $\theta \left(0 \leqq \theta \leqq \dfrac{\pi}{2} \right)$ の平面 α と平面 β があり,α 上の面積 S の図形を β に正射影したときにできる面積を S' とすると $S' = S\cos\theta$ である.

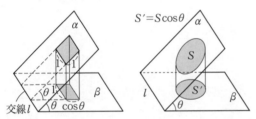

交角とは,交線の方向から見たときの 2 平面の間の角度である.正射影するとは,α 上の図形の各点から β に垂線をおろすことである.$\cos\theta$ 倍になるのは,α 上の l に平行な辺をもつ 1 辺が 1 の正方形の正射影で,l に平行な辺の長さは 1 のまま,l に垂直な辺の正射影は $\cos\theta$ になるからである.一般の図形でも,小さな正方形に分割すれば同様である.体積を求める立体は下左図のようになる.

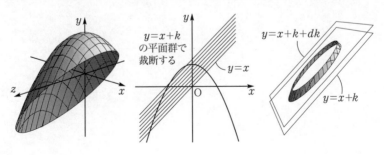

底面 H（今は平面 $y = x$ に設定してある）は除き，中を見えるようにしてある．上右端の図はいい加減に描いてあるのではなく，平面 $y = x$ と $y = x + 0.4$ の間の立体を切り出してある．$y = x$ というのは，xy 平面上では直線の方程式であるが，空間では z 座標が何でもよいので，平面の方程式である．立体を平面 $H : y = x$ に平行な平面群 $y = x + k$ で切り刻んで，細分された微小立体の微小体積を求め，足し集める（積分する）．

▶解答◀ $y = \dfrac{3}{4} - x^2$ を y 軸のまわりに回転して得られる曲面 K と平面 $y = t$ との断面は半径 $\sqrt{\dfrac{3}{4} - t}$ の円

$$x^2 + z^2 = \frac{3}{4} - t, \quad y = t$$

である．

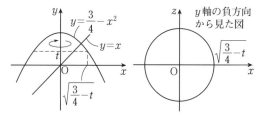

これらから t を消去して，曲面 K の方程式は

$$x^2 + z^2 = \frac{3}{4} - y$$

である．平面 H を $y = x$ としてよい．立体を平面 $y = x + k$ で切る．この断面を T，断面積を S とする．$x^2 + z^2 = \dfrac{3}{4} - y$ と $y = x + k$ から y を消去して

$$x^2 + z^2 = \frac{3}{4} - x - k \qquad \therefore \quad \left(x + \frac{1}{2}\right)^2 + z^2 = 1 - k \quad \cdots\cdots\cdots\cdots①$$

となる．空間の点 (x, y, z) に対して点 $(x, 0, z)$ の満たす関係は上で求めた円 ① の方程式である．これは断面 T の xz 平面への正射影が円 ① であることを表している．① の面積を S' とする．$S' = \pi \cdot (\sqrt{1-k})^2$ である．また，平面 $y = x + k$ と xz 平面のなす角は $45°$ だから，$S' = S \cos 45°$ である．よって，$S = \sqrt{2}\pi(1 - k)$ となる．

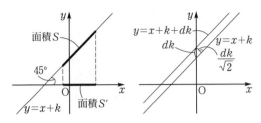

平面 $y = x + k$ と平面 $y = x + k + dk$（dk は k の微小増加分）の間の距離は $\dfrac{dk}{\sqrt{2}}$ であるから，この2平面の間にある微小体積 dV は

$$dV = S\frac{dk}{\sqrt{2}} = \pi(1-k)dk \quad (\text{☞ 注意 } 1°)$$

断面があるのは，断面積 $S \geqq 0$ のときで，$1 - k \geqq 0$ である．$y = x + k$ が $H\,(y = x)$ になるのは $k = 0$ のときだから k の範囲は $0 \leqq k \leqq 1$ である．

$$V = \int_0^1 S\,dk = \left[\pi\left(k - \frac{k^2}{2} \right) \right]_0^1 = \frac{\pi}{2}$$

注意 **1°**【なぜルートが消えるの？】上の解答で $\cos 45°$ の効果が消えてしまう．その理由を考えた解答を示す．

◆別解◆ （曲面の方程式を求めるまでは解答と同じ）

xz 平面の点 $\mathrm{A}(x, 0, z)$ を通って xz 平面に垂直な直線と平面 H，曲面 K との交点を P，Q とする．

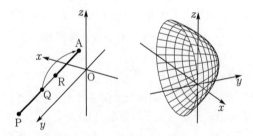

P の y 座標は $y = \dfrac{3}{4} - (x^2 + z^2)$，$\mathrm{Q}$ の y 座標は $y = x$ だから，PQ の長さは

$$\frac{3}{4} - (x^2 + z^2) - x$$

である．この Q を xz 平面上にくるように平行移動する．上左図の Q から A への矢印を見よ．線分の端 R を見よ．上左図で $\mathrm{PQ} = \mathrm{AR} = \dfrac{3}{4} - (x^2 + z^2) - x$ で

ある．R は曲面

$$y = \frac{3}{4} - (x^2 + z^2) - x$$

を描く．上の右図はその曲面の図である．この曲面と xz 平面で囲まれた立体の体積を求めればよい．平面 $y = k$ で切ると

$$k = \frac{3}{4} - (x^2 + z^2) - x$$

$$\left(x + \frac{1}{2}\right)^2 + z^2 = 1 - k$$

断面積 S は

$$S = \pi(1 - k)$$

求める体積を V とすると

$$V = \int_0^1 S\,dk = \left[\, k - \frac{k^2}{2} \,\right]_0^1 = \frac{\pi}{2}$$

注意 2° 【断面を普通にする】

斜めの断面を考えるのは不自然という人もいる．多くの人は，体積の計算で $x = t$ で切る．$x \leqq y \leqq \frac{3}{4} - (x^2 + z^2)$ には x が2箇所にあり，y と z は1箇所なので，最も多く出てくる文字を固定するためである．

◆別解◆
（曲面の方程式を求めるまでは解答と同じ）立体

$$x \leqq y \leqq \frac{3}{4} - (x^2 + z^2)$$

を平面 $x = t$ で切ると，

$$t \leqq y \leqq \frac{3}{4} - (t^2 + z^2)$$

$u = \sqrt{\dfrac{3}{4} - t^2 - t}$ とおく．

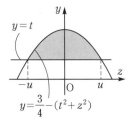

断面積 S は

$$S = \frac{1}{6}(2u)^3 = \frac{4}{3}\left(\frac{3}{4} - t^2 - t\right)^{\frac{3}{2}} = \frac{4}{3}\left\{1 - \left(t + \frac{1}{2}\right)^2\right\}^{\frac{3}{2}}$$

となる．ここで

$$t + \frac{1}{2} = \sin\theta, \quad -\frac{\pi}{2} \le \theta \le \frac{\pi}{2}$$

とおくと

$$S = \frac{4}{3}\cos^3\theta, \quad dt = \cos\theta d\theta$$

$$V = \int_{-\frac{3}{2}}^{\frac{1}{2}} S dt = \int_{-\frac{\pi}{2}}^{\frac{\pi}{2}} \frac{4}{3}\cos^3\theta\cos\theta d\theta$$

$\cos^4\theta$ は偶関数であるから

$$V = \frac{8}{3}\int_0^{\frac{\pi}{2}} \cos^4\theta d\theta$$

$a_n = \displaystyle\int_0^{\frac{\pi}{2}} \cos^n\theta d\theta$ とおくと $a_n = \dfrac{n-1}{n}a_{n-2}$ （これは数学 III の教科書にのっている有名公式）なので

$$V = \frac{8}{3}a_4 = \frac{8}{3}\cdot\frac{3}{4}a_2 = 2\cdot\frac{1}{2}a_0 = a_0 = \frac{\pi}{2}$$

注 意 3° 【積分の漸化式を使わないで倍角公式で次数を下げる】上の別解では $\cos^n\theta$ の積分の公式を使ったが，それを使わない場合は，次数を下げることになる．

$$\cos^4\theta = \frac{1}{4}(1 + \cos 2\theta)^2$$
$$= \frac{1}{4}\left\{1 + 2\cos 2\theta + \frac{1}{2}(1 + \cos 4\theta)\right\}$$
$$V = \frac{8}{3}\cdot\frac{1}{4}\left[\frac{3}{2}\theta + \sin 2\theta + \frac{1}{8}\sin 4\theta\right]_0^{\frac{\pi}{2}} = \frac{\pi}{2}$$

46. r を正の実数とする. xyz 空間において
$$x^2 + y^2 \leqq r^2, \quad y^2 + z^2 \geqq r^2, \quad z^2 + x^2 \leqq r^2$$
をみたす点全体からなる立体の体積を求めよ. (05 東大・理科)

[考][え][方]　「太さが等しい直交三円柱の共通部分の体積を求めよ」（図 a 参照）という問題は，昔から知られていたが，あまり大学入試に出題されなかった．それが，ある時期から，一部分が出題されるようになり，これはそろそろ，本格的に，有名大学に出てくるだろうと，心がザワザワし始めたのは 2002 年くらいだったと思う．2003 年には芝浦工大に出題された．しかし，これで終わるとは思えなかった．受験雑誌「大学への数学」2003 年の 10 月号にその記事を書いて，2004 年には出題されなかったから，さらに，2005 年の 2 月号（1 月 20 日頃発売）に書いた．その一ヶ月後，東大入試当日の夕方，浦辺編集長から電話があって「出ましたよ」と言われた．

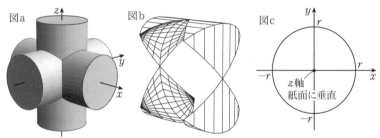

ただし，東大は，既出の問題をそのまま出すことは，あまりしない．一ひねり入っているのである．なお，題意の立体は，上の図 b のようになるのであるが，立体の概形が分かってもあまり進展しない．

　2005 年の 2 月号には「直交 3 円柱の共通部分は立方体に蓋を被せた形」という内容を書いた．その解答から始めよう．

　まず，上の図 c を見よ．平面図形として，線だけを考えれば，原点中心，半径 r の円 $x^2 + y^2 = r^2$ である．それが紙面に垂直に奥と手前に伸び，さらに中身の詰まったものを考えれば，z 軸を中心軸とする円柱 $x^2 + y^2 \leqq r^2$ となる．

▶**解答**◀　$x^2 + y^2 \leqq r^2$ で表される点の集合を Z，$y^2 + z^2 \leqq r^2$ で表される点の集合を X，$z^2 + x^2 \leqq r^2$ で表される点の集合を Y とする．Z は z 軸を中心軸，X は x 軸を中心軸，Y は y 軸を中心軸とする円柱であり，いずれも，中心軸に垂直な断面は円で，その半径は r である．$y^2 + z^2 \leqq r^2$ の否定は，本当は

$y^2 + z^2 > r^2$ であるが，表面は入っても入らなくても体積には影響がないから $y^2 + z^2 \geqq r^2$ と書くことにする．集合表記は少し雑に書く．Z と Y の共通部分

$$Z \cap Y = \{x^2 + y^2 \leqq r^2,\ z^2 + x^2 \leqq r^2\} \ \cdots\cdots\cdots\cdots\cdots\cdots\cdots\text{①}$$

を X か $\overline{X}$ かに分ける（X の中にあるか，外にあるかで分ける）と

$$Z \cap X \cap Y = \{x^2 + y^2 \leqq r^2,\ y^2 + z^2 \leqq r^2,\ z^2 + x^2 \leqq r^2\}$$

と

$$Z \cap \overline{X} \cap Y = \{x^2 + y^2 \leqq r^2,\ y^2 + z^2 \geqq r^2,\ z^2 + x^2 \leqq r^2\}$$

に分けられる．$Z \cap Y$ の体積を $V(Z \cap Y)$ と表す．他も同様に表す．

求める体積は $V(Z \cap \overline{X} \cap Y)$ であり

$$V(Z \cap \overline{X} \cap Y) = V(Z \cap Y) - V(Z \cap X \cap Y)$$

となる．つまり，求める体積は，直交 2 円柱の共通部分の体積 $V(Z \cap Y)$ から，直交 3 円柱の共通部分の体積 $V(Z \cap X \cap Y)$ を引いたものである．

以下 t を $0 \leqq t < r$ とする．

まず $V(Z \cap Y)$ を求める．立体 $Z \cap Y$ は図1のようになる．これは理解のために描いただけで，答案に書けと言ってるわけではない．この場合，x 軸は上方である．

①を平面 $x = t$ で切ったときの断面積を S とする．①の 2 式で，$x = t$ とおく．

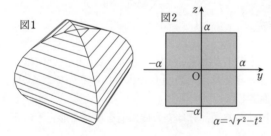

図1

図2

$$t^2 + y^2 \leqq r^2,\ z^2 + t^2 \leqq r^2$$

となる．これを y, z について解けば

$$-\sqrt{r^2 - t^2} \leqq y \leqq \sqrt{r^2 - t^2},\ -\sqrt{r^2 - t^2} \leqq z \leqq \sqrt{r^2 - t^2}$$

となる．これは図2のような一辺の長さが $2\sqrt{r^2 - t^2}$ の正方形である．

$$S = (2\sqrt{r^2 - t^2})^2 = 4(r^2 - t^2)$$

$$V(Z \cap Y) = 2\int_0^r S\,dt = 2 \cdot 4\left[r^2 t - \frac{t^3}{3} \right]_0^r = 8\left(r^3 - \frac{r^3}{3} \right) = \frac{16}{3}r^3$$

次に直交3円柱の共通部分（図3）の体積 $V(Z \cap X \cap Y)$ を求める．本書は，生徒が一番手をつけやすい解法というよりも，一番理解しやすい方法を解説する．図3をじっと見ると，中央に立方体があり，その6面に蓋を被せた形（図4を参照）であることに気づくだろう．図4は中の立方体を明示するために屋根は1つだけ表示した．以下，これを式で示す．

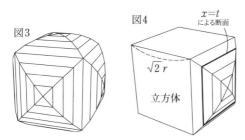

図3

図4

$x = t$ による断面

$\sqrt{2}\,r$

立方体

$$x^2 + y^2 \leqq r^2,\ y^2 + z^2 \leqq r^2,\ x^2 + z^2 \leqq r^2$$

で表される立体を F とする．$x^2 + y^2 = r^2$ で $x = y > 0$ のとき $x = y = \dfrac{r}{\sqrt{2}}$ となる．ここで，

$$|x| < \frac{r}{\sqrt{2}},\ |y| < \frac{r}{\sqrt{2}},\ |z| < \frac{r}{\sqrt{2}} \quad\cdots\cdots\cdots\cdots\cdots ②$$

のときには

$$x^2 + y^2 < \frac{r^2}{2} + \frac{r^2}{2} = r^2,\ y^2 + z^2 < r^2,\ x^2 + z^2 < r^2$$

となるから，②で表される一辺の長さが $\sqrt{2}r$ の立方体は F の内部にある．

$|x|$，$|y|$，$|z|$ の少なくとも1つが $\dfrac{r}{\sqrt{2}}$ より大きいとき．

たとえば $\dfrac{r}{\sqrt{2}} < x < r$ の部分について，平面 $x = t\left(\dfrac{r}{\sqrt{2}} < t < r\right)$ で切る（図4）と，断面は

$$t^2 + y^2 \leqq r^2,\ y^2 + z^2 \leqq r^2,\ t^2 + z^2 \leqq r^2 \quad\cdots\cdots\cdots\cdots\cdots ③$$

となるが，③の1つ目と3つ目の式から

$$|y| \leqq \sqrt{r^2 - t^2},\quad |z| \leqq \sqrt{r^2 - t^2}$$

となる．この正方形については

$$y^2 + z^2 \leqq 2r^2 - 2t^2 < 2r^2 - r^2 = r^2$$

だから円柱 $y^2 + z^2 \leqq r^2$ の内部にある．つまり，F を平面 $x = t\left(\dfrac{r}{\sqrt{2}} < t < r\right)$ で切ると断面は正方形となる．

よって，立体 F は立方体の 6 面それぞれに屋根をかぶせた形をしている．

$$V(Z\cap X\cap Y) = 6\int_{\frac{r}{\sqrt{2}}}^{r} (2\sqrt{r^2-t^2})^2 dt + (\sqrt{2}r)^3$$

$$= 6\cdot 4\left[r^2 t - \frac{t^3}{3}\right]_{\frac{r}{\sqrt{2}}}^{r} + 2\sqrt{2}r^3$$

$$= \left\{ 24\cdot\frac{2}{3} - 24\left(1-\frac{1}{6}\right)\frac{1}{\sqrt{2}} + 2\sqrt{2}\right\}r^3 = (16-8\sqrt{2})r^3$$

求める体積は

$$V(Z\cap Y) - V(Z\cap X\cap Y) = \left(8\sqrt{2} - \frac{32}{3}\right)r^3$$

◆別解◆ 題意の立体を直接切った解法を示す．

立体を平面 $x=t$（$|t|<r$）で切った断面を T，断面積を S，求める体積を V とする．まず

$$x^2 + y^2 \leqq r^2,\ z^2 + x^2 \leqq r^2$$

を平面 $x=t$ で切った断面を考える．これは正方形

$$|y| \leqq \sqrt{r^2-t^2},\ |z| \leqq \sqrt{r^2-t^2}$$

である．平面 $x=t$ 上で，この正方形と $y^2+z^2 \geqq r^2$（円の周または外部）の共通部分が T である．

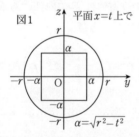

図1

平面 $x=t$ 上で

$\alpha=\sqrt{r^2-t^2}$

　図1のように正方形が円に完全に含まれると T は存在しない．これは，正方形の右上の頂点 $(\sqrt{r^2-t^2},\ \sqrt{r^2-t^2})$ が円の内部 $y^2+z^2 < r^2$ にあるときである．

$$2(r^2-t^2) < r^2$$

$$|t| > \frac{r}{\sqrt{2}}$$

のときである．

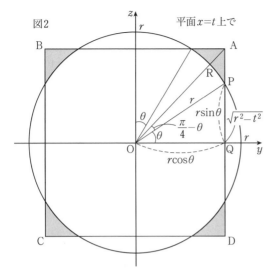

図2

平面 $x=t$ 上で

$0 \leqq t < \dfrac{r}{\sqrt{2}}$ のとき，T を切った断面は図2の網目部分で，その面積が S である．

図2で $\angle \mathrm{POQ} = \theta \left(0 \leqq \theta < \dfrac{\pi}{4} \right)$ とする．OQ の長さに着目して

$$r \cos \theta = \sqrt{r^2 - t^2}$$

これを整理して t について解く．

$$r^2 \cos^2 \theta = r^2 - t^2 \qquad \therefore \quad r^2 (1 - \cos^2 \theta) = t^2$$

$$t = r \sin \theta$$

となる．

$$\mathrm{AP} = \mathrm{AQ} - \mathrm{PQ} = r \cos \theta - r \sin \theta$$

である．以下で，$\mathrm{Sec(OPR)}$ は扇形 OPR の面積を表す．

$$\frac{S}{8} = \triangle \mathrm{OAP} - \mathrm{Sec(OPR)}$$

$$= \frac{1}{2} \mathrm{AP} \cdot \mathrm{OQ} - \frac{1}{2} r^2 \left(\frac{\pi}{4} - \theta \right)$$

$$= \frac{1}{2} (r \cos \theta - r \sin \theta) r \cos \theta - \frac{1}{2} r^2 \left(\frac{\pi}{4} - \theta \right)$$

$$S = r^2 (4 \cos^2 \theta - 4 \cos \theta \sin \theta + 4\theta - \pi)$$

求める体積 V は

$$V = 2 \int_0^{\frac{r}{\sqrt{2}}} S\, dt = 2 \int_0^{\frac{\pi}{4}} S \frac{dt}{d\theta}\, d\theta = 2 \int_0^{\frac{\pi}{4}} S r \cos \theta\, d\theta$$

$$= 2r^3 \int_0^{\frac{\pi}{4}} \left\{ 4(1 - \sin^2\theta)\cos\theta - 4\cos^2\theta\sin\theta + (4\theta - \pi)\cos\theta \right\} d\theta$$

$$= 2r^3 \left[4\sin\theta - \frac{4}{3}\sin^3\theta + \frac{4}{3}\cos^3\theta + (4\theta - \pi)\sin\theta + 4\cos\theta \right]_0^{\frac{\pi}{4}}$$

$$= 2r^3 \left(4 \cdot \frac{\sqrt{2}}{2} \cdot 2 - \frac{4}{3} - 4 \right) = \left(8\sqrt{2} - \frac{32}{3} \right) r^3$$

「共通部分が立方体になる」「集合的に考える」の類題を挙げよう.

座標空間において，$0 \leqq x \leqq 1$，$0 \leqq y \leqq 1$，$0 \leqq z \leqq 1$ の表す部分は立方体である．また，$x^2 + y^2 \leqq 1$，$0 \leqq z \leqq 1$ の表す部分は高さ 1 の円柱である.

（1）座標空間において，$0 \leqq x \leqq 1$，$0 \leqq y \leqq 1$，$0 \leqq z \leqq 1$，$y^2 + z^2 \geqq 1$，$x^2 + z^2 \geqq 1$ の表す部分を A とする．A を平面 $z = \dfrac{1}{2}$ で切ったときの断面積は $\dfrac{\square}{\square} + \square\sqrt{\square}$ であり，A の体積は $\dfrac{\square}{\square} + \dfrac{\square}{\square}\pi$ である.

（2）座標空間において，$0 \leqq x \leqq 1$，$0 \leqq y \leqq 1$，$0 \leqq z \leqq 1$，$y^2 + z^2 \geqq 1$，$x^2 + z^2 \geqq 1$，$x^2 + y^2 \geqq 1$ の表す部分を B とする．B のうち，z 座標が $0 \leqq z \leqq \dfrac{\sqrt{2}}{2}$ の範囲にある部分の体積は

$$\dfrac{\square}{\square} + \dfrac{\square}{\square}\sqrt{\square} + \dfrac{\square}{\square}\pi$$

であり，B の体積は $\square + \sqrt{\square} + \dfrac{\square}{\square}\pi$ である.

(18　上智大・理工-TEAP)

▶解答◀ （1）以下すべて

$0 \leqq x \leqq 1$，$0 \leqq y \leqq 1$，$0 \leqq z \leqq 1$ ……………………………①

内で考える．これについてはとくに書かない.

①内の $y^2 + z^2 \geqq 1$ の部分は立方体から円柱の 4 分の 1 を除いた部分を表す．図 1 の網目部分を見よ.

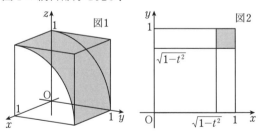

$$y^2 + z^2 \geqq 1, \ x^2 + z^2 \geqq 1$$

で $z = t \, (0 < t < 1)$ とおく.

$$y \geqq \sqrt{1 - t^2}, \ x \geqq \sqrt{1 - t^2}$$

335

A を平面 $z = t$ で切った断面積を $S(t)$ とすると

$$S(t) = \left(1 - \sqrt{1 - t^2}\right)^2 = 2 - t^2 - 2\sqrt{1 - t^2}$$

$$S\left(\frac{1}{2}\right) = \frac{7}{4} - \sqrt{3}$$

$$V(A) = \int_0^1 S(t)\, dt$$

$$= \left[\, 2t - \frac{t^3}{3} \,\right]_0^1 - 2 \cdot \frac{\pi}{4} = \frac{5}{3} - \frac{1}{2}\pi$$

$\displaystyle\int_0^1 \sqrt{1 - t^2}\, dt$ は半径 1 の四分円の面積を利用した.

（2） $y^2 + z^2 \geqq 1$, $x^2 + z^2 \geqq 1$ で $z = t \left(0 \leqq t \leqq \dfrac{\sqrt{2}}{2}\right)$ のとき

$$y^2 \geqq 1 - t^2 \geqq 1 - \frac{1}{2} = \frac{1}{2}, \quad x^2 \geqq \frac{1}{2}$$

$x^2 + y^2 \geqq 1$ となるから $x^2 + y^2 \geqq 1$ は考えなくてもよい.

B のうち $0 \leqq z \leqq \dfrac{\sqrt{2}}{2}$ の部分の体積は

$$\int_0^{\frac{1}{\sqrt{2}}} S(t)\, dt$$

$$= \left[\, 2t - \frac{t^3}{3} \,\right]_0^{\frac{1}{\sqrt{2}}} - 2\left\{ \frac{\pi}{8} \cdot 1^2 + \frac{1}{2}\left(\frac{1}{\sqrt{2}}\right)^2 \right\}$$

$$= \left(2 - \frac{1}{6}\right) \cdot \frac{\sqrt{2}}{2} - \frac{\pi}{4} - \frac{1}{2}$$

$$= -\frac{1}{2} + \frac{11}{12}\sqrt{2} - \frac{\pi}{4} \quad \text{\dotfill} ②$$

ただし, $\sqrt{1 - t^2}$ の積分は図 3 の網目部分の面積を利用した.

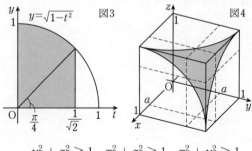

$$y^2 + z^2 \geqq 1, \ x^2 + z^2 \geqq 1, \ x^2 + y^2 \geqq 1$$

において，x，y，z のうち，0 以上，$\frac{\sqrt{2}}{2}$ より小さい部分にあるものは 1 つだけである．上で示したように $0 \leqq z < \frac{\sqrt{2}}{2}$ のとき

$$\frac{\sqrt{2}}{2} \leqq x \leqq 1, \quad \frac{\sqrt{2}}{2} \leqq y \leqq 1$$

となるからである．その部分の体積は ②×3 である．

x，y，z のすべてが $\frac{\sqrt{2}}{2}$ 以上の部分は 1 辺が $1 - \frac{\sqrt{2}}{2}$ の立方体（図 4 のかどの，小立方体に注意）のとなり，その体積は

$$\left(1 - \frac{\sqrt{2}}{2}\right)^3 = 1 - 3 \cdot \frac{\sqrt{2}}{2} + 3 \cdot \frac{1}{2} - \frac{\sqrt{2}}{4}$$

$$= \frac{5}{2} - \frac{7}{4}\sqrt{2} \quad \cdots\cdots\cdots\cdots\cdots\cdots\cdots\cdots\cdots\cdots\cdots\cdots\cdots\cdots\cdots\text{③}$$

である．B の体積は

$$②×3 + ③ = 1 + \sqrt{2} - \frac{3}{4}\pi$$

題意の立体は，図 4 のように，立方体に 3 本の足をつけた形になっている．なお，図 4 で $a = \frac{\sqrt{2}}{2}$ である．

注意 【しつこく補足】

以下でも $0 \leqq x \leqq 1, 0 \leqq y \leqq 1, 0 \leqq z \leqq 1$ については述べない．
生徒に説明したら，分かりにくいらしい．頭が疲れてしまったのか？

$$y^2 + z^2 \geqq 1, \quad x^2 + z^2 \geqq 1, \quad x^2 + y^2 \geqq 1 \quad \cdots\cdots\cdots\cdots\cdots\cdots\cdots\text{④}$$

で，$0 \leqq z < \frac{1}{\sqrt{2}}$ のとき，$0 \leqq z^2 < \frac{1}{2}$ であるから，$y^2 + z^2 \geqq 1$ より

$$y^2 \geqq 1 - z^2 \geqq 1 - \frac{1}{2} = \frac{1}{2}$$

よって $y > \frac{1}{\sqrt{2}}$ となる．同様に，$x^2 + z^2 \geqq 1$ より $x > \frac{1}{\sqrt{2}}$ となる．

④ のときは，x，y，z のうち，0 以上，$\frac{\sqrt{2}}{2}$ より小さい部分にあるものは 1 つだけである．これでもよく分からないなら，次のように考えよ．

$0 \leqq x < \frac{1}{\sqrt{2}}$ かつ $0 \leqq y < \frac{1}{\sqrt{2}}$ ならば

$$x^2 + y^2 < \frac{1}{2} + \frac{1}{2} = 1$$

となり，$x^2 + y^2 \geqq 1$ に反する．他の組合せでも同様で，④のとき，x, y, z のうち，0以上，$\dfrac{\sqrt{2}}{2}$ より小さいものは2つ以上はない．

立体 B（全体を U とする）のうち，$0 \leqq x < \dfrac{1}{\sqrt{2}}$ の部分を X，$0 \leqq y < \dfrac{1}{\sqrt{2}}$ の部分を Y，$0 \leqq z < \dfrac{1}{\sqrt{2}}$ の部分を Z とする．X, Y, Z のどの2つも共有点をもたない．

X の体積を $V(X)$ とする．他も同様に表す．立体 B のうち，X, Y, Z のいずれにも含まれない部分は

$$\frac{1}{\sqrt{2}} \leqq x \leqq 1,\ \frac{1}{\sqrt{2}} \leqq y \leqq 1,\ \frac{1}{\sqrt{2}} \leqq z \leqq 1$$

で表され，その体積を $V(\overline{X} \cap \overline{Y} \cap \overline{Z})$ で表す．

$$V(\overline{X} \cap \overline{Y} \cap \overline{Z}) = \left(1 - \frac{1}{\sqrt{2}}\right)^3$$

であり

$$V(X) = V(Y) = V(Z) = -\frac{1}{2} + \frac{11}{12}\sqrt{2} - \frac{\pi}{4}$$

である．$V(U)$ はこれら4つをすべて加えたものである．

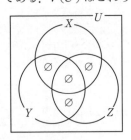

∅ は空集合を表す

47. 座標空間内の4点 O(0, 0, 0), A(1, 0, 0), B(1, 1, 0), C(1, 1, 1) を考える．$\dfrac{1}{2} < r < 1$ とする．点Pが線分 OA, AB, BC 上を動くときに点Pを中心とする半径 r の球 (内部を含む) が通過する部分を，それぞれ V_1, V_2, V_3 とする．

(1) 平面 $y = t$ が V_1, V_3 双方と共有点をもつような t の範囲を与えよ．さらに，この範囲の t に対し，平面 $y = t$ と V_1 の共通部分および，平面 $y = t$ と V_3 の共通部分を同一平面上に図示せよ．

(2) V_1 と V_3 の共通部分が V_2 に含まれるための r についての条件を求めよ．

(3) r は (2) の条件をみたすとする．V_1 の体積を S とし，V_1 と V_2 の共通部分の体積を T とする．V_1, V_2, V_3 を合わせて得られる立体 V の体積を S と T を用いて表せ．

(4) ひきつづき r は (2) の条件をみたすとする．S と T を求め，V の体積を決定せよ．

(18 東大・理科)

考え方 前問同様の集合的な体積問題である．大変面倒である．「こういう類題もある」として掲載しているだけで，読み飛ばしてもよい．

本問の立体の様子を説明する．まず，図aのように折れ線 OABC がある．その上に中心をもつように，半径 r の球が動いていく．図bは，丸い物がグニュグニュ動いている様子を表している．

V_1, V_2, V_3 は円柱の先に半球をくっつけた形になっている．図cは V_1 と V_3 の共通部分がない状態で，平和である．これで出題してくれたら，多くの人が正解できただろう．ところが，扱われているのはこれではない．

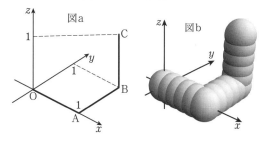

図dは V_1 と V_3 の共通部分があるけれど，その共通部分が V_2 に含まれているという状態で，それが本問で扱われている．難問である．

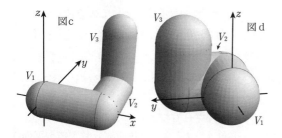

（1） 図1は z 軸の正方向から見た図である.

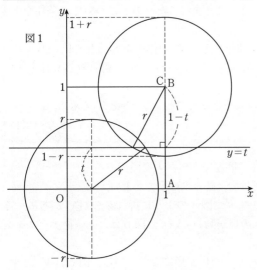

図1

OA 上に中心をもつ半径 r の球の y 座標のとる値の範囲は, $-r \leqq y \leqq r$ であり, BC 上に中心をもつ半径 r の球の y 座標のとる値の範囲は, $1-r \leqq y \leqq 1+r$ であるから, 平面 $y = t$ で切ったときに両方と共有点をもつことができる条件は

$$1 - r \leqq t \leqq r$$

OA 上に中心をもつ半径 r の球を平面 $y = t$ で切ると, 断面は半径 $\sqrt{r^2 - t^2}$ の円, BC 上に中心をもつ半径 r の球を平面 $y = t$ で切ると断面は, 半径 $\sqrt{r^2 - (1-t)^2}$ の円である.

$$r_1 = \sqrt{r^2 - t^2}, \ r_2 = \sqrt{r^2 - (1-t)^2}$$

とする.

$r_1 \geqq r_2$ になるのは

$$r^2 - t^2 \geqq r^2 - (1-t)^2$$

$$-t^2 \geqq -1 + 2t - t^2 \qquad \therefore \quad 1 - r \leqq t \leqq \frac{1}{2}$$

のときである.

$1 - r \leqq t \leqq \frac{1}{2}$ のとき図4, $\frac{1}{2} \leqq t \leqq r$ のとき図5の網目部分である.

平面 $y = t$ と V_1 の共通部分を T_1, 平面 $y = t$ と V_3 の共通部分を T_2 とする.

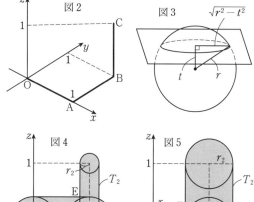

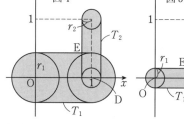

（2） $D(1, t, 0)$, $E(1 - r_2, t, r_1)$ とする. D は AB 上の点である. V_2 を平面 $y = t$ で切ると, 断面は D を中心, 半径 r の円 (S_2 とする) である.

$$DE^2 = {r_1}^2 + {r_2}^2 = 2r^2 - (2t^2 - 2t + 1)$$

$$= -2\left(t - \frac{1}{2}\right)^2 + 2r^2 - \frac{1}{2}$$

の最大値は $2r^2 - \frac{1}{2}$ である. T_1 と T_2 の共通部分が S_2 に含まれる条件は

$$2r^2 - \frac{1}{2} \leqq r^2 \qquad \therefore \quad -\frac{1}{\sqrt{2}} \leqq r \leqq \frac{1}{\sqrt{2}}$$

$\frac{1}{2} < r < 1$ より, 求める r についての条件は

$$\boldsymbol{\frac{1}{2} < r \leqq \frac{1}{\sqrt{2}}}$$

（**3**）　立体 V_1 の体積を $V(V_1)$ と表し，V_1 と V_2 の共通部分の体積を $V(V_1\cap V_2)$ と表す．他の記号も同様に表す．

$$V(V_1\cup V_2\cup V_3)$$
$$= V(V_1) + V(V_2) + V(V_3)$$
$$\qquad -V(V_1\cap V_2) - V(V_2\cap V_3) - V(V_3\cap V_1) + V(V_1\cap V_2\cap V_3)$$

$V_3\cap V_1$ は V_2 に含まれるから

$$V(V_1\cap V_2\cap V_3) = V(V_3\cap V_1)$$

が成り立つ．

$$V(V_1\cup V_2\cup V_3)$$
$$= V(V_1) + V(V_2) + V(V_3) - V(V_1\cap V_2) - V(V_2\cap V_3) = 3S - 2T$$

（**4**）　V_1 は底面の半径 r，高さ 1 の円柱の端に半径 r の半球を 1 個ずつ，くっつけたものである．

$$S = \pi r^2 \cdot 1 + \frac{4}{3}\pi r^3 = \pi r^2 + \frac{4}{3}\pi r^3$$

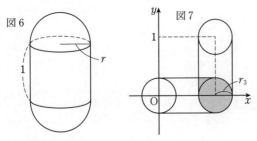

図6　図7

V_1, V_2 を平面 $z = u\,(-r \leqq u \leqq r)$ で切ると，断面は半径 $r_3 = \sqrt{r^2 - u^2}$ の円を移動した図7のような図（2辺の長さが 1, $2r_3$ の長方形の端に半円をくっつけた図形）になる．この共通部分（図7の網目部分）は，一辺の長さが r_3 の正方形と半径 r_3 の $\dfrac{3}{4}$ 円である．その面積は

$$r_3{}^2 + \frac{3}{4}\pi r_3{}^2 = \left(1 + \frac{3\pi}{4}\right)(r^2 - u^2)$$

である．よって

$$T = 2\int_0^r \left(1 + \frac{3\pi}{4}\right)(r^2 - u^2)\,du$$
$$= \left(2 + \frac{3}{2}\pi\right)\left[r^2 u - \frac{u^3}{3}\right]_0^r = \left(2 + \frac{3}{2}\pi\right)\cdot\frac{2}{3}r^3 = \left(\frac{4}{3} + \pi\right)r^3$$
$$V(V_1\cup V_2\cup V_3) = 3S - 2T$$
$$= (3\pi r^2 + 4\pi r^3) - \left(\frac{8}{3} + 2\pi\right)r^3 = 3\pi r^2 + \left(2\pi - \frac{8}{3}\right)r^3$$

48. 水を満たした半径 r の球状の容器の最下端に小さな穴をあける．水が流れ始めた時刻を 0 として，時刻 t までにこの穴を通って流出した水の量を $f(t)$，時刻 t における穴から水面までの高さを y としたとき，$f(t)$ の導関数 $f'(t)$ と y との間に

$$f'(t) = \alpha\sqrt{y} \quad (\alpha \text{ は正の定数})$$

という関係があると仮定する．（ただし，水面はつねに水平に保たれているものとする）水面の降下する速さが最小となるのは，y がどのような値をとるときであるか．また水が流れ始めてから，このときまでに要する時間を求めよ．

（57　東大・理科）

考え方　57 年というのは 1957 年である．東大は，ときどき，とんでもなく点数が取りにくい問題を出すが，これは正答率が 2 パーセントという噂だった．

50 年前にこの問題を見た．問題文は分かりにくいし，受験雑誌「大学への数学」の増刊号の解説を読んでも何をしているのか，分からなかった．解説も自分が疑問に思ったことは書いてなかった．低レベルの読者（私のこと）と，疑問がズレているのだろう．その解答は積分して微分していた．微分と積分は逆演算であるから，どう見ても無駄をしている．よくわからない解答だった．しかも悲しいことに，私は頭が悪かったから，自力では解けなかった．

この後，20 年近く水の問題が流行するから功績は大きい．水の問題は，受験生の混乱から始まった．

「現実的な問題を読み取り，題意から立式し，数学的に処理していく」という問題である．正答率が 2 パーセントという結果を見ても，多くの人にとって，初見の問題であろう．

こうした，現実をモデルとした問題は，慎重でなければならない．化学や物理の出題ミスがマスコミを賑わすが，想定通りの実験をすることは容易ではない．本当に作ってやれば，思わぬ要因が影響し，理想通りにはならないことが多い．

頭の中でシミュレーションする．球の最下端に穴をあけるという．穴があいていても，球なのか？そこでは球が壊れているだろう．現実的な速度で水が落ちるためには，それなりの大きさの穴である必要がある．「穴は無視できるくらい小さく，球という形状には影響を与えないと考える」というつもりなのだとは思うが，書いてないから「この設定，無理がないか？」と思考停止になる人だっているだろう．致命的なのは，最下端から，水が抜けるというが，空気が入っていかないと，水は抜けない．本当の正解は「**水は落ちないから，解な**

し」である．今なら「出題ミスで，採点から除外」だろう．「これ，設定に無理がありますね．他の曲面を検討してみましょう」と突っ込む他の出題委員がいなかったのだろう．出題者全体が困惑していたに違いない．たとえば，円の一部，曲線 $X^2 + (Y-2)^2 = 5\ (0 \leqq Y \leqq 4)$ を Y 軸のまわりに回転してできる容器のように，下端と上端に，本当に穴があいているべきであった（ただし「水面の降下する速さが最小になる y」は，このままではうまく出ないから「水面の高さが $\frac{1}{2} \leqq y \leqq 2$ の間で考える」にするなど変更が必要になる．また，これでは穴が大きすぎるか）．

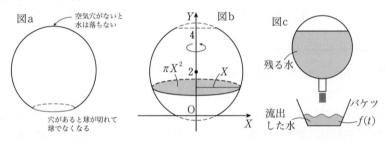

図a 空気穴がないと水は落ちない
穴があると球が切れて球でなくなる
図b πX^2 X
図c 残る水 流出した水 バケツ $f(t)$

次に移る．「時刻 t までにこの穴を通って流出した水の量を $f(t)$」という文章であるが，これは，球形の容器の外に大きな空のバケツを用意しておいて，バケツの中に溜まる水のことである．時刻 t において，容器内に残る水量を V とする．V は $V(t)$ とするのが適切だろうが，(t) は結構五月蝿い．式は簡単な方が融通が利く．

$V + f(t)$ は最初の水量 $\frac{4\pi r^3}{3}$ に等しく

$$V + f(t) = \frac{4\pi r^3}{3}$$

である．これを t で微分して $f'(t) + V' = 0$ であるから，$V' = -f'(t)$ である．外に出る水を式にするより，中に残る水の方が式にしやすい．残る方は容器の形が分かっているけれど，外に出た水は，バケツの形だ．勿論，$f(t)$ は $f(t) = \displaystyle\int_y^{2r} \pi X^2 \, dY$ と式に出来るのだが，1題25分で解こうと，初見の問題を読むときには，そうそう適確には式にはできない．目が外のバケツに向かうから，$f(t)$ を捉えようと思うとき，元の球には目が向きにくい．「残る水の量を V として $V' = -\alpha\sqrt{y}$」と書いてくれた方が分かりやすい．

なお，この式はベルヌーイの定理から導かれるトリチェリの定理というものから導かれる．興味があれば，ネットで検索してほしい．入試のとき，ここで「なんで？これを証明するのか？」と思ったら，終わりである．出題者は「これが成

り立つことが，大学の定理によって知られている．それは証明する必要はない」
と書かないと，試験の最中に受験生が迷う．出題者の心遣いが足りない．

　次に，V を式にする．最下端を原点，最上端を Y 軸正に乗せるように座標軸を
定め，円を $X^2 + (Y - r)^2 = r^2$ と設定し，これを Y 軸のまわりに回転した球を
考える．水面の高さが y になっているから，座標軸の名前は y 以外がよいであろ
う．しかし，本当は，解答者が y 軸を使いたいから，水面の高さを y にするのは
よくない．「解答者が使う文字はあけておく」のが出題者の配慮であるが，東大
は，伝統的に，解答者が使うであろう文字を使ってしまう傾向にある．仕方がな
いので，X 軸，Y 軸で行う．以下，本当は水面の高さは h (height) がよいので
あるが，出題者の記号に合わせる．東大の文字の使い方は昔からおかしい．

　少し，一般の話をする．水の入った容器があり，Y 軸に垂直な平面 $Y = y$ で
切った断面積を $S(y)$ とする．$0 \leqq Y \leqq y$ における水の量を V とすると

$$V = \int_0^y S(Y)\, dY \quad \cdots\cdots\cdots\cdots\cdots\cdots\cdots\cdots\cdots\cdots\cdots\cdots Ⓐ$$

である．図 d を見よ．

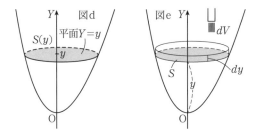

　これは $\dfrac{dV}{dy} = S(y)$ と同じことである．$S(y)$ を S と書くことにする．水面の
高さが y のときの水面の面積が S で

$$\frac{dV}{dy} = S \quad \cdots\cdots\cdots\cdots\cdots\cdots\cdots\cdots\cdots\cdots\cdots\cdots\cdots\cdots\cdots\cdots\cdots Ⓑ$$

である．積分して微分するくらいなら，Ⓑ から始めればよい．Ⓐ は積分で表し
たもの，Ⓑ は微分で表したものである．

　さらに，Ⓑ の左辺を分数と考え，分母をはらい

$$dV = S\,dy \quad \cdots\cdots\cdots\cdots\cdots\cdots\cdots\cdots\cdots\cdots\cdots\cdots\cdots\cdots\cdots\cdots\cdots ©$$

となる．dV, dy は，昔の偉い数学者（オイラーなど）が，無限小と呼び，一つ
の小さな数と考えた．無限小を認めない数学者もいるが，無限小を認めると式が
立ちやすく，物理的な問題では，直感と整合性がとりやすい．置換積分のときに
$dt = \cos\theta\, d\theta$ などと書いているだろう．あれと同じである．

今は水を抜くのであるが，「一旦抜いて，球形容器を空にして水を入れる」あるいは「この様子をビデオ撮影して，ビデオを逆回しにする」と考えれば，水を入れると考えても同じである．

　図eを見よ．水面の面積が S のところに微小体積 dV の水を入れる，水面の高さが微小に dy だけ上がったとする．水面の面積 S，微小な高さ dy の水の柱ができて，その微小体積 dV は $dV = Sdy$ であると考えれば，Ⓒは直感に合った式である．

　Ⓒの両辺を dt で割ると

$$\frac{dV}{dt} = S\,\frac{dy}{dt} \quad \cdots\cdots\cdots\cdots\cdots\cdots\cdots\cdots\cdots\cdots\cdots\cdots\cdots Ⓓ$$

になる．無限小を認めないなら，Ⓑでパラメータ表示の微分法に変えて

$$\frac{\dfrac{dV}{dt}}{\dfrac{dy}{dt}} = S$$

にして，$\dfrac{dy}{dt}$ を掛ければⒹを得る．このように，無限小を避けても同じ式を普通に導ける．同じなら，直観に合う無限小でやればよいと，私は思う．式でグチャグチャやるほど分からなくなる．

　もう一度，繰り返す．図eを見よ．水面の面積が S で，微小高さ dy の水の柱の微小体積 dV は $dV = S\,dy$ で，これを微小時間 dt で割って

$$\frac{dV}{dt} = S\,\frac{dy}{dt}$$

となる．

　最後に，安田少年は「水面の降下する速さ」とは何なのか？と思った．水面の高さが y であるから「水面の降下する速度」とは $\dfrac{dy}{dt}$，「水面の降下する速さ」とは $\left|\dfrac{dy}{dt}\right|$ であろう．

　「水面の降下する速さ」などという言葉が，教科書に書いてあるのだろうか？仮に書いてあったとしても，教科書を隅から隅まで理解している人など少数派であろう．解説のときには，注意喚起しないといけない．

　小学校や中学校では速さと速度という 2 つの言葉が混在しているように見える．2 つを区別していないだろう．

　高校では速度と速さは異なる．x が時間 t の関数のとき，$v = \dfrac{dx}{dt}$ を x の増加速度という．$|v| = \left|\dfrac{dx}{dt}\right|$ を x の速さという．

▶解答◀ 図のように座標軸をとる．円は

$$X^2 + (Y - r)^2 = r^2$$
$$X^2 = 2rY - Y^2 \quad \cdots\cdots\cdots\cdots\cdots\cdots\cdots\cdots\cdots\cdots\cdots\cdots\cdots\cdots\cdots①$$

となる．

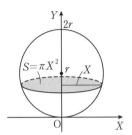

水が流出した後に残る容器内の水量を V とする．$V + f(t)$ は，最初の水量，球一杯の水量に等しく

$$V + f(t) = \frac{4\pi r^3}{3}$$

である．これを t で微分して $\dfrac{dV}{dt} + f'(t) = 0$ となる．問題文から $f'(t) = \alpha\sqrt{y}$ であるから

$$\frac{dV}{dt} = -\alpha\sqrt{y} \quad \cdots\cdots\cdots\cdots\cdots\cdots\cdots\cdots\cdots\cdots\cdots\cdots②$$

となる．一方，水面の高さが y のときの水面の半径を X とすると，①で $Y = y$ としたものを考え

$$S = \pi X^2 = \pi(2ry - y^2) \quad \cdots\cdots\cdots\cdots\cdots\cdots\cdots\cdots③$$

である．さらに

$$\frac{dV}{dt} = S\frac{dy}{dt}$$

であるから，ここに②，③を代入し

$$-\alpha\sqrt{y} = \pi(2ry - y^2)\frac{dy}{dt} \quad \cdots\cdots\cdots\cdots\cdots\cdots\cdots④$$

水面の降下する速さというのは $\left|\dfrac{dy}{dt}\right|$ のことであり，水を抜いているから，水面は下がる．$\dfrac{dy}{dt} < 0$ であるから，水面の降下する速さは $-\dfrac{dy}{dt}$ である．④の両辺を π と $\sqrt{y}$ で割って，-1 を掛けると

$$\frac{\alpha}{\pi} = \left(-\frac{dy}{dt}\right) \cdot \frac{2ry - y^2}{\sqrt{y}}$$

347

である．ここで，$\sqrt{y} = z$ とか置きかえたくなるだろうが，このまま微分しても，大差ない．

$$\frac{\alpha}{\pi} = \left(-\frac{dy}{dt}\right) \cdot \left(2ry^{\frac{1}{2}} - y^{\frac{3}{2}}\right) \quad \cdots\cdots\cdots\cdots\cdots\cdots⑤$$

となる．$g(y) = 2ry^{\frac{1}{2}} - y^{\frac{3}{2}}$ とおくと

$$g'(y) = ry^{-\frac{1}{2}} - \frac{3}{2}y^{\frac{1}{2}} = y^{-\frac{1}{2}}\left(r - \frac{3}{2}y\right)$$

y	0	$\cdots$	$\dfrac{2r}{3}$	$\cdots$	$2r$
$g'(y)$		$+$	0	$-$	
$g(y)$		$\nearrow$		$\searrow$	

$g(y)$ は $y = \dfrac{\boldsymbol{2r}}{\boldsymbol{3}}$ で最大になり，⑤より，このとき $-\dfrac{dy}{dt}$ は最小になる．⑤に $-\dfrac{dt}{dy}$ を掛けて $\dfrac{\pi}{\alpha}$ を掛けると

$$\frac{dt}{dy} = \frac{\pi}{\alpha}\left(y^{\frac{3}{2}} - 2ry^{\frac{1}{2}}\right)$$

となる．y で不定積分すると

$$t = \frac{\pi}{\alpha}\left(\frac{2}{5}y^{\frac{5}{2}} - \frac{4r}{3}y^{\frac{3}{2}} + C\right)$$

となる．C は積分定数である．

$$t = \frac{\pi}{\alpha}\left(\frac{2}{5}y^2\sqrt{y} - \frac{4r}{3}y\sqrt{y} + C\right) \quad \cdots\cdots\cdots\cdots\cdots⑥$$

$t = 0$ のとき $y = 2r$ であるから

$$\frac{8r^2}{5}\sqrt{2r} - \frac{8r^2}{3}\sqrt{2r} + C = 0$$

$$C = \frac{16r^2}{15}\sqrt{2r}$$

⑥で $y = \dfrac{2r}{3}$ とおいて，求める時間は

$$t = \frac{\pi}{\alpha}\left(\frac{2}{5} \cdot \frac{4r^2}{9}\sqrt{\frac{2r}{3}} - \frac{4r}{3} \cdot \frac{2r}{3}\sqrt{\frac{2r}{3}} + C\right)$$

$$= \frac{\pi}{\alpha}\left(\frac{16r^2}{15}\sqrt{2r} - \frac{32r^2}{45}\sqrt{\frac{2r}{3}}\right)$$

$$= \frac{\pi}{\alpha}\left(\frac{\boldsymbol{16}}{\boldsymbol{15}} - \frac{\boldsymbol{32\sqrt{3}}}{\boldsymbol{135}}\right)r^2\sqrt{2r}$$

注 意 【トリチェリの定理】

　容器上端と水の出口の気圧がほとんど同じとする．容器が大きすぎるとか，本問のように上に空気穴があいてないというときは，不適である．重力だけで水が出ていくとき，水の分子の飛び出す速度 v は，$v = \sqrt{2gy}$ であるという定理である．y は水面の高さで，通常は h を用いるが，今は問題に合わせて y にする．また，g は重力加速度である．

　出ていく水の量を W とする．$W = f(t)$ である．

　水が出ていく出口の断面積を a とすると，時刻 $t \sim t + dt$ の間に，水の分子は $v\,dt$ 進むから，この間に出て行く水の微小体積 dW は

$$dW = a \cdot v\,dt = a\sqrt{2gy}\,dt$$

$$\frac{dW}{dt} = a\sqrt{2gy}$$

$$f'(t) = a\sqrt{2gy}$$

となる．

49. t の関数 $f(t)$ を $f(t) = 1 + 2at + b(2t^2 - 1)$ とおく．区間 $-1 \leqq t \leqq 1$ のすべての t に対して $f(t) \geqq 0$ であるような a, b を座標とする点 (a, b) の存在する範囲を図示せよ． （87 東大・文科）

[考え方] 某予備校の高校3年理系最上位クラスは毎回テストがある．以前，そのクラスを担当していたとき，テストの中に本問があり，あまりの出来の悪さにいろいろ考えさせられた．50人くらいの生徒の大半は東大，京大，医学部に合格したから，学力十分であることは疑いがない．しかし，その人達が，2, 3人しか正解しないのである．本問は東大・文科の問題である（解答に楕円が出てくるが，昔は文系でも楕円を習った）．出題者はおそらく，易しいと思っていたのである．私の高校時代なら，ある程度以上の人なら，普通に解いただろう．完答できなくなっているのは，おそらく反復練習の不足である．私が高校生の頃は，2次関数の問題はウンザリするくらいやらされていて，2次の係数が文字であることは普通であった．最近は2次の係数は，ほとんど1や2の数値であり，文字係数の訓練をあまりしていない．だから，図示になったときに慌てる．

対策は2通りある．1つは，細かい場合分けでその結果を図示できるように訓練すること，もう1つは効率のよい考え方を身につけることである．

もし，あなたが受験生なら，読むのをやめて，解いてみることをお薦めする．

▶解答◀ $-1 \leqq t \leqq 1$ で常に $f(t) \geqq 0$ になるのは次の場合である．

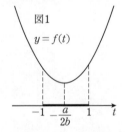
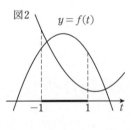

図1 $y = f(t)$

図2 $y = f(t)$

図1を見よ．曲線 $y = f(t)$ が下に凸で，軸が $-1 \leqq t \leqq 1$ にあるときには頂点の y 座標が0以上になる ……………………………………………①
ときである．
それ以外，つまり，$b \leqq 0$ または軸が $-1 \leqq t \leqq 1$ にないときは
$f(-1) \geqq 0$ かつ $f(1) \geqq 0$ ………………………………………②
である．

① について，$b > 0$ のとき

$$f(t) = 2bt^2 + 2at + 1 - b = 2b\left(t + \frac{a}{2b}\right)^2 - \frac{a^2}{2b} + 1 - b$$

$$f\left(-\frac{a}{2b}\right) = 1 - b - \frac{a^2}{2b}$$

であるから，① は

$b > 0$ かつ，$\left|-\dfrac{a}{2b}\right| \leqq 1$ のとき，$1 - b - \dfrac{a^2}{2b} \geqq 0$

となる．後者の2式に $b > 0$ を掛けて $\dfrac{|a|}{2} \leqq b$ かつ $b - b^2 - \dfrac{a^2}{2} \geqq 0$ となる．この状態では $b = 0$, $a = 0$ の場合も含まれるが，そのときは $f(t) = 1 > 0$ となり，適するから，そのときも含めて記述する．

② について，「それ以外」とは，上の $\dfrac{|a|}{2} \leqq b$ を否定して，$b < \dfrac{|a|}{2}$ のときである．そのとき $1 - 2a + b \geqq 0$, $1 + 2a + b \geqq 0$ となる．次のまとめでは等号を入れる．以上より

「$b \geqq \dfrac{|a|}{2}$ かつ $\dfrac{a^2}{2} + \left(b - \dfrac{1}{2}\right)^2 \leqq \dfrac{1}{4}$」

または「$b \leqq \dfrac{|a|}{2}$ かつ $b \geqq 2a - 1$ かつ $b \geqq -2a - 1$」

これを図示して図の境界を含む網目部分となる（図示については注 2° を参照）．

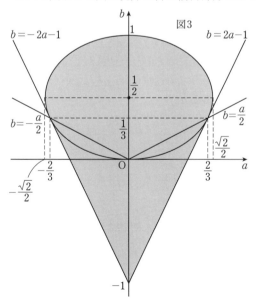

図3

1° 【一番丁寧な場合分け】

$b \leqq 0$ のとき $f(-1) = 1 - 2a + b \geqq 0,\ f(1) = 1 + 2a + b \geqq 0$

$b > 0,\ -1 \leqq -\dfrac{a}{2b} \leqq 1$ のとき $f\left(-\dfrac{a}{2b}\right) = 1 - b - \dfrac{a^2}{2b} \geqq 0$

$b > 0,\ -\dfrac{a}{2b} \leqq -1$ のとき $f(-1) = 1 - 2a + b \geqq 0$

$b > 0,\ 1 \leqq -\dfrac{a}{2b}$ のとき $f(1) = 1 + 2a + b \geqq 0$

となる．大半の生徒はこれを書き，そして，図示を諦める．複雑な式は寡黙であり，簡潔な式は雄弁である．

　読者が受験生なら，是非，これを図示してほしい（最後に示す）．

2° 【図示についての注意】

　少し，戯言を書く．私は高校 2 年の 4 月から猛勉強を始めたのであるが，1 年のときの怠惰が尾を引いて，最初は，英語と国語は平均点の半分だった．数学だけは平均より少し上であったが，力もないのに，大数の増刊号「新作問題演習 No.1」（以下 No1 と略す）や Z 会を始めたのだから，無謀という他ない．No1 は学力コンテストや宿題の問題を集めたもので，書いていたのは当時の編集長の山本矩一郎先生だった．簡潔な記述に価値を求める方で，計算や説明が飛んでいた．山本先生にとっての「頻出」だとパッと書いてあった．

　私は，$y = |x|$ を勝利の V サインと呼び，これが出てくるたびに，自らを鼓舞するために，「頑張るぞー」と叫ぶのであった．

　$y = |x|$ が出てきたとき，$x \geqq 0$ のとき $y = x$，$x < 0$ のとき $y = -x$ と場合分けを始める人が多いが，一事が万事，そういう姿勢だと，書くことが多くなり，答案用紙に入らなくなる．時間不足になるし，息切れがして図示を諦める．答案の方向が逆であろう．丁寧という名の迷宮に迷い込んでいないか？そこに，ゆくべき道を示すコンパスはあるのか？

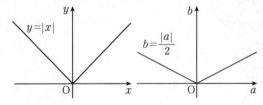

　絶対値が出てきたら，丁寧に場合分けするのは，初期においては正しい姿勢ではあるが，ある段階以後では「可能な限り場合分けしない」のが正しい．

　$b = \dfrac{|a|}{2}$ のグラフは上右図の V 字型になる．

　$b > 0$ かつ $\left|-\dfrac{a}{2b}\right| \leqq 1$ の部分についての注意を述べる．

$b > 0$ かつ $\left|\dfrac{a}{2b}\right| \leqq 1$ で，$\left|\dfrac{a}{2b}\right| \leqq 1$ に b を掛けて $\left|\dfrac{a}{2}\right| \leqq b$ にしている．

最後の答えで $b < \dfrac{|a|}{2}$ は $b \leqq \dfrac{|a|}{2}$ と，等号をつけた．等号がある方が気楽になるからである．図示では次のように読め．「折れ線 $b = \dfrac{|a|}{2}$ の上側については楕円の周または内部」「折れ線 $b = \dfrac{|a|}{2}$ の下側については2直線 $b = \pm 2a - 1$ の上側」（下側，上側では境界上は含む）

楕円 $\dfrac{a^2}{2} + \left(b - \dfrac{1}{2}\right)^2 = \dfrac{1}{4}$ は点 $\left(0, \dfrac{1}{2}\right)$ を中心とする楕円である．

楕円で $a = 0$ とすると $b - \dfrac{1}{2} = \pm\dfrac{1}{2}$ となる．楕円の短半径は $\dfrac{1}{2}$ である．また，楕円で $b = \dfrac{1}{2}$ とすると $\dfrac{a^2}{2} = \dfrac{1}{4}$ となり，$a = \pm\dfrac{\sqrt{2}}{2}$ で，長半径は $\dfrac{\sqrt{2}}{2}$ である．

$b = 2a - 1$ と $b = \dfrac{1}{2}a$ の交点を求めると $\left(\dfrac{2}{3}, \dfrac{1}{3}\right)$ となる．$b = -2a - 1$ と $b = -\dfrac{1}{2}a$ の交点は $\left(-\dfrac{2}{3}, \dfrac{1}{3}\right)$ である．これらは楕円上にある．勿論，代入すれば容易に確認できるが，私なら，そんなことは確認しない．確認は無駄，経験で分かっていることである．その理由は次の「包絡線」で書くから，しばし待て．それと同じ理由で「同一方向に向かう境界は，おそらく接する（例外はある）」から，$b = 2a - 1$ は楕円と接する．これも，試験のときには，確認しないで図示するし，論理的にも，それを示す必要はない（楕円が出てくるケースでは $b = \pm 2a - 1$ は出てこない）．$b = -2a - 1$ についても同様である．出てきた曲線，直線の位置関係がわからないから図示で混乱するのである．「出てきた境界は（大半は）接するに決まっている」と思えば，落ち着いて図示できるだろう．試験は答えが出てナンボ，図示は図がすべて，入試数学は路上の喧嘩，勝った者（答えが合ったもの）が強い，説明なんかどうでもよいと思えば気楽なはずである．

3°【包絡線】

$1 + 2at + b(2t^2 - 1) \geqq 0$ は，不等式であるから説明しにくい．まず，等式に変える．等式を通して，不等式の意味を考えるから，大丈夫である．

$1 + 2at + b(2t^2 - 1) = 0$ は a, b について1次式である．ここでは真の次数ではなく，見かけの次数である．t を定めたとき，これは ab 平面の直線になる．

$$l_t : 1 + 2at + b(2t^2 - 1) = 0$$

とする．ただし，$a = 0, b = 0$ とすると成立しないから，直線 l_t は原点は通ら

ない．$(a, b) = (0, 0)$ を $1 + 2at + b(2t^2 - 1)$ に代入すると 1 で正になるから，$1 + 2at + b(2t^2 - 1) \geqq 0$ は ab 平面の直線 l_t に関して原点と同じ側（境界を含む正領域という）を表す（ここで不等式の意味を述べた）．

l_t の式から t について解く．ただし，そうすると $b \neq 0$ かどうかが問題となるから，それを避けるために l_t の式に b を掛け，bt について整理する．

$$2(bt)^2 + 2a(bt) + b - b^2 = 0$$

$$bt = \frac{-a \pm \sqrt{a^2 - 2b + 2b^2}}{2}$$

これが実数になる条件はルートの中が 0 以上になることで

$$a^2 + 2b^2 - 2b \geqq 0$$

である．よって l_t は楕円

$$C : a^2 + 2b^2 - 2b = 0$$

の周または外部にある．つまり，l_t は楕円 C の接線である．そして，C と l_t の共有点については，上の根号の中を 0 として，

$$bt = \frac{-a}{2}$$

となる．ここで ab 平面の直線 m を

$$m : a = -2bt$$

とする．m は ab 平面の，原点を通る直線であるから，l_t は，m と C の共有点（P とする）における接線である．l_t は原点を通らなかったから，P は原点以外である．t は $-1 \leqq t \leqq 1$ であるから，$a = -2b$ から $a = 2b$ の間で直線を動かすと P は図 b の太線部分を動く．

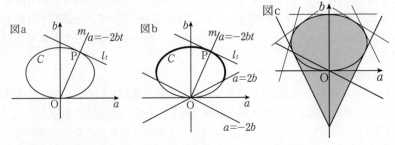

この太線の範囲で接する C の接線を動かし，その接線に関して，常に原点と同じ側にある部分が，求める領域である．

包絡線は通常は偏微分を用いるが，高校生も読者であるから，以上は，偏微分を使わないで解説してみた．

なんだかよく分からない人もいるだろう．分からなかったら，この項は無視してほしい．ただし，1つだけ覚えておいてほしい．「このタイプの問題では（大体）接線などの通過領域になるから境界は接する」という事実である．それさえ知っていたら，多くの人が図示で迷わなかっただろう．もう1つ覚えていられるなら「パラメータについて2次なら，パラメータについて解いてみれば，判別式（根号の中が0のとき）で包絡線が得られる」という事実である．

　以下は大人向けである．包絡線を求めるとき，大人なら偏微分を用いる．
$$1 + 2at + b(2t^2 - 1) = 0$$
で a, b が定数，t が変数として微分すると
$$2a + 4bt = 0$$
となる．これから，$b \neq 0$ かどうかにはかまわず，t について解いて $t = -\dfrac{a}{2b}$ とする．これを $1 + 2at + b(2t^2 - 1) = 0$ に代入して整理すると楕円の式を得る．よって l_t が楕円に接する．この楕円を l_t の包絡線という．

図d

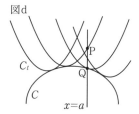

　一般の場合について，少し乱暴な説明をする．一般に，パラメータ t を含む xy 平面の曲線 $C_t : F_t(x, y) = 0$ があるとしよう．t を動かしたとき，C_t が一定の曲線 C に接して動くと仮定する．この場合，a を定数として，直線 $x = a$ と C_t の交点（図dでは P）を考える．C_t が C に接して動くなら，t を変化させたとき，P の y 座標が極値をとる点（図dでは Q）がある．そのときの極値をとる点にについては，t を少しくらい変化させても曲線上に乗っているだろう．だから，x, y を定数，t を変数として微分した式 $\dfrac{d}{dt}F_t(x, y) = 0$ が成り立つだろう．これと C_t の式から t を消去すれば，C が得られる．このときの C を C_t の包絡線という．なお，パラメータを含む曲線がいつも包絡線をもつということではない．そういうケースがあるということである．なお，上では，高校生にも理解できるように $\dfrac{d}{dt}$ を用いたが，本当の偏微分の記号は $\dfrac{\partial}{\partial t}$ である．

4° 【類題】

最近の類題と，最も印象的な類題を挙げる．答えの結果のみ示す．

$-1-\sqrt{2} \leqq x \leqq 1+\sqrt{2}$ を満たす全ての x に対して

$bx^2 - 2ax - b - 4 \leqq 0$

が成立する．このとき，a と b が満たす連立不等式によって表される領域の面積は ☐ であり，この領域内において $k = \dfrac{b+2-\sqrt{2}}{a+3\sqrt{2}}$ がとりうる値の範囲は ☐ である．

（18　福岡大・医）

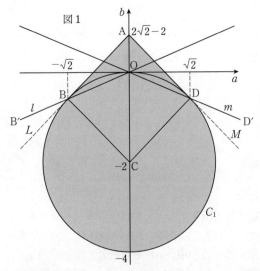

図1

面積は正方形と円の 4 分の 3 を考え $2 \cdot 2 + \dfrac{3}{4} \cdot \pi \cdot 2^2 = \boldsymbol{3\pi + 4}$

$F(-3\sqrt{2}, \sqrt{2}-2)$, $P(a, b)$ として，FP の傾きを考え，$\boldsymbol{-1 \leqq k \leqq \dfrac{1}{3}}$

不等式 $a\cos 2\theta + b\cos \theta < 1$ がすべての実数 θ について成り立つような点 (a, b) の範囲を図示せよ．

（87　京大・理系）

$\cos 2\theta = 2\cos^2\theta - 1$ と書き換えると，東大の問題とほとんど同じである．

出てくる線は

$$4\left(a+\frac{1}{2}\right)^2+\frac{b^2}{2}=1,\ b=\pm4a,\ b=\pm a+1$$

である．点の座標など求めるところは，読者に任せよう．同じ年に東大と京大が同じ問題を出すのは珍しい．もちろん，アイデアの融通をしたのであろう．

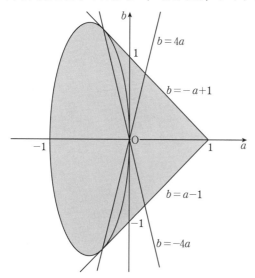

　東大文系の感想も，京大理系の感想も，受験生の感想では，楕円と直線が接していることに気づかなかったという人が多かった．実は，本当は，そんなことは，不要である．後にも述べるが，式を落ち着いて調べれば，楕円が出てくるケースでは $b=\pm4a$ は出てくるが，$b=\pm a+1$ は出てこないのである．次ページの（イ）のケースは，東大の場合であるが，それを参照せよ．

【最も丁寧な分類の図示について】

では，最も丁寧な分類の解答について説明しよう．

$$f(t) = 1 + 2at + b(2t^2 - 1)$$

（ア）$b \leqq 0$ のとき．

$$f(-1) = 1 - 2a + b \geqq 0,\ f(1) = 1 + 2a + b \geqq 0$$

$$b \leqq 0,\ b \geqq 2a - 1,\ b \geqq -2a - 1$$

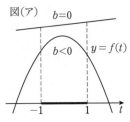
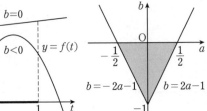

（イ）$b > 0$ のとき

$$f(t) = 2bt^2 + 2at + 1 - b = 2b\left(t + \frac{a}{2b}\right)^2 - \frac{a^2}{2b} + 1 - b$$

$$f\left(-\frac{a}{2b}\right) = 1 - b - \frac{a^2}{2b}$$

（a）$b > 0,\ -1 \leqq -\dfrac{a}{2b} \leqq 1$ のとき．

$$f\left(-\frac{a}{2b}\right) = 1 - b - \frac{a^2}{2b} \geqq 0$$

$$b > 0,\ -\frac{a}{2} \leqq b \leqq \frac{a}{2},\ 2a^2 + 4\left(b - \frac{1}{2}\right)^2 \leqq 1$$

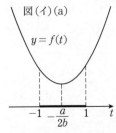
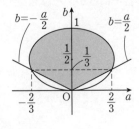

この場合は，楕円 $2a^2 + 4\left(b - \dfrac{1}{2}\right)^2 = 1$ と 2 直線 $b = \pm\dfrac{a}{2}$ の交点を求めない
といけない．$a = \pm 2b$ を代入し

$$8b^2 + 4b^2 - 4b + 1 = 1$$

となり，$b=0, b=\dfrac{1}{3}$ となるから，$b>0$ における交点は $\left(\pm\dfrac{2}{3}, \dfrac{1}{3}\right)$ である．

　そして，ここでは $b=\pm2a-1$ は出てこないから，楕円と 2 直線 $b=\pm2a-1$ が接することは述べる必要はない．

(b)　$b>0, -\dfrac{a}{2b}\leqq -1$ のとき $f(-1)=1-2a+b\geqq 0$

　　　$b>0, b\leqq\dfrac{a}{2}, b\geqq 2a-1$

図（イ）(b)

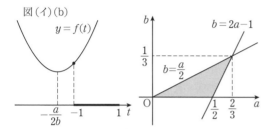

(c)　$b>0, 1\leqq -\dfrac{a}{2b}$ のとき $f(1)=1+2a+b\geqq 0$

　　　$b>0, b\leqq -\dfrac{a}{2}, b\geqq -2a-1$

図（イ）(c)

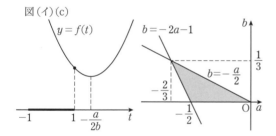

　後は，以上を合体すればよい．1 つ 1 つなら，大したことはない．

　こういう解答を示すと，「ああ，こんな感じか」と読み飛ばし，自分では図示できないのに，分かった積もりになる人が多い．そうした人は，勉強の方向が間違っている．まず，このような場合分けと図示が出来ることが先決である．理解したら一週間経ってやってみる．一ヶ月経ってまたやってみる．次に，試験の短時間で，自分がこれが出来るかと考え，もし，出来そうにないのであれば，効率がよい考え方を身につけるのである．$-1\leqq -\dfrac{a}{2b}\leqq 1$ でなく $\left|-\dfrac{a}{2b}\right|\leqq 1$ にして $\dfrac{|a|}{2}\leqq b$ にするから簡潔になる．泥沼を渡る訓練があってこそ，効率的な式のありがたみが分かるのである．

《複素写像 $w = z^2$》

50. 複素数 z, w の間に $w = z^2$ なる関係があり，複素平面において点 z は
4点 $1+i$, $2+i$, $2+2i$, $1+2i$ を頂点とする正方形の内部を動くものとす
る．このとき，複素平面において，点 w の動く範囲の面積を求めよ．ただ
し，i は虚数単位を表す． (72 東大・文科)

考え方 この頃は文系でも複素平面を学んだ．高校の内容を決めた人達の，教
育とは，どうあるべきかという，信念を感じる．素晴らしい．

受験雑誌「大学への数学」1972年4月号の解答を見た．「正方形の内部を写せ」
という設問にも拘わらず，内部の考察を無視していた．不十分解であり，苦笑い
するしかない．ただし，それは百も承知で書いていると思う．当時の編集長は，
生徒が誰も書けないことを書いても意味がないから「面積さえ出ればよい」と考
えていたのだろう．信ずることを書き，批判されても意に介さない人であった．
しかし本書では内部の考察を厳密にする．雑な解答を書いたら，安田は複素関数
論を知らないと思われる．単なる見栄だ (x_x)☆\(^^;)ポカ

複素関数論とは，大学の複素数の理論で，主要部分は複素数を利用した微積
分である．実数の世界で積分を行うと難しい問題を，虚数の世界に広げると，劇
的に簡単になるものがある．複素関数論は大変有用で，大好きな理論である．

$z = x + yi$, $w = X + Yi$ （x, y, X, Y は実数）とする．

$$w = (x + yi)^2 = x^2 - y^2 + 2xyi$$

であるから

$$X = x^2 - y^2, Y = 2xy$$

である．

複素関数論で写像を考える場合，次のようなイメージで考える．平面全体を直
線群

$$x = \cdots, -2, -1.8, -1.6, \cdots, 1.6, 1.8, 2, \cdots$$
$$y = \cdots, -2, -1.8, -1.6, \cdots, 1.6, 1.8, 2, \cdots$$

で区切る．各直線がどのように写されるかを調べ，その合成として，写像の意味
を考える．ここでは0.2刻みで区切っているが，0.2刻みで区切ると決まってい
るわけではないから，誤解しないようにしてほしい．このようなイメージという
ことである．次の図は，刻みがもっと大きくしてある．そのままにすると，真っ
黒になるからである．

たとえば直線 $x = k$ について，
$$X = k^2 - y^2, \quad Y = 2ky$$
となる．この点が描く曲線を C_k とする．$k \neq 0$ のとき，y を消去すると
$X = k^2 - \dfrac{Y^2}{4k^2}$ となる．

$$C_k : X = k^2 - \frac{Y^2}{4k^2}$$

$k = 0$ のとき $X = -y^2, Y = 0$ であるから
$$C_0 : Y = 0, \ X \leqq 0$$
は X 軸の左半分である．

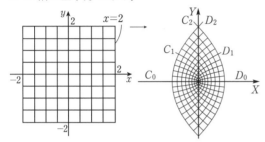

直線 $y = k$ について，
$$X = x^2 - k^2, \quad Y = 2kx$$
となる．この点が描く曲線を D_k とする．$k \neq 0$ のとき，x を消去すると
$X = \dfrac{Y^2}{4k^2} - k^2$ となる．

$$D_k : X = \frac{Y^2}{4k^2} - k^2$$

$k = 0$ のとき $X = x^2, Y = 0$ であるから
$$D_0 : Y = 0, \ X \geqq 0$$
は X 軸の右半分である．これらの動きから合成する．

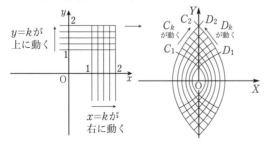

他の問題（1978年の問題）でも書いて，二重になるが，再掲する．今は「内部を動く」から，答えは周を除く領域になる．「周がなくても面積は同じなんですか？」と質問される．面積の定義は高校では習わず，面積はあるものと考える．面積の厳密な定義は難しい．大学の定義に従うと，周がなくても，面積は変わらない．生徒の困惑を予想できるなら「周または内部を動く」と書くべきであった．

▶解答◀ $z = x + yi, w = X + Yi$ （x, y, X, Y は実数）とする．

$$w = (x + yi)^2 = x^2 - y^2 + 2xyi$$

であるから

$$X = x^2 - y^2, Y = 2xy$$

である．

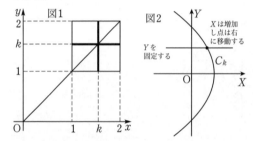

最初は周を含めて記述し，最後に周を除いた記述にする．以下，$1 \leqq k \leqq 2$ とする．

（ア）(x, y) が図1の正方形内の線分 $x = k, 1 \leqq y \leqq 2$ を動くとき

$$X = k^2 - y^2, Y = 2ky$$

となる．y を消去し，この (X, Y) の描く曲線を C_k とする．

$$C_k : X = k^2 - \frac{Y^2}{4k^2}, \ 2k \leqq Y \leqq 4k$$

となる．$X = k^2 - \dfrac{Y^2}{4k^2}$ において，Y を正で固定し，k を動かすと

$$\frac{dX}{dk} = 2k + \frac{Y^2}{2k^3} > 0$$

であるから X は増加する．C_k は右に動く．

（イ）(x, y) が線分 $y = k, 1 \leqq x \leqq 2$ を動くとき

$$X = x^2 - k^2, Y = 2kx$$

となる．x を消去し，この (X, Y) の描く曲線を D_k とする．

$$D_k : X = \frac{Y^2}{4k^2} - k^2, \ 2k \leqq Y \leqq 4k$$

曲線 C_k と D_k は Y 軸に関して対称である.

w の動く範囲は C_1, D_1, C_2, D_2 で囲まれた領域である. 境界を除く.

$$C_2 : X = 4 - \frac{Y^2}{16},\ 4 \leqq Y \leqq 8$$

$$D_1 : X = \frac{Y^2}{4} - 1,\ 2 \leqq Y \leqq 4$$

である. 求める面積を S とする. Y 軸の右側について, 直線 $Y = 4$ より下と上に分けて考える.

$$\frac{S}{2} = \int_2^4 \left(\frac{Y^2}{4} - 1 \right) dY + \int_4^8 \left(4 - \frac{Y^2}{16} \right) dY$$

2 倍して S に戻す.

$$S = \left[\frac{Y^3}{6} - 2Y \right]_2^4 + \left[8Y - \frac{Y^3}{24} \right]_4^8$$

$$= \frac{64 - 8}{6} - 2(4 - 2) + 8(8 - 4) - \frac{512 - 64}{24}$$

$$= \frac{28}{3} - 4 + 32 - \frac{56}{3} = 28 - \frac{28}{3} = \boldsymbol{\frac{56}{3}}$$

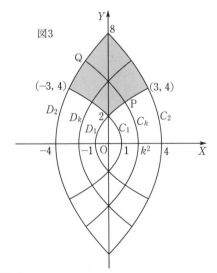

図3

注意 図 3 の P, Q は $P(k^2 - 1, 2k)$, $Q(k^2 - 4, 4k)$ で, P は D_1 上, Q は D_2 上にある. C_k の弧 PQ は端を D_1, D_2 上にのせながら右に動いていく. 弧 PQ は C_1 から C_2 の間を動く.

◆別解◆ 少し説明の仕方を変える．x, y, X, Y については解答と同じとするが，図番号は 1 から振り直し，Q の命名も少し違う．

点 (x, y) が点 (X, Y) に写ると考える．直線 $y = x$ に関して対称な 2 点 $(a, b), (b, a)$ は，Y 軸に関して対称な 2 点 $(a^2 - b^2, 2ab), (b^2 - a^2, 2ab)$ に写るから，直線 $y = x$ より下側と上側は，Y 軸に関して対称な領域に写される．$y = x$ より下側の部分がどこに写されるかを考える．

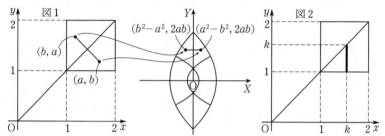

最終的に求めるのが面積であるから，正方形の周または内部を動くとしても結果には影響がない．

（ア）(x, y) が図 2 の正方形の下の辺 $y = 1, 1 \leqq x \leqq 2$ を動くとき (X, Y) は
$$X = x^2 - 1, Y = 2x$$
となる．x を消去すると $X = \dfrac{Y^2}{4} - 1$ となる．$1 \leqq x \leqq 2$ であるから (X, Y) は曲線 $D_1 : X = \dfrac{Y^2}{4} - 1$ 上を $(0, 2)$ から $(3, 4)$ までを動く．

（イ）$1 < k \leqq 2$ として，(x, y) が図 2 の正方形の太線 $x = k, 1 \leqq y \leqq k$ を動くとき (X, Y) は
$$X = k^2 - y^2, Y = 2ky$$
となる．y を消去すると $X = k^2 - \dfrac{Y^2}{4k^2}$ となる．$1 \leqq y \leqq k$ であるから (X, Y) は曲線 $C_k : X = k^2 - \dfrac{Y^2}{4k^2}$ 上を $P(k^2 - 1, 2k)$ から $Q(0, 2k^2)$ までを動く．図 3 を見よ．

この特別な場合として，(x, y) が図 2 の正方形の右の辺 $x = 2, 1 \leqq y \leqq 2$ を動くとき，図 3 の曲線 $C_2 : X = 4 - \dfrac{Y^2}{16}$ 上を $(3, 4)$ から $(0, 8)$ までを動く．

もともとの出題は文科での出題であったから，解答で用いた分数関数の微分は，本来は使えない．C_k と C_2 の左右の関係は引いて確認する．

$1 < k < 2$ のとき，曲線 C_k と，曲線 C_2 について

$$\left(4 - \frac{Y^2}{16}\right) - \left(k^2 - \frac{Y^2}{4k^2}\right) = (4 - k^2)\left(1 + \frac{Y^2}{16k^2}\right) > 0$$

であるから，C_2 のほうが C_k より右にある．点 w の描く図形は図 3 の網目部分である（z は正方形の内部を動くから，w は図 3 の網目部分の内部を動く）．面積の計算については同じである．

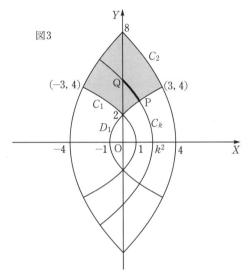

図3

51. （1） 自然数 $n = 1, 2, 3, \cdots\cdots$ に対して，ある多項式 $p_n(x), q_n(x)$ が存在して，

$$\sin n\theta = p_n(\tan\theta)\cos^n\theta$$

$$\cos n\theta = q_n(\tan\theta)\cos^n\theta$$

と書けることを示せ.

（2） このとき，$n > 1$ ならば次の等式が成立することを証明せよ.

$$p_n{}'(x) = nq_{n-1}(x), \quad q_n{}'(x) = -np_{n-1}(x)$$

（91 東大・理科）

考え方 入学試験の会場では，とんでもない誤読，錯覚をしがちになる. $p_n(\tan\theta)$ を，「数列 p_n と $\tan\theta$ を掛けたもの」と思っているのではないかという答案がそれなりにあったらしい. 例えば $p_n = 3^n$ で，$3^n(\tan\theta)$ のような感じだろう.「多項式 $p_n(x)$ とあるから，その x に $\tan\theta$ を代入したものが $p_n(\tan\theta)$」なのであるが，少なくない人数の人がそう思ったのであるから，$p_n(\tan\theta)$ という表記がよくないのである. 入試の会場では，錯覚が空気感染する. 大体，「ある多項式が存在して … と書ける」という書き方が，既に初心者に対する配慮が足りない. 私なら次のように書く.

「以下 $\cos\theta \neq 0$ とし，$t = \tan\theta$，$p_n = \dfrac{\sin n\theta}{\cos^n\theta}$ とおく. p_n は t の多項式になることを示せ. なお，多項式というのは，項が2個以上とは限らない. 項が1つでも多項式である.」

現在，入学試験では，極力「存在」を書かない傾向にある. 正しく読み取れない人が多いからである. また，高校の教科書には「項が2つ以上なら多項式，単項式と多項式を合わせて整式」と書かれている. そのために「$n = 1$ のときは $p_1 = t$ で単項式だから，多項式になっていない」と思う生徒が少なからずいる. 整式は高校だけの方言であり，教科書だけの方言なんか使わないぞという，東大の姿勢は大変素晴らしいのであるが，それならば「単項式も多項式の一部である」とコメントを入れておくべきである.

なお，元の「存在」の意味は次のようなことである. $p_n(x)$ の方だけ書く.「任意の自然数 n に対して，それぞれある多項式 $p_n(x)$ が存在して

$$\sin n\theta = p_n(\tan\theta)\cos^n\theta$$

と表すことができる」

である. $n = 2$ のときに具体的に書けば, $t = \tan\theta$, a, b, c は実数の定数として
$$\sin 2\theta = (\cdots + ct^2 + bt + a)\cos^2\theta$$
の形に表現できるということである.

なお, $\sin n\theta = p_n(\tan\theta)\cos^n\theta$ の, 左辺の定義域は実数全体であり, 右辺の定義域は $\theta \neq \dfrac{\pi}{2} + k\pi$ (k は整数) であるから, 実数全体を定義域とするものを右辺のように書き換えるのは, 高校生の感覚からすれば, いささか問題がある. しかし, ここは, 形式的な式を考えているのであって, 定義域を含めた関数を考えているわけではないという姿勢なのであろう.

解答では, 最初に複素数を利用した解答を示す. 表現上, 虚数が出てくるが, 整理したら虚数は消えてしまう. 50 年前, 虚数係数の多項式を微分することは珍しいことではなかった. 導関数の定義をどうするのかと, 疑問な人は注を見よ. また, チェビシェフの多項式などの補足は注を見よ.

なお, 入試問題の中には虚数係数の多項式の場合と実数係数の多項式の場合で, 難易度が極端に変わる問題もある. 2006 年京大後期第一問は, 実数係数であるとすると, 極端に易しくなる問題であった. また, 虚数係数の 2 次方程式の問題もときどきある.

【ド・モアブルの定理】

$\cos n\theta$, $\sin n\theta$ を最も簡単に作り出すのはド・モアブルの定理である.
$i = \sqrt{-1}$ として
$$(\cos\theta + i\sin\theta)^n = \cos n\theta + i\sin n\theta$$
が成り立つ (91 年当時は範囲外).

[証明] $n = 1$ で成り立つ. $n = k$ で成り立つとする.
$$(\cos\theta + i\sin\theta)^k = \cos k\theta + i\sin n\theta$$
これに $(\cos\theta + i\sin\theta)$ をかけると
$$(\cos\theta + i\sin\theta)^{k+1} = (\cos k\theta + i\sin k\theta)(\cos\theta + i\sin\theta)$$
$$= \cos k\theta\cos\theta - \sin k\theta\sin\theta + i(\sin k\theta\cos\theta + \cos k\theta\sin\theta)$$
$$= \cos(k+1)\theta + i\sin(k+1)\theta$$
$n = k+1$ で成り立つから, 数学帰納法により証明された.

▶解答◀ (1) ド・モアブルの定理により
$$(\cos\theta + i\sin\theta)^n = \cos n\theta + i\sin n\theta \quad\cdots\cdots\cdots①$$
この共役複素数をとって
$$(\cos\theta - i\sin\theta)^n = \cos n\theta - i\sin n\theta \quad\cdots\cdots\cdots②$$

$\tan\theta = t$ とおく．(① − ②) ÷ $(2i)$ より

$$\sin n\theta = \frac{1}{2i}\{(\cos\theta + i\sin\theta)^n - (\cos\theta - i\sin\theta)^n\}$$

$$= \frac{1}{2i}\{(1 + it)^n - (1 - it)^n\}\cos^n\theta$$

(① + ②) ÷ 2 より

$$\cos n\theta = \frac{1}{2}\{(\cos\theta + i\sin\theta)^n + (\cos\theta - i\sin\theta)^n\}$$

$$= \frac{1}{2}\{(1 + it)^n + (1 - it)^n\}\cos^n\theta$$

よって，題意のような多項式

$$p_n(x) = \frac{1}{2i}\{(1 + ix)^n - (1 - ix)^n\}$$

$$q_n(x) = \frac{1}{2}\{(1 + ix)^n + (1 - ix)^n\}$$

が存在する．

（2） $p_n{}'(x) = \dfrac{n}{2}\{(1 + ix)^{n-1} + (1 - ix)^{n-1}\}$

$\qquad p_n{}'(x) = nq_{n-1}(x)$

$\qquad q_n{}'(x) = \dfrac{ni}{2}\{(1 + ix)^{n-1} - (1 - ix)^{n-1}\}$

$\qquad q_n{}'(x) = -np_{n-1}(x)$

◆別解◆ （1） $t = \tan\theta$, $p_n = \dfrac{\sin n\theta}{\cos^n\theta}$, $q_n = \dfrac{\cos n\theta}{\cos^n\theta}$ とおいて，p_n, q_n が t の多項式となることを示せばよい．

$$\sin(n+1)\theta = \sin n\theta\cos\theta + \cos n\theta\sin\theta,$$

$$\cos(n+1)\theta = \cos n\theta\cos\theta - \sin n\theta\sin\theta$$

の各辺を $\cos^{n+1}\theta$ で割って

$$\frac{\sin(n+1)\theta}{\cos^{n+1}\theta} = \frac{\sin n\theta}{\cos^n\theta} + \frac{\cos n\theta}{\cos^n\theta}\cdot\frac{\sin\theta}{\cos\theta},$$

$$\frac{\cos(n+1)\theta}{\cos^{n+1}\theta} = \frac{\cos n\theta}{\cos^n\theta} - \frac{\sin n\theta}{\cos^n\theta}\cdot\frac{\sin\theta}{\cos\theta}$$

よって，p_n, q_n は漸化式

$$p_{n+1} = p_n + tq_n, \quad q_{n+1} = q_n - tp_n$$

を満たし，$p_1 = \dfrac{\sin\theta}{\cos\theta} = t$, $q_1 = \dfrac{\cos\theta}{\cos\theta} = 1$ とから，数学的帰納法によって，p_n, q_n は t の多項式である．

（2） $p_n' = nq_{n-1}$, $q_n' = -nq_{n-1}$ ···③

（ダッシュは t による微分）を示せばよい.

$$p_2 = p_1 + tq_1 = t + t = 2t,$$
$$q_2 = q_1 - tp_1 = 1 - t^2$$

であるから

$$p_2' = 2 = 2q_1, \quad q_2' = -2t = -2p_1$$

より③は $n = 2$ のとき成り立つ. $n = k$ のとき成り立つとすると,
$p_k' = kq_{k-1}$, $q_k' = -kp_{k-1}$ で, $p_{k+1} = p_k + tq_k$ を t で微分して

$$p_{k+1}' = p_k' + q_k + tq_k' = kq_{k-1} + q_k - tkp_{k-1}$$
$$= q_k + k(q_{k-1} - tp_{k-1}) = q_k + kq_k = (k+1)q_k$$
$$q_{k+1}' = q_k' - p_k - tp_k' = -kp_{k-1} - p_k - tkq_{k-1}$$
$$= -p_k - k(p_{k-1} + tq_{k-1}) = -p_k - kp_k = -(k+1)p_k$$

よって③は $n = k + 1$ のときも成り立つから, 数学的帰納法により証明された.

注意 **1° 【導関数の定義について】**

微分積分では, 微分は極限を用いて定義される. 複素関数の場合, 2重極限になる. 代数学では, 多項式の微分は, 複素係数であっても, 形式的に与える. $a_n, \cdots, a_1, a_0$ を複素数とする.

$$f(x) = a_n x^n + \cdots + a_1 x + a_0$$

とするとき,

$$f'(x) = na_n x^{n-1} + \cdots + a_1$$

と定義する.

2° 【チェビシェフの多項式について】

パフヌーティー・チェビシェフ（1821年から1894年）はロシアの数学者で, 日本の大学入試に多大な影響を与えている. 英語表記では Chebyshev と書くことが多いが, いろいろである. 日本語ではチェビシェフというが, グーグル翻訳に綴りを入れて発音を聞くとチィビショフと聞こえる.

1　**（最初に不定元についての注意）**

「整式（多項式）$f(x)$」というときの x は数値の代表ではなく何が入ってきてもよい特別なもので「不定元」という. 「関数 $f(x)$」というと x は数値の代表であるが多項式のときの x は数値の代表ではない. 高校では不定元という用語を習わないし, x は変数だと思っても, 特段, 困ることはない. しかし,

本問では，最初に書いたように，定義域を考えると，微妙である．数学者としての拘りを感じる．

<u>2</u>　チェビシェフの多項式

【第1種チェビシェフの多項式】

$\cos n\theta$ で，$x = \cos\theta$ とおいてできる多項式を第1種チェビシェフの多項式といい，$T_n(x)$ で表す（$n \geqq 0$）．

$$\cos 2\theta = 2\cos^2\theta - 1,\ \cos 3\theta = 4\cos^3\theta - 3\cos\theta$$

より，$T_2(x) = 2x^2 - 1$，$T_3(x) = 4x^3 - 3x$ である．ここで「$x = \cos\theta$ とおいたんだから，$T_2(x), T_3(x)$ は $-1 \leqq x \leqq 1$ でのみ定義されている」と考えてはいけない．上の不定元を思い出してほしい．「多項式 $f(x)$」という場合の x は値を考えているわけではない．**形を決める段階で $\cos n\theta$ と $x = \cos\theta$ を使っているだけ**で，$-1 \leqq x \leqq 1$ と限定しているわけではない．x は何が入ってきてもよいものである．だから，もし「$T_3(x)$ のグラフを描け」と言われたら「x が実数全体を動くときの $(x, T_3(x))$ の全体をつないだもの」で，実数全体で描く．

【第2種チェビシェフの多項式】

$\dfrac{\sin(n+1)\theta}{\sin\theta}$ で，$x = \cos\theta$ とおいてできる多項式を第2種チェビシェフの多項式といい，$U_n(x)$ で表す（$n \geqq 0$）．

$$\frac{\sin 2\theta}{\sin\theta} = 2\cos\theta$$

$$\frac{\sin 3\theta}{\sin\theta} = 3 - 4\sin^2 x = 4\cos^2\theta - 1$$

より $U_1(x) = 2x$，$U_2(x) = 4x^2 - 1$ である．ここでも「分母の $\sin\theta \neq 0$ だから $x \neq \pm 1$ だろう」などと言わないように．本問の問題文を見てほしい．$\tan\theta$ が定義できるのは $\theta \neq \dfrac{\pi}{2} + n\pi$ のときであるが，そういう記述はどこにもない．「個々の θ の値を考えているのではなく，式を考えているのだ」という出題姿勢が見えるだろう．

<u>3</u>　**チェビシェフの多項式の扱いは，ド・モアブルの定理で展開するか漸化式を作る**

$-1 \leqq x \leqq 1$ のときは $x = \cos\theta, s = \sin\theta\,(0 \leqq \theta \leqq \pi)$ として，ド・モアブルの定理より

$$\cos n\theta + i\sin n\theta = (\cos\theta + i\sin\theta)^n$$

$$= (x + is)^n = \sum_{k=0}^{n} {}_n\mathrm{C}_k x^{n-k}(is)^k$$

$$= {}_n\mathrm{C}_0 x^n + {}_n\mathrm{C}_2 x^{n-2}(is)^2 + {}_n\mathrm{C}_4 x^{n-4}(is)^4 + \cdots\cdots$$
$$+ is\{{}_n\mathrm{C}_1 x^{n-1} + {}_n\mathrm{C}_3 x^{n-3}(is)^2 + {}_n\mathrm{C}_5 x^{n-5}(is)^4 + \cdots\cdots\}$$

ここで，$(is)^2 = -\sin^2\theta = \cos^2\theta - 1 = x^2 - 1$ だから

$$\cos n\theta + i\sin n\theta$$
$$= {}_n\mathrm{C}_0 x^n + {}_n\mathrm{C}_2 x^{n-2}(x^2 - 1) + {}_n\mathrm{C}_4 x^{n-4}(x^2 - 1)^2 + \cdots\cdots$$
$$+ is\{{}_n\mathrm{C}_1 x^{n-1} + {}_n\mathrm{C}_3 x^{n-3}(x^2 - 1) + {}_n\mathrm{C}_5 x^{n-5}(x^2 - 1)^2 + \cdots\cdots\}$$

したがって

$$\cos n\theta = {}_n\mathrm{C}_0 x^n + {}_n\mathrm{C}_2 x^{n-2}(x^2 - 1) + {}_n\mathrm{C}_4 x^{n-4}(x^2 - 1)^2 + \cdots\cdots$$
$$\sin n\theta = \sin\theta\{{}_n\mathrm{C}_1 x^{n-1} + {}_n\mathrm{C}_3 x^{n-3}(x^2 - 1) + {}_n\mathrm{C}_5 x^{n-5}(x^2 - 1)^2 + \cdots\cdots\}$$

なので，$-1 \leqq x \leqq 1$ に限らず，一般の x（つまり不定元）に対して

$$T_n(x) = {}_n\mathrm{C}_0 x^n + {}_n\mathrm{C}_2 x^{n-2}(x^2 - 1) + {}_n\mathrm{C}_4 x^{n-4}(x^2 - 1)^2 + \cdots\cdots$$
$$U_n(x) = {}_n\mathrm{C}_1 x^{n-1} + {}_n\mathrm{C}_3 x^{n-3}(x^2 - 1) + {}_n\mathrm{C}_5 x^{n-5}(x^2 - 1)^2 + \cdots\cdots$$

となる．解答でも，i が入っていて気持ちが悪いと思うなら，二項展開すれば i が入らない式にできる．ただし，微分をするときには，その形だと使いにくい．愛が入ってもいいじゃないか．

$$\cos(n+1)\theta + \cos(n-1)\theta = 2\cos\theta\cos n\theta$$
$$\sin(n+1)\theta + \sin(n-1)\theta = 2\cos\theta\sin n\theta$$

が成り立つから

$$T_{n+1}(x) + T_{n-1}(x) = 2xT_n(x)$$
$$U_n(x) + U_{n-2}(x) = 2xU_{n-1}(x)$$

という漸化式が成り立つ．

52. グラフ $G = (V, W)$ とは有限個の頂点の集合 $V = \{P_1, \cdots\cdots, P_n\}$ とそれらの間を結ぶ辺の集合 $W = \{E_1, \cdots\cdots, E_m\}$ からなる図形とする．各辺 E_j は丁度2つの頂点 $P_{i_1}, P_{i_2}\,(i_1 \neq i_2)$ を持つ．頂点以外での辺同士の交わりは考えない．さらに，各頂点には白か黒の色がついていると仮定する．

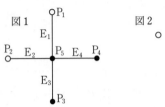

例えば，図1のグラフは頂点が $n = 5$ 個，辺が $m = 4$ 個あり，辺 $E_i\,(i = 1, \cdots\cdots, 4)$ の頂点は P_i と P_5 である．P_1, P_2 は白頂点であり，P_3, P_4, P_5 は黒頂点である．

出発点とするグラフ G_1（図2）は，$n = 1, m = 0$ であり，ただ1つの頂点は白頂点であるとする．

与えられたグラフ $G = (V, W)$ から新しいグラフ $G' = (V', W')$ を作る2種類の操作を以下で定義する．これらの操作では頂点と辺の数がそれぞれ1だけ増加する．

（操作1） この操作は G の頂点 P_{i_0} を1つ選ぶと定まる．V' は V に新しい頂点 P_{n+1} を加えたものとする．W' は W に新しい辺 E_{m+1} を加えたものとする．E_{m+1} の頂点は P_{i_0} と P_{n+1} とし，G' のそれ以外の辺の頂点は G での対応する辺の頂点と同じとする．G において頂点 P_{i_0} の色が白または黒ならば，G' における色はそれぞれ黒または白に変化させる．それ以外の頂点の色は変化させない．また P_{n+1} は白頂点にする（図3）．

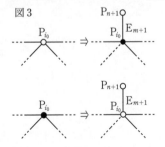

（操作2） この操作は G の辺 E_{j_0} を1つ選ぶと定まる．V' は V に新しい

頂点 P_{n+1} を加えたものとする．W' は W から E_{j_0} を取り去り，新しい辺 E_{m+1}，E_{m+2} を加えたものとする．E_{j_0} の頂点が P_{i_1} と P_{i_2} であるとき E_{m+1} の頂点は P_{i_1} と P_{n+1} であり，E_{m+2} の頂点は P_{i_2} と P_{n+1} であるとする．G' のそれ以外の辺の頂点は G での対応する辺の頂点と同じとする．G において頂点 P_{i_1} の色が白または黒ならば，G' における色はそれぞれ黒または白に変化させる．P_{i_2} についても同様に変化させる．それ以外の頂点の色は変化させない．また P_{n+1} は白頂点にする（図4）．

図4
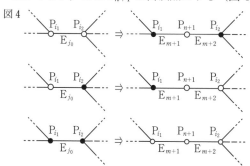

出発点のグラフ G_1 にこれら2種類の操作を有限回繰り返し施して得られるグラフを可能グラフと呼ぶことにする．次の問に答えよ．

（1）図5の3つのグラフはすべて可能グラフであることを示せ．ここで，すべての頂点の色は白である．

図5

（2）n を自然数とするとき，n 個の頂点を持つ図6のような棒状のグラフが可能グラフになるために n の満たすべき必要十分条件を求めよ．ここで，すべての頂点の色は白である．

図6 ○────○─┄┄─○────○

（98　東大・理科）

考え方　本問は大学受験数学史上最難問であり，適当な段階で読むのを中止するか，飛び飛びで，読めるところだけを読むことをお薦めする．

この出題が行われて数日間，私の回りでは「（2）をどうやって解くのだ！」というメールが飛び交った．私は急いで某予備校の解答を書く必要があったため，友人（当時は大学の数学の助教授）のA君にメールを出し，フランスにいたA君

をつかまえ，彼の助言を仰いで本問の解答を書いた．A は伏せ字で，頭文字では
ない．本質部分は A 君のアイデアである．その間の事情は「伝説の良問 100（講
談社 ブルーバックス）」に書いた．

　その後，雑誌「数学セミナー」2003 年 12 月号の「エレガントな解答を求む」
第一問に，本問の類題が出題された．出題者は小林正典氏（首都大東京准教授）
である．奇しくも，第二問の出題者は安田であった．出題時のゲラ（印刷の試し
刷り）を見て腰を抜かした．通常，大学入試問題の出題者が，私でございと，名
乗り出ることはないからである．2004 年 3 月号に掲載された小林氏の解説では
「東大の問題との関係はご想像にお任せします」とあったため，お任せされたの
をいいことに，出題者と断定しようかと思ったのだが，冷静になれば，そんなこ
とがあろうはずもない．小林氏と Tzee-Char Kuo 氏との共著論文に，本問の内
容が書かれているとあった．

　論文と理論についての事情は，受験雑誌「大学への数学」2018 年 1 月号 p.56
に，小林氏ご本人が書かれている．Kuo 氏との共著論文または，その理論の東大
における発表講演をご覧になった東大のどなたかが，出題されたと思われる．そ
の記事によれば，東大に類題が出題されていたことを，小林氏はご存じなかった
ということであった．

　噂では，小林氏の，東大の線形代数の授業で本問の解説があり，学生諸君は大
いに満足であったらしい．

　最初に「伝説の良問 100」と同じ解答を書く．別解として，数セミに掲載され
ていた小林氏の解答を書く．なお，本問と数セミの問題は完全には同じでないの
と，安田の理解力がないため，改変，および加筆を佐々木朗洋と安田で行って
いる．

　（1）は簡単であるが，（2）のためには，ほとんど役に立たない．問題文は無
駄に長い．最初の解法は問題文のままで解く．別解は無駄を省いて解説する．

▶解答◀　（1）　それぞれ，以下のようにすれば可能である．

○ ⇒ ●━━○━━○ ⇒ ○━━○━━○
　　　↑　　　↑
　　操作1　操作1

　上図についての説明：白点（以下 W）に操作 1 を行う．W の右に棒（− のこ
と）を出し W をくっつける．最初にあった左の W は黒（以下 B）に色が反転す
る．この時点で B − W になる．左の B に操作 1 を行う．B から左に棒を出し，
W をくっつけ，B は W に反転する．これで 3 点とも W になる．

　以下，これと同様に読め．日本語による証明は省略する．

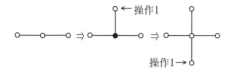

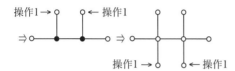

（2）　この操作1と操作2は，次の意味において交換可能である．

　ある線分 l に操作2を施したあと，文字列全体の右端に操作1を施した場合（以下，第1の場合とする）と，先に文字列全体の右端に操作1を施した後で l に操作2を施して（以下，第2の場合とする）も結果の図は同じである．

　第1の場合：l の両端の色を左から C，D とする．これを C－D とする．C と D の間の棒が l である．C－D が列の中にあれば上のことは明らかで，C－D が右端にあれば，C－D が操作2（棒の中央に白丸 W を入れ，その棒の両端の色を反転する）で $\overline{\text{C}}-\text{W}-\overline{\text{D}}$（バーは色の反転を表す）になり，操作1で $\overline{\text{C}}-\text{W}-\text{D}-\text{W}$ になる．

　第2の場合：C－D が操作1で C－$\overline{\text{D}}$－W に，操作2で（l は左の棒であることに注意せよ）$\overline{\text{C}}-\text{W}-\text{D}-\text{W}$ になり一致する．

　上の「右」を「左」に変えても同じである．

　したがって，どこかで，操作2，操作1という順のところがあれば，これを逆にして，操作1，操作2の順にしてよい．ゆえに，まず，W に操作1を何回かして，次に操作2を何回かする．

　最初，W の右に線分を出し B－W にするとしてよい．このあと操作1を右にだけ施すと

　　　　B－B－B－B－W $\cdots\cdots\cdots\cdots\cdots\cdots\cdots\cdots\cdots\cdots\cdots\cdots\cdots\cdots$①

（B の連続と，右に W）になる．左にも施すと

　　　　W－B－B－W－B－B－B－W $\cdots\cdots\cdots\cdots\cdots\cdots\cdots\cdots$②

（W と，B の連続と，W と，B の連続と，W）になる．ただし，B の連続という

のは，ない場合も含む．

さて，操作2というのは次の書き換えを行うものである．以下では文字間のハイフンを省略する．

$$\text{BB} \to \text{WWW} \quad \text{……………………………………………………} ③$$

$$\text{BW} \to \text{WWB} \quad \text{……………………………………………………} ④$$

$$\text{WB} \to \text{BWW} \quad \text{……………………………………………………} ⑤$$

$$\text{WW} \to \text{BWB} \quad \text{……………………………………………………} ⑥$$

この書き換え規則によって，①と②を書き換え，すべてWにできるとき最後に残るWの個数が3で割って余り0または1であることを示す．

「矢印と文字の置きかえ」のままでは計算ができないから，計算できるように代入することを考える．現在は行列は高校範囲外になったが，以前は高校で教えられていた．解答の後に行列の基本を書いたから，それを見よ．先へ進める．

ここで，BとWの文字列に対し，Bのところに x 軸に関する対称移動の行列 $b = \begin{pmatrix} 1 & 0 \\ 0 & -1 \end{pmatrix}$，Wのところに $-120°$ 回転の行列 $w = \dfrac{1}{2} \begin{pmatrix} -1 & \sqrt{3} \\ -\sqrt{3} & -1 \end{pmatrix}$ を入れてみる．すると③〜⑥は次の③′〜⑥′に対応する．

$$b^2 = w^3 \quad \text{………………………………………………………} ③'$$

$$bw = wwb \quad \text{………………………………………………………} ④'$$

$$wb = bww \quad \text{………………………………………………………} ⑤'$$

$$ww = bwb \quad \text{………………………………………………………} ⑥'$$

である．③〜⑥は対応関係であるが，③′〜⑥′は行列の等式である．具体的には注に示したから，注を見よ．

この書き換え規則では行列の値が不変である．そして $b^2 = w^3 = E$（単位行列）である．

WW…WWWとできたとき，このWの個数が3で割って余り2になることがもしあったとするなら，これを行列になおした $ww…www$ を計算した結果が w^2 になる．これが実現不可能であることを示す．

①のBB…BBBWに行列を代入した $bb…bbbw$ で，b が偶数個あれば（$b^2 = E$ だから b の列はすべて消えて）w になり，奇数個あれば bw になり，いずれも w^2 に等しくない．

②のWB…BWB…BWに行列を代入した $wb…bwb…bw$ は（たとえば2箇所の b の並びの部分が奇数個，奇数個なら $wbwbw$ に等しくなる．これが奇数個か偶数個かで変わる）

$$wbwbw, \quad wwbw, \quad wbww, \quad www$$

のいずれかに等しいが

$$wbwbw = w, \quad wwbw = wb, \quad wbww = bw, \quad www = E$$

でいずれも w^2 に等しくない（これらは実際に積を計算して確認できる）.

　すべて W にできるとき最後に残る W の個数が 3 で割って余り 0 または 1 である例をつくることは容易である. すなわち ① で B を $2k$ 個にしたものを作り, 2 つの B の間に操作 2 を施せば W が $3k+1$ になる.

ここに操作2をする

B–B–B–B–W　⇒　W–W–W–W–W–W–W

B–B のセット が k セット　　W–W–W のセット が k セット

② で W（B を $2k$ 個）WW にして同様にすれば W が $3k+3$ 個になる.

ここに操作2をする

W–B–B–B–B–W–W　⇒　W–W–W–W–W–W–W–W–W

B–B のセット が k セット　　W–W–W のセット が k セット

求める必要十分条件は **n が 3 の倍数か 3 で割って 1 余ること**である.

注意 1°【行列の基本】

　文字等は上で出てきたものとは無関係とする. $A = \begin{pmatrix} a & b \\ c & d \end{pmatrix}$ のような形のものを 2 行 2 列の行列という. 行列は matrix （メイトリックス）という. a, b の並びが 1 行目, c, d の並びが 2 行目, a, c の並びが 1 列目, b, d の並びが 2 列目である. 積の規則は

$$A = \begin{pmatrix} a & b \\ c & d \end{pmatrix}, \quad X = \begin{pmatrix} x & y \\ z & w \end{pmatrix}$$

に対して

$$AX = \begin{pmatrix} ax+bz & ay+bw \\ cx+dz & cy+dw \end{pmatrix}$$

$$kA = \begin{pmatrix} ka & kb \\ kc & kd \end{pmatrix}$$

となる. $a, b, c, d, x, y, z, w, k$ は実数とする. ただし, 一般に, 積に関する交換法則は成立せず, 特別な形以外は $XY \neq YX$ となる. $E = \begin{pmatrix} 1 & 0 \\ 0 & 1 \end{pmatrix}$ を単位行列といい, $XE = EX = X$ となる.

　また, AA を A^2 と書く. $AAA = A^3$ である.

2° 【1次変換】

$$A = \begin{pmatrix} a & b \\ c & d \end{pmatrix}, \ X = \begin{pmatrix} x \\ y \end{pmatrix}$$

のとき

$$AX = \begin{pmatrix} ax + by \\ cx + dy \end{pmatrix}$$

とし，点 $\begin{pmatrix} x \\ y \end{pmatrix}$ が点 $\begin{pmatrix} ax + by \\ cx + dy \end{pmatrix}$ に写ると読む．このようにして点を写す写像を1次変換という．

$$\begin{pmatrix} 1 & 0 \\ 0 & -1 \end{pmatrix}\begin{pmatrix} x \\ y \end{pmatrix} = \begin{pmatrix} x \\ -y \end{pmatrix}$$

で，点は x 軸に関して対称に写る．

$$\begin{pmatrix} \cos\theta & -\sin\theta \\ \sin\theta & \cos\theta \end{pmatrix}\begin{pmatrix} x \\ y \end{pmatrix} = \begin{pmatrix} x\cos\theta - y\sin\theta \\ x\sin\theta + y\cos\theta \end{pmatrix}$$

で，点は原点の回りに θ 回転される．回転方向は $\theta > 0$ のときは左回り，$\theta < 0$ のときは右回りである．$\begin{pmatrix} \cos\theta & -\sin\theta \\ \sin\theta & \cos\theta \end{pmatrix}$ は θ 回転の行列である．

通常，行列は大文字で表すのであるが，解答では流れの関係上，小文字で表した．

$$w = \frac{1}{2}\begin{pmatrix} -1 & \sqrt{3} \\ -\sqrt{3} & -1 \end{pmatrix}$$

は $-120°$ 回転の行列であり，$w^3 = E$ となる．

$$bw = \begin{pmatrix} 1 & 0 \\ 0 & -1 \end{pmatrix}\frac{1}{2}\begin{pmatrix} -1 & \sqrt{3} \\ -\sqrt{3} & -1 \end{pmatrix}$$

$$= \frac{1}{2}\begin{pmatrix} -1 & \sqrt{3} \\ \sqrt{3} & 1 \end{pmatrix}$$

となり，

$$wwb = \frac{1}{2}\begin{pmatrix} -1 & \sqrt{3} \\ -\sqrt{3} & -1 \end{pmatrix}\frac{1}{2}\begin{pmatrix} -1 & \sqrt{3} \\ -\sqrt{3} & -1 \end{pmatrix}\begin{pmatrix} 1 & 0 \\ 0 & -1 \end{pmatrix}$$

$$= \frac{1}{2}\begin{pmatrix} -1 & \sqrt{3} \\ -\sqrt{3} & -1 \end{pmatrix}\frac{1}{2}\begin{pmatrix} -1 & -\sqrt{3} \\ -\sqrt{3} & 1 \end{pmatrix}$$

$$= \frac{1}{4}\begin{pmatrix} -2 & 2\sqrt{3} \\ 2\sqrt{3} & 2 \end{pmatrix} = \frac{1}{2}\begin{pmatrix} -1 & \sqrt{3} \\ \sqrt{3} & 1 \end{pmatrix}$$

よって $wwb = bw$ であり，④′ が成り立つ．他の等式についても同様である．

3° 【図形を写す】

実際には，$wwb = bw$ などを，成分計算して確認しているわけではない．群論の本を見ると 3 次の対称群 S_3 の対応の表があり，それを覚えていて，利用している．これは次のように確認できる．

図 21 は O を重心とする正三角形 T であり，P は x 軸上にある．これを wwb で写す．$wwb(T)$ のように書いて，T を最初に b で写す．x 軸に関して対称移動されるから，図 22 になる．この結果を中央の w で，O のまわりに，右回りに 120° 回転すると図 23 になる．図 23 を左端の w で写すと図 24 になる．$wwb(T)$ の最終形は図 24 である．次に $bw(T)$ をする．まず図 21 を右回りに 120° 回転して図 25 になる．この後 x 軸に関して対称移動して図 24 になる．よって $wwb = bw$ である．

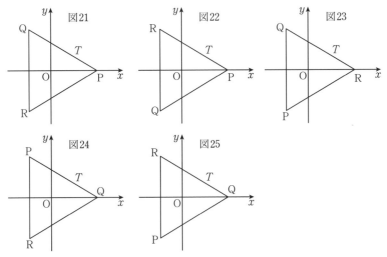

4° 【回転移動の話】

現在，回転移動は，数学 III で，複素数を利用するのが一般的である．しかし，たかが回転を虚数（imaginary number，想像上の数）を使ってまで行う必要があるだろうか？指導要領の解説には「数学 II で加法定理の応用として回転移動を扱ってもよい」とある．次のようにする．一部の教科書には，加法定理の応用で回転移動を書いてあるらしい．

点 $P(x, y)$ を，原点を中心に θ だけ回転した点を $Q(X, Y)$ とする．

$$x = r\cos t, \ y = r\sin t, \ r = \sqrt{x^2 + y^2}$$

とする．OP = OQ だから

$$\begin{pmatrix} X \\ Y \end{pmatrix} = \begin{pmatrix} r\cos(t+\theta) \\ r\sin(t+\theta) \end{pmatrix}$$

$$= \begin{pmatrix} r\cos t\cos\theta - r\sin t\sin\theta \\ r\sin t\cos\theta + r\cos t\sin\theta \end{pmatrix}$$

となり，$x = r\cos t,\ y = r\sin t$ を用いると

$$\begin{pmatrix} X \\ Y \end{pmatrix} = \begin{pmatrix} x\cos\theta - y\sin\theta \\ x\sin\theta + y\cos\theta \end{pmatrix}$$

となる．50 年前の高校（数学 II）では

$$X = x\cos\theta - y\sin\theta$$

$$Y = x\sin\theta + y\cos\theta$$

のまま覚えた．しかし

$$\begin{pmatrix} X \\ Y \end{pmatrix} = \begin{pmatrix} \cos\theta & -\sin\theta \\ \sin\theta & \cos\theta \end{pmatrix}\begin{pmatrix} x \\ y \end{pmatrix}$$

と書いた方が覚えやすい．

$$\begin{pmatrix} \cos\theta & -\sin\theta \\ \sin\theta & \cos\theta \end{pmatrix}$$

は θ 回転の行列と呼ぶ．

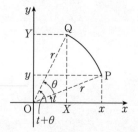

雑誌「数学セミナー」に掲載された解法を紹介する.

♦別解♦ （2） 求める必要十分条件は，**n を 3 で割った余りが 0 または 1 であること**である．以下，これを証明する．

ただし，最初に書いたが，設問の解決のためには，本問の問題文は冗長であり，無駄なことが一杯書いてある．数セミでは，無駄が除いてあった．

重要なことを書く．まず，文字と文字の間の棒を省略する．次に，操作 1，操作 2 を統一し，次のように書く．

操作：文字列の右端，または左端，または文字列の中に W をつけ加え，隣接する文字を反転（W は B に，B は W にする）する．

逆操作：文字列の右端，または左端，または文字列の中から W を削除し，隣接する文字を反転（W は B に，B は W にする）する．削除して文字間が空いたら，詰める．

W が 1 個だけの文字列（G_1）から始めて，操作を繰り返して W だけからなる文字列（可能グラフ）ができるとき，可能グラフに対して，逆操作を繰り返し施すことで，G_1 が得られる.

十分性について：

可能グラフの中に WWW が含まれているとき，この 3 つの頂点 W に対して左，右，真ん中の順に頂点を取り去ることで，この 3 つの頂点はなくなる．このとき，その左右の頂点があっても，それぞれ 2 回ずつ色が反転するため，白い頂点は白いままである．

以下，文字がないことを空列と呼ぶことにする．空列を ϕ で表す.

具体的に示す．文字列を CWWWD とする．C, D は，空列のこともある．たとえば WWWB なら，C は空列，D は B である．この B のさらに右に文字があるかもしれないが，今は，そこには触れないから記述しない．CWWWD に対して，逆操作で，左の W を取り去ると，取った瞬間は CWWD になり，それに隣接していた CW が反転し $\overline{C}$BWD になる．$\overline{C}$ は C の反転を表す．次に W を取り去り，$\overline{C}$W$\overline{D}$ になる．W を取り去り CD になる．つまり，CWWWD があれば，3 連続の W を取り去ると，間を詰めて CD になる.

W だけが n 個の文字列があるとき，n を 3 で割った余りが 1 のときは，3 つずつ W を取り去っていき，1 つ残った頂点が G_1 であり，n を 3 で割った余りが 0 のときは，3 つずつ取り去っていき，3 つの W が残ったときに，左，右の順に頂点を取り去ると，1 つの W が残る．これが G_1 である.

必要性について：

Wだけからなる文字列に逆操作を施していってG_1にできるかどうかを，頂点の個数nで判断できるのであれば，Bを含む列に対しても，操作や逆操作でWだけからなる列にしたときの頂点の個数でG_1にできるかどうか判断できる．

さて，Bを含む任意の文字列は「最も左にあるBの左に操作を施す」ことを繰り返すことで，Wだけからなる列にすることができる．

例を示す．WWWBの「Bの左にWを入れ，その両隣を反転する」とWWBWWになる．現象的には，Bとその左のWが位置を交換し，WがWWになったと見ることができる．さらに，「Bの左にWを入れ，その両隣を反転する」とWBWWWWになる．これを繰り返す．BWWWWWWになる．さらに左端のBの左にWを加えるとWWWWWWWWになる．このWの個数は，最初にあったWWWの1個のWが2個ずつになり，BもWになり，最後にWを1個つけ加えたから，最初にあったWの連続の個数をaとすると，（a個の連続W）Bの列が$2a+2$個のWになると考えられる．ただし$a \geqq 0$である．

文字列に対して，文字の個数を文字列の長さという．空列の長さは0とする．

文字列sに対する関数$f(s)$を考える．抽象的な定義で始めるが，雰囲気的には「sをWだけからなる列に変換したときのWの個数を3で割った余りの数」になるように目指す．ただし，いきなりそのように定義するわけではないから，書いてあること以上を勝手に読み取って混乱しないようにしてほしい．

以下，合同式の法を3とする．fのとる値は0，1，2のいずれかである．fの定義においては，文字列が可能グラフであるかどうかは，ひとまず考えない．

以下でsBやtWは，Bの左に文字列sがあり，Wの左に文字列tがあることを表す．なお，これを「sの右にBを追加した」と読むと，文字の反転がどうなるのかと思うから，そう読んではいけない．文字列があって，右端がBでその左の部分の文字列をsとすると読む．0以上の任意の長さの文字列s, tに対して

$$f(\phi) = 0 \quad \cdots\cdots\cdots\cdots\cdots\cdots\cdots\cdots\cdots\cdots\cdots\cdots\text{①}$$

$$f(s\text{B}) \equiv 2f(s) + 2 \quad \cdots\cdots\cdots\cdots\cdots\cdots\cdots\cdots\text{②}$$

$$f(t\text{W}) \equiv f(t) + 1 \quad \cdots\cdots\cdots\cdots\cdots\cdots\cdots\cdots\cdots\text{③}$$

であると定義する．

このとき，まず，①，③を使って

$$f(\text{W}) \equiv f(\phi\text{W}) \equiv f(\phi) + 1 \equiv 0 + 1 \equiv 1 \qquad \therefore \quad f(\text{W}) = 1$$

となり，①，②を使って

$$f(\text{B}) \equiv f(\phi\text{B}) \equiv 2f(\phi) + 2 \equiv 2 \qquad \therefore \quad f(\text{B}) = 2$$

となる．②より，$f(s\text{B}) = 2 - f(s)$となることに注意せよ．

$f(s) \equiv f(s')$ と，$f(s) = f(s')$ は同じことである．s が n 個の W からなる列であれば，$f(s) \equiv n$ である．

練習のために 2 個の場合を計算してみよう．

$$f(\mathrm{WW}) = 2$$

$$f(\mathrm{WB}) \equiv 2f(\mathrm{W}) + 2 \equiv 2 \cdot 1 + 2 \equiv 4 \equiv 1 \qquad \therefore \quad f(\mathrm{WB}) = 1$$

$$f(\mathrm{BW}) \equiv f(\mathrm{B}) + 1 \equiv 2 + 1 \equiv 3 \equiv 0 \qquad \therefore \quad f(\mathrm{BW}) = 0$$

$$f(\mathrm{BB}) \equiv 2f(\mathrm{B}) + 2 \equiv 2 \cdot 2 + 2 \equiv 6 \equiv 0 \qquad \therefore \quad f(\mathrm{BB}) = 0$$

このように 2 個の文字列に対する f の値が定まる．2 個の文字列に対する f の値が定まれば，3 個の文字列に対する f の値も定まる．以後繰り返し，任意の長さの文字列に対する f の値も定まる．

さて，ここからが少し難しい．以下では「$f(s) = 2$ であるような文字列 s に対して，操作を施しても，逆操作を施しても f の値は 2 のままである」を示す．f の値が操作に対しても，逆操作に対しても，常に一定であることを示すのではない．$f(s) = 0$ または $f(s) = 1$ であるような文字列 s に対しては，f の値が変化することはある．今は当面必要なこと，$f(s) = 2$ であるような文字列に対しては不変ということを示すのである．

W の挿入（操作），除去（逆操作）の場所により，場合分けをして f の値の変化を調べる．定義から，列 s, s' が $f(s) = f(s')$ を満たすとき，その右に列 t を並べた列についても，$f(st) = f(s't)$ が成り立つ．なお，ここでも，過剰に勝手な読み方をしないように注意せよ．「その右に列 t を並べた列」というのは，t を施したことによって s, s' に文字の反転を起こすということではない．f の定義が，単に，それまでの文字列の右に文字を付け加えて関数値を決めるものであったことを忘れてはいけない．この件については後の注で補足する（☞注意5°）．

以下では，例えば「Bs の左端の B に操作を行い WWs にすること」と，「WWs の左端の W に逆操作を行い Bs にすること」を，合わせて「B$s \leftrightarrow$ WWs」のように表す．

（ア）　左端の場合

(a)　B$s \leftrightarrow$ WWs のとき

$$f(\mathrm{WW}) = 2 = f(\mathrm{B})$$

よって，$f(\mathrm{WW}s) = f(\mathrm{B}s)$ である．

(b)　W$s \leftrightarrow$ WBs のとき

$$f(\mathrm{WB}) = 2 - f(\mathrm{W}) = 1 = f(\mathrm{W})$$

よって，$f(\mathrm{WB}s) = f(\mathrm{W}s)$ である．

つまり，任意の文字列の左端に操作を施しても，逆操作を施しても，f の値は変化しない．

（イ）　途中の場合

（a）　$sBBs' \leftrightarrow sWWWs'$ のとき

$$f(sWWW) \equiv f(s) + 3 \equiv f(s)$$

$$f(sBB) = 2 - f(sB) = f(s)$$

よって，$f(sBB) = f(sWWW)$ だから，$f(sBBs') = f(sWWWs')$ である．

（b）　$sWBs' \leftrightarrow sBWWs'$ のとき

$$f(sBWW) \equiv f(sB) + 2 \equiv 1 - f(s)$$

$$f(sWB) = 2 - f(sW) \equiv 1 - f(s)$$

よって，$f(sBWW) = f(sWB)$ だから，$f(sBWWs') = f(sWBs')$ である．

（c）　$sBWs' \leftrightarrow sWWBs'$ のとき

$$f(sWWB) \equiv 2 - f(sWW) \equiv -f(s)$$

$$f(sBW) = f(sB) + 1 \equiv -f(s)$$

よって，$f(sBW) = f(sWWB)$ だから，$f(sBWs') = f(sWWBs')$ である．

（d）　$sWWs' \leftrightarrow sBWBs'$ のとき

$$f(sBWB) \equiv 2 - f(sBW) = 1 - f(sB) \equiv f(s) - 1$$

$$f(sWW) \equiv f(s) + 2 \equiv f(s) - 1$$

よって，$f(sWW) = f(sBWB)$ だから，$f(sWWs') = f(sBWBs')$ である．

　（イ）でも同様で，任意の文字列の途中に操作を施しても，逆操作を施しても，f の値は変化しない．

（ウ）　右端の場合

（a）　$sB \leftrightarrow sWW$ のとき

$$f(sWW) \equiv f(s) + 2$$

$$f(sB) = 2 - f(s)$$

$$f(sWW) + f(sB) \equiv 4$$

であり，操作・逆操作の前の f の値が 2 ならば，後での値も 2 である．

（b）　$sW \leftrightarrow sBW$ のとき

$$f(sBW) \equiv f(sB) + 1 \equiv 2 - f(s) + 1$$

$$f(sW) \equiv f(s) + 1$$

$$f(sBW) + f(sW) \equiv 4$$

であり，操作・逆操作の前の f の値が 2 ならば，後での値も 2 である．

以上により，$f(s) = 2$ である文字列 s に対しては，操作・逆操作で，f の値は不変であるから，棒状のグラフで，頂点の数 n が 3 で割って 2 で余るものは可能グラフでない．

以上により，**求める必要十分条件は n を 3 で割った余りが 0 または 1 であること**である．

注意 5°【補足】

「列 s, s' が $f(s) = f(s')$ を満たすとき，その右に列 t を並べた列についても，$f(st) = f(s't)$ が成り立つ」について補足する．まず，t の左端が B か W かでタイプ分けする．その場合，$f(sB), f(s'B), f(sW), f(s'W)$ を考えることになる．

$$f(sB) \equiv 2f(s) + 2$$
$$f(s'B) \equiv 2f(s') + 2$$
$$f(sW) \equiv f(s) + 1$$
$$f(s'W) \equiv f(s') + 1$$

である．$f(s) = f(s')$ ならば $f(sB) = f(s'B)$，$f(sW) = f(s'W)$ となる．t の残りの文字についても同様である．

6°【別解について】

数セミには，もう一つ別解が書いてあった．それも紹介しよう．実質的な出題者の別解だから，敬意を表して紹介するが，タイプの多さに少し閉口する．

◆別解◆ 上の別解と同様に棒をなくし，文字列だけにする．操作と逆操作の定義も同じである．この解法では f は考えない．

必要性のみ考察する．

W，B からなる列に逆操作を施して「W を消し，それに隣接する文字を反転する」を繰り返し，B のみからなる列（以下，B 列と呼ぶ．空列も含む）」にできる．空列 ϕ は B の個数が 0 であると考える．この場合，W は消せるし，文字の数が減るから無限に続くわけではなく，必ず B 列になる．W がなくなったところで作業をやめる．「逆操作を施して最終的に B の個数が偶数になる列」を偶列，「逆操作を施して最終的に B の個数が奇数になる列」を奇列であると呼ぶことにする．ϕ は偶列とする．

たとえば，WWB があるとき，最初に左端の W に逆操作を施すと，中央の W が B に反転して，BB になって作業が終わる．WWB に，最初に中央の W に逆操作を施すと，両側の W，B が反転して BW になる．右の W に逆操作を施すと

左のBが反転してWになる．これを取って，最終的には空列φになる．WWB，BB，φは偶列である．

　列の偶奇は途中のWの取り除き方によらないことを背理法で証明する．

　取り除き方によって，最終的にBの個数が偶数になったり奇数になったりする列が存在すると仮定する．そのような列で文字列の長さが最小のものをsとおく．sの文字列の長さをmとする．文字列の長さがmより小さい文字列は取り除き方によって偶列になったり奇列になったりはしない．

　当然，sにはWが2つ以上ある．sの，左からi番目のW（⒤で表す）を取り除いた列s_iが偶列で，sの，左からj番目のW（ⓙで表す）を取り除いた列s_jが奇列であるとする．s_i，s_jの長さは$m-1$で，mより小さいから，s_iは，これからどのように逆操作を施してもたどり着くB列のBの個数は偶数であり，s_jは，これからどのように逆操作を施してもたどり着くB列のBの個数は奇数である．
(a)　$|i-j| \geqq 3$のとき．⒤を取ることによって反転する文字と，ⓙを取ることによって反転する文字に重なりはない．s_iには ⓙ が残っているから，ⓙに逆操作を施してこれを消すと，⒤とⓙが消されて，その両側の文字が反転される．その結果の文字列をs_{ij}とする．s_jには ⒤ が残っているから，⒤に逆操作を施してこれを消す．その結果の文字列をs_{ji}とする．s_{ij}とs_{ji}はsの⒤とⓙが消されて，その両側の文字が反転されたものであるから，s_{ij}とs_{ji}は一致する．ところが，上で述べたように，s_iに逆操作を施したものは偶列であり，s_jに逆操作を施したものは奇列である．s_{ij}は偶列であり，かつ，s_{ji}は奇列であるから矛盾する．よってこのケースは起こらない．

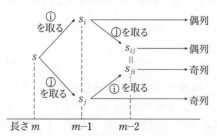

　なお，左からi番目のWを取り始めて偶列にたどり着き，j番目のWを取り始めて奇列にたどり着くから，このi番目のWを（偶列の始まりのWという意味で）G，j番目のWを（奇列の始まりのWという意味で）Kと呼ぶことにする．GとKは異種のWであるということにする．
(b)　$|i-j| = 2$のとき．(a)と同様の記号で，⒤とⓙの間にある文字は2回の反転で元に戻るから，やはりs_{ij}とs_{ji}は一致する．矛盾し，このケースは起こ

らない.

(c) $|i-j|=1$ のとき. G と K は隣接する. どの W から始めても, 偶列か, 奇列にたどり着くから, W は最も多くても KGK のように 3 個並ぶか, GKG のように 3 個並ぶ. もし, 4 個目の W があったら, それが G でも K でも, 隣接できない異種の W がある. たとえば KGKG と並んだら, 右端の G と左端の K は隣り合わない.

よって s に含まれる W は 2 個または 3 個でこれらは連続する. 「s ってなんだ?」と忘れてしまった人も多いだろう. まだ, 背理法の中にいるのである. 「取り除き方によって, 最終的に B の個数が偶数になったり奇数になったりする列が存在すると仮定する. そのような列で文字列の長さが最小のものを s とおく」のであった. s から 1 文字でも削ったら, その列は偶列か奇列に確定するのであった. だから, 異種の W から逆操作を始めて, ある消し方をして, 同じ列になったら, 矛盾することになる. s は

(c-1) $\quad s = z\mathrm{WW}z'$

(c-2) $\quad s = z\mathrm{WWW}z'$

のいずれかの形である. ここで, z, z' は B 列であり, 空列の場合もある. 記号 s_i, s_j 等は以前定めたものと同じ意味である.

以下では, B の個数が k 個の B 列を B^k で表す. 以下で k 等は 0 以上の整数である.

(c-1) タイプで

(c-1-1) $\quad z$, z' の長さが 2 以上のとき.

$s = \mathrm{B}^k \mathrm{BBWWBBB}^m$ において, 左から i, j 番目が W とする. 今は $j = i + 1$ である.

$$s_i = \mathrm{B}^k \mathrm{BWBBB}^m$$

残る W を取って, その結果を $s_i{}'$ とする.

$$s_i{}' = \mathrm{B}^k \mathrm{WWBBB}^m$$

この右の W を取って, その結果を $s_i{}''$ とする.

$$s_i{}'' = \mathrm{B}^k \mathrm{BWBB}^m$$

同様の記号の定義(ダッシュつきは逆操作を施した結果を表す. 出てくる文字が多いから, 記号の意味をいちいち断っていられない. 適宜読むこと)で,

$$s_j = \mathrm{B}^k \mathrm{BBBWBB}^m$$

$$s_j{}' = \mathrm{B}^k \mathrm{BBWWB}^m$$

この左の W を取って,

$$s_j{}'' = \mathrm{B}^k \mathrm{BWBB}^m$$

$s_i'' = s_j''$ であるから矛盾する.

(c-1-2) z の長さが 1, z' の長さが 2 以上のとき. 今は $i = 2$, $j = 3$ である.

$$s = \mathrm{BWWBBB}^m$$

$$s_2 = \mathrm{WBBBB}^m$$

$$s_2' = \mathrm{WBBB}^m$$

$$s_2'' = \mathrm{WBB}^m$$

$$s_3 = \mathrm{BBWBB}^m$$

$$s_3' = \mathrm{BWWB}^m$$

この左の W を取って,

$$s_3'' = \mathrm{WBB}^m$$

$s_2'' = s_3''$ であるから矛盾する.

(c-1-3) z の長さが 0, z' の長さが 2 以上のとき. 今は $i = 1$, $j = 2$ である.

$$s = \mathrm{WWBBB}^m$$

$$s_1 = \mathrm{BBBB}^m$$

$$s_2 = \mathrm{BWBB}^m$$

$$s_2' = \mathrm{WWB}^m$$

この左の W を取って,

$$s_2'' = \mathrm{BB}^m$$

s_1 と s_2'' の B の個数は 2 だけの差であるから, s_1 と s_2'' の偶奇は一致し, 矛盾する.

(c-1-4) z の長さが 2 以上, z' の長さが 1 のとき. (c-1-2) の左右が逆になった場合であるから, 同様である.

(c-1-5) z の長さが 1, z' の長さが 1 のとき. 今は $i = 2$, $j = 3$ である.

$$s = \mathrm{BWWB}$$

$$s_2 = \mathrm{WBB}$$

$$s_2' = \mathrm{WB}$$

$$s_2'' = \mathrm{W}$$

$$s_3 = \mathrm{BBW}$$

$$s_3' = \mathrm{BW}$$

$$s_3'' = \mathrm{W}$$

$s_2'' = s_3''$ であるから矛盾する.

(c-1-6) z の長さが 0, z' の長さが 1 のとき. 今は $i = 1, j = 2$ である.

$\qquad s = \text{WWB}$

$\qquad s_1 = \text{BB}$

$\qquad s_2 = \text{BW}$

$\qquad s_2' = \text{W}$

$\qquad s_2'' = \phi$

$\quad s_1$ と s_2'' はともに偶列で, 偶奇は一致し, 矛盾する.

(c-1-7) z の長さが 2 以上, z' の長さが 0 のとき. (c-1-3) の左右が逆になった場合であるから, 同様である.

(c-1-8) z の長さが 1, z' の長さが 0 のとき. (c-1-6) の左右が逆になった場合であるから, 同様である.

(c-1-9) z の長さが 0, z' の長さが 0 のとき. 今は $i = 1, j = 2$ である.

$\qquad s = \text{WW}$

$\qquad s_1 = \text{B}$

$\qquad s_2 = \text{B} = s_1$

$\quad$ 矛盾する.

(c-2) タイプで

(c-2-1) z, z' の長さが 1 以上のとき.

$\quad s = \text{B}^k\text{BWWWBB}^m$ において, 中央の W が左から i 番目で, $j = i-1$ とする.

$\qquad s_i = \text{B}^k\text{BBBBB}^m$

$\qquad s_j = \text{B}^k\text{WBWBB}^m$

$\quad$ この右の W を取って, その結果を s_j' とする.

$\qquad s_j' = \text{B}^k\text{WWWB}^m$

$\quad$ この中央の W を取って, その結果を s_j'' とする.

$\qquad s_j'' = \text{B}^k\text{BBB}^m$

$\quad s_i$ と s_j'' の偶奇は一致し, 矛盾する.

(c-2-2) z の長さが 0, z' の長さが 1 以上のとき. 今は $i = 2, j = 1$ である.

$\qquad s = \text{WWWBB}^m$

$\qquad s_2 = \text{BBBB}^m$

$\qquad s_1 = \text{BWBB}^m$

このWを取って，その結果を s_1' とする．

$$s_1' = WWB^m$$

この左のWを取って，

$$s_1'' = BB^m$$

s_2 と s_1'' の偶奇は一致し，矛盾する．

作業が長くなって，もう，ボーッとしてくる．チコちゃんに叱られる．

(c-2-3)　z の長さが1以上，z' の長さが0のとき．(c-2-2)の左右が逆のタイプである．

(c-2-4)　z, z' の長さが0のとき．今は $i = 2, j = 1$ である．

$$s = WWW$$

$$s_2 = BB$$

$$s_1 = BW$$

このWを取って，その結果を s_1' とする．

$$s_1' = W$$

s_1'' は空列で，s_1'', s_2 はともに偶列で，矛盾する．

以上のいずれの場合も偶奇が一致しているから，矛盾する．よって，背理法により，任意の列はWの逆操作を施す位置によらず，偶奇は確定することが証明された．

さて，Wが $(3m + 2)$ 個並んだ列はWW，さらにBに変形できるから奇列である．また，G_1 からWを取り除くと空列となるから，G_1 は偶列である．よって，Wが $(3m + 2)$ 個並んだ列にどのような操作・逆操作を加えても G_1 に一致することはない．

Wが2つあるときは，左右にBが1つか，2つ以上かで，少し事情が違うはずなのに，数セミの解答は，一緒にしていて，少し飛んでいるように感じた．だから，数セミの原稿とは場合分けの仕方を変えた．他も，かなり変更してある．

結局，最初の行列の代入方式が一番簡単だと思うのだが，いかがだろうか？